JIANZHU HUANJING SHEJI SIWEI SHEJI YU ZHITU

U0353780

建筑

环境设计

思维、设计与制图

胡海燕　逯海勇　编著

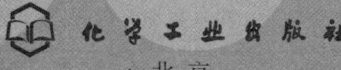

化学工业出版社
·北京·

如何通过提升建筑和人居环境品质，不仅成为人们关注的焦点，也已成为当今建筑设计所关注的重点。本书从建筑环境设计原理、理念出发，详尽论述建筑环境设计的思维方法、设计表现以及设计图纸的绘制，内容包括：建筑环境设计基本原理；建筑环境空间设计；建筑环境设计思维、方法和程序；建筑环境设计基本过程；建筑环境设计制图基本规定；建筑环境设计施工图绘制；建筑环境设计设备施工图绘制；建筑环境设计透视图绘制；建筑环境设计工程实例等内容。

全书力求概念清晰、通俗易懂、循序渐进、内容丰富和实用，对建筑设计人员设计能力和图面表达能力的提高具有重要的实践价值。本书既可作为广大建筑设计和建筑装饰设计人员的良好自学指导用书，也可作为建筑专业、环境设计专业、室内设计专业、建筑装饰等专业师生的教学参考书或教材。

图书在版编目（CIP）数据

建筑环境设计：思维、设计与制图/胡海燕，逯海勇编著．—北京：化学工业出版社，2018.12
ISBN 978-7-122-33105-2

Ⅰ．①建… Ⅱ．①胡…②逯… Ⅲ．①建筑设计-环境设计 Ⅳ．①TU-856

中国版本图书馆 CIP 数据核字（2018）第 230331 号

责任编辑：朱 彤　　　　　　　　　　文字编辑：谢蓉蓉
责任校对：王素芹　　　　　　　　　　装帧设计：刘丽华

出版发行：化学工业出版社（北京市东城区青年湖南街 13 号　邮政编码 100011）
印　　装：三河市双峰印刷装订有限公司
787mm×1092mm　1/16　印张 17¼　字数 467 千字　2019 年 1 月北京第 1 版第 1 次印刷

购书咨询：010-64518888　　　　　　　售后服务：010-64518899
网　　址：http://www.cip.com.cn
凡购买本书，如有缺损质量问题，本社销售中心负责调换。

定　价：68.00 元

前言
FOREWORD

从人类的先民为生存而搭建栖息之所的那一刻起，建筑环境就在自然及社会体系中扮演着举足轻重的角色，它所营造的不仅是具体的生活构架，更折射出人类文化繁荣和时代进步的轨迹。建筑环境设计是为完成建筑物的使用功能，在建设之前进行建筑物的平面、空间和环境的布局规划，处理建筑物的内部和外部形象，以及选择合理技术、先进构造方案的过程。随着城市的快速发展，人们对建筑环境质量提出更高要求，如何通过适宜的技术措施提升建筑环境品质，从改善人居生存环境的角度结合城市规划、城市发展等要求思考建筑设计中的各种问题，已成为当今建筑师的重要研讨课题。

从设计元素来看，建筑环境设计要整体考虑人工和自然等方面的各个要素，目的是使这些设计要素与建筑环境空间相统一，既满足功能需求，又符合环境安全和生态可持续发展的需要。从设计内容来看，建筑环境设计包括了主体建筑物，地形地貌的改造，周边绿化，围墙、大门、山石水池、照明灯具等各种建筑小品的配置设计，以及室外交通的合理组织和空间场地的合理布局等。

本书围绕建筑环境设计展开，以建筑环境设计的概念界定及特征、建筑环境设计的要求和原则为出发点，在借鉴经典理论知识的基础上，试图综合建筑学与环境艺术学科的范畴与侧重点，更加细化、系统地阐述建筑环境设计的影响因素——空间尺度、人体测量学、环境生理学、环境心理学、空间组织与外部环境、造型等方面的知识与实践；同时详细介绍了建筑环境设计施工图的组成、内容、识读方法和要点。在编写内容上突出设计理念、设计思维过程与手段结合；在结构编排上，依据受众面和专业知识特点，重视知识结构和能力结构体系，让读者完整了解建筑环境设计的程序、内容、方法和技能，帮助设计者提高抽象思维能力和解决具体问题的能力。

本书内容包括：建筑环境设计基本原理；建筑环境空间设计；建筑环境设计思维、方法和程序；建筑环境设计基本过程；建筑环境设计制图基本规定；建筑环境设计施工图绘制；建筑环境设计设备施工图绘制；建筑环境设计透视图绘制；建筑环境设计工程实例共9章。其中第9章列举一些设计工程的典型案例，可供相关读者使用和参考。最后感谢化学工业出版社为本书的顺利出版所付出的辛勤劳动和大力支持，同时感谢为本书提供插图的作者。

限于编写时间紧迫，加之笔者学识水平有限，书中不妥之处在所难免，敬请专家和读者批评斧正。

编著者
2018 年 6 月

目录

第3章 建筑环境设计思维、方法和程序 / 085

第4章 建筑环境设计基本过程 / 103

第7章　建筑环境设计设备施工图绘制 / 209

第 8 章　建筑环境设计透视图绘制 / 228

第 9 章　建筑环境设计工程实例 / 244

第 1 章
建筑环境设计基本原理

1.1　建筑环境设计的概念界定及特征

1.1.1　设计的概念

设计（design）是一个经常使用的概念，有多种解释。根据《辞海》的解释，设计是指根据一定的目的要求，预先制定方案、图样等。事实上，设计是寻求解决问题的方法与过程，是在有明确目的引导下的有意识的创造，是对人与人、人与物、物与物之间关系问题的求解，是生活方式的体现，是知识价值的体现。

设计是人为的思考过程，是以满足人的需求为最终目标。而作为现代的设计概念来讲，设计更是综合社会、经济、技术、心理、生理、人类学、艺术的各种形态的特殊的美学活动。

王受之先生在《世界现代设计史》中谈到："设计，就是把一种计划、规划、设想、问题解决的方法，通过视觉的方式传达出来的活动过程。它的核心内容包含三个方面：计划、构思的形成；视觉的传达方式；设计通过传达后的具体运用。"从中可以看到设计包含构思阶段、行为过程和实现价值这三个阶段。通过这三个方面的共同作用，可以得到若干人们期待的结果，或给予产品附加价值，或解决某一现实问题与功能，或得到了某种有意味的形式，或改善人机关系，或提升生活品质等。

随着社会生产力的提高，社会经济水平的发展和社会关系的变化，设计的内涵也发生着相应的变化；设计从最开始只是以单纯地解决现实问题为目标，在发展过程中逐渐渗透了人们的审美意识和创新意识，从而具备了艺术的特性；随后在社会的进步、市场经济的发展中，又具备着引导消费、增加产品附加值的功能，融入了实用价值与经济价值；又在人类技术力量与自然力量的较量中扮演着由某种价值观来决策人类生产、建造和规划动机的角色，最终，设计成为解决问题的实用艺术（图1.1、图1.2）。

1.1.2　建筑的定义

建筑（architectural）的含义比较宽泛，可以理解为营造活动、营造活动的科学、营造活动的结果（构筑物），是一个技术与艺术的综合体。早在原始社会人们就在与恶劣的自然环境进行斗争的过程中创造了建筑，用树枝、石块构筑巢穴，躲避风雨和野兽的侵袭，开始了最原始的建筑活动，形成了最原始的建筑。

我国著名哲学家老子在他的著作《道德经》中论到："凿户牖以为室，当其无，有室之用。故，有之以为利，无之以为用。"意思是开凿门窗建造房屋，有了门窗四壁内的空虚部分，才有房屋的作用，这与现代主义"建筑是人类活动的容器"的思想不谋而合。

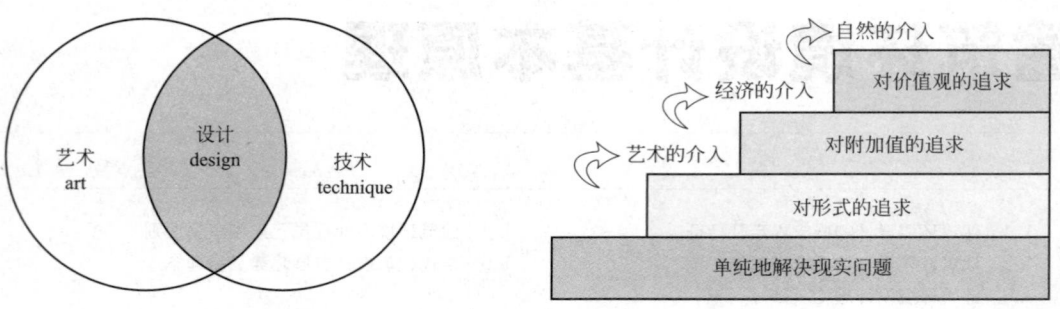

图 1.1 设计的内涵　　　　　　　　　　图 1.2 设计内涵的发展进程

建筑作为人类的一种创造行为，其目的是为了满足人们的使用及心理需求，为人们提供从事各种活动的场所。建筑一方面以实体的物质属性和自然环境共同构成人类赖以生存的物质空间；另一方面，它又承载着社会文化，成为人类文明的重要组成部分。

建筑需要技术支撑，同时又涉及艺术特征。早在古罗马时期，维特鲁威就在《建筑十书》中提出了建筑设计三要素的问题，即实用、经济、美观。建筑的基本属性可概括为以下几个方面。

1.1.2.1 建筑的综合性

建筑设计是科学、哲学、艺术以及文化等各方面的综合应用，不论建筑的功能、技术、空间、环境等任何一个方面，都需要建筑师掌握一定的相关知识，才能投入到自由创作中去。因此，作为一名建筑师，不仅是建筑作品的主创者，而且是各种现象与意见的协调者。由于涵盖层面的复杂性，建筑师除具备一定的专业知识外，必须对相关学科有着相当的认识与把握，有广泛的知识积累才能胜任本职工作（图 1.3）。

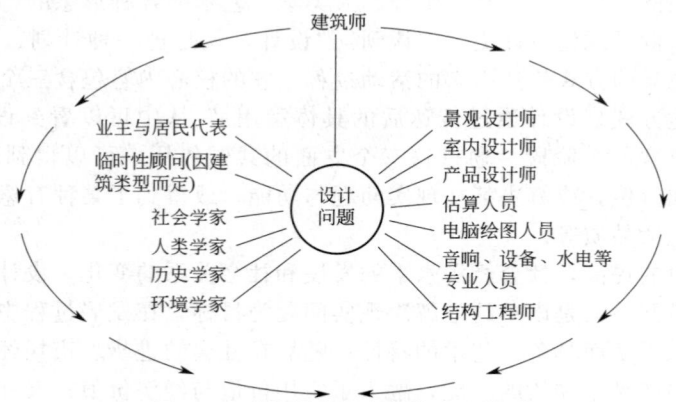

图 1.3 建筑师应具备的能力和素质

1.1.2.2 建筑的功能性

建筑的首要目的是满足功能需求，如住宅首要的目的就是供人居住。具体来说需要满足诸如人体活动尺度的要求、人的生理要求、人的使用过程和使用特点的要求等。功能与建筑形体及外在形式的和谐统一是建筑设计的主要目标之一。按照功能进行设计是建筑学现代语言的普遍原则。

1.1.2.3 建筑的工程技术性和经济性

建筑与其他艺术的另一个不同之处是它具有高度的工程技术性。建筑师不但要重视工程技术问题，同时还必须注意经济问题。建筑的工程技术包含着这样几个方面：建筑结构与材料、建筑物理、建筑构造、建筑设备和建筑施工等。

1.1.2.4　建筑的艺术性

建筑的艺术性多指建筑形式，或建筑造型的问题。建筑虽然是一个实用的对象，但建筑艺术有相对独立性，有自己的一套规律或法则。如我们常说的变化与统一、均衡与稳定、比例与尺度、节奏与韵律等，它们的运用是千变万化的，设计者应该细心揣摩，灵活运用。"建筑是凝固的音乐"形象地比喻了建筑的艺术特性。

1.1.2.5　建筑的社会文化属性

建筑是一种社会文化，一种社会文化的容器，同时它又是社会文化的一面明亮的镜子，它映照出人和社会的一切。建筑社会文化属性的第一个特征是它的民族性和地域性；第二个特征是历史性和时代性。它具有时空和地域性，各种环境、各种文化状况下的文脉和条件，是不同国度、不同民族、不同生活方式和生产方式在建筑中的反映，同时这种文化特征又与社会的发展水平以及自然条件密切相关。

1.1.3　建筑设计的定义

建筑设计（architectural design）的概念有广义和狭义之分。广义的建筑设计是指设计一个建筑物或是建筑群所要做的全部工作，主要包括建筑学、结构学等领域以及水、电、暖和消防以及自动化控制管理和建筑热工学、光学与工程估算、园林绿化等内容。而狭义的建筑设计则是指在建筑物进行施工建造前，设计者以建设任务为依据，将建筑物在施工和使用两个过程中可能发生或既有的问题事先进行全面设想，并拟定相应问题的对策和方案，通过将其作为备料以及施工组织各项工作相互协调与配合的依据，从而将建筑工程控制在预订投资限额内的设计方法。本书主要从狭义的角度对建筑环境设计进行阐述。

建筑设计通常包括方案设计、初步设计和施工图设计三大部分。方案设计作为建筑设计的第一阶段，主要确立的是建筑的设计思想、立意及形态。其后的初步设计与施工图设计主要是在此基础上对其经济、技术、材料等物质需求进行落实，也是将设计意图转化为真实建筑的重要阶段。

方案设计能力的培养是学习者学习设计过程的重点，通过对各种类型方案设计任务的训练，培养正确的建筑设计思维的方式方法，尤其是创造性思维的训练。建筑设计作为一种设计者的创作活动，它要求创作者具有丰富的想象力、较高的审美能力和灵活开放的思维方式，同时也应具有勇于克服困难、挑战权威的决心和毅力。对于初学者而言，创新意识与创作能力的培养应该是设计学习训练的目标。

1.1.4　环境设计的含义

环境设计（environment design）的范畴较大，且具有较强的综合性，通常是指具体环境艺术工程的空间与设计艺术方案的综合设计与规划，主要包括环境及设施计划、空间与装饰计划、造型与构造计划、材料与色彩计划、采光与布光计划、使用功能与审美功能的计划等。从艺术的角度对环境设计进行分析可知，其比建筑设计涉及的领域更为广泛；同时，相对于单一的工程也更加富有人情味。因此，可以说环境设计是针对建筑室内外的空间环境，通过艺术设计的方式进行设计和整合的一门实用艺术。

环境设计作为一门新兴的学科，通过将建筑的实用功能与审美功能进行有机结合，从而将建筑物的各项功能淋漓尽致地展现在人们面前。环境设计的特征有以下几个方面。

1.1.4.1　整体性

从设计的行为特征来看，环境设计是一种强调环境整体效果的艺术，在这种设计中，对各种实体要素（包括各种室外建筑构件、景观小品等）的创造是非常重要的，但不是首要的，因为最重要的是要把握对整体的室外环境的创造。一个完整的环境设计，不仅要充分体现构成环境的各种物质的性质，还要在这个基础上形成统一而完美的整体效果。如果没有对整体效果的控制与把握，那么再美的形体或形式都只能是一些支离破碎或自相矛盾的局部。

1.1.4.2 多元性

多元性是指环境设计中将人文、历史、风情、地域、技术等多种元素与景观环境相融合的一种特征。如在城市众多的住宅环境中，可以有当地风俗的建筑景观，可以有异域风格的建筑景观，也可以有古典风格、现代风格或田园风格的建筑景观，这种丰富的多元形态，包含了许多不同内涵与神韵：典雅与古朴、简约与细致、理性与狂欢。因此，只有多元性城市居住环境才能让整个城市的环境更为丰富多彩，才能让居民在居住的选择上有更大的余地。

1.1.4.3 艺术性

艺术性是环境设计的主要特征之一，建筑环境设计中的所有内容，都以满足功能要求为基本目标。这里的"功能"包括"使用功能"和"观赏功能"，二者缺一不可。室外空间包含有形空间与无形空间两部分内容。有形空间的艺术特征包含形体、材质、色彩、景观等；而无形空间的艺术特征是指室外空间给人带来的流畅、自然、舒适、协调的感受与各种精神需求的满足。二者的全面体现才是环境设计中的完美境界。

1.1.4.4 科技性

室内外空间环境的创造是一门工程技术性科学，空间组织手段的实现，必须依赖技术手段，要依靠对于材料、工艺、各种技术的科学运用，才能实现设计意图。这里所说的科技性特征，包括结构、材料、工艺、施工、设备、光学、声学、环保等方面的因素。现代社会中，人们的居住要求越来越趋向于高档化、舒适化、快捷化、安全化。因此，在室内外环境设计中，增添很多高科技的设备，如智能化管理系统、电子监控系统、智能化生活服务网络系统、现代化通信技术等。

1.1.5 建筑设计与环境设计的相互关系

长期以来，建筑设计中的突出问题便是人与环境之间的关系，即建筑功能同环境艺术之间的关系。由于人与环境的交互作用大都表现为其在受刺激后的心理活动与外在表现以及活动空间状态的转移，因此，二者之间的关系既表现为相辅相成，同时也是相互制约的，即建筑设计既需要满足空间使用和美观的需求，又需要在外部的构造方面同周边的环境与城市的文脉和整体风格相互协调。

从大的环境来看，建筑仅仅是环境的一个部分，建筑美从整体上说是服从于周围环境的。建筑作为稳定的不可移动的具体形象，总是要借助于周围环境恰当而和谐的布局才能获得完美的造型表现。只有在充分理解建筑与环境之间关系的情况下，才能设计出建筑与环境协调统一、可持续的作品。

1.1.5.1 建筑应与环境相融合

环境和建筑二者不是相互独立的，而是相互关联、相互融合的。在设计过程中必须重视建筑和环境本体的匹配性、融合性，环境和建筑的完美融合，使建筑和环境融为一个有机的统一整体，从而使两者在风格、文化、形式上达到高度一致。

1.1.5.2 建筑应与环境相协调

建筑以其所处的不同环境为基础进行设计，而环境同时也依据建筑风格的不断演变，动态地反映历史的发展和文化的进步。所以说，在建筑与环境的关系之间，人们所追求的协调并不是单方面的体现在表面形式的相同或相似，而是更在于二者之间的相互结合。

1.1.5.3 建筑与环境互为动力

马克思认为，人们的意识最初来源于对周围可感知环境的一种感觉，是对自身以外的其他人、物的狭隘联系的一种自我感觉。从人们开始有意识地改变环境起，它们之间的关系就已经从最初的同一性关系向对象性关系转变。建筑环境设计无外乎也需要遵循这种主观意识发展的规律，经历从自发到自觉的演变过程。

1.1.6　建筑环境设计的学科特征

建筑环境设计是与人类生产、生活密切相关的综合性学科，是多学科交叉的系统的艺术。城市与建筑、绘画、雕塑、工艺美术以至园林景观之间的相互渗透促使了建筑环境设计的形成和发展。与其相关的学科涉及城市规划、建筑学、人体工程学、环境生态学、环境生理学、环境心理学、艺术学、园艺学等众多学科领域。同时，建筑环境设计学科并不是这些知识的简单、机械的综合，而是构成一种互补和有机结合的系统关系。从其内容的五大板块中我们能够看出每一个板块都具有严谨的内在规律，并且彼此之间是相互影响、互为前提的，见表 1.1。

表 1.1　建筑环境设计涉及的五大板块

系统	城市设计	建筑设计	景观设计	室内设计	公共艺术设计
内容系统	居住区规划 城市绿地系统 交通与道路系统 历史文化遗产与城市更新	人居环境 公共建筑 宗教建筑	小尺度场地规划 居住区景观设计 公园绿地景观设计 滨水带景观设计	居住空间 办公空间 商业空间 公共空间	公共设施系统 景观设施系统 安全设施系统 照明设施系统
构造系统	城市概念规划 城市总体规划 详细规划	功能形态系统 荷载构造系统 给、排水系统 强、弱电系统 能源系统 信息系统	区域功能 道路系统 照明系统 生态廊道	光系统 电系统 给、排水系统 供暖与通风 音响、消防	材料构造 工艺技术 视觉分析 配置方式
形态系统	环境形象 公共空间	技术性 地域性 文化性 时代性	硬质景观（空间形态） 软质景观（生态资源） 行为景观（休憩与环境行为）	空间分隔 空间组合 界面处理	功能审美 文化审美 艺术审美

设计学科的系统性与广延性决定了它的边缘性，而建筑环境设计是在人工环境与自然环境两大范畴的边缘上产生的，因此它的专业知识范畴也处于众多的自然学科和社会学科的边缘。所以，诸如建筑学、城市规划、环境科学、社会学、心理学、测绘、计算机应用技术等都可成为建筑环境设计可利用和借鉴的"营养"来源。

另外，多方专业人士的参与也体现出其学科的综合性，培养的人才也是综合应用多学科专业知识的人才，这也是学科广延性的特点，它不仅向建筑学和城市规划学科的人才开放，也向其他具备自然学科背景或社会科学背景的人才开放，具备各种专业背景的人都有机会基于各自的学科基础领域从事建筑环境设计实践，它并没有固定的模式与严格的专业界限，更能体现出其广延性的特征。同样，建筑环境设计培养的专业人才也向以上的专业领域渗透，显示出边缘性学科强大的生命力。

1.2　建筑环境设计的要求和原则

1.2.1　建筑环境设计的要求

随着时代发展，建筑环境设计需要遵循的原则越来越多，人们生活水平的提高和物质财富的积累，促使人们对生活环境提出了更高要求。

1.2.1.1 建筑功能的要求

满足建筑物功能的要求，为人们的生产和生活活动创造良好环境，是建筑设计的首要任务。例如在设计学校时，首先要考虑满足教学活动的需要，教室设置应分班合理，采光通风良好，同时还要合理安排教师备课、办公等行政管理用房和贮藏间、饮水间、厕所等辅助用房，并配置良好的体育场馆和室外活动场地等。

1.2.1.2 建筑技术的要求

建筑技术的要求包括正确选用建筑材料，根据建筑空间组合的特点，采用合理的技术措施，选择合理的结构、施工方案，使房屋坚固耐久、建造方便。例如近年来，我国设计建造的一些大跨度屋面的体育馆，由于屋顶采用钢网架空间结构和整体提升的施工方法，既节省建筑物的用钢量，又缩短施工工期，也反映出施工单位的技术实力。

1.2.1.3 建筑经济的要求

建造房屋是一个复杂的物质生产过程，需要大量人力、物力和资金，在房屋的设计和建造中，要因地制宜、就地取材，尽量做到节省劳动力，节约建筑材料和资金。设计和建造房屋要有周密的计划和核算，重视经济领域的客观规律，讲究经济效益。房屋设计的使用要求和技术措施，要和相应的造价、建筑标准统一起来，使其具有良好的经济效益。

1.2.1.4 建筑规划及环境要求

单体建筑是总体规划中的组成部分，单体建筑应符合总体规划提出的要求。建筑设计还要充分考虑和周围环境的关系，例如原有建筑的状况、道路走向、基地面积大小以及绿化等方面和拟建建筑物的关系等。

1.2.1.5 建筑美观的要求

建筑物是社会物质和精神文化财富的体现，它在满足使用要求的同时，还需要考虑满足人们在审美方面的要求，考虑建筑物所赋予人们在感官和精神上的感受。建筑设计要努力创造美观实用的建筑空间组合与建筑形象。历史上创造的具有时代印记和特色的各种建筑形象，往往是一个国家、一个民族文化传统宝库中的重要组成部分。

1.2.2 建筑环境设计的原则

现代环境建筑设计要根据具体情况具体分析，但总的说来，应具有以下基本原则。

1.2.2.1 "以人为本"的根本出发点

建筑为人所造，供人所用，"以人为本"应该是设计的根本出发点。建筑设计的目的就是要创造人们所需要的内部空间，设计中应该始终把人对空间环境的需求，包括物质和精神两个方面，放在首要位置上。

建筑空间要满足人的生理、心理需要；综合处理人与人之间、人与环境之间的各种关系；解决使用功能、舒适美观、环境气氛等各种问题，这一切都与人们的行为心理和视觉感受密切相关，需要人们进行深入的研究。

1.2.2.2 功能与形式的对话

内容与形式这一对哲学范畴是辩证统一的关系。在建筑领域里，建筑的内容表现为物质功能和精神功能内在要素的总和，建筑的形式则是指建筑内容的存在方式或结构方式，也就是某一类功能及结构、材料等外化的共性特征。在进行建筑设计时，应充分注意功能与形式的协调。如果设计时从功能方面入手，需要同时考虑建筑的形式或形象，以便在满足功能要求的情况下，创造出多样化的建筑形象来；如果设计时从形式入手，需要自觉顾及功能的要求，不能只注重美观而忽视其实用性。

1.2.2.3　满足结构的合理性

无论建筑以满足物质使用功能要求也好，还是满足精神审美要求也好，要实现这些要求，必须有必要的物质技术手段来保证。建筑技术包括结构、材料、设备、施工技术等多方面因素，其中结构与空间的关系最为密切。从上古时期的掩体建筑到木骨泥墙或石块堆砌的房子，再到砖瓦、木构混合建筑，以及广泛运用钢筋混凝土结构以后的灵活空间，各种空间的覆盖与分隔都有赖于结构工程技术的发展才得以实现。没有结构技术的保障，既实用又美观的建筑空间只能是一种空想。

1.2.2.4　满足形式美的原则

建筑除了要具有实用的属性以外，还以追求审美价值作为最高目标。然而，由于审美标准具有十分浓厚的主观性，使建筑呈现出千变万化的形式，故此其能充分把握共同的视觉条件和心理因素，得出相对具有普遍性的形式美原则。形式美原则是创造建筑空间美感的基本法则，是美学原理在建筑设计上的直接运用。这些美学原理是长期对自然和人为的美感现象加以分析和归纳而获得的共同结论，因而可以作为解释和创造美感形式的主要依据。

1.2.2.5　与环境有机结合

著名建筑师沙里宁曾说过："建筑是寓于空间中的空间艺术"，整个环境是个大空间，建筑空间是处于其间的小空间，二者之间有着极为密切的依存关系。当代建筑设计已经从个体设计转向整体的环境设计，单纯追求建筑单体的完美是不够的，还要充分考虑建筑与环境的融合关系。

建筑环境设计包括有形环境和无形环境。有形环境又包括绿化、水体等自然环境和庭院、周围建筑等人工环境；无形环境主要指人文环境，包括历史和社会因素，如政治、文化、传统等。这些环境对建筑设计的影响都非常大，是建筑设计中要着重考虑的因素。只有处理好建筑的内部空间、外部空间以及二者之间的关系，建立整体的环境观，才能真正实现环境空间的再创造。

1.2.2.6　满足文化认同

为适应广泛的社会需求，建筑必须反映时代、地域、民族、大众的文化特征才能与社会生活和社会发展保持同步。就建筑的物质属性而言，它反映着先进的科技发展水平；而在社会属性方面，人类的一切文明成果也都渗透其中，如雕塑、工艺美术、绘画、家具陈设等，都是建筑空间与建筑环境的组成部分；而建筑所体现的象征、隐喻、神韵意义，也都与人们的精神生活和精神境界相联系。人们对建筑的体会，如能达到用在其中，乐在其中，那么建筑也就真正成为创造历史文化的媒体。

1.3　建筑环境设计理论基础

由于建筑环境设计的多学科性质以及其广延性与系统性的基本特征，人们有必要对构成其主要理论基础的学科知识进行了解。虽然这些学科并不要求熟练掌握，但对于人们理解建筑环境设计的基础还是必要的，因为建筑环境设计内核的形成来源于这些学科，是它们构成了建筑环境设计的理论基础。

1.3.1　人体工程学

1.3.1.1　人体工程学理论

人体工程学（human engineering），也称人机工程学，是以人类心理学、解剖学和生理学为基础，综合多种学科研究人与环境的各种关系，使得生产器具、生活器具、工作环境、生活环境等与人体功能相适应的一门综合性学科。人体工程学研究的是如何通过建立合理的尺度关系，来营建舒适、安全、健康、科学的生活环境。它也是应用人体测量学、人体力学、劳动生理学、劳动心理学等学科的研究方法，对人体结构特征和机能特征进行研究，提供人体各部分的尺寸、重量、体表面积、重心以及人体各部分在活动时的相互关系和可及范围等人体结构特征参数。它还提供人体各部分的出力范围、活动范围、动作速度、动作频率、重心变化以及活动时的习惯等人体机能特征参数，分析人的视觉、听觉、触觉以及肤觉等感觉器官的机能特性，分析人在各种动作时的生理变化、能量消耗、疲劳机理以及人对各种运动负荷的适应能力，探讨人在工作中影响心理状态的因素以及心理因素对工作效率的影响等。

人体工程学的显著特点是：在认真研究人、机、环境三个要素本身特性的基础上，不单纯着眼于个别要素的优良与否，而是将使用"物"的人和所设计的"物"以及人与"物"所共处的环境作为一个系统来研究。在人体工程学中，将这个系统称为"人—机—环境"系统（图1.4）。这个系统中，人、机、环境三个要素之间相互作用、相互依存的关系决定着系统总体的性能。室内设计中的人机系统设计理论，就是科学地利用三

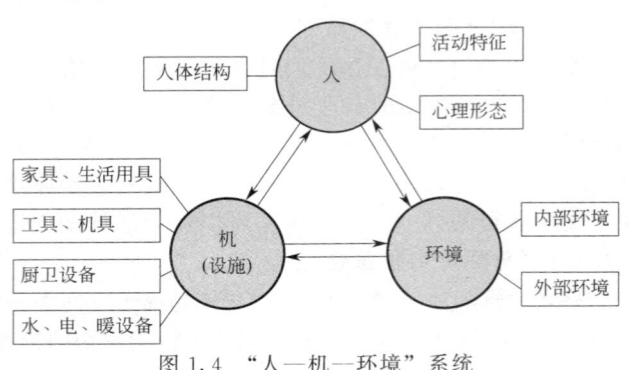

图1.4 "人—机—环境"系统

个要素间的有机联系来寻求建筑与室内围合界面的最佳参数（图1.5、图1.6）。

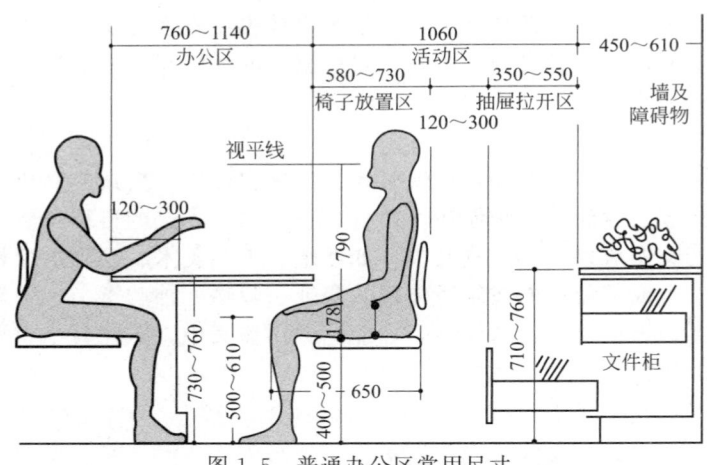

图1.5 普通办公区常用尺寸

人体工程学给建筑设计提供了大量的科学依据，它有助于确定合理的家具尺寸，增强室内空间设计的科学性，有利于合理选择建筑设备和确定房屋的构造做法，对建筑艺术真、善、美的统一起到了不可或缺的作用。通过以下的案例，我们可以看到人体工程学对房屋构造做法、房间平面尺寸、人体通行宽度的影响。在建筑设计中人体工程学的主要作用表现在以下几个方面。

（1）对房间平面尺寸与家具设备布置的影响和制约　房间面积、平面形状和尺寸的确定在很大程度上受到家具尺寸、布置方式及数量的制约和影响，而家具的具体尺寸及布置又受到人体测量基础数据的制约和影响。以卧室为例，在确定平面尺寸时，应首先考虑最大的家具——床的布置，并使其具有灵活性，以适应不同住户的要求，而床的尺寸又受人体尺寸的直接影响，故布置床位时要考虑房间的进深和开间。如床长2m，宽1.5～1.8m，房间的开间和进深分别为3.7m和4.25m为宜（图1.7）。再如，卫生间的设计中应保证使用设备时人活动所需

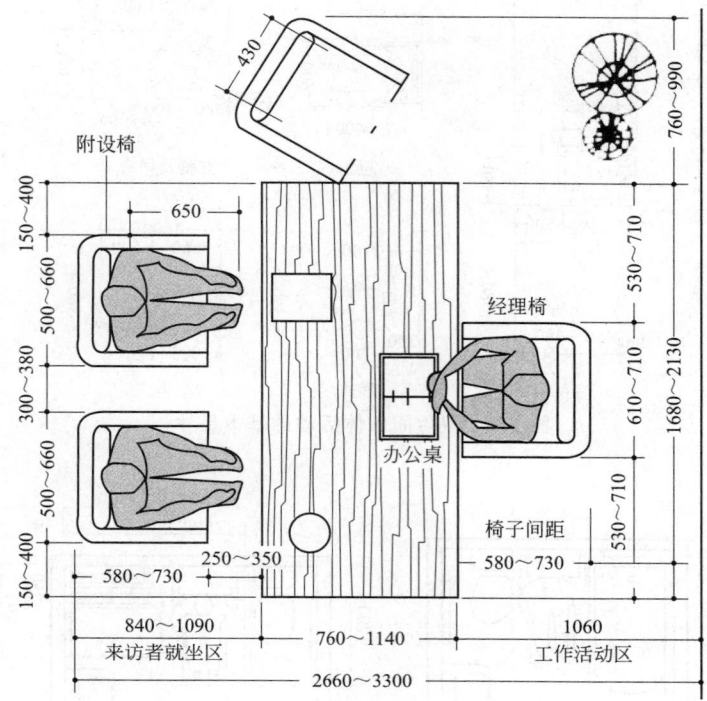

图 1.6　经理办公区常用尺寸

的基本尺寸，并据此确定设备的布置方式及间隔的尺寸（图 1.8）。特别是供残疾人使用的专用卫生间，人体测量基础数据的参考应用显得尤为重要（图 1.9）。

（2）对门和走道等交通联系空间最小宽度确定的影响

门的最小宽度受人体动态尺寸的制约和影响。一般单股人流最小宽度为 0.55m，加上人行走时身体的摆幅 0～0.15m，以及携带物品等因素，因此，门的最小宽度不小于 0.7m。

走道、楼梯梯段和休息平台最小宽度的确定同样离不开人体的动态尺寸。单股人流宽度为 0.55～0.7m，双股人流通行宽度为 1.1～1.4m。根据可能产生的人流股数，便可推算出各自所需的最小净宽，而且还应符合单项建筑规范的规定（图 1.10、图 1.11）。

（3）建筑中诸如栏杆、扶手、踏步等一些要素，为适应功能要求，基本上保持恒定不变的大小和高度，这些常数的确定往往也受人体测量学的直接影响。

除了考虑上述因素以外，在运用人体基本尺度时，还应注意以下几点。

① 设计中采用的身高并非都取平均数，应视具体情况在一定幅度内取值，并注意尺寸修正量。功能修正量主要考虑人穿衣及操作姿势等引起的人体尺寸变化；心理修

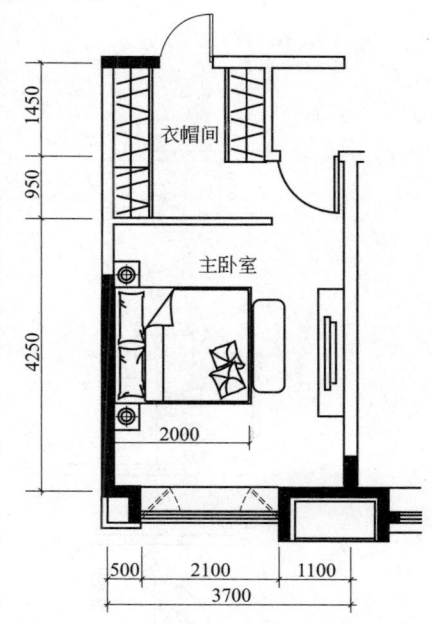

图 1.7　主卧室的平面形状和尺寸

正量主要考虑为了消除空间压抑感、恐惧感或为了美观等心理因素而引起的尺寸变化。

② 近年来对我国部分城市青少年调查表明，其平均身高有增长的趋势，所以在使用原有

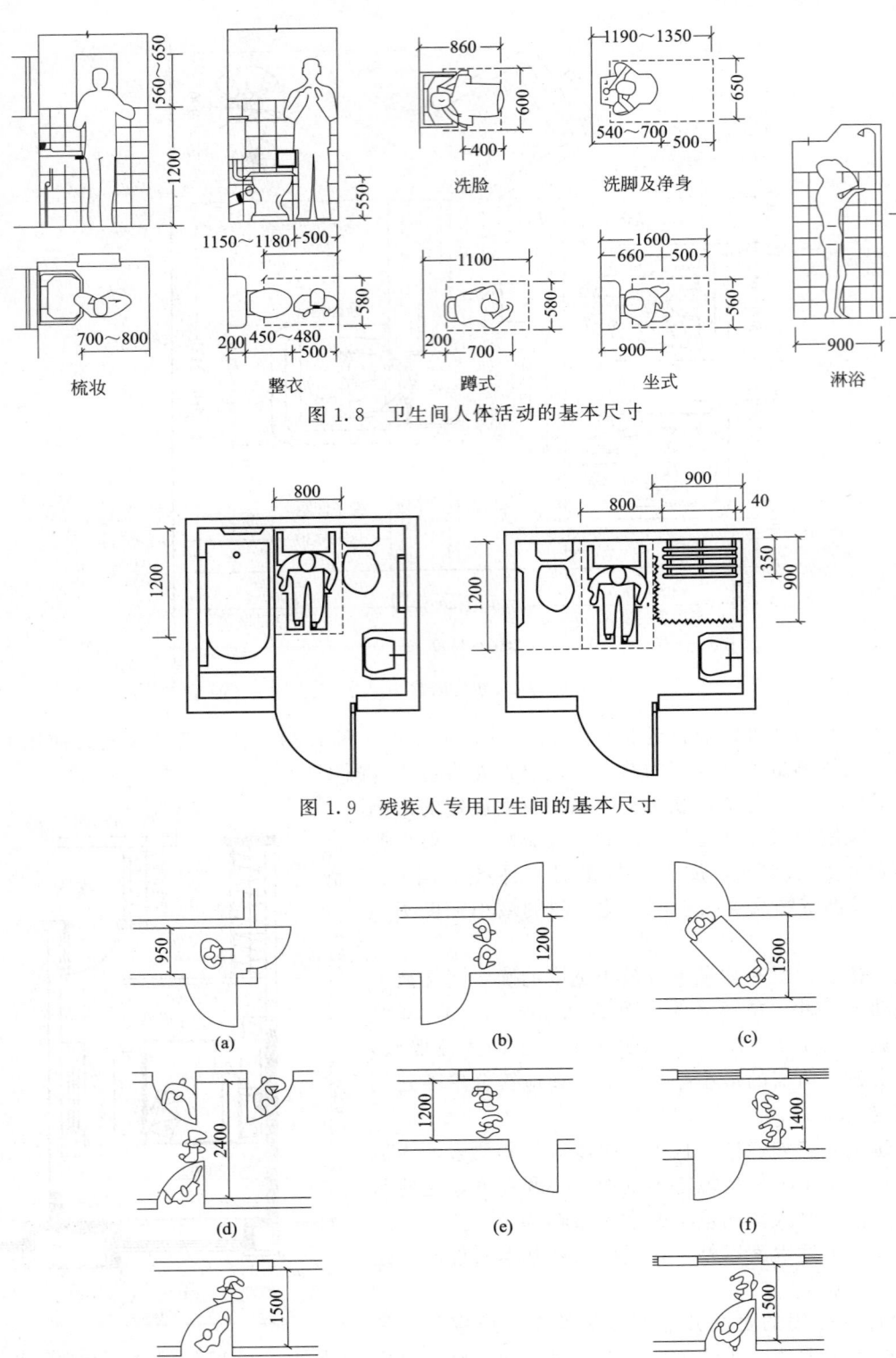

图 1.8　卫生间人体活动的基本尺寸

图 1.9　残疾人专用卫生间的基本尺寸

图 1.10　走道的最小宽度

资料数据时应与现状调查结合起来。2002 年一份文献指出，根据当时的教育部、卫生部联合

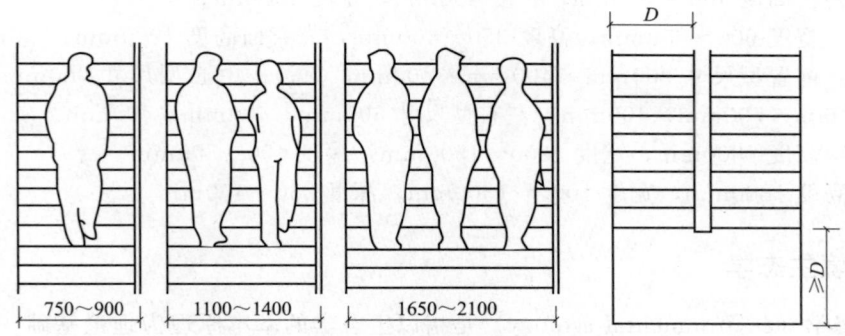

图 1.11　楼梯梯段和休息平台的最小宽度

调查显示，从 1995～2002 年的 7 年间，我国 12～17 岁的青少年男子身高增高 69mm，女子身高增高 55 mm。由此可见，设计中若用到青少年人体尺寸的数据，尤其要注意该数据产生的年代。

③ 针对特殊使用对象（运动员、残疾人等），人体尺度的选择应随时做出调整。

1.3.1.2　建筑空间常用尺寸

（1）家具设计的基本尺寸

① 衣橱：深度 600～650mm，宽度 400～650mm，推拉门宽度 700mm。

② 矮柜：深度 350～450mm，宽度 300～600mm。

③ 电视柜：深度 450～600mm，高度 600～700mm。

④ 单人床：宽度 900mm、1050mm、1200 mm，长度 1800mm、1860mm、2000mm、2100mm。

⑤ 双人床：宽度 1350mm、1500mm、1800mm，长度 1800mm、1860mm、2000mm、2100mm。

⑥ 沙发：

a. 单人式：长度 800～950mm，深度 850～900mm，坐垫高 350～420mm，背高 700～900mm；

b. 双人式：长度 1260～1500mm，深度 800～900mm；

c. 三人式：长度 1750～1960mm，深度 800～900mm；

d. 四人式：长度 2320～2520mm，深度 800～900mm。

⑦ 小型茶几：长度 600～750mm，宽度 450～600mm，高度 380～500mm。

⑧ 固定式书桌：深度 450～700mm（600mm 最佳），高度 750mm。

⑨ 餐桌：高度 750～780mm（西式餐桌高度 680～720mm），一般方桌宽度 1200mm、900mm、750mm；圆桌直径 900mm、1200mm、1350mm、1500mm、1800mm。

（2）饭店客房

① 标准面积：大房间约 25m²，中房间 16～18m²，小房间约 16m²。

② 床：高度 400～450mm，床靠高度 850～950mm。

③ 床头柜：高度 500～700mm，宽度 500～800mm。

④ 写字台：长度 1100～1500mm，宽度 450～600mm，高度 700～750mm。

⑤ 行李台：长度 910～1070mm，宽度 500mm，高度 400mm。

⑥ 衣柜：宽度 800～1200mm，高度 1600～2000mm，深度 500mm。

⑦ 沙发：宽度 600～800mm，高度 350～400mm，靠背高 1000mm；

⑧ 衣架：高度 1700～1900mm。

（3）办公家具

① 办公桌：长度 1200～1600mm，宽度 500～650mm，高度 700～800mm。

② 办公椅：高度 400～450mm，长度 450mm，宽度 450mm。

③ 沙发：宽度 600～800mm，高度 350～400mm，靠背面高度 1000mm。

④ 茶几：前置型尺寸 900mm×400mm×400mm（高）；中心型尺寸 900mm×900mm×400mm、700mm×700mm×400mm；左右型尺寸 600mm×400mm×400mm。

⑤ 书柜：高度 1800mm，宽度 1200～1500mm，深度 450～500mm。

⑥ 架：高度 1800mm，宽度 1000～1300mm，深度 350～450mm。

1.3.2 环境生态学

环境生态学（environmental ecology）是指以生态学的基本原理为理论基础，结合系统科学、物理学、化学、仪器分析、环境科学等学科的研究成果，主要是研究在人类干扰条件下，生态系统内在变化机理、规律和对人类的反效应，寻求受损生态系统的恢复、重建及生态保护对策的科学，是运用生态学的原理，阐明人类对环境影响及解决环境问题的生态途径的科学。在人类跨入 21 世纪之际，面临不断恶化的生存环境和资源的匮乏，人类清醒地认识到必须走可持续发展的道路。从长远观点来说，发展环境生态教育是解决环境问题和实施可持续发展战略的根本。

与环境生态学的内涵相对应，建筑环境设计服务主要来自于城市。在城市这一部不停歇的高速发展的机器面前，人为创造和改造环境的前提不是脱离自然生态，因为单纯发展科技的必然结果是：技术水平的增长导致掠夺性地开发自然资源，自然的自我调节能力下降的协调发展失控，开始危及人类自身的生存。因此，人们必须带着环境生态学的眼光来看待城市在整个生态圈中的位置，运用环境生态学的原理和方法来认识、分析和研究城市生态系统及城市环境的问题，其核心价值在于依靠人类已掌握的科学技术为生态保护服务。

城市环境生态学的研究领域包括其基本原理、城市人口、城市环境、城市气候、城市灾害与防治、城市植被、城市景观、城市环境质量评价及城市环境美学质量评价等。因而，凡从事环境保护、城市规划、建筑、管理、园林以及环境设计等方面的科技人员都要了解并熟习这样的基础理论（图 1.12、图 1.13）。

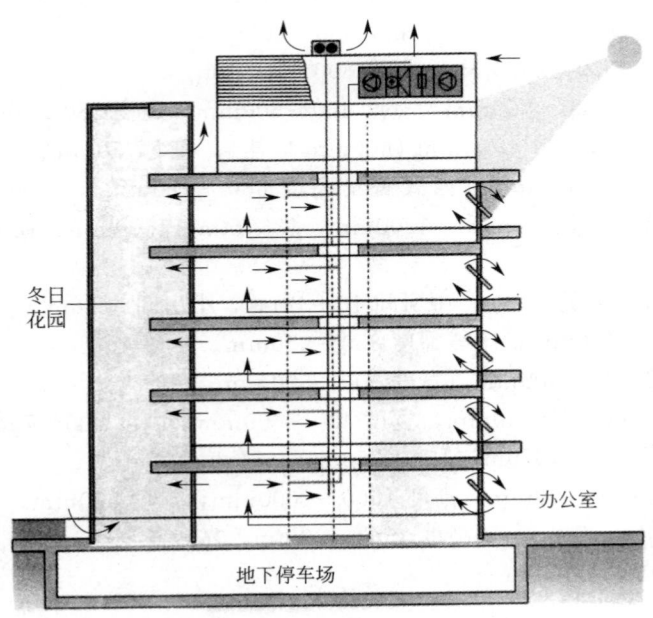

图 1.12　冬日花园、建筑挑檐和隔热玻璃都可作为热量和声音的缓冲区

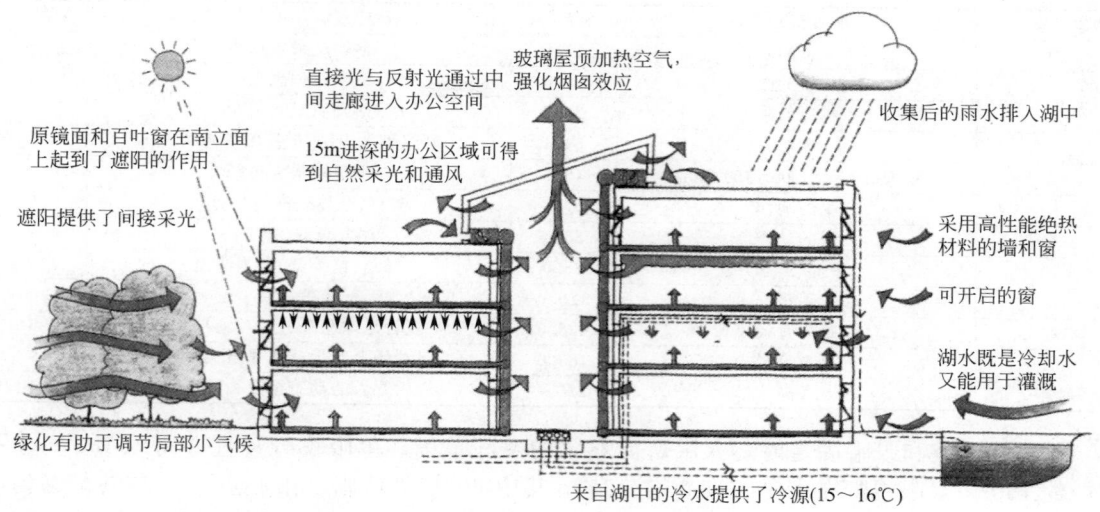

图 1.13　典型的建筑剖面图表明了能源的"综合利用模式"

　　如今是一个"信息爆炸"的时代，传统的单一学科领域的研究已难以适应迅速发展的社会需要，整体的、相关联的知识和信息的相互渗透，以及多学科的合作和协调已成为目前各学科发展的趋势。所以，建筑师应积极了解和掌握相关学科知识，并善于与相关领域的研究者合作来解决城市与建筑问题，而这正是符合生态观念的一种整体解决问题的方法。

1.3.3　环境生理学

　　环境生理学（environmental physiology）的主要内容是研究各种工作环境、生活环境对人的影响，以及人体做出的生理反应。人类能认识世界，改造环境，首先是依靠人的感觉系统，由此才可能实现人与环境的交互作用。与建筑环境直接作用的主要感官是眼、耳、身及由此而产生的视觉、听觉和触觉。另外，还有平衡系统产生的运动觉等履行着人们探索世界的许多任务。本节重点介绍与建筑设计关系较密切的室内环境要素参数和人的视觉、听觉机能。

1.3.3.1　环境生理学理论

　　（1）室内环境要素参数　环境条件与人的安全、健康、舒适感有着密切的关系，也在很大程度上影响了工效的高低。按照劳动条件中的生理要求，通常把环境因素的适宜性划分为四个等级，即不能忍受的、不舒适的、舒适的和最舒适的。

　　（2）视觉机能与环境　建筑以形、色、光具体地反映着建筑的质感、色感、形象和空间感。视觉正常的人主要依靠视觉体验建筑和自然环境。人的视觉特性包括视野、视区、视力、目光巡视特性及明暗适应等几个方面。

　　① 视角、视距与视野、视区。视角是人眼能够区别开来的两个最近的刺激物与人眼形成的夹角，具体设计可参考 6′视角进行设计。视距是眼睛到被视对象之间的距离。实际上，两眼相距约 60mm，可看清物体时，最佳距离在 34.4m 以内，这是歌剧院的最大视距（看清演员大致表情）。建筑设计中一些常见的视角与视距关系见表 1.2。

表 1.2　建筑设计中一些常见的视角与视距关系

物象尺度/cm	所观察对象	视距/m	在建筑应用中的状况	视角/(′)
1	细小尺度	5.73	展览品、美术品的欣赏	6
2	粉笔间距	11.5	阶梯教室最佳视距	6

续表

物象尺度/cm	所观察对象	视距/m	在建筑应用中的状况	视角/(′)
3	不化妆的眼神	17.2	话剧院最佳视距	6
4	化妆后的眼神	23.0	话剧院理想视距	6
5	嘴形低限	28.7	话剧院最大视距	6
6	嘴形	34.4	剧院最大视距/电影院理想视距	6
8	眼神(约为话剧眼神的2倍)	45.8	电影院最大视距	6
10	手的动作	57.3	演奏、杂技表演技巧运动	6
10	手的动作	86.0	体育表演、看手势	6
15	头部(形态)	85.0	舞蹈、芭蕾舞、音乐演出	6
15	手势	129.0	体育表演	4
22	足球直径	126.0	观看足球比赛最远清晰视距	6
22	足球直径	189.0	运动场上看足球比赛最大视距	4
170	人高	146.0	看人的动态极限视距	4

视野指脑袋和眼睛固定时,入眼所能察觉的空间范围。单眼视野竖直方向约130°,水平方向约150°。双眼视野在水平方向重合120°,其中60°较为清晰,中心点1.5°左右最为清晰(图1.14)。由于不同颜色对人眼的刺激有所不同,所以视野也不同(图1.15)。

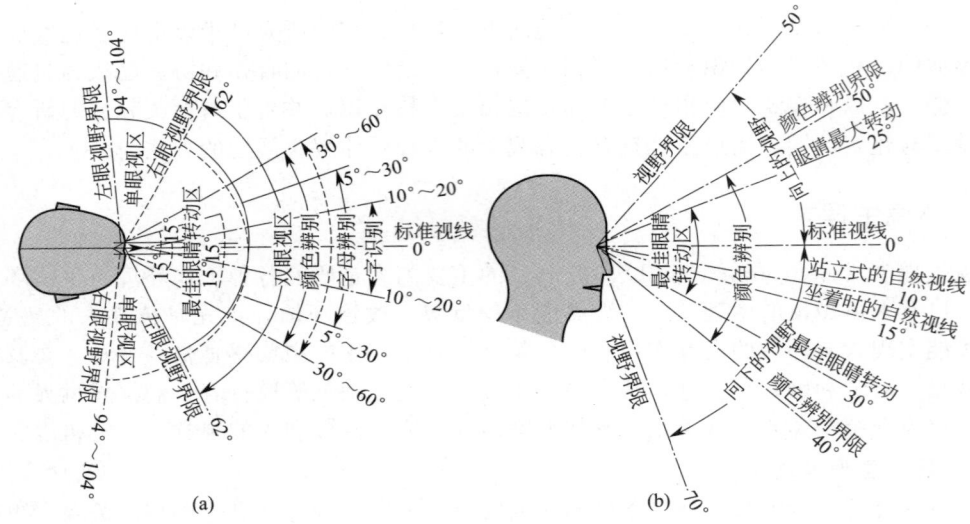

图1.14　水平视野与垂直视野

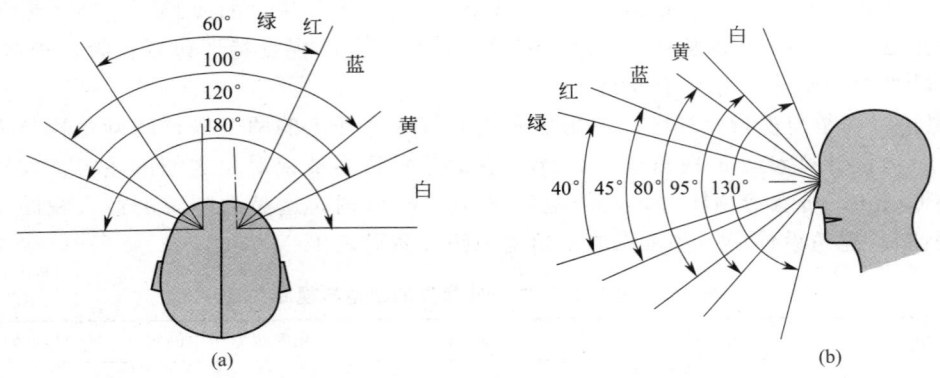

图1.15　正常人的色视野

由于直接视野是指"可察觉到"的空间范围，视野范围内的大部分只是人眼的"余光"所及仅能看清物体的存在，不能看清细部。通常按对物体的辨认效果，即辨认的清晰程度和辨认速度，分为以下四个视区：中心视区、最佳视区、有效视区和最大视区，见表 1.3。

表 1.3　不同视区的空间范围及辨认效果

视区	范围		辨认效果
	铅垂方向	水平方向	
中心视区	1.5°～3°	1.5°～3°	辨认形体最清楚
最佳视区	视水平线下 15°	20°	在短时间内能辨认清楚形体
有效视区	上 10°，下 30°	30°	需集中精力才能辨认清楚形体
最大视区	上 50°，下 70°	120°	可感到形体存在，但轮廓不清楚

② 目光巡视特性。由于人眼在瞬时能看清的范围很小，人们观察事物多依赖目光的巡视，因此设计中必须考虑目光的巡视特性。

a. 目光巡视的习惯方向。在水平方向上从左到右；在垂直方向上从上到下；旋转巡视时习惯顺时针方向。

b. 视线水平方向的运动快于垂直方向，且不易感到疲劳；对水平方向上尺寸与比例的估测比对垂直方向上的准确。

c. 目光巡视运动是点点跳跃，而非连续运动。

d. 两眼总是协调地同时注视一处，很难两眼分别看两处，所以设计中常取双眼视野为依据。

③ 明暗适应。眼睛向亮处的适应叫明适应、光适应，向暗处的适应叫暗适应。当人们从暗处进入亮处，适应时间约 1min 就可完成，而从亮处突然进入暗处，适应时间长达十多分钟。

（3）听觉机能与环境　人类早就对自己的听力进行了许多研究，发现了一些生理和心理效应。根据声音的物理性能、人耳的生理机能和听觉的主观心理特性，与建筑声学设计关系密切的听觉特征主要表现在以下几个方面。

① 听觉适应。尽管人对环境噪声的适应能力很强，但是人对噪声积累的适应对健康是不利的，特别是噪声很大的适应会造成职业性耳聋。

② 听觉方向。物体的振动产生了声音，声音的传播具有一定的方向性，这是声源的重要特性。

③ 听觉与时差。经验证明，人耳感觉到声音的响度除了与声压和频率有关外，还与声音的延续时间有关。从听觉实验得出，如果两个声音的间隔时间（即时差）小于 50ms，那就无法区别它们，而是重叠在一起了。这是耳朵对声音的暂留作用，即声觉暂留。当室内声音多次连续反射到人耳无法区别，这时称为混响。为了避免听到先后两个重复的声音（如回声等），必须使每两个声音到达耳朵的时差小于 50ms。

④ 单耳听闻与双耳听闻效应。单耳听闻是指用一只耳朵收听的情况。这时，方位感消失，"滤波效应"降低，噪声干扰增大。人们可以利用单耳听闻来判别厅堂音质的优劣，还可以通过转动头部，利用耳廓效应来确定声音的方位。双耳听闻可以同时收听声音信号并判断声源的距离和方向。其中判断方向的能力要强一些，而且对水平方位的声源的方位感较垂直方向要强一些。

⑤ 掩蔽效应。声的掩蔽是指一个声音的存在影响了人们对另一个声音的听闻。声掩蔽的特点是：同频率的声音相互掩蔽性最强；低频声容易掩蔽高频声；高频声则很难完全掩蔽低频声；掩蔽声越强，对频率较高的声音的掩蔽作用就越大。

1.3.3.2　环境生理学在建筑设计中的具体表现

现代城市中的许多问题，如噪声、拥挤、空气污染、光污染等都可被看成为背景应激物，尽管其强度远不如灾变事件和某些个人应激物，但由于它们在环境中的普遍存在和长时间作用，对人的危害不可低估。

按照国际标准，一个建筑如果有 20％ 以上的人对居住或办公时的感觉不适进行投诉，那么这个建筑可被判定为"病态建筑"。当代许多建筑单纯为了外观的新颖独特，舍弃传统建筑中有利于人生存的元素，大量使用热辐射高又不隔热的玻璃幕外墙，然后再不惜代价地使用空调。那种依赖巨大的能源消耗来应付不必要的冷热负荷的建筑，不仅形成了不健康的内部环境，同时也污染和破坏了周围环境。首先，大量能量消耗加剧了市中心的热岛效应；其次，高层建筑如果设计不合理，会使街道形成常年不见阳光的阴影区，或将高风引向地面形成强风带，或阻碍地面污染物扩散而加重污染，从而造成局部小气候恶化，影响人的正常活动；此外，玻璃幕墙的大量使用带来了现在城市普遍存在的光污染。要减少建筑本身的疾病，特别需要好的建筑设计来遏制"病态建筑"的产生。

（1）室内环境要素参数对建筑设计的影响与制约　由于建筑技术的发展和人民生活水平的提高，对于现代建筑，人们不仅要求它具有安全、适用、经济和美观等特点，还要求它具有舒适性的状态。所谓舒适，就是建筑环境达到了一定的条件，包括物理、生理、心理、社会、经济和环境的条件，使居住者或使用者感到安逸、合适、满意甚至幸福的状态，从而使他们的工作效率更高，寿命更长，生活质量更好。

（2）视觉机能对建筑环境设计的要求

① 天然采光。建筑设计中人工照明无论怎样配置，也很难达到天然光那种柔和自然、朝晖夕阳的妙景。因此，需要通过光环境设计达到采光的目的（图 1.16）。通过天然采光的窗户面积并不是越大越好，还要考虑保温、防热、节能、眩光、通风等多种因素限制，同时还要对窗户的进光量进行调控，如通过在玻璃上涂漆、镀铬、贴膜等方式控制西晒的影响；或采用遮阳板、遮光格栅来避免夏季太阳强烈的直射和眩光效应等。

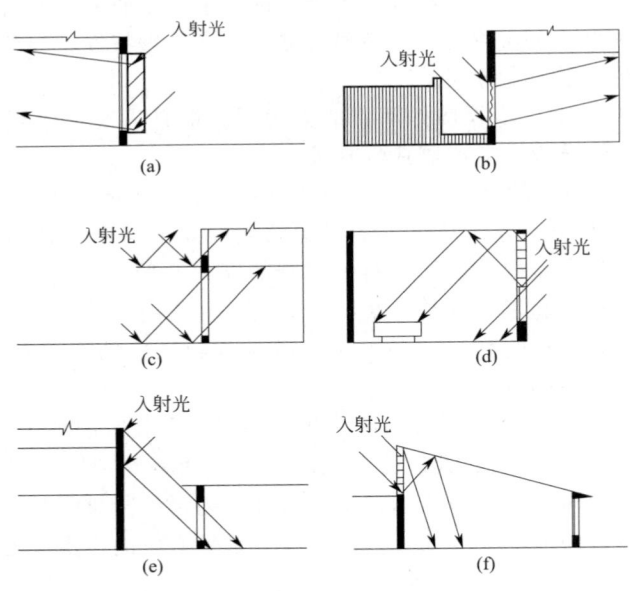

图 1.16　自然光的入射形式

② 人工照明。人工照明可分为工作照明和装饰照明两部分，其相应的灯具也分别称为功能灯具和装饰灯具。前者主要着眼于满足人们生理、生活和工作上的实际需要，具有实用性的目的；后者主要着眼于满足人们心理、精神和社会的观赏需要，具有艺术性的目的。例如，通过灯光来强调聚谈中心和就餐中心，也可以采用较强的局部照明形成个人的"领域"。

建筑照明灯具多种多样，如吊灯、壁灯、吸顶灯、台灯、落地灯、格栅灯等，为建筑师的艺术构思和灵感的发挥提供了驰骋的天地（图 1.17）。

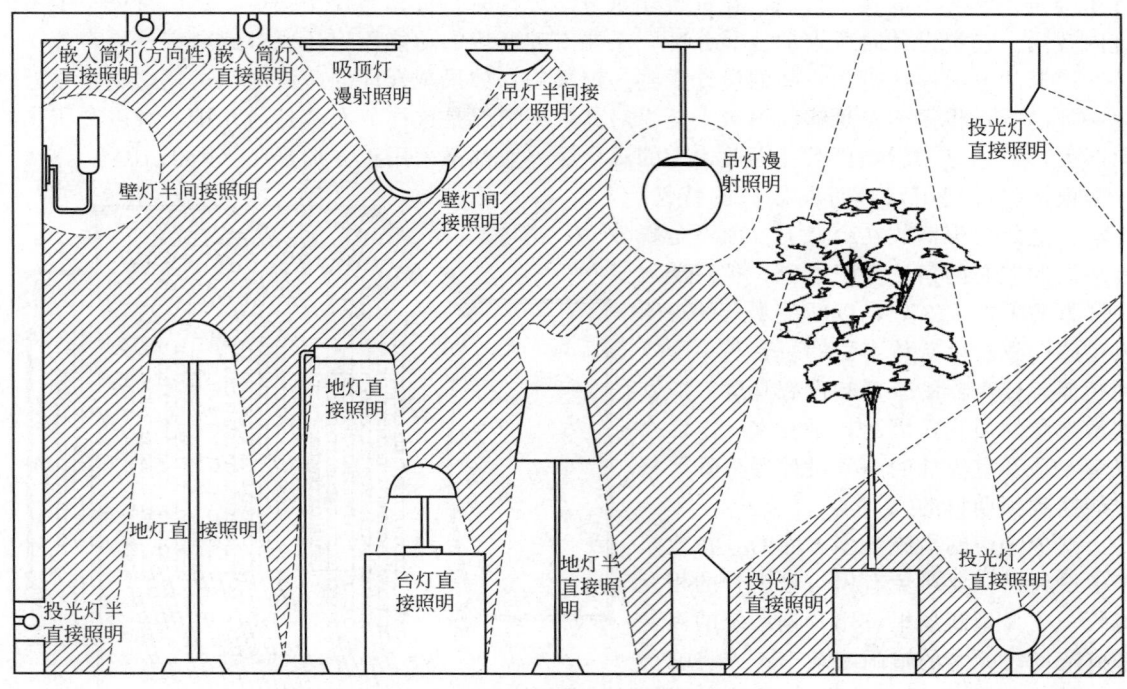

图 1.17　建筑照明灯具样式

③ 光环境的舒适性。为提高光环境的舒适性，在建筑设计中应减少大面积开窗，或采用特殊的玻璃，或采用多层窗帘，以及灯具的保护角，来减弱或消除眩光的危害，见表 1.4。另外，还应注意限制光源亮度，合理分布光源，以取得合适的亮度和照度，如在电影院设计中，常采用低照度的方法，以便观众能很好地适应。在大型超市要有足够的采光和照明设计，以有利于顾客购买商品。

表 1.4　避免眩光的方法

产生眩光的条件		避免眩光的方法
	周围是暗的，眼睛习惯于暗处，越看越眩目	将比赛场周围，例如观众席等适当增加亮度
	以视线为中心的30°范围内形成眩光区，视线越接近，就越眩目	将照明器提高或安装在视线上部空间位置
视线	光源亮度及灯具的光强越大，就越眩目	安装位置不要使高亮度或光强进入视线以内，或加以提高
	光源面积越大，眩光越显著	照明器距离越远，眩光程度越轻
	墙面、地面和机械用具等所产生的反射眩光	可考虑在墙面和地面采用无光泽的材料

（3）听觉机能对建筑环境设计的要求　噪声不仅会对语言信息的传播和工作产生影响，而

且还会对人体产生危害。因此，在进行建筑声学设计时，首先要控制噪声，然后再进一步考虑室内音质。建筑设计时要求动、静分区，需要安静环境的功能用房还要求远离室外噪声源。

　　声源的方向性使听觉空间的设计受到一定限制。如果观众厅的座位面积过宽，则在靠近墙边一带的听众将得不到足够的声级，至少对高频率情况是这样。尤其是前几排，对声源所张的角度大，对边座的影响更大。因此，大的观众厅一般都不采用正方形排座（图 1.18）。

　　设计时可利用双耳听闻效应的特性，将舞台上的扩声器放在台口上方而不是舞台平面的左右两角；对于电影，扩声器放在屏幕的上方 1/3 处，以便使观众的视听方位感一致。由于传声器的录音与单耳听闻相似，传声器的录音却没有耳廓效应和搜索声源的便利，因此，录音室、电话会议室、播音室等处的声学设计要格外严格才能达到预期目的。

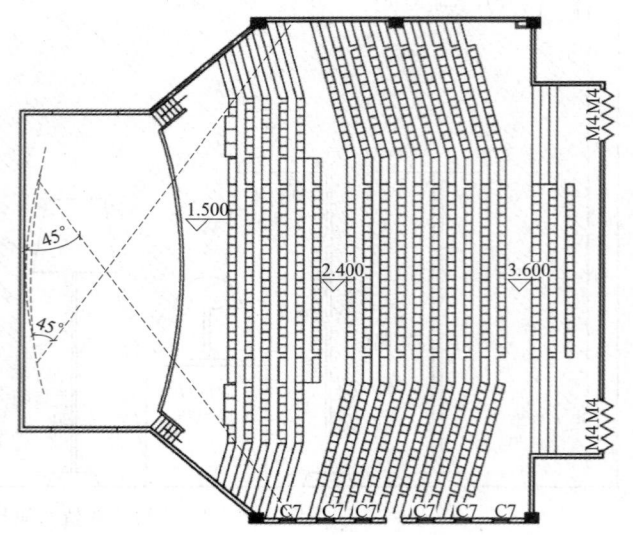

图 1.18　观演厅的平面布局与声源的关系

　　减少噪声的措施是多方面的，在建筑声学设计时，要避免有用信号声音的相互掩蔽；在大型商场里，用音响系统的声音来掩蔽场内顾客的喧闹嘈杂声；或将临街建筑转售给服务行业使用；通过合理规划、合理绿化，尤其是乔木、灌木和花草的合理配置，选择恰当的建筑造型和沿街墙体材料等，采用综合处理的方法加以解决，见表 1.5 和表 1.6。

表 1.5　口语信息交流时允许的室内环境噪声值

噪声强度（语音干扰级）/dB	进行有效通信所需要的语音水平和距离	可用的通信方式	工作区类型
45	正常语音（距离 3m）	一般谈话	个人办公室、会议室
55	正常语音（距离 0.9m）提高的语音（距离 1.8m）极响的语音（距离 3.6m）	在工作区内连续谈话	营业室、秘书室、控制室等
65	提高的极响的语音（距离 1.2m）、"尖叫"（距离 2.4m）	间断通信	
75	"尖叫"（距离 0.6～0.9m）	最低限度的通信（必须使用有限的预先安排好的词并作为危险信号的通信）	

表 1.6　不同室内环境的噪声允许极限值　　　　　　单位：dBA

噪声允许极限值	不同地方	噪声允许极限值	不同地方
28	电台播音室、音乐厅	47	零售商店
33	歌剧院（500 个座位，不用扩音设备）	48	工矿业的办公室
35	音乐室、教室、安静的办公室、大会议室	50	秘书室
38	公寓、旅馆	55	餐馆
40	家庭、电影院、医院、教室、图书馆	63	打字室
43	接待室、小会议室	65	人声喧杂的办公室
45	有扩音设备的会议室		

1.3.4　环境心理学

　　环境心理学（environmental psychology）于 20 世纪 60 年代末在北美兴起。此后，先在英语区，后在全欧洲以及世界各地迅速传播和发展，其研究内容涉及多门学科，如医学、心理学、社会学、人类学、生态学以及城市规划学、建筑学、室内环境学、环境保护学等诸多学科（图1.19）。它着重从心理学和行为的角度探讨人与环境的最优化，即怎样的环境是最符合人们心愿的，是一门新兴的综合性学科。

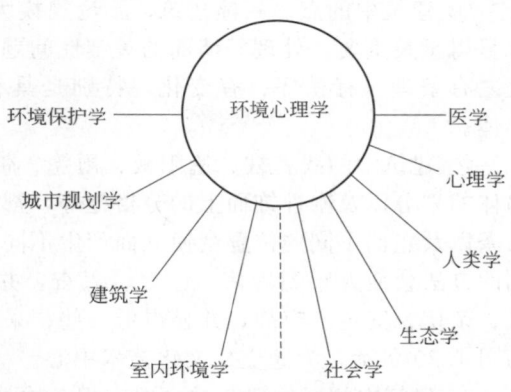

图 1.19　环境心理学涉及的学科

目前，环境心理学对建筑学的影响主要集中于理论观点、建筑设计过程和一般的环境行为问题，提供的只是一些观点和方法，并没有提供解决各种具体问题的措施和办法，部分研究实例及其结论仅供参考。为了更好地把握建筑环境与行为的关系，建筑师应从理论和实践两方面着手，既从多学科的环境行为信息中汲取创作的源泉，又身体力行地参与使用后的评估和有关研究。

1.3.4.1　视觉心理学及其在建筑设计中的应用

（1）环境色彩学　建筑色彩的应用，一是要表现建筑的性格，二是注意与环境的配合，三是要注意装饰材料的色彩及其在光影中的变化，而同时要考虑到它的演进。例如，银行建筑曾经是资本的象征，色彩表现为庄重与神秘，而如今却以轻松愉快、亲切可人的色彩装饰来吸引储户的注意，但对安全的要求却一如既往。

图 1.20　蓬皮杜文化艺术中心

① 建筑设计中的色彩对比。一般以大面积墙面的色彩为基调色，其次是屋面；而出入口、门窗、遮阳设施、阳台、装饰及少量墙面可作为重点处理，对比可稍大些。一般来说，色彩对比强的构图使人兴奋，过分则刺激；色彩对比弱的构图感觉淡雅，过分则单调。

② 色彩的知觉效应在建筑设计中的体现与应用。一般来说，在建筑色彩设计时，为避免视觉疲劳感，色相数不宜过多，彩度不宜过高，同时要考虑到远近相宜的色彩组合。建筑设计中，为了达到安定、稳重的效果，宜采用重色调。为了达到灵活、轻快的效果，宜采用明度较高的色彩，如泰姬·玛哈尔陵周围环绕着红砂墙，里边是大片绿茵，正中十字水渠贯通四方，中间是浅绿色的方形水池，池两侧为墨绿色树木，陵园中央是白色大理石的正方形台基，台基上为白色大理石圆顶寝宫，顶部为金属小尖塔。整个陵墓给人以圣洁神秘之感，又使人有轻盈欲升的向往。

（2）建筑形态学　建筑形态具有多样化的特点，它由点、线、面、体、群等基本元素所构成，又由空间、体量、色彩、光影、质感和肌理等形态表现出来，大体上分为现实形态（包括自然形态和人造形态）和抽象形态两种。

① 建筑中的点。一幢建筑，不论规模大小，立面上必然有许多窗洞。怎样处理这些窗洞就显得至关重要。处理好墙面的关键性问题就是要把墙、垛、柱、窗洞等各种要素组织起来，使之有条理、有秩序、有变化，特别是具有各种形式的韵律感，从而形成一个统一和谐的整体。

② 建筑中的线。柱、遮阳板、雨篷、带形窗、凹凸产生的线脚、不同色彩或不同材料对墙体的划分以及刚性饰面上的分格缝等，都可以作为立面上的线条。不同粗细、长短、曲直的线条以及它们不同的位置会使立面产生不同的艺术效果。同样大小和形状的立面，采用竖向分割的方法会使人感到雄伟、庄严、兴奋，并显得高一些；采用横向分割的方法则使人感到舒展、亲切、安定、宁静，并显得低一些；采用弯曲或粗细、长短变化的线条则会使立面生动，如图1.20所示，为蓬皮杜文化艺术中心。

③ 建筑中的面。建筑的立面应相互协调，成为一个有机整体。立面设计就是妥善安排屋顶、墙身、勒脚、柱、檐口、阳台、线脚等构部件，确定它们的形状、比例、尺度、色彩和材料质感，使建筑的艺术构思得以完美体现。

④ 建筑中的体。任何复杂的建筑形体都可以简化为基本形体的变换与组合，这些基本形体单纯、精确、完整，具有逻辑性，易为人所感知和理解。不同几何形体以及这些形体所处的状态具有不同的视觉效应和表现力（图1.21、图1.22）。

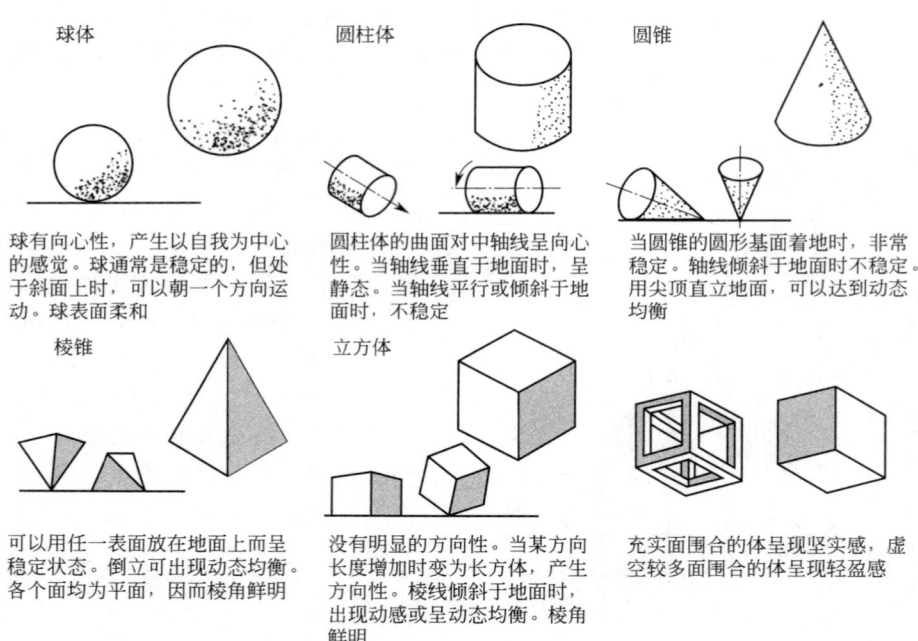

图1.21　不同几何形体具有不同的视觉效应和表现力

1.3.4.2　交际空间心理学及其在建筑设计中的应用

（1）领域性与人际距离　人的领域性是指与领域有关的行为习惯，它是指个人或人群为了满足自身的某种合理合法的需要，占有或控制一个特定的空间范围及空间中所有物的要求与实施。

美国人类学家霍尔（E. T. Hall）提到："我们站的距离的确经常影响着感情和意愿的交流"。每个人都生活在无形的空间范围内，这个空间范围就是自我感觉到的应该同他人保持的间距和距离，我们也称这种伴随个人的空间范围称为"个人空间"。

领域空间感是对实际环境中的某一部分产生具有领土的感觉，领域空间对建筑场地设计有

图 1.22　盖里设计的魏尔市家具博物馆

一定帮助。美国建筑师奥斯卡·纽曼（Oscar Newman）将可防御的空间分为公用的、半公用的和私密的三个层次，环境的设计如果与其结合就会给使用者带来安心感。

霍尔以动物的环境和行为的研究经验为基础，提出了人际距离的概念，根据人际关系的密切程度、行为特征确定人际距离，即分为：密切距离、个体距离、社会距离、公众距离。每类距离中，根据不同的行为性质再分为近区与远区，例如在密切距离（0～45cm）中，亲密、对对方有可嗅觉和辐射热感觉为近区（0～15cm）；可与对方接触握手为远区（15～45cm），如表 1.7 所示，人际距离空间的分类如图 1.23 所示。当然对于不同民族、宗教信仰、性别、职业和文化程度等因素，人际距离也会有所不同。

表 1.7　人际距离与行为特征　　　　　单位：cm

密切距离 （0～45）	近区 0～15，亲密、嗅觉、辐射热有感觉
	远区 15～45，可与对方接触握手
个体距离 （45～120）	近区 45～75，促膝交谈，仍可与对方接触
	远区 75～120，清楚地看到细微表情的交谈
社会距离 （120～360）	近区 120～210，社会交往，同事相处
	远区 210～360，交往不密切的社会距离
公众距离 （＞360）	近区 360～750，自然语音的讲课，小型报告会
	远区＞750，借助姿势和扩音器的讲演

领域性与人际距离就好像看不见的气泡一样，它实质是一个虚空间。人在室内进行各种活动时，总是力求其活动不被外界干扰和妨碍，这一点可以有许多例子来证明。如在酒吧的吧台前，互相不认识的人们总是先选择相间隔的位置，后来的人因为没有其他选择，才会去填补空出的位置；公共汽车上，先上来的人总是先占据单排座位，很少有人去坐双排或与陌生人并肩而坐。另外，不同的活动，不同的对象，不同的场合，都会对人与人之间的距离远近产生影响。因此，室内空间的尺度、内部的空间分隔、家具布置、座位排列等方面都要考虑领域性和人际距离因素。

（2）私密性与尽端趋向　如果说领域性主要在于空间范围，则私密性更涉及在相应空间范围内包括视线、声音等方面的隔绝要求。私密性在居住类室内空间中要求更为突出。人口多的家庭卧室一般都比较封闭，以保证私密性；在办公空间中，即使采用景观办公的方式，部门负

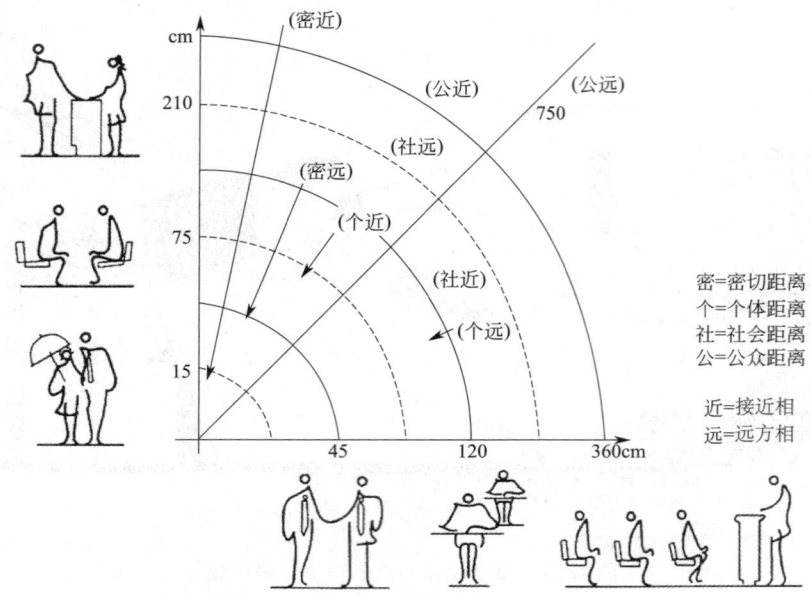

图 1.23 人际距离空间的分类

责人的办公室一般也都要单独封闭起来，尽管有时为了监督工作的需要，采用局部透明的隔断，但声音的隔绝是非常必要的。在一些公共场合，虽然私密性的要求不高，人们仍旧希望自己小团体的活动能够相对独立，不被陌生人打扰，餐厅的雅座、包房便是基于这一点应运而生的。即便在餐饮建筑的大堂空间里，靠近窗户的带有隔断的位置总是被人先占满，因此，如果宁愿牺牲一些面积而在餐桌之间多做一些隔断，将会大大提高上座率（图 1.24）。此外，人们常常还有一些尽端趋向。仍以餐厅为例，人们对于就餐座位的选择，经常不愿意在门口处或人流来往频繁的通道处就座，而喜欢带有尽端性质的座位（图 1.25）。

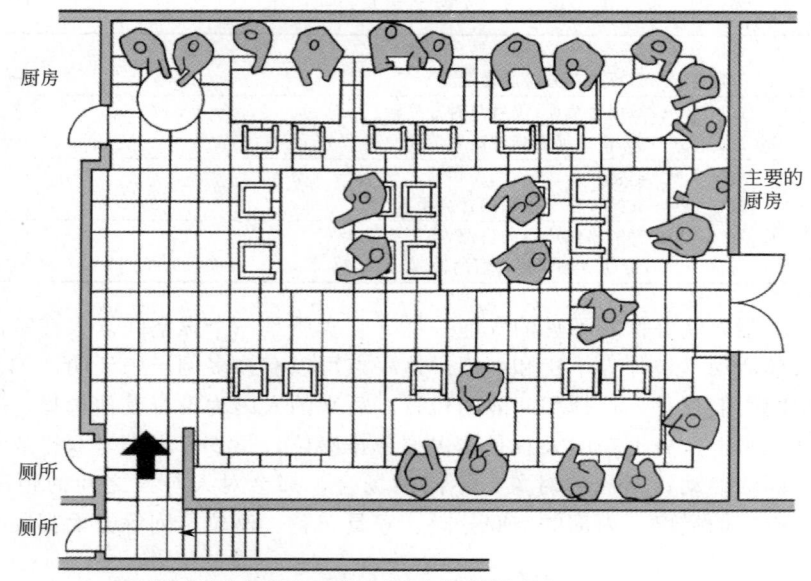

10个或更多的人在两天观察期内都坐在指定的座位上

图 1.24 餐厅的座位布局和人们就餐时的位置选择

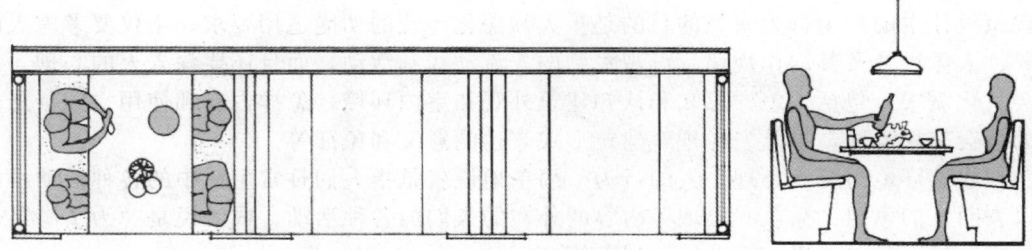

图 1.25　带有尽端性质的座位往往成为人们首先的选择

（3）安全感与依托感　人类的下意识总有一种对安全感的需要，例如在悬挑长度过大的雨篷下，尽管人们知道它不会掉下来，却也不愿在其下久留。另外，从人的心理感受来讲，室内空间也不是越大、越宽阔越好，空间过大会使人觉得很难把握，而感到无所适从。通常在这种大空间中，人们更愿意有可供依托的物体。例如，在建筑的门厅空间中，虽然空间很大，但人们多半不会在其间均匀分布，而是相对集中地散落在有能够依靠边界的地方；在地铁车站也是同样，当车没来时，候车的人们并不是占据所有空位置，而是愿意待在柱子周围，适当与人流通道保持距离，尽管他们没有阻碍交通（图 1.26）。人类的这种心理特点反映在空间中称之为边界效应，它对建筑空间的分隔、空间组织、室内布置等方面都有参考价值。

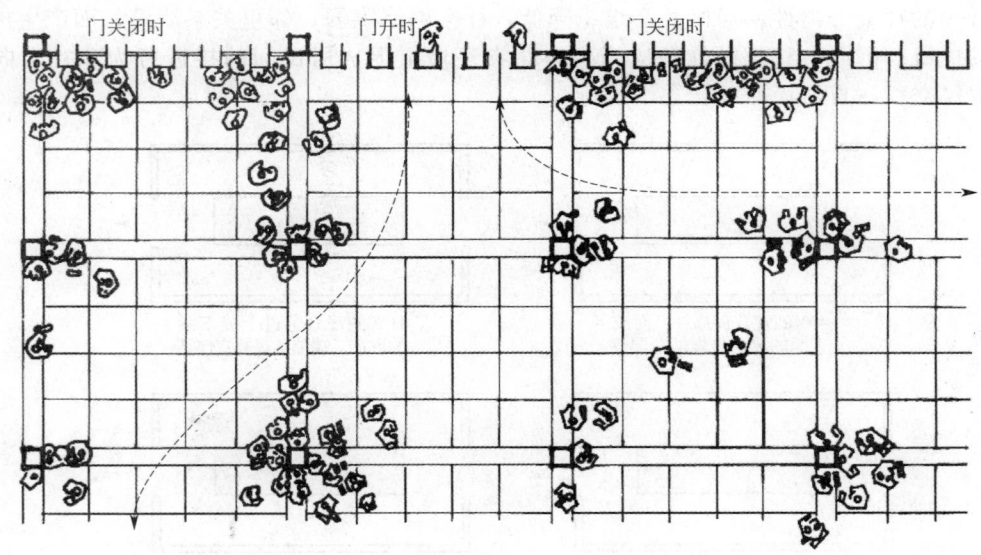

图 1.26　候车的人们位置选择

（4）交往与联系的需求　人不只有私密性的需求，还有交往与联系的需要。因为人是一种社会性的动物，人与人之间需要交往与联系，完全封闭自我的人心态是不会健康的。社会特征会给人带来新的审美观念，如今的时代是信息的时代，更需要人们相互之间的交往与联系，在沟通与了解中不断完善自我。

人际交往的需要对建筑空间提出了一定的要求，要做到人与人相互了解，则空间必须是相对开放的、互相连通的，人们可以走来走去，但又各自有自己的空间范围，也就是既分又合的状态。美国著名建筑师约翰·波特曼（John Portman）的"共享空间"，就是针对人们的交往心理需求而提出的空间理论。

1.3.4.3　行为环境心理学及其在建筑设计中的应用

建筑设计中的环境行为研究的目的是扩大和深化传统的功能适用要求，不仅要考虑人的生理需要、人体尺寸及其动作规律、可观察到的人流动线和活动，而且还要深入人的心理、行为和社会文化需求，包括人怎样感知和认知建筑外观和室内环境，怎样占有和使用空间，怎样满足人的社会交往需要，以及怎样理解建筑形式表达的意义和象征等。

（1）建筑环境与行为心理　人的行为，简单地说就是指人们日常生活中的各种活动，或者指足以表明人们思想、品质、心理等内容的外在的人们的各种活动，或者说是"为了满足一定的目的或欲望而采取的逐步行动的过程"等。

美国生态心理学家巴克尔（Roger Barker）在人与环境的研究中提出了人的行为模式理论，他分析了形体环境与重复行为模式的密切联系，在20世纪40年代提出了行为场所的概念，并把它作为分析环境行为关系的基本单元。行为场所的概念揭示了人们观察和总结行为与环境的对应关系，有助于设计人员更加深入地了解、思考和确定在特定环境中所规定的行为模式，以便在设计中做出相应的环境处理，以保证人们的行为得以顺利地实施（图1.27）。

作为建筑师不仅要考虑到正常状态下的正常行为，也要考虑到非常状态下的非常行为，让人们生活得更方便、愉快、舒适、满意，并避免在万一状态下的可能伤害。建筑师还应具备设身处地的人道主义精神，为残疾人和老年人考虑，设置无障碍行车的车道以方便他们的生活，在设计精神病院和股票交易所时也应当考虑人们的特殊需要。例如，高层住宅的居民就有一种回避的行为，这是指居民主观上回避交往的愿望和行为，以保证自身活动的独立性和正常性。但回避行为的社会分离性使居民社会组织降低，社会网络脆弱，邻里关系淡漠，而产生出不合理状况的危机。因此，建筑设计师应当想办法在环境上促成居民间的接近行为和社会向心作用，使居民交往在自然而然的状态下进行。

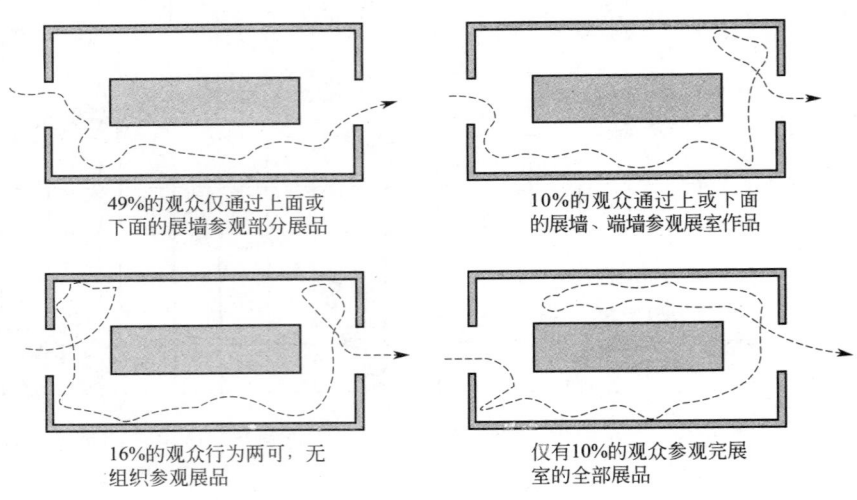

49%的观众仅通过上面或下面的展墙参观部分展品

10%的观众通过上或下面的展墙、端墙参观展室作品

16%的观众行为两可，无组织参观展品

仅有10%的观众参观完展室的全部展品

图1.27　人的心理、行为与内部空间设计的关系

（2）特定环境下的行为模式

① 集群行为。集群行为是指在特殊的环境中，人们在激烈的互感互动中自发产生的无指导、无约束、无明确目的、不受正常社会规范限制的众多人群的狂热和骚乱的行为。

② 避险行为。在非常时刻（火灾、水灾、地震、沉船等自然灾害和突发的意外事件）的特殊环境中，人们首先采取的还是习以为常、自然而然和近乎机械的反应与行为。例如，抄近路、走熟路、向左拐等，还表现出求生本能、躲避本能、向光本能和追随本能等特点（图1.28）。

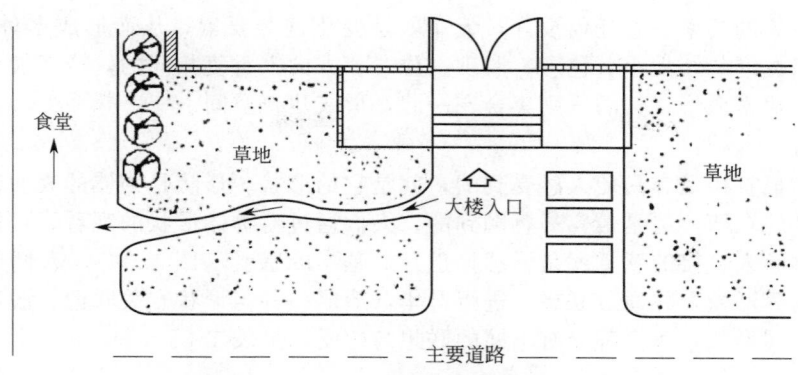

图 1.28　人的抄近路习性

③ 人群灾害。人群灾害是指人群在异常警觉的环境中，由于特殊或偶然的原因，引起群体的恐慌、骚乱和危机而造成的人身伤亡事故。

（3）建筑环境的易识别性　大型公共建筑室内交通空间众多，人流动线还包含着大量的转折点，要求人们在找路和寻址时不断对空间定向做出选择，因而应把"建筑便于使用者在其中找路和寻址的容易程度"，即"建筑的易识别性"作为判断建筑设计优劣的依据之一。

对易识别性影响较大的建筑环境因素有：建筑的平面形状；建筑内外熟悉的标志或提示的可见性；建筑不同区域间有助于定向和回想的区别程度；提供识别或方向信息的符号和编号。

（4）环境中人们的流动模式对建筑设计的影响与制约　建筑设计中，要善于利用人群流动的特点，有效调节和疏导人流，根据人群分布的密度和人们流向的目的性，以及当时的心理行为特点，做出相应的规划和处置。例如，在安全疏散楼梯设计时要考虑到人们已经形成了靠右行、左回转的习惯，因此安全疏散楼梯的下行方向最好也形成靠右行、左回转的形式，使人们在紧急避难时感到方便、舒畅、快捷与安全（图 1.29）。诸如美术馆、博物馆的参观路线的安排都采取靠右行、左回转的方式。

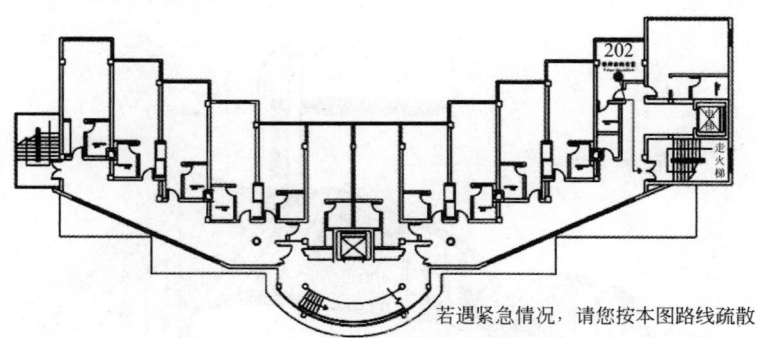

图 1.29　某楼层安全疏散设计平面图

在住宅设计中，为了使客厅成为联系一家人的桥梁，客厅与各卧室之间的距离尽可能短一些，到客厅来不用拐弯或走很长的路，这样卧室保障了家庭成员的私密性，客厅则成为全家的公共性区域而让人们在此得到感情的交流。

1.4　建筑环境设计视觉元素和审美法则

1.4.1　建筑环境设计的构成形式

形状、色彩、质感、材质、光影等是构成建筑环境设计的视觉要素，也是建筑环境设计借以进行变化和组织的要素。做任何设计，无非就是变化这些要素，从而形成多种多样的形态。我们往往用一组在形状、大小、色彩、肌理、位置、方向上重复相同的，或者彼此有一定关联的点、线、面、块遵循形式美的法则集合在一起，形成建筑空间。

1.4.1.1　形状

观看物体，最直接最容易使人感受到的，就是它的形状。形状是物体的表面特征，是物体呈现出来最表露的东西，也是最容易感触到的。人们通过对物体形状的观看，可以联想出其他的东西来，物体给人直接的感觉就是形感，也是最基本的感受（图1.30）。人们通过物体形状的观察，感觉到其形象，并通过联想，进行升华，形成一种与形状有关联但又脱离了形状实体的感触。对于不同形状，人们都会有不同的联想与感受，见表1.8。

	正向空间				斜向空间		曲面及空间	
空间界面围合成的形状	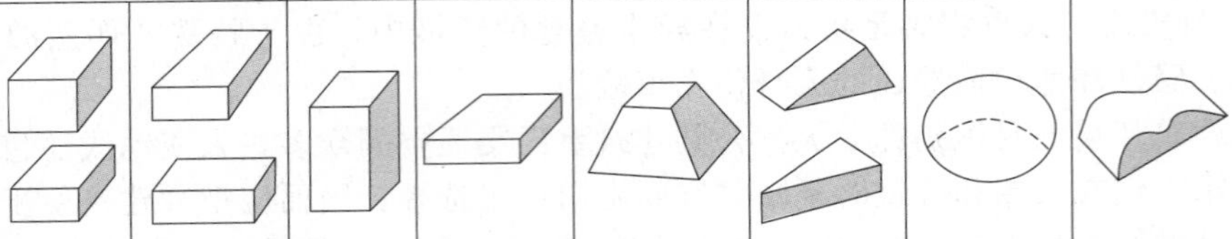							
可能具有的心理感受	稳定、规整	稳定、方向感	高耸、神秘	低矮、亲切	超稳定、庄重	动态、变化	和谐、完整	活泼、自由
	略感呆板	略感呆板	不亲切	压抑感	拘谨	不规整	无方向感	不完整

图1.30　空间的不同形状带给人们的不同感受

建筑外部形态主要反映建筑的外形、体量、外部装饰、窗墙等的组合方式，建筑语言符号的运用等要素及其相互关系，即通常意义上的建筑形体或造型。其意义接近英文的"shape"或"figure"，多是我们眼见的形状本身，也就是说它是表示表面形状的词语，主要以视觉思维的感性感受为表征（图1.31）。

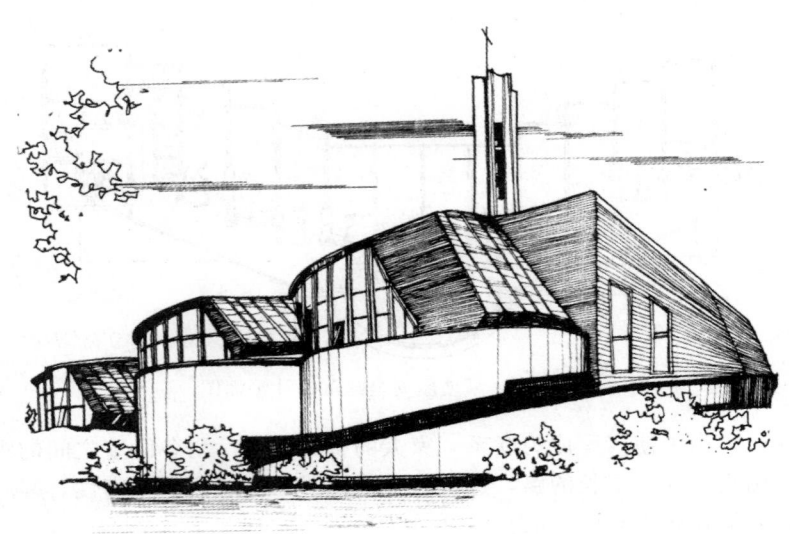

图1.31　通过体块组合反映建筑的外部形态

建筑内部形态则主要反映建筑内部空间关系、空间构成、装饰风格、建筑结构特征等深层次要素，其意义接近英文的"form"，更多地融入了"文化"等物质要素。形态在肉眼所见的基础上，包含着在组成这种形状时具备的规律，因此强调感性感受与理性认识并重的同时，更着重于具备某种规律的东西。

表 1.8 形状的特性和作用

形状	特性	作用
圆形	给人以完满、柔和的感觉	圆是一个集中性、内向性的形状,通常它所处的环境是以自我为中心,在环境中有统一规整其他形状的作用
三角形	稳重而坚固	从纯视觉的观点看,当站立的三角形的底边水平于基准面时,三角形处于稳定状态;当它以某个角为支点时,则是动态的;当它倾斜向某一边时,则处于一种不稳定状态
方形	雅致而庄重	当站立的正方形的底边水平于基准面时,它是稳定的;当它以某个角为支点时,则是动态的

1.4.1.2 色彩

色彩是表达建筑设计意图的重要手段,不同色彩能让人产生不同的生理和心理上的感受。色彩有进退感、距离感和重量感。色彩的冷暖可以对人的视觉产生不同影响:暖色调使人感到靠近,给人兴奋、活跃、温暖的感觉;而冷色调使人感到隐退,给人以冷静、沉稳、凉爽的感觉。两个重量相同的房间,暖色的会显得小,冷色的则显得大。两个重量相同的物体,深色的显得重,浅色的显得轻。此外,不同明度的色彩,也会使人产生不同感觉:明度高的色调使人感到明快、兴奋;明度低的色调使人感到压抑、沉闷。基于色彩的这些特性,色彩具有调节建筑空间形态、尺度及比例的作用。例如,可以通过对空间底界面和侧界面的色彩处理进行空间的限定或划分。色彩可以使空间带有积极或消极的表情,不同色彩可以营造出不同的空间氛围(图 1.32)。

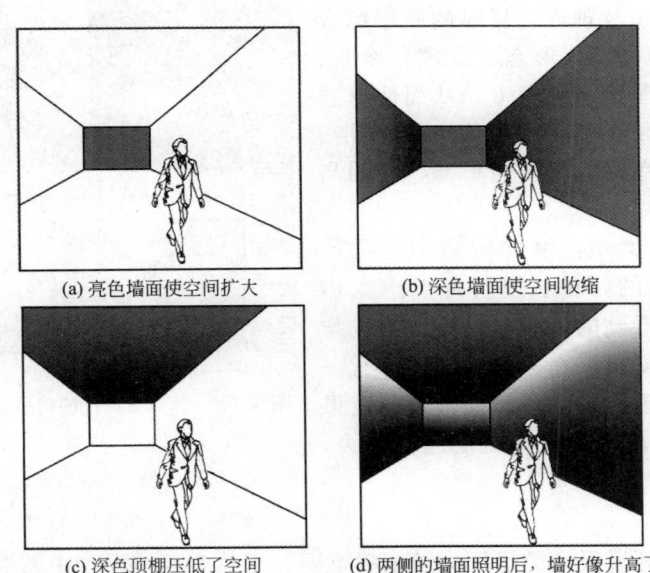

(a) 亮色墙面使空间扩大 (b) 深色墙面使空间收缩

(c) 深色顶棚压低了空间 (d) 两侧的墙面照明后,墙好像升高了

图 1.32 在相同的界面中使用不同的色彩及照明

对于建筑色彩的处理,对比和调和是两个主要的手法,如中国古代木结构建筑,色彩富丽堂皇,采用的是对比的色彩处理手法;西方古典砖石结构的建筑,色彩朴素淡雅,采用的是调和的色彩处理手法。对比可以使人兴奋,但强烈的对比会使人感到刺激;调和给人一种和谐感,因此人们一般习惯于色彩的调和,但过分调和有时则会使人感到单调。

1.4.1.3 质感

在建筑空间中,色彩常与材料相互联系,它们都是材料表面的属性,因此,离开材料而抽象地讨论色彩是无意义的。不同材料具有不同的质感和肌理,关联着人的视觉、触觉以及心理感受。例如,坚硬的石材、光洁的玻璃、粗糙的混凝土、柔软的织物、冰冷的钢铁、温暖的木材等语言的表达正是代表了人们对于不同建筑材料的感受。不同材料可以表达出建筑师不同的设计意图，因此，建筑师应对建筑材料的内在性能，包括材料的形态、纹理、色泽、力学和化学性能等进行仔细研究。现代主义建筑大师弗兰克·赖特说过："每一种材料都有它自己的语言，自己的故事。"很多建筑材料本身就具有天然的美感，例如木材、清水混凝土、清水砖墙等。

质感处理，一方面可以利用材料本身所固有的特点来形成独特的效果；另一方面也可以用人工手段来创造某种特殊的质感效果。此外，除了应重视建筑材料的本性，还应关注材料组合而产生的效果。

1.4.1.4　材质

材质在审美过程中主要表现为肌理美，是建筑环境设计重要的表现性形态要素。人们在和环境的接触中，材质起到给人各种心理上和精神上引导和暗示的作用。材质包括天然材质（石材、木材、天然纤维材料等）和人工材质（金属、玻璃、石膏、水泥、塑料等）两大类。材质不仅给我们肌理上的美感，在空间上得以运用，还能营造出空间的伸缩、扩展等心理感受，并能配合创作的意图营造某种主题（图1.33）。

质地是由物体表面的三维结构产生的一种特殊品质，是材料的一种固有本性，质地常用来形容物体表面的粗糙与平滑程度。它也可用来形容物体特殊表面的品质，诸如石材的粗糙面、木材的纹理以及纺织的编织纹理等。材料的质感综合表现为其特有的色彩光泽、形态、纹理、冷暖、粗细、软硬和透明度等诸多因素上，从而使材质各具特点、变化无穷；可归纳为：粗糙与光滑、粗犷与细腻、深厚与单薄、坚硬与单薄、透明与不透明等基本感觉。

图1.33　莫尼奥设计的梅里达国立罗马艺术博物馆

质地有两种基本类型：触觉质感和视觉质感。触觉质感是真实的，在触摸时可以感觉出来。视觉质感是眼睛看到的，所有触觉质感也均给人以视觉质感。一切材料在一定程度上都有一种质感，而质地的肌理越细，其表面呈现的效果就越平滑光洁，甚至粗劣的质地，从远处看去，也会呈现某种相对平整的效果。

1.4.1.5　光影

光与照明在建筑环境设计的运用中越来越重要，是建筑环境设计中营造性的形态要素。随着现代科学技术的发展和建筑文化观念的更新，现代建筑室内光环境的营造作为一种特殊的组成因素，极大地扩展了其实用性和文化性的内涵。光不仅起照明的作用，作为界定空间、分隔空间、改变室内环境气氛的手段，同时还具有装饰空间、营造空间格调和文化内涵的功能，是集实用性、文化性和装饰性于一体的形态要素。

正如建筑的实体与空间的关系一样，光与影也是一对不可割裂的对应关系。设计师在对光的设计筹划中，光影也常常作为环境的形态造型因素考虑进去，为了达到某种特殊的光影效果而考虑照明方式的设计案例不胜枚举（图1.34）。

综上所述，建筑环境设计的形态要素是人们创作时重要的手段，也是建筑环境设计学习中创意思维的基础。正如一位语言大师必须熟练运用词汇一样，我们也应熟知这五个要素及其相互的关系，并且还要会用自己的聪明才智来加以扩展、发掘各种可能性。

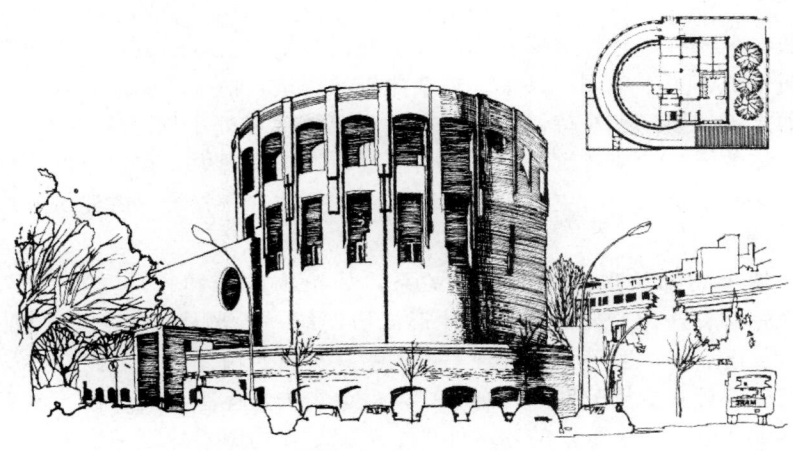

图 1.34　通过光影强化建筑实体与空间的关系

1.4.2　建筑环境设计的审美法则

　　建筑环境设计是对人类生存空间的设计，关注的是人类的生存环境，体现的是人类在此环境中获得的美感。美的形式法则已成为现代设计的基础理论知识。在建筑环境设计中，充分理解主体服务对象，从不同空间类型的使用功能出发并遵循美的形式法则，理解特定设计对象的多重需求和体验要求，是建筑环境设计的基础。

　　在长期的社会实践中，人们逐渐发现并总结出一些美的规律性，并将这些规律运用到设计作品中去，以反映具体事物之美。建筑美的规律主要体现在各种美学元素中，概括起来大致有：主题、重点、比例、尺度、韵律、和谐、对比、衬托、对称、均衡、隐喻、虚实、质感等。这些抽象的美学元素如果使用得当，就有可能创造出令人欣赏的优美建筑。

1.4.2.1　多样统一

　　多样与统一是指在统一中求变化，在变化中求统一。任何造型艺术，都具有若干不同的组成部分，这些部分之间既有区别，又有内在联系。只有把这些部分按照一定的规律，有机地组合成为一个整体，才能从各部分的区别看出多样性和变化，就各部分的联系看出和谐与秩序。既有变化又有秩序，这是一切造型艺术应当具备的要素。

　　多样与统一是一对矛盾体，变化过多则会引起杂乱，而过分注重统一就会导致呆板和无生气，因此要在设计中处理好两

图 1.35　通过大小不同的元素
组合使建筑形式体现多样与统一

者之间的辩证关系，才能达到视觉的美感。在建筑设计中，首先要把握整体的格调是取得统一的关键。任何建筑，无论它的内部空间还是外观形象，都存在若干统一与变化的因素，如学校的教室、办公室、卫生间，旅馆建筑的客房、餐厅、休息厅等，由于功能要求不同，形成空间大小、形状、结构处理等方面的差异。这种差异必然反映到建筑外观形象上，这就是建筑形式变化的一面。同时，这些不同之中又有某些内在联系，如使用性质不同的房间，在门窗处理、层高开间及装修方面可采取一致的处理方式，这些反映到建筑外观形态上，就是建筑形式统一

的一面（图 1.35）。

因此，建筑中的统一应是外部形象和内部空间以及使用功能的统一，变化则是在统一的基础上，又使建筑形象不至于单调、呆板。复杂体量的建筑，根据功能的要求，常包括主体部分及附属部分。如果不加以区别对待，都竞相突出自己，或都处于同等重要的地位，不分主次，就会削弱建筑整体的统一，使建筑显得平淡、松散，缺乏表现力。在建筑形体设计中常运用轴线处理、体形变化等手法来突出主体，从而取得主次分明、完整统一的建筑形象。

1.4.2.2　主从与重点

自然界的一切事物都呈现出主与从的关系，如植物的干和枝，花与叶，动物躯干与四肢……它们正是凭借着这种差异的对比，才形成协调统一的形体。各种艺术创作中主题与副题、主角与配角、重点与一般等，也表现一般的主从关系。由此可以看出，在一个有机的整体中，各要素之间应该具有主从关系，否则各要素就会失去整体感和统一性，流于松散和单调。

在现代建筑设计中，一个重要的艺术处理手法就是在构图中处理主次关系，要通过次要部分突出主体，从而使建筑具有独特性。这些具体的方法包括以下几种。

（1）主景升高或降低法　通过地形的高低处理，能够吸引人的注意。抬高地形主景的手法，在中国园林中广泛使用，著名的是颐和园中的佛香阁，佛香阁体积庞大，位于湖面的中轴线上，但这些还不足以成为控制全园的主景观，而把它放置在万寿山的山麓上，使之成为景观的制高点，突出其构图中心的地位，即利用主景升高法的原则来表现主从关系（图 1.36）。降低法最常用的即是利用下沉广场的做法，当地形发生改变后，人的视线也发生改变，俯视和仰观一样可以产生主景的中心。

（2）轴线对称法　这种方法可强调出景观的中心和重点。

（3）动势向心法　这种方法是把主景置于周围景观的动势集中中心。

（4）构图中心法　这种方法是把主景置于景观空间的几何中心或相对中心部位，使全局规划稳定适中，如底特律的哈特广场中的喷泉。虽然周围景物不是对称布置，但由于所设置的位置为整个广场的几何中心，因此还是整个广场的中心。

图 1.36　颐和园中的佛香阁

1.4.2.3　对比与微差

建筑设计作为一种艺术形式，其各个组成要素之间具有大量对比和微差的关系。对比是指各要素之间有比较显著的差异性，微差指不显著的差异。对于一个完整的设计而言，两者都是不可或缺的。对比可引起变化，突出某一景物或景物的某一特征，从而吸引人们的注意，并继而引起观者强烈的感情，使得设计变得丰富。但采用过多的对比，会引起设计的混乱，也会使得人们过于兴奋、激动、惊奇，造成疲惫的感觉。微差强调的是各个元素之间的协调关系，但过于追求协调而忽视对比，可能造成设计呆板、乏味。因此，在设计当中如何把握对比与微差的关系，是设计能否取得成功的关键因素之一。

对比与微差是一对相对的概念，何种程度为对比，何种为微差，两者之间没有一条明确的界限。如果把微差比喻为渐进的变化方式，那么对比就是一种突变，而且突变的程度愈大，对比就愈强烈。

对于大小的对比与微差、色彩的对比与微差、质感的对比与微差等，在设计中只有在对比中求协调，协调中有对比，才能使建筑丰富多彩、生动活泼，而又使风格协调、突出主题（图

1.37）。同时对比与微差使用的比例也要看所设计的建筑的具体要求，例如在休息空间，就应该多采用调和的设计手法，营造安静、平和、稳定的空间感受，而在娱乐空间就应该多采用对比的手法，来引起人们的感官刺激。另外，为老人设计的空间应该多采用调和的设计因素，而为儿童设计的，则可多采用对比的手法，以符合不同使用者的生理和心理特点。

图 1.37　悉尼歌剧院

1.4.2.4　均衡与稳定

建筑造型中的均衡是指建筑体形的左右、前后之间保持平衡的一种美学特征，它可给人以安定、平衡和完整的感觉。均衡必须强调均衡中心，均衡中心往往是人们视线停留的地方，因此建筑物的均衡中心位置必须要进行重点处理。根据均衡中心位置的不同，可分为对称均衡和不对称均衡。

对称的均衡，以中轴线为中心，并加以重点强调两侧对称，易取得完整统一的效果，给人以庄严肃穆的感觉（图 1.38、图 1.39）。不对称均衡将均衡中心偏于建筑的一侧，利用不同体量、材料、色彩、虚实变化等的平衡达到不对称均衡的目的，这种形式显得轻巧活泼（图1.40）。建筑由于各体量的大小和高低、材料的质感、色彩的深浅和虚实的变化不同，常表现出不同的轻重感。一般而言，体量大的、实体的、材料粗糙及色彩暗的，感觉要重些；体量小的、通透的、材料光洁及色彩明快的，感觉要轻一些。在设计中，要利用、调整好这些因素，使建筑形象获得安定、平稳的感觉。

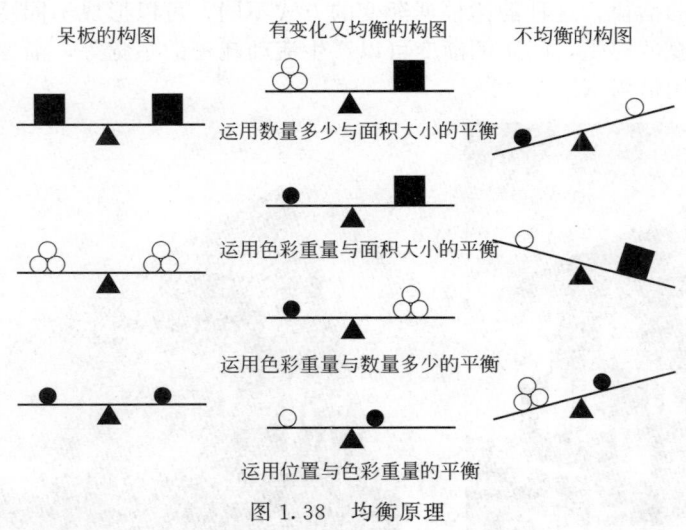

图 1.38　均衡原理

稳定是指建筑上下之间的轻重关系。在人们的实际感受中，上小下大、上轻下重的处理能获得稳定感。随着现代新结构、新材料的发展和人们审美观念的变化，关于稳定的概念也随之发生了变化，创造出了上大下小、上重下轻、底层架空的稳定形式。

1.4.2.5　韵律与节奏

自然界中许多事物和现象，往往都是有规律或有秩序的变化激发了人们的美感，并使人们有意识地模仿，从而出现以具有条理性、重复性和连续性为特征的韵律美，例如音乐、诗歌中所产生的韵律和节奏美。

在建筑设计中，常采用点、线、面、体、色彩和质感等造型要素来实现韵律和节奏，从而使建筑具有秩序感、运动感，在生动活泼的造型中体现整体性，具体运用主要包括以下几种。

图 1.39　对称的均衡

图 1.40　不对称的均衡

（1）重复韵律　同种形式的单元组合反复出现的连续构图方式称为重复韵律。重复韵律强调交替的美，能体现出单纯的视觉效果，秩序感与整体性强，但易于显得单调，例如，路灯的重复排列到树木的交替排列形成整体的重复排列。

（2）交替韵律　有两种以上因素交替反复出现的连续构图方式称为交替韵律，交替韵律由于重复出现的形式较简单韵律多，因此，在构图中变化较多，较为丰富，适于表现热烈的、活泼的具有秩序感的景物。由 LOOK 建筑师事务所设计的新加坡碧山社区图书馆主立面竖向盒体排列就是采用交替韵律设计的（图 1.41）。

（3）渐变韵律　渐变韵律指重复出现的构图要素在形状、大小、色彩、质感和间距上以渐变的方式排列形成的韵律，这种韵律根据渐变的方式不同，可以形成不同感受，例如色彩的渐变可以形成丰富细腻的感受，间距的渐变可以产生流动疏密的感觉等，渐变的韵律可以增强景物的氛围，但要使用恰当（图 1.42）。

图 1.41　交替韵律

图 1.42　渐变韵律

（4）起伏韵律　起伏韵律是物体通过起伏和曲折的变化所产生的韵律，如建筑设计中形态的起伏、墙面的曲折产生的韵律感。

1.4.2.6　比例与尺度

一切造型艺术长、宽、高的理想关系都是形式美追求的主要目标，这种关系就是比例。比例研究的是物体长、宽、高三方向量度之间关系的问题。和谐的比例是审美的重要因素，古希腊学者在长期探索研究的基础上提出著名的"黄金分割"比例是 1∶1.618，"黄金分割"后来在建筑构图中广泛应用，增强了建筑的和谐美（图1.43、图1.44）；还有一个几何学的经验，即相邻长方形的对角线互相垂直或平行，也能达到和谐的效果（图1.45），所以整体与局部之间存在着能够引起视觉美感的逻辑关系。此外，影响比例的关系还有地域、民族、习惯和特殊审美功能的要求。光线、色调、相邻的元素、对比关系也能引起错觉，从而调整了视觉比例关系。

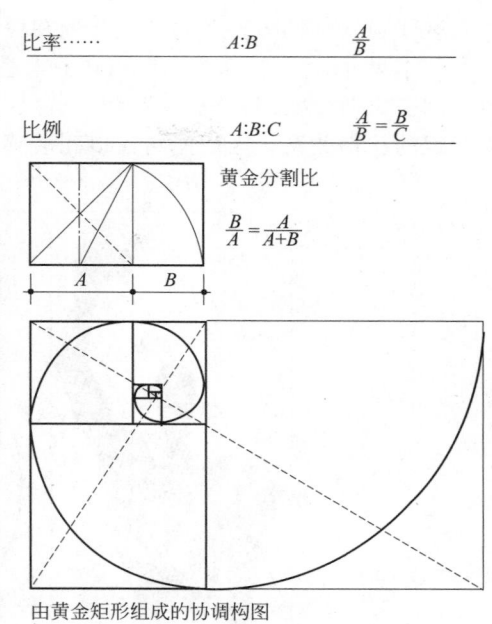

图 1.43　黄金分割比例示意图

尺度研究的是建筑物的整体或局部给人感觉上的大小印象和真实大小之间的关系问题。尺度是以人为标准来决定的，必须满足人的物质和精神需求，建筑形象应该表达出人的审美需求尺度，如高大稳定的、精巧玲珑的室内空间，都要有舒适宜人的尺度感，它与比例有很大关系；同样尺寸的入口大门，位于高层建筑和低层建筑，其尺度感就大不一样；同样尺寸的台阶踏步、楼梯及扶手，在室内和室外的尺度感也大不一样；同样满足使用功能的层高，在大面积与小面积的室内空间中的尺度感也各不相同。前者感到压抑，后者则感到太高而不亲切，由此可见尺度与尺度之间的和谐关系取决于局部与整体之间的比例关系。同时，我们可以借助这些比例关系，改变某些建筑构件惯有的比例特征。这种打破常规的做法，就会成为吸引人们注意力的一种设计手法，运用得当会让人产生耳目一新的感觉。

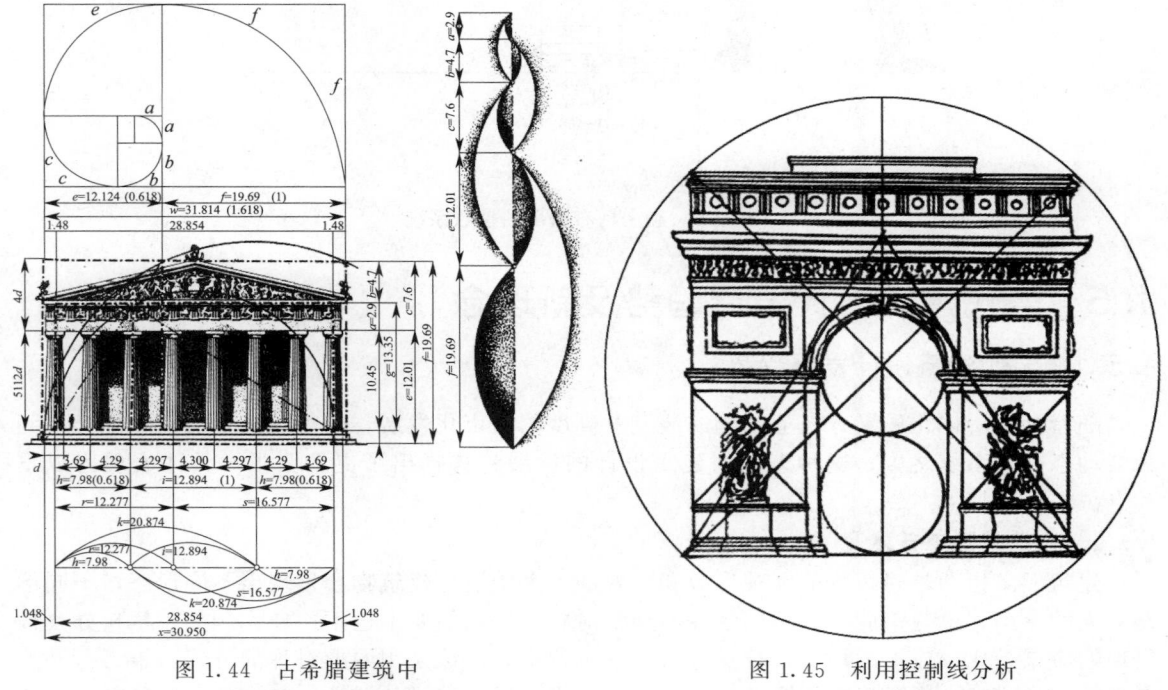

图 1.44　古希腊建筑中
黄金分割比的应用

图 1.45　利用控制线分析
建筑上的比例和尺度

现代建筑师勒·柯布西耶把比例和尺度结合起来研究，提出"模度体系"概念。从人体的三个基本尺寸（人体高度1.83m，手上举指尖距地2.26m，肚脐至地1.13m）出发，按照黄金分割引出两个数列："红尺"和"蓝尺"，用这两个数列组合成矩形网格，由于网格之间保持着特定的比例关系，因而能给人以和谐感（图1.46）。

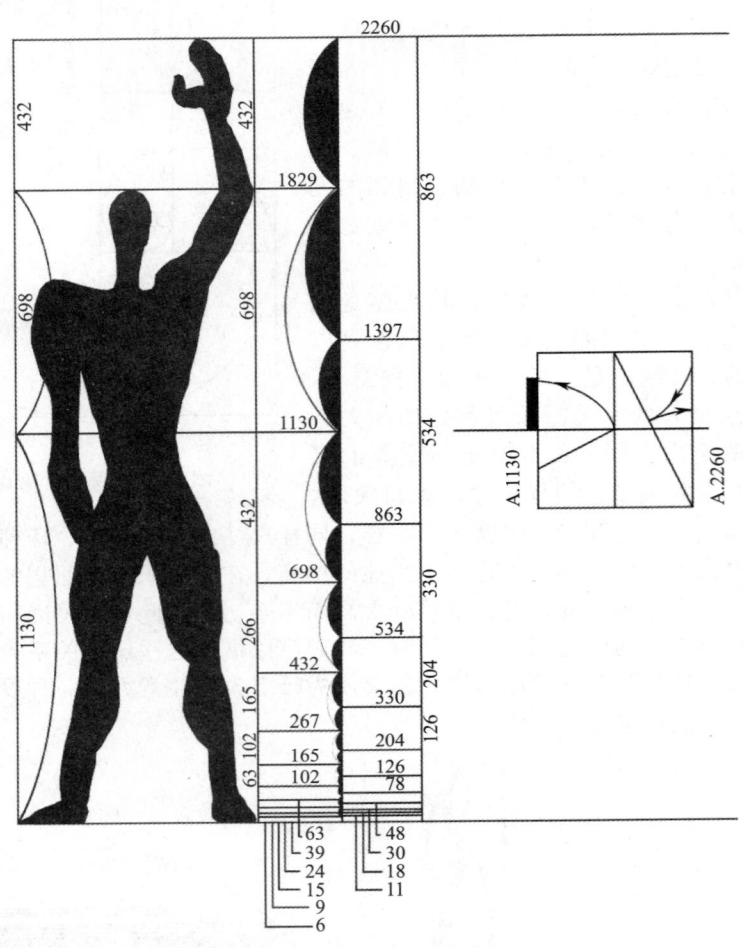

图 1.46 勒·柯布西耶的模数系统

1.5 当代建筑设计发展趋势及新理念

1.5.1 当代建筑设计发展趋势

随着社会一体化发展、产业结构的改变及高度的城市化发展，使得建筑更加高效地介入到社会动态循环系统之中，这种态势对建筑设计的发展趋势提出了更新要求，具体表现为以下几点。

1.5.1.1 建筑形态艺术化

建筑形象指的是建筑物的客观形象和独特的审美价值，建筑物会呈现出不同形态，不同形态对人的感染力也是不同的。不同特性的建筑对建筑形式的要求也不一样。例如，学校办公楼呈现的应该是比较庄严的形象，这类建筑设计过程中，应该采用图形对称的方式，给人一种严肃和端庄的感觉；游乐场所之类的建筑应该呈现出舒适、轻松的感觉。建筑物自身具备一定的韵律，正是这些韵律造就建筑物呈现出不同的形态美，一个建筑物的艺术效果很大一部分都来自于这些韵律关系形成的协调性和简洁性。不同建筑之间的韵律能够赋予整个城市的音乐美，为整个城市注入活力，使整个城市都具有较强的艺术形态，提高城市的文化价值和审美价值。随着信息时代的来临，信息技术和科学技术都得到完善和优化。为了使建筑空间更能够体现出时代的特征，现代建筑师突破了传统，改变了建筑形式，将绘画艺术美充分融合在现代建筑中，现代建筑的艺术也开始走向抽象的表达，建筑形态和空间结构都实现了优化，建筑的审美价值进一步提高。

1.5.1.2　绿色建筑

绿色建筑指的是在建筑物施工过程中，最大限度地节约能源，保护生态环境和减少建筑材料对环境的污染，实现社会可持续发展，为人们提供健康、舒适的居住空间。实现绿色建筑必须从材料和设计两方面进行考虑，建筑过程中必须使用环保型建筑材料，施工中避免建筑材料的浪费。环保型建筑材料应该是耐久性好、不散发或散发很少的有害物质。现代建筑工程中环保型建筑材料主要包括：新型建筑物外表保温隔热材料、新型墙体材料、装饰装修材料和无机非金属材料等。另外，环保型建筑材料在实际运用中要注意节约能源，有一些材料的生命周期很长，所以只要质量没有遭到破坏的情况下就可以继续使用下去，在建筑工程中尽可能使用可再生原料制成的材料和可循环使用的建筑材料，最大限度地节约能源，减少污染，走绿色建筑道路。

此外，节能设计应该和可再生能源结合起来。在绿色设计中，应该最大限度地使用被动式能源系统，建筑物不要朝向主风向，尽量减少建筑的负荷，在建筑物中要保证南北通透，两面通风，采用自然通风和自然采光的方式，最大限度地减少空调等降温设备的使用，减少空气中氟利昂和二氧化碳的含量，积极利用可再生能源，提高人们的生活环境质量，这也是未来建筑的主要发展趋势。

1.5.1.3　装配式建筑

装配式建筑是指用预制的构件在工地装配而成的建筑。这种建筑的优点是建造速度快，受气候条件制约小，节约劳动力并可提高建筑质量。装配式建筑具有以下特点。

① 大量的建筑部件由车间生产加工完成，构件种类主要有：外墙板、内墙板、叠合板、阳台、空调板、楼梯、预制梁、预制柱等。

② 现场大量的装配作业，比原始现浇作业大大减少。

③ 采用建筑、装修一体化设计、施工，理想状态是装修可随主体施工同步进行。

④ 设计的标准化和管理的信息化，构件越标准，生产效率越高，相应的构件成本就会下降，配合工厂的数字化管理，整个装配式建筑的性价比会越来越高。

⑤ 符合绿色建筑的要求。

装配式建筑有利于节约资源能源、减少施工污染、提升劳动生产效率和质量安全水平，有利于促进建筑业与信息化工业化深度融合，培育新产业、新动能，推动化解过剩产能。近年来，我国积极探索发展装配式建筑，对大力发展装配式建筑和钢结构重点区域、未来装配式建筑占比新建筑目标、重点发展城市进行了明确规定。

目前全国已有 30 多个省市出台了装配式建筑专门的指导意见和相关配套措施，不少地方更是对装配式建筑的发展提出了明确要求。越来越多的市场主体开始加入到装配式建筑的建设大军中。在各方共同推动下，2015 年全国新开工的装配式建筑面积达到 3500 万～4500 万平方米，近三年新建预制构件厂数量达到 100 个左右。

1.5.1.4　智能化建筑

建筑智能化也是未来建筑趋势的重要发展方向，在保护环境和节约能源的情况下，利用先进的科学技术实现对太阳能、风能等可再生能源的发掘，使绿色建筑能够和智能化建筑有效结合起来。建筑智能化能够为人们的生活提供较大程度的便捷，能够充分满足人们对生活品质的追求（图1.47、图1.48）。实现建筑智能化，就必须依据科学技术不断对建筑材料进行研究，提高建筑材料的性能，使建筑材料能够满足建筑智能化的要求，为建筑智能化提供充分的保障。现在已经有一些建筑材料实现了智能化，比如会呼吸的墙体，这种建筑材料具有像人一样的呼吸功能，可以自行对居住空间释放和吸收水汽、热量，将室内设定在一个合适的生活标准中，为居住者带来舒适、健康的居住感受。智能化建筑的出现具有重要意义，它能够进一步提高建筑设计质量，随着科学技术的进步和发展，建筑智能化将会逐步得到推广，推动人类建筑史的发展和进步。

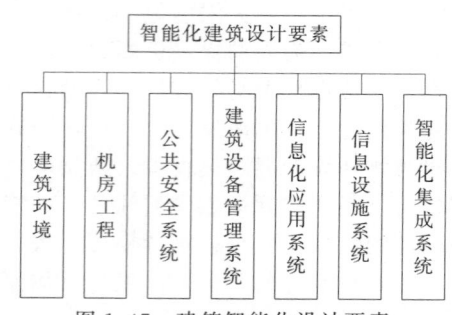

图1.47 建筑智能化设计要素

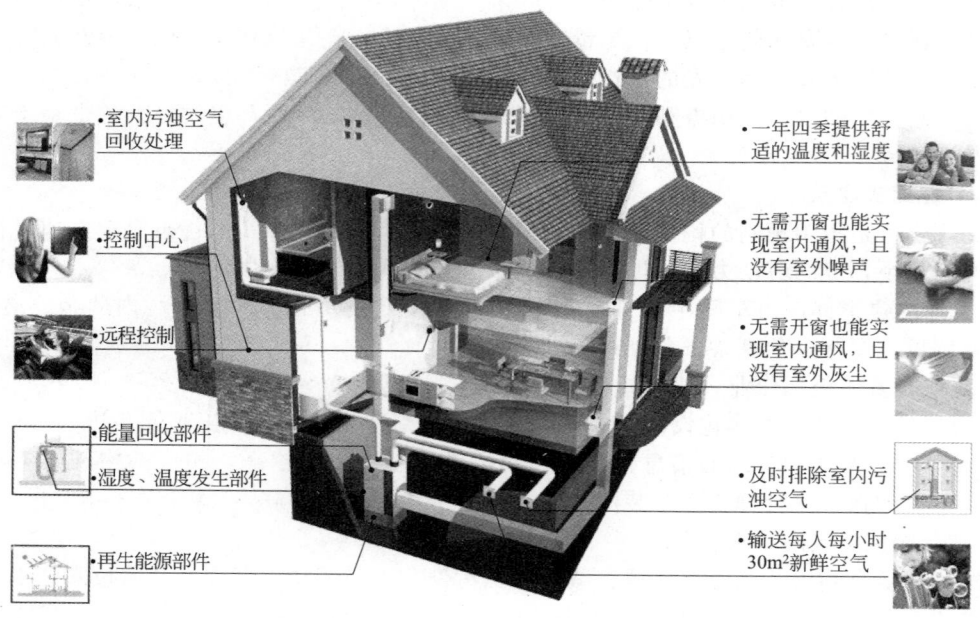

图1.48 建筑智能化实例

综上所述，随着国家的经济实力、建筑技术、科学技术水平的不断提高，建筑设计将向艺术化、绿色化、装配式和智能化趋势发展。

1.5.2 当代建筑设计新理念

1.5.2.1 数字化技术设计

数字化无疑是这个时代的突出特征，正如尼古拉斯·内格罗蓬特（Nicholas Negroponte）所说的："计算机不再只和计算有关，它决定我们的生存。"数字化不仅仅改变了人们的生活方式、工作方式和交往模式，还带来了崭新的认知模式和思维方式。同样，数字化技术的发展也为建筑带来了全新的创作理念和工作方法，促生了崭新的建筑形式和空间形态。

美国建筑师弗兰克·盖里（Frank Owen Gehry）在 1992 年设计的"巴塞罗那的鱼"建筑方案便使用数字技术来解决复杂的几何问题（图 1.49），而他在 1997 年设计的西班牙毕尔巴鄂古根海姆博物馆被视为数字建筑的里程碑。盖里利用数字技术深入研究了关于"倾斜的几何""扭曲"甚至"剥皮"等建筑形式，这项研究催生了日后的迪士尼音乐厅、西雅图流行音乐中心等作品。数字技术把以往人们认为不可能完成的形体实现在真实世界里，成为当代建筑设计思潮中重要的具有突破性的观点，是对设计师思维的大解放。

近年来，在英国建筑师扎哈·哈迪德（Zaha Hadid）等先锋派建筑师的作品中经常出现非笛卡儿体系的复杂曲线和曲面，作品大都形态复杂，在设计概念和方法上与传统建筑或现代建筑极为不同。许多建筑评论家认为这些前卫的建筑是数字化革命的直接结果，这种崭新的建筑语言是以新兴的数字化技术为基础的。例如，在英国新民事法院设计中，扎哈利用计算机造型软件塑造出了复杂而混沌的建筑形体与空间，动感、连续的表皮将墙面和屋顶自然地连接成一个整体，形成了连续、流动的建筑外观（图 1.50）。

在当代建筑设计中，借助于数字技术和模拟软件，便可以针对数字模型做出评估。这类实践不仅方便对数字的表述、认知，数字演示更为情境化，还可以增强设计师针对复杂形体建模和分析的能力，以及建立同专业伙伴、承包商及制造商的数字信息交流平台。当代的数字化设计流程是为基于理念的设计方案预留了表述的空间，而不是将从业者纳入技术主导的设计轨道。

图 1.49　盖里设计的"巴塞罗那的鱼"

1.5.2.2　非线性建筑风格

非线性科学主要以非平衡、不规则、不可逆和不确定等复杂现象和系统为研究对象，研究的是众多非线性现象的共性问题。非线性科学引发当代建筑师的关注和思考，并催生出时代建筑风格。美国著名建筑评论家查尔斯·詹克斯（Charles Jencks）认为，"现代社会认为宇宙是遵循可由物理学家和数学家描述的直线而规整地发展的。现代科学试图将所有的现象认为是本质上的线性有序行为的变量。然而，最近的二十年，一种相反的假设产生了，这一假设认为宇宙的绝大部分是非线性的。如果假设是正确的，那么，建筑就一定要反映它。"

当非线性概念随着非线性科学的出现而产生的时候，与之相呼应的形式感、空间观念被逐渐导入建筑设计，进而成为时代风尚。当代许多具有非线性风格的建筑一改笛卡尔方格网式风格的严谨面孔，呈现出不同于现代线性建筑风格的理性美，具有独特的审美情趣和价值，虽显得新奇，却契合人们的时代审美期盼。这表明反映当代世界观的非线性建筑风格激发起了时代审美情趣，并引发了广泛共鸣，也意味着非线性建筑风格的时代到来。

哈迪德认为建筑就是一个非线性的复杂系统，不同的使用者、不同的审美观、不同的环境要素等会在系统内部滋生不确定的随机性，使建筑始终处于一种混沌的复杂状态。哈迪德将简单与复杂统一于建筑之中，在创作中她充分利用简洁形式之间的非线性组合，创造出复杂的建筑形象和空间，描述、再现了一个复杂、开放和非线性的客观世界。如哈迪德设计的 Heydar Aliyev 文化中心，以卷曲并向上飘升的白色曲线形态来强调场地的现代性，内部设有展厅等功能空间，展示了阿塞拜疆文化的历史、语言和文明（图1.51）。

图1.50 扎哈设计的英国新民事法院　　　　图1.51　Heydar Aliyev 文化中心

上海世博会被誉为"藤条篮子"的西班牙馆，其建筑表皮是藤条缠绕而成的板状装饰，呈鱼鳞状排列，并被率性地固定在波浪形钢结构支架上，斑驳而混沌的建筑表皮，复杂而不规则的建筑形体，给人以生机勃发的美感（图1.52）。其中，无序和失衡等属于非线性因素。科学家弗里德里西·克拉默（Friedrich Cramer）发现，凡是有序性正面临威胁的地方，美看起来似乎更为吸引人和真切。由此，西班牙展馆予人美感的成因在于非线性因素，将有序、平衡推向无序、失衡的边缘，又戛然而止，形成了强烈的冲突，从而催生出复杂而混沌的形态。与其他建筑形态相比，这种混沌的建筑形态，

图1.52 上海世博会西班牙馆

与人类思维相似程度更高，因而更易于引起人们感性意识的共鸣，激发起人们真切而情趣盎然的美感。

当代非线性科学引领时代世界观的变迁，引发建筑师创作理念的变革，催生了时代非线性建筑风格。蕴含于建筑中的非线性因素，将当代建筑推向无常、失序和失衡的边缘，进而激发出建筑的活力。

1.5.2.3　反常态设计

当代建筑设计由于数字化技术的参与促使建筑形态产生根本性的转移。前卫的建筑师们经过不断创新和突破经典的禁锢，探索出反常态的建筑设计。追求新意是人类的自然本性，而延伸出的反常态的设计思维方式是一种必然反映。

反常态设计是相对于常态设计而言的。常态的设计操作不外乎体块的推敲，虚实的处理，符合主从、均衡、韵律等经典的美学原则。把反常态的思维运用到设计实践中，设计出与众不同的作品，首先必须熟悉和掌握常态的造型方式、设计策略、技术状况等。反常态的设计往往来自于常态，而又颠覆于常态。

当代建筑表现出扭曲、斜置、破碎、冲突等美学效果，它所追求的是反常态与反逻辑的思想观念，借常态的元素，表达非常态的内涵。现代高科技材料，如各种金属板材，具有易弯曲

的特性，可以加工成各种形状的曲面或异形平面，正好符合反常态对于扭曲、变形的美学追求。各种金属构件的轻巧灵活性，使之可以任意变换位置，达到斜置的美学效果。柔性材料（如格栅、网状物、织物、透明玻璃）与硬性材料（如钢筋混凝土）的硬性搭接与碰撞，能达到冲突、紧张的表现目的，其设计用钢筋混凝土核心体、弯曲的金属板外墙、游离的金属构架、倾斜的钢索，以及玻璃的不规则组合，呈现出一种破损、扭曲与冲突的美学效应，取代了和谐完美的原有建筑形象。习以为常之物，不会引起感官的关注，人们只会对那些在视觉中产生错乱的反常态部分产生反应，并把它从逻辑背景中区别出来。

格式塔心理学的研究成果表明，较复杂、破损、扭曲的图形，具有更大的刺激性和吸引力，它可以唤起人们更大的好奇心。当人们注视由于省略而造成的残缺或通过扭曲而造成的偏离规则形式的图形时，就会导致审美心理的紧张注意力高度集中，潜力得到充分发挥，从而产生一系列创造性的知觉活动。反常态的建筑设计理念正是根据人们视觉心理的这一特性，利用材料的变化组合和体量的残缺，表达了冲突、破碎、扭曲的不和谐美，是当代社会的写照。荷兰鹿特丹的树形住宅是反常态设计的优秀案例，建筑顶部立方体的斜置，颠覆了人们传统的建筑概念，带给人耳目一新的愉悦感受（图 1.53）。

突破传统，打破规范式，任何创造都源于思想先行。"青出于蓝，而胜于蓝"，反常态的建筑设计包含着智慧与创造力、想象与可能性、情趣与时尚。建筑师想要有所创新，有所突破，进行一些反常态的设计不失为一条尝试的途径。

1.5.2.4　塑性流动

对建筑流动性的追求表现在 20 世纪初，几乎与现代主义建筑的探索同时发生，像高迪的巴特罗公寓和米拉公寓、斯坦恩的巴塞尔学校以及门德尔松的爱因斯坦天文台等都表现出建筑的流动性（图 1.54），但这一探索并未随着现代主义运动的发展成为 20 世纪建筑的主流，这是因为现代主义建筑适应了时代变革的要求，具备了广泛发展的工业化技术基础，而流动性的实现却步履艰难。但是，对建筑流动形态的追求从未停止，柯布西耶的朗香教堂、伍重的悉尼歌剧院、沙里宁的纽约环球公司候机楼以及丹下健三的东京代代木体育馆等都代表了战后对建筑流动性的持续发展。

图 1.53　荷兰鹿特丹的树形住宅

图 1.54　高迪设计的米拉公寓

随着模糊理论、混沌学和耗散结构等非线性科学的兴起，以及数字化技术在建筑领域的运用和普及，现代建筑呈现出了流体般、动态、多维的自由形态。这类设计可以用不规则、非标准、柔软、自由、随机、动态等词汇来形容，具有更强烈的流动性，以流体般的塑性形态消解了传统的立面概念。以往建筑中的正立面、侧立面、背立面，甚至顶面都被整合成了一个巨大的曲面，或是由无数个相似的小曲面构成的复合曲面，哈迪德设计的香奈儿流动艺术展览馆就是典型案例。在这个平滑的曲面上已经没有以往建筑用比例或尺度来衡量的各种元素——没有直立的墙和矩形的窗，没有虚实关系，也没有体块的凸凹所产生的阴影，就连结构也被包容进这曲线连绵的有机组织之中。设计强调的是各部分连接的平滑性和不可分割的整体性，如同自然景观或生物机体般的特征。传统建筑的主次关系、等级秩序也被无数带有差异的相似性重复所代替。当观者把自己飘忽不定的视线集中在这里或者是那里时，就产生了把无数画面组织起来的连续、非固定的建筑形式，如格莱格·林的胚胎住宅、FOA 的日本横滨港国际候船室、联合网络工作室（UN Studio）的斯图加特奔驰博物馆、NOX 的音效房屋，等等。

随着当代非线性理论的深入研究，强烈的流动感和连续性将是建筑师们不断尝试和探索的主题，2010 年上海世博会建筑更是这种流动性艺术的展示舞台。奥地利馆的外观流畅而抽象，1000 万块六角形的红白瓷片拼成其流线型的外墙，你可以把它想象成一把平躺着的吉他，印证着其音乐之乡的身份。从空中俯瞰，它又仿佛是一个汉字楷书的"人"——由两个相互支撑的笔画组成，好似一扇敞开的大门，引领参观者步入奥地利馆；它所投射出的影子，便是奥地利国名首字母"A"。馆中绝大部分墙壁也是呈弧形和折线形，除了厕所，没有一堵墙是传统的直立且直角的。这种奇特的造型隐喻着"音乐是流动的建筑"（图 1.55）。

图 1.55　上海世博会奥地利馆　　　　　　图 1.56　墨西哥建筑师
Javier Senosiain 设计的鲸鱼住宅

如果说现代主义由于有工业化技术作为基础而代表了 20 世纪的工业社会成为主流建筑方向，那么这种流动性的建筑有数字化技术作为基础，它将代表 21 世纪的信息社会成为新世纪的建筑主流。

1.5.2.5　仿生设计

自古以来，自然界就是人类各种科学技术原理及重大发明的源泉。生物界有着种类繁多的动植物及物质存在，它们在漫长的进化过程中，为了求得生存与发展，逐渐具备了适应自然界变化的本领。人类生活在自然界中，与周围的生物作为"邻居"，这些生物各种各样的奇异本领，吸引着人们去想象和模仿。人类运用其观察、思维和设计能力，开始了对生物的模仿，并通过创造性的劳动，制造出简单的工具，增强了自己与自然界斗争的本领和能力。

随着人们对现代建筑设计的深入认识和更高追求，强调生态环境系统下的建筑设计变得尤为重要，也成为设计的主导思想和切入点。建筑形态要素是现代环境设计的不可或缺的组成，但是目前存在的普遍问题是人们所设计的建筑在很大程度上与城市当中的一般商业化建筑没有太大区别，只是一种具有功能的造型空间，常常以一种生硬的姿态存在于环境之中。而仿生设计思路下所产生的建筑形态却可以与环境直接进行交流对话，能够很好地与自然融合。所以，建筑形式中仿生较为常见，它不仅可以取得新颖的造型，在结构体系上也能创造出非凡的效果。

建筑形式的仿生是创新的一种有效方法，它是通过研究生物千姿百态的规律后而探讨在建筑上应用的可能性，这不仅要使功能、结构与新形式有机融合，而且还应是超越模仿而升华为创造的一种过程。例如，墨西哥建筑师 Javier Senosiain 设计的鲸鱼住宅就是模仿鲸鱼形状的建筑作品，由于其形状应用了仿生形态，这栋建筑从内到外看起来都是接近大自然的（图1.56）。

但要注意的是，仿生建筑绝不是在外形上进行简单模拟，更重要的是要从形式中提炼出符号和语汇来表现形态和设计理念。成功的仿生设计是拥有各种精炼的符号语言，具备仿生基因的建筑设计，这种设计手法将为建筑形态多元化的发展提供新的设计语汇。

第 2 章
建筑环境空间设计

2.1 建筑内部环境空间组织与分析

2.1.1 空间认知与理解

2.1.1.1 关于"空间"的理解

空间，辞海中解释为"物质存在的一种形式，是物质存在的广延性和伸张性的表现……空间是无限和有限的统一，就宇宙而言，空间是无限的，无边无际，就每一具体的个别事物而言，则空间又是有限的……"。

空间是指与实体相对的概念。各种物质元素如门、窗、墙体、屋顶等建造方法都不是建筑的真正目的，而是达到目的所采取的手段，建筑的真正目的在于空间。从另一个角度来说，空间又是"由一个物体同感觉它的人之间产生的相互关系所形成"，是指感觉意义上的空间。事实上，"空间还是物质的，它具有三维维度，它位于某个特定的地点，经历了时间的改变，包含着人们的记忆。"在人们的日常生活中，有时一些活动也能形成特殊的空间形式，空间与人们的生活密切关联。

综合以上概述，所谓空间是指实体与实体之间相互关联而产生的一种环境，即由实体环境所限定的"场"，由长度、宽度、高度等表现出来。建筑空间便是指这个意义范畴上的空间，是一种具有实用性的空间，是人们按照某种活动要求，采用某些建筑手段和组合方式创造出来的有具体形象的建筑形式（图 2.1）。

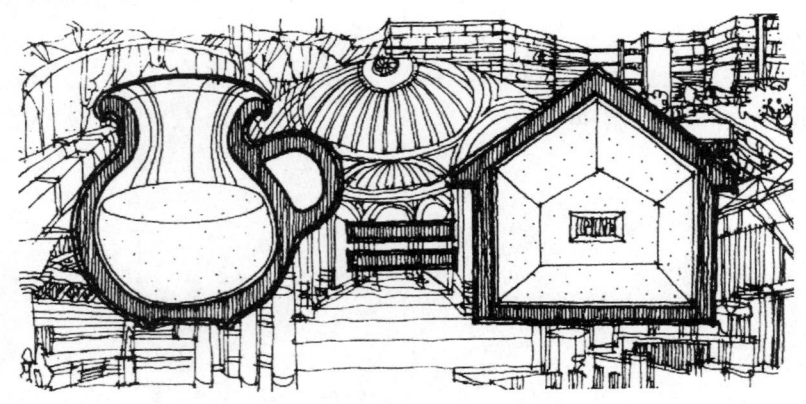

图 2.1 建筑如同器皿一样，关键是要有可以使用的内部虚空的部分

空间是建筑的"灵魂"，是功能、艺术、技术、经济等多种要素的组织以及由此形成的空间表象。建筑设计的实质就是塑造适合于一定用途的空间，可以说空间设计是建筑设计的核心内容。具体而言，空间设计即确定建筑空间的功能与形式以及空间与空间的关系。建筑空间是一种非物质要素，在形式上表现为一种三维存在，在本质上表现为一种使用功能。建筑空间要满足人们的精神和审美需求，因此功能与形式是建筑空间设计的两大要素。

2.1.1.2　关于"建筑空间"的解释

对于"建筑空间"的解释国内外学者有着不同理解。荷兰著名建筑师赫曼·赫茨伯格（Herman Hertzberger）认为：建筑空间的塑造是通过它周围的东西及其内的物体被我们感知的。当我们在建筑领域谈及空间时，大多数情况下我们感知着一个空间。一个物体的存在或缺失决定了涉及的是无限大的空间，还是一个更多或更少被包含的空间，或是存在于两者之间，既非无穷大也非被包围。空间是被限定的，意义是明确的，也是由其外部和内部物体单独或共同决定的。空间意味着什么——对一些事物提供保护或使得某物可被接近。一个空间带有类似于目的性的东西，即使它有可能走到这一目的的对立面。那么我们可能将一个空间理解为一个目标而只不过是在相反意义上的：是一个负实体（a negative object）。

我国学者侯幼彬先生在《建筑空间与实体的对立统一——建筑矛盾初探》一文中对建筑矛盾问题进行了探讨，指出盖房子的人力物力都花在实体上，而真正使用的却是空间。所有建筑，都是建筑空间与建筑实体的矛盾统一体。他还指出：人为建筑空间的获得所采用的不外乎是"减法"（削减实体）与"加法"（增筑实体）这两种方式，在许多情况下是"加法"与"减法"并用。建筑实体提供了三种类型的建筑空间状况：①形成建筑内部空间，同时形成建筑外部空间；②只形成建筑内部空间，没有形成建筑外部空间；③只形成建筑外部空间，没有形成建筑内部空间。

除了上述国内外学者对"建筑空间"的论述以外，日本建筑师黑川纪章还提出"灰空间"的概念。他认为"灰空间"一方面指色彩，另一方面指介乎于室内外的过渡空间。对于前者，他提倡适用日本茶道创始人千利休阐述的"利休灰"思想，以红、蓝、黄、绿、白混合出不同倾向的灰色装饰建筑；对于后者他大量利用庭院、走廊等过渡空间，并将其放在重要的位置上。就一般人的理解，就是半室内与半室外、半封闭与半开敞、半私密与半公共的中介空间。这种特质空间在一定程度上抹去了建筑的内外部界限，使其成为一个有机整体，空间的连贯性消除了内外部的隔阂，给人以自然有机的整体感觉。

"灰空间"的存在，使人们在心理上产生了一个转换的过渡，有一种驱使内外空间交融的意向。注重空间的营造尤其是灰空间的作用，能为人们的生活创造更多更好的生活环境。

2.1.1.3　建筑空间类型

空间有着各种不同类型，如自然空间与建筑空间。在建筑空间这一层面上，又分为居住建筑空间与公共建筑空间等。在每一类型空间的层面上又分为目的空间和辅助空间。目的空间是具有单一功能的使用空间，如起居室、办公室、教室等；辅助空间可以是卫生间、贮藏间及为目的空间服务的一系列单元部分等，见表2.1。

表 2.1　建筑空间类型及其内容

自然空间			建筑空间					
无组织的外部空间	有组织的外部空间		非公共建筑空间	公共建筑空间				
				辅助空间	目的空间			
—	城市 街道 广场	入口地带 庭院 广场	居住建筑空间 工业建筑空间 农业建筑空间等	交通空间	A	B	C	D
				卫浴空间 设备机房	各种功能场所			

注：表中 A、B、C、D 等是指各种具有单一功能的使用空间

（1）内部空间与外部空间　建筑空间有内、外之分，但是在某些情况之下，建筑内、外空间的界线似乎又不是非常分明。一般情况下，人们常用有无屋顶来区分室内、外部空间的标志。日本建筑理论家芦原义信在其《外部空间设计》一书中也是用这种方法来区分内、外空间的。

① 内部空间。建筑的"内部空间是人们为了某种目的而用一定的物质材料和技术手段从自然空间中围隔出来的。"内部空间和人的关系最为密切，对人的影响也最直接。建筑内部空间不仅要满足建筑基本的使用功能，还要满足人们的审美需求。

② 外部空间。建筑的外部空间主要因借建筑形体而形成，主要类型有两种：其一是以空间包围建筑而形成的开敞式外部空间，如广场空间、街道空间等；其二是由建筑实体围合而形成的具有较明确形状和范围的封闭式外部空间，如院落空间。除此之外，还有各种介于开敞与封闭之间复杂的外部空间形式，如半室外的灰空间。

（2）单一空间和组合空间

① 单一空间。单一空间是构成建筑空间的基本单位，由垂直向度的限定要素和水平向度的限定要素通过一定方式围合而成，房间是最典型的单一空间。一幢建筑可以是一个单一空间，也可能是多个单一空间的组合。通常，一座建筑是由若干不同形状的单一空间共同构成。在进行建筑空间研究时，人们通常是从建筑最小的空间单元——单一空间入手。对于单一空间而言，空间的形状、比例和尺度、围合程度等基本属性决定着空间的性质。

② 组合空间。组合空间是由多个单一空间按照一定的规则或方式组合而成的空间。建筑空间或由单一空间构成，也可以由多个单一空间按照一定的规则或方式组合而成。

2.1.1.4　空间的形式属性

（1）形状　形状是空间主要可以辨认的特征之一，是人们认识和辨别空间形式的基本条件。立方体、圆锥体、球体和圆柱体等都构成了容易认知的基本形式，表现了普遍和特殊的形态美。空间的形状是由物体的外轮廓或有限空间虚体的外边缘线或面所构成的。空间的形状越简单、越有规则，就越容易使人感知和理解（图2.2）。

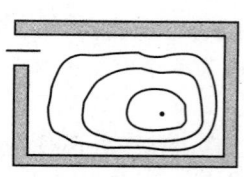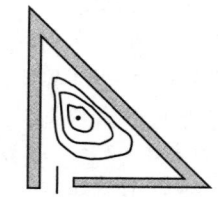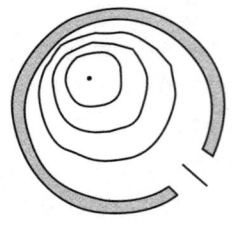

图 2.2　空间的形状

（2）尺度　简单而言尺度就是用来衡量一个量的标准。尺度包含相对尺度和绝对尺度两层含义。相对尺度是整体与局部之间的含义，建筑物的整体与局部之间相对关系所反映的尺度；绝对尺度是指与常人尺度的关系。常人尺度是人们在日常经验中以对该物体的熟悉尺度或常规尺度为标准而建立的尺度关系，如家具、窗台高度、门的高度、楼梯的宽度、阳台栏板的高度等。人们用这些熟悉的常规尺度作为度量单位来认识和理解空间的大小、高低感受，并在这种比较后得出结论，如局促、紧张、压抑及空旷等。这些均来自于人体尺度的度量关系，这种度量关系反映了建筑物的绝对尺度（图2.3）。

（3）方位　空间方位包括位置和朝向两个因素。方位是影响空间形状的重要性与含义的另一个重要因素。我们以基本型圆形为例来说明这个问题，圆形是一个集中性和内向性极强的形状，通常在它所处的环境中是稳定的和以自我为中心的。当人们考虑它的方位属性时，就会发现圆形处在一个场所的中心或边缘时，它的重要性和含义是不相同的。

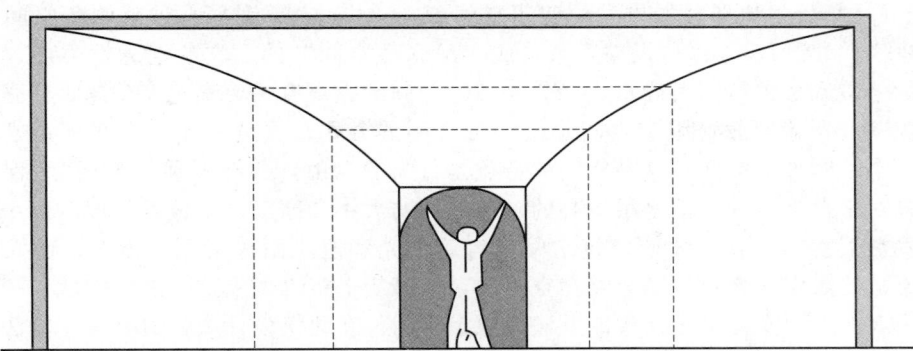

图 2.3　通过人体尺度的度量关系来判断建筑空间的大小

（4）恒常性　如果人们知道那是什么物体，那么我们就会立刻知道或感知到该物体的大小、体积和意义及其他性质。对某种事物的熟悉程度越高，对其感知的恒常性就越大。关注恒常性不仅对于观者是重要的，而且对于设计者也是重要的。设计者所给予的一定是观者所能理解和接受的，所以设计师不能片面强调设计者个人的特定趣味，不考虑观者的理解、认知能力及感受。

2.1.2　单一空间限定和构成

空间是虚无的，人们对它的感知完全取决于物质实体材料对它的限定。建筑空间一般是由地面、顶面及四壁六个界面所构成的。但这六个界面不一定都用实物体（如墙、屋顶、门窗、地板等）构成，而可以是多种多样的形态。空间几乎是和实体同时存在的，被实体要素限定的虚体才是空间。离开了实体的限定，室内空间常常就不存在。因此，在建筑设计中，如何限定空间和组织空间，就成为首要问题。

2.1.2.1　单一空间的限定

（1）围合　用围合的方法来限定空间是最典型的空间限定方法。如果人们把门、窗、墙一类的实物体理解为"围"的方式，就是构成空间的一种方法。由此，就可以产生各种不同的围的方式，如图 2.4 所示就是用"围"方式构成的建筑，缺的那一部分，你可以用意象性思维"补足"；又可以将这个缺口点相连，形成一个界面，图中缺的部分空间就是不确定空间。这种空间也可称为"暧昧空间"，能给人以情趣感。由于这些限定方法在质感、透明度、高低、疏密等方面的不同，其所形成的限定度也各有差异，相应的空间感觉也不尽相同。

图 2.4　用围合的方法来限定空间　　　　图 2.5　以"设立"来构成"纪念性空间"

（2）设立　设立就是把限定元素设置于原空间中，而在该元素周围限定出一个新的空间的方式。在该限定元素的周围常常可以形成一种环形空间，限定元素本身也经常可以成为吸引人们视线的焦点。这种空间的形成，是意象性的，而且空间的"边界"是不确定的。"设立"和

"围合"正好是相反的情形，如果一种叫正空间 P（positive），则另一种就叫负空间 N（negative）。如图 2.5 所示就是以"设立"来构成"纪念性空间"的。它的纪念性强度，一是由纪念碑本身的体量和形象特征所确定，二是与离纪念碑的距离有关，离纪念碑越远，强度越弱。

（3）覆盖　覆盖的方式限定空间也是一种常用的方式，这就好比一个亭子，或者撑一把伞，形成一个临时性的空间。这种空间的特点是行为的自由，并有某种"关怀""保护"等作用，因为人对来自上空的袭击是很担心的。覆盖物的大小和高度，是覆盖强度的两个要素，正是由于这些覆盖物的存在，才使建筑空间具有遮强光和避风雨等特征。当然，作为抽象的概念，用于覆盖的限定元素应该是飘浮在空中的，但事实上很难做到这一点。因此，一般都采取在上面悬吊或在下面支撑限定元素的办法来限定空间。在建筑设计中，覆盖这一方法常用于比较高大的室外环境中，当然由于限定元素的透明度、质感以及离地距离等的不同，其所形成的限定效果也有所不同（图 2.6）。

图 2.6　通过覆盖限定元素形成限定效果

（4）凸起　凸起所形成的空间高出周围的地面，这种空间的限定强度，会随着凸起物的增高而增强。一般我国古代的"台"，就是"凸起"的典型方式。如北京天坛的圜丘，采用三层"凸起"（图 2.7），强度当然就增大了，这也是有目的性的，因为在这个台上，是供皇帝祭天的。要注意的是由于这种空间比周围的空间要高，所以其性质是"显露"的。在建筑设计中，这种空间形式有强调、突出功能，当然有时也具有限制人们活动的意味。

图 2.7　通过地面凸起的"台"形成的空间限定

（5）下沉　下沉这种空间性质与凸起相反，它是"隐蔽"性的，当然也有安全感，这种空间领域一般低于周围的空间。它既能为周围空间提供一处居高临下的视觉条件，而且易于营造一种静谧的气氛，同时也有一定的限制人们活动的功能（图 2.8）。如远古时代的居所，半地穴房屋就是这种空间性质。

图 2.8　通过室内地面下沉形成的空间限定

（6）悬架　悬架是指在原空间中，局部增设一层或多层空间的限定手法。上层空间的底面一般由吊杆悬吊、构件悬挑或由梁柱架起，这种方法有助于丰富空间效果，建筑设计中的局部挑起及挑檐处理就是典型案例。如图 2.9 所示悬挑在空中的盒子体就有"漂浮"之感，趣味性很强。

图 2.9　通过挑檐处理达到空间限定效果

除了以上六种空间的限定方式，还可以通过肌理、色彩、形状、照明等的变化进行空间限定。在实际设计中，设计者可以根据具体情况进行多种形式的组合，以达到空间需要的目的。

2.1.2.2　限定元素的组合方式

通过围合、设立、覆盖、凸起、下沉、悬架等方法能在原空间中限定出新的空间，然而由于限定元素本身的不同特点和不同的组合方式，其形成的空间限定的感觉也不尽相同，这时，我们就可以用"限定度"来判别和比较限定程度的强弱。

（1）限定元素的特性与限定度　用于限定空间的限定元素，由于本身在质地、形式、大小、色彩等方面的差异，其所形成的空间限定度也会有所不同。在通常情况下，限定元素的特性与限定度的关系，设计人员在设计时可以根据表 2.2 中不同的要求进行参考选择。

表 2.2　限定元素的特性与限定度的强弱

限定度强	限定度弱	限定度强	限定度弱
限定元素高度较高	限定元素高度较低	限定元素明度较低	限定元素明度较高
限定元素宽度较宽	限定元素宽度较窄	限定元素色彩鲜艳	限定元素色彩淡雅
限定元素为向心形状	限定元素为离心形状	限定元素移动困难	限定元素易于移动
限定元素本身封闭	限定元素本身开放	限定元素与人距离较近	限定元素与人距离较远
限定元素凹凸较少	限定元素凹凸较多	视线无法通过限定元素	视线可以通过限定元素
限定元素质地较硬、较粗	限定元素质地较软、较细	限定元素的视线通过度低	限定元素的视线通过度高

（2）限定元素的组合方式　在现实生活中，不同限定元素具有不同的特征，加之其组合方式的不同，因而形成了一系列限定度各不相同的空间，创造了丰富多彩的空间感觉。由于建筑一般都由六个界面构成，所以为了分析问题的方便，可以假设各界面均为面状实体，以此突出限定元素的组合方式与限定度的关系。

① 垂直面与底面的相互组合（图 2.10）。

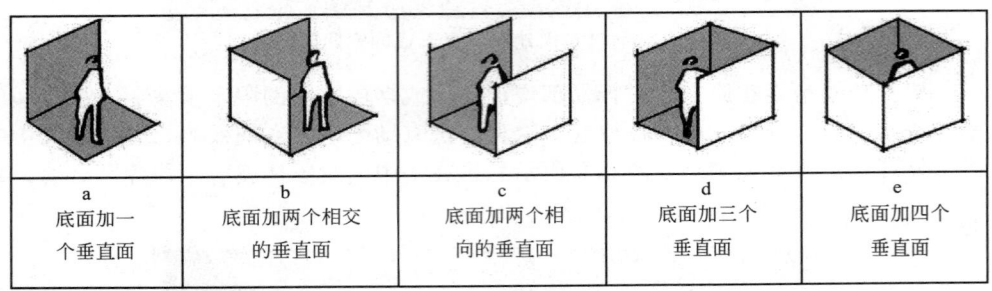

| a
底面加一
个垂直面 | b
底面加两个相交
的垂直面 | c
底面加两个相
向的垂直面 | d
底面加三个
垂直面 | e
底面加四个
垂直面 |

图 2.10　垂直面与底面的相互组合

a. 底面加一个垂直面。人在面向垂直限定元素时，对人的行动和视线有较强的限定作用。当人们背向垂直限定元素时，有一定的依靠感觉。

b. 底面加两个相交的垂直面有一定的限定度与围合感。

c. 底面加两个相向的垂直面。在面朝垂直限定元素时，有一定的限定感。若垂直限定元素具有较长的连续性时，则能提高限定度，空间也易产生流动感，室外环境中的街道空间就是典例。

d. 底面加三个垂直面。这种情况常常形成一种袋形空间，限定度比较高。当人们面向无限定元素的方向，则会产生"居中感"和"安心感"。

e. 底面加四个垂直面。此时的限定度很大，能给人以强烈的封闭感，人的行动和视线均受到限定。

② 顶面、垂直面与底面的组合（图 2.11）。

a. 底面加顶面，限定度弱，但有一定的隐蔽感与覆盖感。

b. 底面加顶面加一个垂直面，此时空间由开放走向封闭，但限定度仍然较低。

c. 底面加顶面加两个相交垂直面。如果人们面向垂直限定元素，则有限定度与封闭感，如果人们背向角落，则有一定的居中感。

d. 底面加顶面加两个相向垂直面。产生一种管状空间，空间有流动感。若垂直限定元素长而连续时，则封闭性较强，隧道即为一例。

e. 底面加顶面加三个垂直面。当人们面向没有垂直限定元素时，则有很强的安定感；反

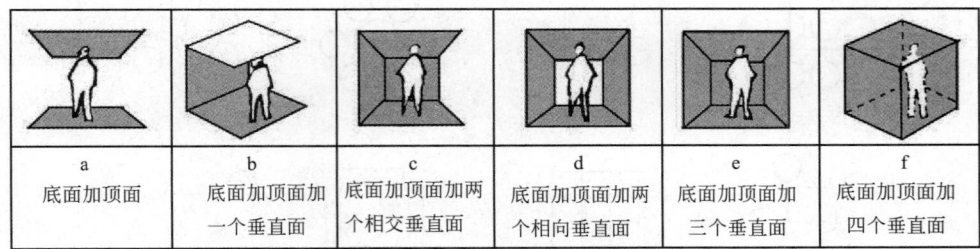

a	b	c	d	e	f
底面加顶面	底面加顶面加一个垂直面	底面加顶面加两个相交垂直面	底面加顶面加两个相向垂直面	底面加顶面加三个垂直面	底面加顶面加四个垂直面

图 2.11　顶面、垂直面与底面的组合

之，则有很强的限定度与封闭感。

　　f. 底面加顶面加四个垂直面。这种构造给人以限定度高、空间封闭的感觉。

2.1.2.3　单一空间的构成

　　(1) 建筑空间的分类　建筑是人们为了某种使用目的而建造的，根据不同的使用性质，可以将建筑空间大致分为公共空间、半公共空间、私密空间、专有空间；从边界形态上可分为封闭空间、开敞空间；从空间态势上可分为动态空间、静态空间、流动空间；从空间的确定性上又分为模糊空间、虚拟空间，见表 2.3。

表 2.3　建筑空间类型分析

依据	空间类型	特　点	案　例
使用性质	公共空间	由社会成员共同使用的空间	剧场、图书馆、博物馆、商店、车站、机场
	半公共空间	介于城市公共空间与私密或专有空间之间的过渡性空间	办公建筑门前的休息廊、老人院的前庭
	私密空间	由个人或家庭占有的空间	起居室、卧室、书房
	专有空间	为某一特定的行为或为某一特殊的集团服务的建筑空间	少年宫、福利院、某公司的办公楼
边界形态	封闭空间	界面相对较为封闭，限定性强烈，空间流动性小。具有内向性、收敛性和向心性	住宅房间、小间的办公室、教室
	开敞空间	界面相对开敞，空间的限定较弱。具有通透性、流动性和发散性	阳光房、玻璃围合的房间
空间态势	动态空间	没有明确的中心，具有很强的流动性，能产生强烈的动势	舞厅、KTV
	静态空间	空间相对稳定，一定的控制中心，可产生较强的驻留感	起居室、卧室、书房
	流动空间	最大限度的交融与连续，视线通透，交通无阻隔性或极小阻隔性	由玻璃或其他透明介质围合的空间
空间的确定性	模糊空间	性状不十分明确，常介于室内和室外、开敞和封闭等空间类型之间，其位置也常处于两者之间，很难判定其归属	过廊、雨棚、连廊
	虚拟空间	限定非常弱，要依靠联想和人的完形心理判断	通过地面抬高或降低，或由家具、灯具等限定的空间

　　(2) 建筑空间的构成　任何建筑空间的组织都应该是一个完整的系统，各个空间以某种结构方式联系在一起，既要有相对独立又能相互联系的各种功能场所，还要有方便快捷、舒适通畅的流线，形成一种连续、有序的有机整体。空间组合方式有很多种，选择的依据一是要考虑建筑本身的设计要求，如功能分区、交通组织、采光通风以及景观的需要等；二是要考虑建筑基地的外部条件，周围环境情况会限制或增加组合的方式，或者会促使空间组合对场地特点的取舍。根据不同空间组合的特征，概括起来有并列式、线形式、集中式、辐射式、组团式、网格式、庭院式、轴线对位式等（图 2.12）。

　　① 并列式组合。并列式空间就是将具有相同功能性质和结构特征的单元以重复的方式并

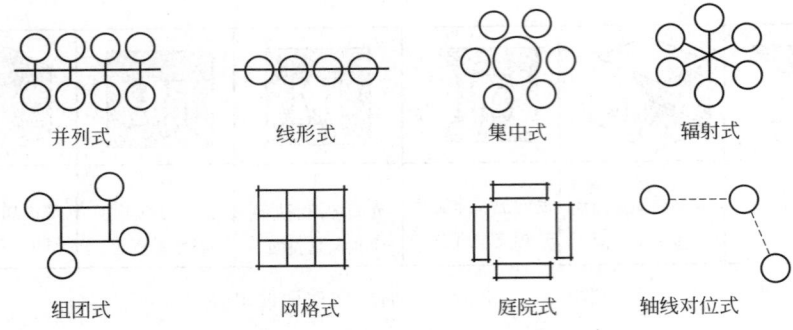

并列式　　　线形式　　　集中式　　　辐射式

组团式　　　网格式　　　庭院式　　　轴线对位式

图 2.12　建筑空间组织的基本形式

列在一起。这类空间的形态基本上是近似的，互相之间不寻求次序关系，根据使用的需要可相互连通，也可不连通。例如，住宅的单元之间就不需要连通，而教室、宿舍、医院、旅馆等则需要连通，一些单元式的疗养院、幼儿园等也可以不连通。这种方式适用于功能不复杂的建筑（图 2.13）。

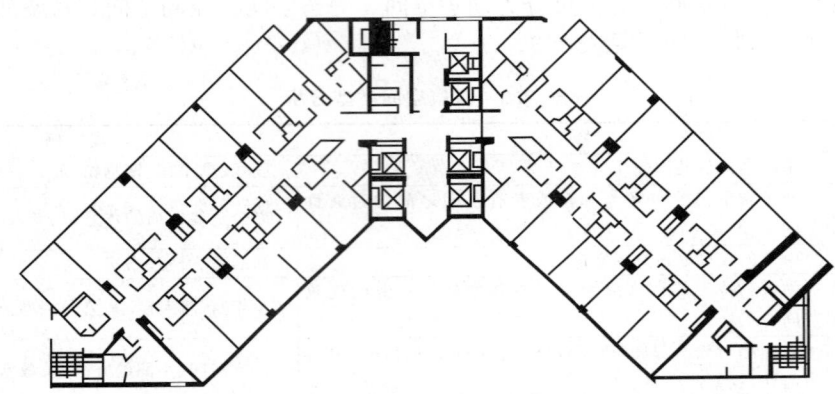

图 2.13　并列式组合

　　② 线形式组合。线形式组合就是各组合单元由于功能或审美方面的要求，先后次序关系明确，相互连接成线形空间，形成一个空间序列，故也称序列组合。这些空间可以逐个直接连接，也可以由一条联系纽带将各个分支统统连接起来，即所谓的"脊椎式"。前者适用于那些人们必须依次通过各部分空间的建筑，其组合形式也必然形成序列，如展览馆、纪念馆、陈列馆等；后者适用于分支较多、分支内部又较复杂的建筑空间，如综合医院、大型火车站、航站楼等。线形组合方式具有很强的适应性，易配合各种场地情况，线形可直可曲，还可以转折（图 2.14）。

　　③ 集中式组合。集中式组合是一种稳定的向心式构图，它由一定数量的次要空间围绕一个大的占主导地位的中心空间构成。处于中心的统一空间一般为相对规则的形状，在尺寸上要大到足以将次要空间集结在其周围；次要空间的功能、体量可以完全相同，形成中心对称的形式；也可以不同，以适应功能、相对重要性或场地环境的不同需要。一般来说，由于集中式组合本身没有方向性，其入口与引导部分多设于某个次要空间。这种组合方式适用于体育馆、大剧院、大型仓库等以大空间为主的建筑（图 2.15）。

　　④ 辐射式组合。这种空间组合方式中，线形式和集中式的要素兼而有之，由一个中央空间和若干向外辐射扩展的线形空间组合而成。辐射式组合空间通过线形的"臂膀"向外伸展，与环境之间发生犬牙交错的关系。这些线形空间的形态、结构、功能有相同的，也有不同的，其长度也可长可短，以适应不同地形的变化。这种空间组合方式常用于大型监狱、大型办公群体、山地旅馆等建筑（图 2.16）。

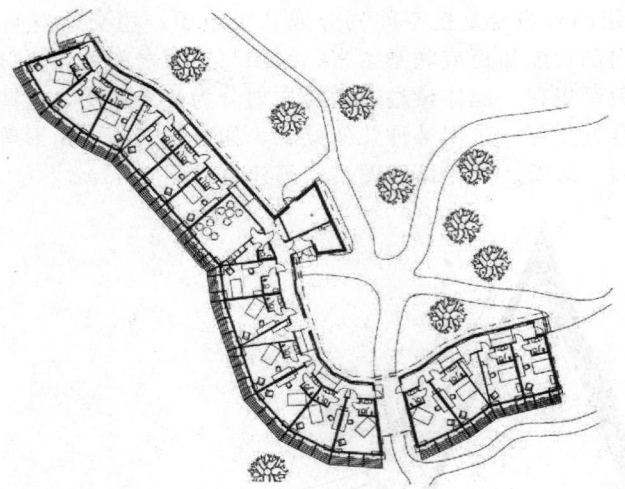

图 2.14　线形式组合

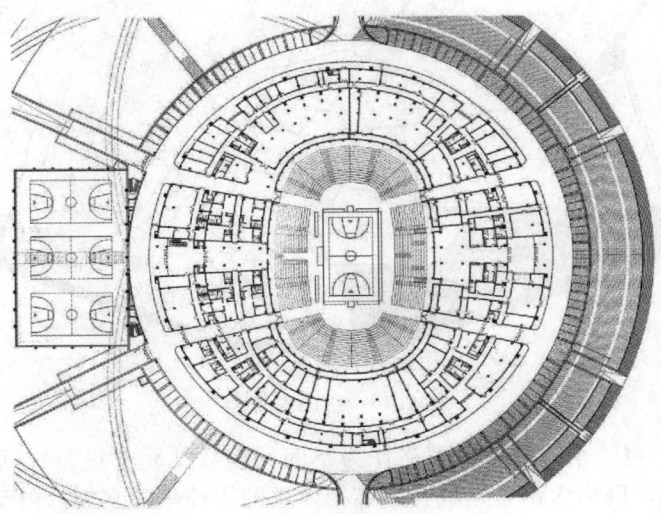

图 2.15　集中式组合

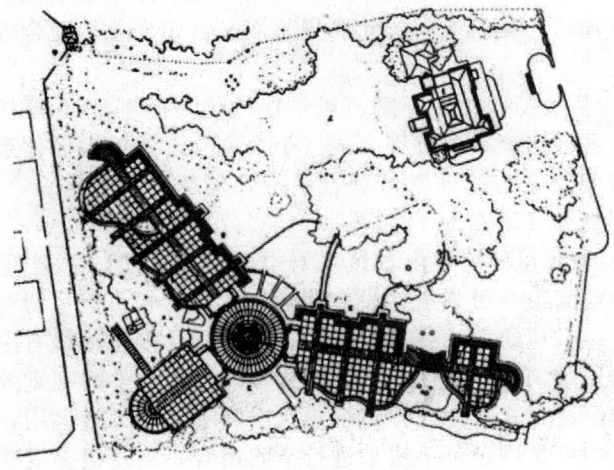

图 2.16　辐射式组合

⑤ 组团式组合。组团式组合是把空间划分成几个组团，用交通空间将各个组团联系在一起形成的空间。组团内部功能相近或联系紧密，组团与组团之间关系松散；又或者各个组团是完全类似的，为了避免聚集在一起体量过大而将之划分为几个组团，这些组团具有共同的形态特征。组团之间的组合方式可以采用某种几何概念，如对称或呈三角形等。这种组合方式常用在一些疗养院、幼儿园、医院、文化馆、图书馆等建筑（图 2.17）。

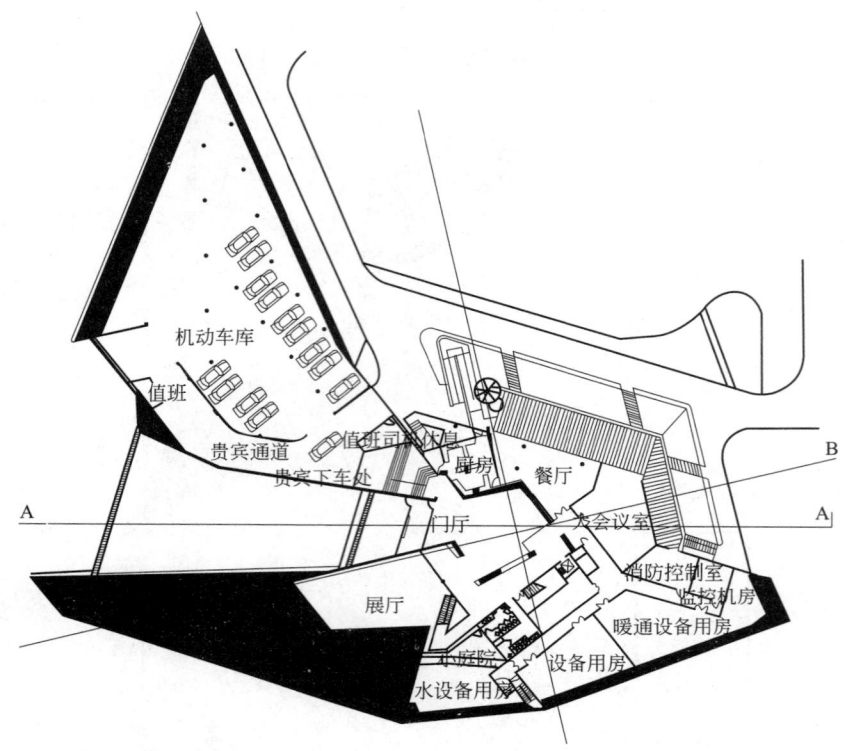

图 2.17 组团式组合

⑥ 网格式组合。将一个三向度的网格作为空间的模数单元来进行空间组合的方式称为网格式组合。在建筑中，网格大都是通过骨架结构体系的梁柱来建立的。由于网格由重复的空间模数单元构成，因而可以进行增加、削减或层叠，而网格的同一性保持不变，可以用来较好地适应地形、限定入口等。按照这种方式组合的空间具有规则性和连续性的特点，而且结构标准化、构件种类少、受力均衡，建筑空间的轮廓规整而又富于变化，组合容易、适应性强，被广泛应用于各类建筑（图 2.18）。

⑦ 庭院式组合。在某些场地比较开阔、风景比较优美的基地环境中，建筑空间的组合常采用松散式的布局，由各种房间或通廊围合成一个个庭院，每组自成体系，之间松散联系，各庭院有分有合。这种空间组合方式非常舒展、平缓，与环境密切结合，适用于风景区的度假村、乡村学校、乡村别墅等（图 2.19）。

⑧ 轴线对位组合。轴线对位组合由轴线来对空间进行定位，并通过轴线关系将各个空间有效地组织起来。这种空间组合形式虽然没有明确的几何形状，但一切都由轴线控制，空间关系却非常清晰、有序。一个建筑中轴线可以有一条或多条，多条轴线有主有次，层次分明。轴线可以起到引导行为的作用，使空间序列更趋向有秩序性，在空间视觉效果上也呈现出一个连续的景观线。这种空间组合方式在中西方传统建筑空间中都曾大量运用，因而轴线往往具有某种文化内涵。现代建筑中也常用这种手法来进行空间组合，出现很多成功的作品（图 2.20）。

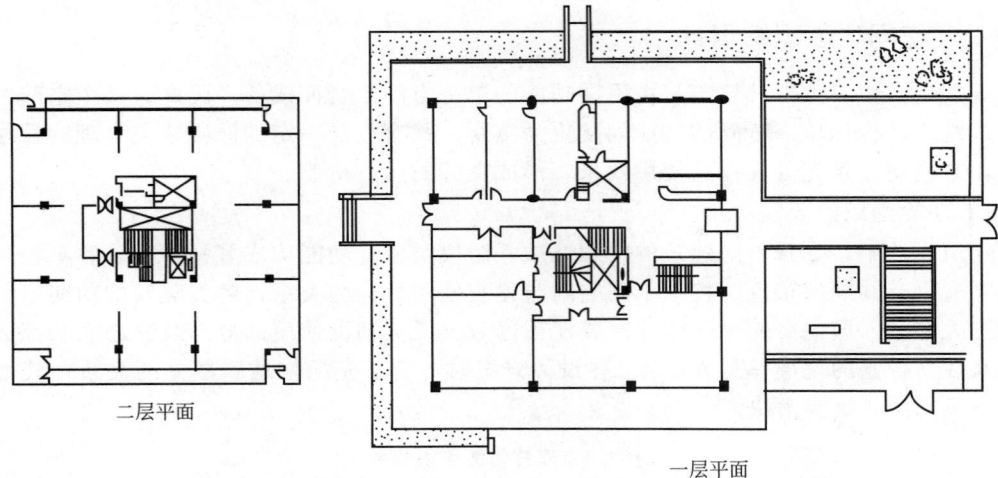

二层平面　　　　　　一层平面

图 2.18　网格式组合

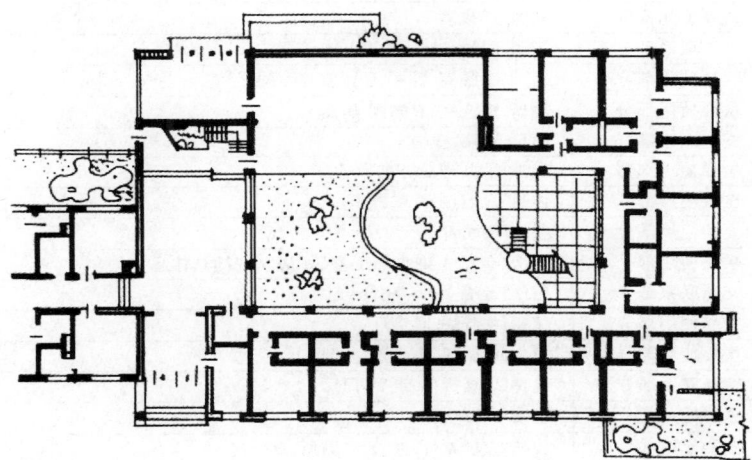

图 2.19　庭院式组合

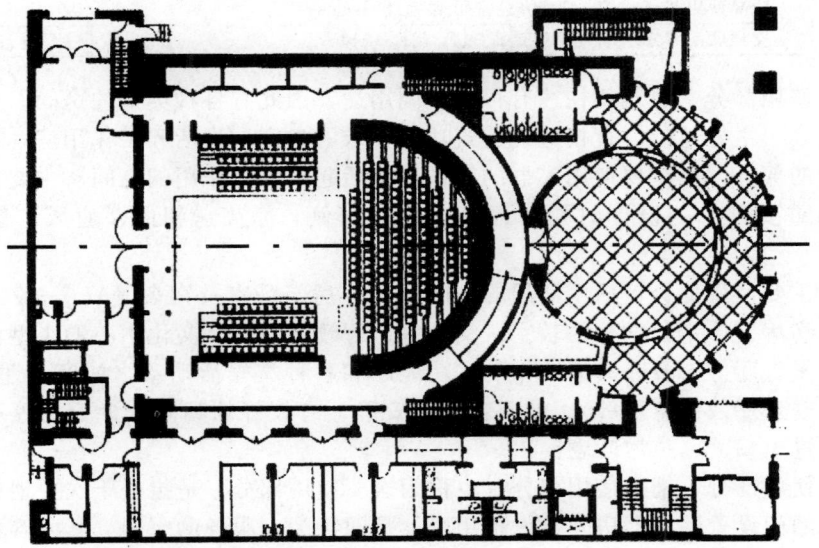

图 2.20　轴线对位组合

2.1.3 多空间功能组织设计

在现实生活中，大部分建筑是由不同功能的单一空间组合而成的。因此，多个空间的功能关系及其组织结构比单一空间的功能问题更为重要。只有按照一定的原则建立合理的秩序和结构层次，方能使建筑充分发挥其使用效果，形成良好的运行机制。

2.1.3.1 功能组织的要素

在建筑设计中，尽管不同建筑的使用性质、组成类型和功能构成多种多样，各不相同，但其构成要素仍有共同的特点。按照不同空间与建筑使用目标的关系，各类建筑的功能组织可以概括为三大部分，即主要使用部分、次要使用部分（或称辅助使用部分）及交通联系部分，这是一个共性、普遍的规律，见表2.4。在设计方案时，应首先抓住这三部分的关系，其他矛盾会随着方案的深入逐步解决。

表 2.4　建筑功能组织要素

建筑类型	建筑功能组织	空间组成
中学	主要使用部分	教室 实验室 备课室 行政办公室 休息室
	次要使用部分	厕所 贮藏室
	交通联系部分	走道 门厅 过厅 楼梯
幼儿园	主要使用部分	活动室 卧室 餐厅 音体室 行政办公室
	次要使用部分	厕所 盥洗室 衣帽间 厨房
	交通联系部分	门厅 走廊 楼梯
加油站	主要使用部分	加油棚 办理业务的营业厅
	次要使用部分	休息室 盥洗室 贮藏室
餐馆	主要使用部分	餐厅 小卖部
	次要使用部分	厨房（包括主副食加工室、库房、备餐间、休息室等）
	交通联系部分	门厅 走道
宾馆	主要使用部分	休息厅 餐厅 宴会厅
	次要使用部分	卫生间 厨房 小卖部 办公室
	交通联系部分	电梯厅 楼梯间 走廊 门厅
电影院	主要使用部分	观众厅 舞台
	次要使用部分	放映室 售票厅 办公室 厕所 锅炉房
	交通联系部分	前厅 楼梯间
图书馆	主要使用部分	阅览室 目录室 陈列厅 微型图书室 电脑室 演讲厅 报刊室
	次要使用部分	管理办公室 出纳室 借书处 书库
	交通联系部分	通道 走廊 过厅 门厅 楼梯

（1）**主要使用部分**　建筑物往往有很多不同用途，因此有各种类型的房间。主要使用部分是指在建筑中处于主导地位，直接体现建筑功能要求的生产、生活和工作用房，是与建筑使用目标直接对应的部分，对主要使用人群的工作及生活起到支撑作用的空间。主要空间是决定建筑功能性质的重要部分，设计时要考虑其大小、比例、净高、朝向、通风、景观、交通等问题。

概括起来主要使用部分包括生活用的房间（如客房、卧室及宿舍等）、一般的工作学习房间（如医院的病房、诊室，学校的教室、实验室、行政办公室，文化中心的小型活动室、图书室、阅览室、报告厅等）及公共活动用的多功能厅和各种文娱活动室（如商业建筑的营业厅，剧院的舞台、观众厅及休息厅等）。前两者要求安静，有较好的朝向、少干扰等环境要求；后者人流集中、进出频繁、疏散问题突出。

（2）**辅助使用部分**　辅助使用部分（也称为次要使用部分）是指处于次要地位，为保证建筑基本使用目的而设置的辅助房间及设备用房，是间接为人服务的空间。其内容包括：

其一，一般建筑物都要配置的公共服务房间，如卫生间、盥洗室、管理间、储藏室等。

其二，直接为主要使用部分的配套内容，如剧院中的售票室、放映室、化妆室，体育类建筑中运动员的服务房间（更衣室、淋浴室、按摩室等）。

其三，内部工作人员使用的房间，如办公室、库房、工作人员厕所等。

其四，保证建筑按照一定标准正常运转而配置的设备用房，如锅炉房、通风机房及冷气间等。

（3）交通联系部分　交通联系部分是指为联系上述两部分及供人、货来往的部分，包括门厅、走道、楼梯、中庭、过厅等。交通联系部分一般可以划分为水平交通联系空间、垂直交通联系空间、枢纽交通联系空间等。

上述三大部分是按它们的功用而划分的，但有时也不是绝对的，常常彼此寓于其中。如门诊的走道，一般除作为交通外，常兼候诊区；剧院的门厅也用于休息；厨房有时可算为主要使用部分，有时也作为辅助使用部分；国外一些新学校将走道设计较宽，兼起交往大厅的用途。

2.1.3.2　功能组织的目的和步骤

无论是城市规划、室外环境设计、建筑单体设计都要进行功能分区，且要遵循功能分区的原则及方法。功能组织设计的首要原则是满足合理的使用程序要求。

（1）功能关系图

① 功能关系图的定义。在设计前期，深入了解设计对象的使用程序，是设计的必要前提。为清晰表示建筑内部的使用关系，常用功能关系图来表示（图 2.21、图 2.22）。

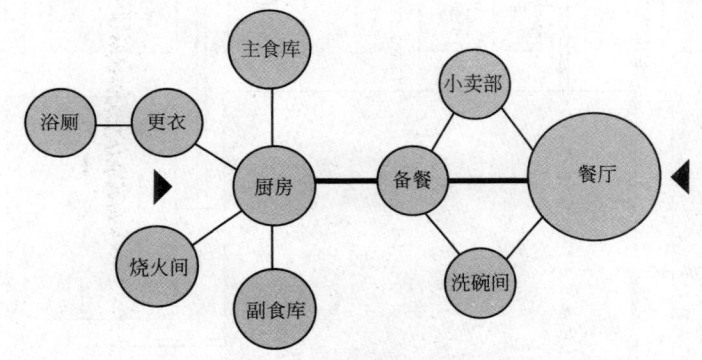

图 2.21　餐厅功能关系图

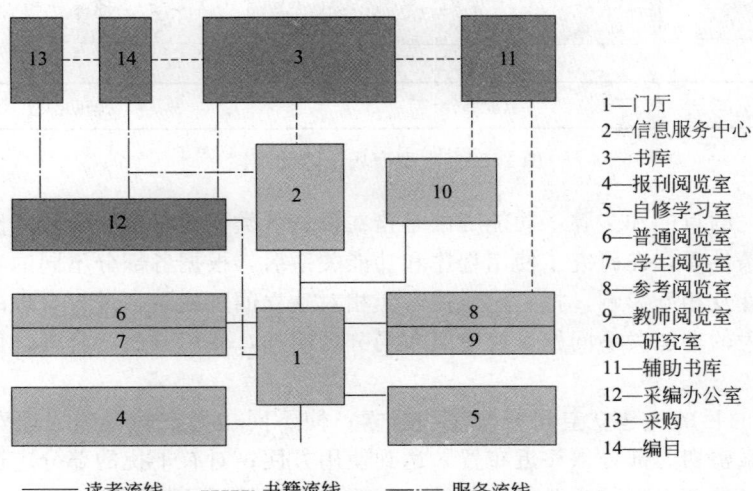

1—门厅
2—信息服务中心
3—书库
4—报刊阅览室
5—自修学习室
6—普通阅览室
7—学生阅览室
8—参考阅览室
9—教师阅览室
10—研究室
11—辅助书库
12—采编办公室
13—采购
14—编目

——— 读者流线　------ 书籍流线　—— 服务流线

图 2.22　某大学科学图书馆功能关系图

功能关系图是建筑师在建筑设计过程中进行功能分析的有效手段，它表述了建筑中功能单元之间的流程关系和分区关系。不等同于平面图，它表述或暗示了各功能单元之间合理的空间位序，据此可以引导出合理的平面布局和空间组织结构。

② 功能关系图的绘制方法。功能关系图的作用一方面是可以进行全面、系统、周密、深入的并联式思考；另一方面是由于其信息量大，可以把想到的问题全部罗列出来。其绘制方法首先是确定主要功能核心及彼此之间的关系，主要分为密切和一般的关系、单链和多链的联系；其次应有一个主流通轴的概念，表示清楚哪进哪出以及功能大小的比例关系。

建筑内部序列不仅影响平面布局方式，也影响着空间的安排及出入口设置等。如影剧院一般观众看戏或看电影经历着从"售票—检票—等候—进场就座—观看—退场"的活动程序。售票厅、门厅、观众厅、舞台及楼梯等布局就要按照这一序列来安排，一般采用"门厅—观众厅—舞台"的三进式布置，且把进场和退场分开。各类建筑在使用中都有自己的使用流程，这里不再一一赘述，设计者只要深入地调查研究是完全可以了解的（图2.23）。

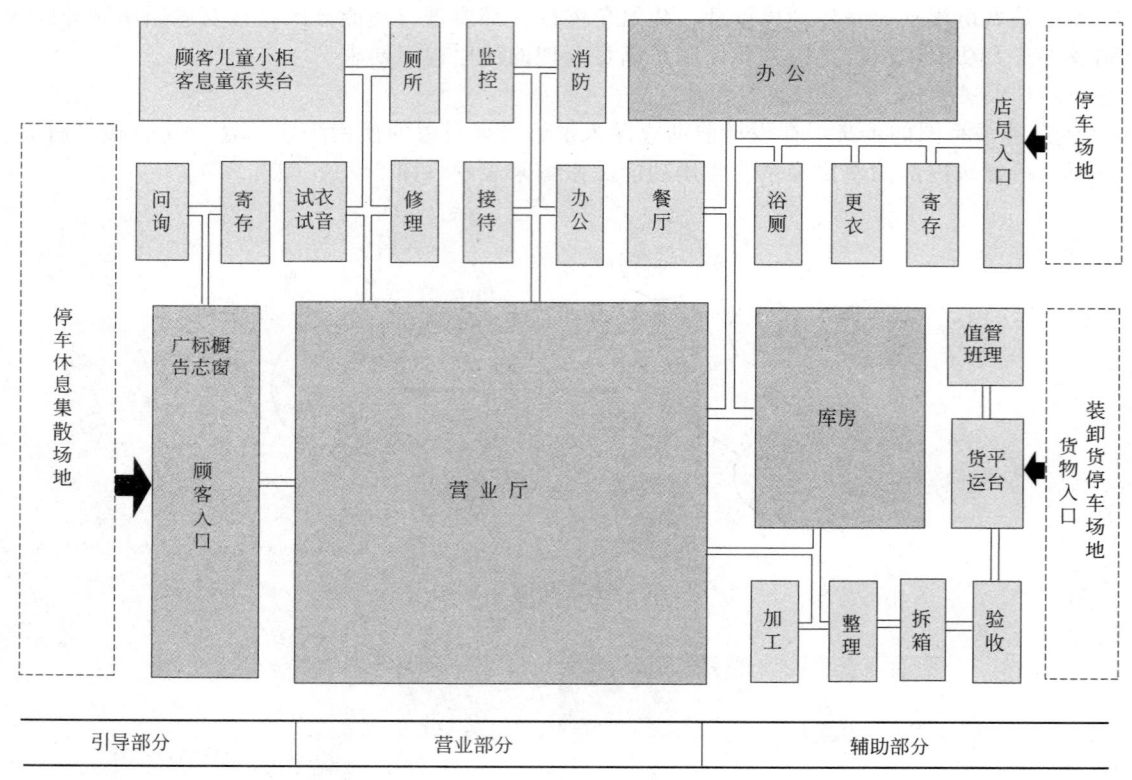

图 2.23 大型商场功能关系图

（2）功能分区的目的和步骤 功能分区是指在设计各类公共建筑时，在功能关系与房间的组成比较复杂的条件下，在研究了使用程序和功能关系后，根据各部分不同的功能要求、各部分联系的密切程度及相互影响，把它们分成若干相对独立的区或组，进行合理的设计组合，以解决平面布局中大的功能关系问题，使建筑布局分区明确，使用方便、合理，保证必要的联系和分隔。

① 功能分区的目的。建立空间的秩序和线索，使不同功能空间得到合理安排，获得合理的空间布局。联系密切的部分须靠近布置，达到使用方便；对有干扰的部分应适当分隔，区分不同性质的空间，保证卫生隔离或安全条件，创造安静、舒适的建筑环境。

② 功能分区的方式。

a. 分散分区。分散分区是指将功能要求不同的各部分用房,分别布置在几个不同的单幢建筑物中。其优点是达到完全分区的目的,缺点是导致联系的不便。因此,在这种情况下,要很好地解决相互联系的问题,常用连廊相连接。

b. 集中分区。集中分区可以分为水平分区和垂直分区两种。

水平分区,即将功能要求不同的各部分用房集中布置在同一幢建筑的不同区域,各组取水平方向的联系或分隔,但要联系方便,平面外形不要太复杂,保证必要的分隔,避免相互影响。主要方法有:一是将主要的、对外性强的、使用频繁或人流量较大的用房布置在前部,靠近入口的中心地带;二是将辅助的、对内性强的、人流量少或要求安静的用房布置在后部或一侧,离入口远一点;也可以利用内院,设置中间带等方式作为分隔手段。

垂直分区,即将功能要求不同的各部分用房集中布置于同一幢建筑的不同层上,以垂直方向进行联系或分隔,但要注意分层布置的合理性,注意各层房间的数量、面积大小的均衡及结构的合理性,并使垂直交通与水平交通组织得紧凑一些。分层布置的原则一般是根据使用活动的要求、不同使用对象的特点及空间大小等因素来综合考虑。

例如,中小学教学楼的设计,可以按照不同年级来分层,高年级教室布置在上层,低年级教室则应布置在底层。多层百货商店的设计,应将销售量大的日用百货及大件笨重的商品如自行车、缝纫机、电器等置于底层,其他如纺织品、文化用品、服装等则可置于上面各层。

上述方法还应按建筑规模、用地大小、地形及规划要求等外界因素来决定。在实际工作中,往往是相互结合运用的,既有水平分区,也有垂直分区。

③ 功能分区的步骤。

a. 分类。将空间按照不同的功能要求、空间特点与性质进行分类。

b. 分区。分析彼此之间的密切程度,然后加以划分、排列、布置。

c. 表达。绘制建筑功能组织关系——"泡泡图"。

例如,一般工矿企业的食堂是由种种不同用途的房间组合起来的,有供职工用餐的餐厅,主、副食蒸煮加工的厨房、备餐间、储存室,主、副食用的仓库及其他辅助房间。这些房间虽有不同用途,但在使用中总是按一定流程联系起来的。用餐者用餐的程序一般是"取碗筷—买饭菜(备餐处)—就餐(桌位)—洗涤—存放餐具"。厨房内的操作也有其流程,并且主食和副食是互不相扰而分开进行的,以副食而言,就有"储存(库房)—粗加工—细加工—洗涤—烹调—配餐"的程序。这些都是在设计食堂时必须考虑并应予以满足的使用程序,餐厅和厨房、备餐的布局就要按照这些程序来安排(图 2.24)。

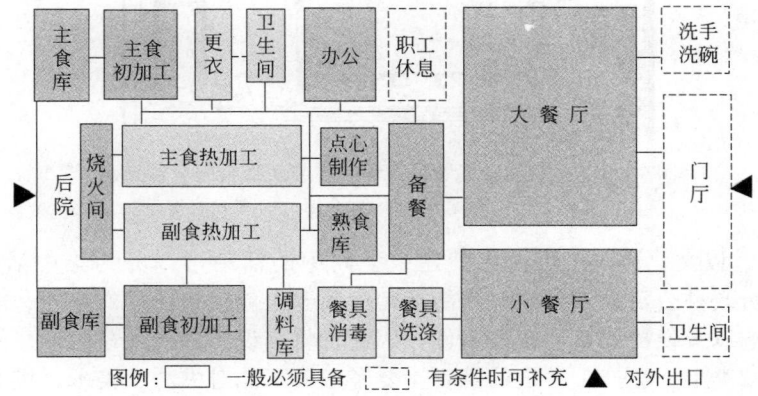

图 2.24 厨房操作流程图

2.1.4 建筑功能布局与空间组织分析

2.1.4.1 建筑的功能布局

当在建筑的功能组成比较复杂的情况下，需要根据不同的活动特点把空间按照不同功能要求进行分类，并根据它们之间的密切程度按区段加以划分，使得建筑的功能分区明确且交通联系便捷。例如，对主与次、内与外、动与静、洁与污等关系进行分析，对不同使用要求的空间进行合理配置，也就是通常所说的主次分区、动静分区、内外分区、洁污分区等。

a. 主次分区。以电影院、剧院等观演建筑为例，其观众厅是其主要功能空间，其空间形式、构造要求、设施设备等都有特殊的具体要求。例如，观众厅的空间高度通常在 8m 以上，空间形式与辅助使用功能之间有很大差异。因此，影剧院建筑通常将观众厅与辅助空间分区设置，这样既保证主要功能空间的使用，同时也便于对辅助空间的高效利用（图 2.25、图 2.26）。

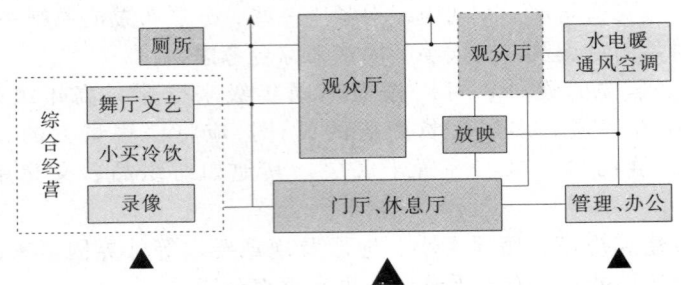

图 2.25 影剧院主次功能分区

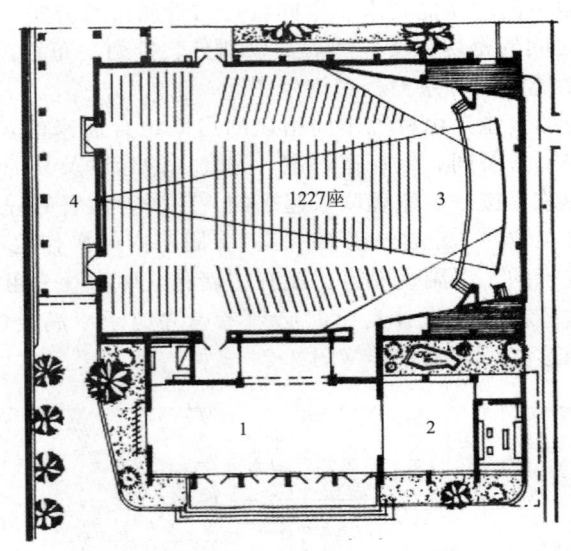

图 2.26 影剧院建筑通常将观众厅与辅助空间分区设置
1—门厅；2—休息厅；3—观众厅；4—放映机房

b. 动静分区。以文化馆建筑为例，其建筑空间中的活动可以分为集中活动、分散活动、分组专业活动、行政办公活动四类。多功能活动厅属于人流集中活动的空间，需要考虑对其他安静类活动的影响以及便捷的交通疏散条件，因此常将其设于建筑入口附近。健身、舞蹈、游艺等属于分散活动类型，会产生一定的声音，要考虑其不能对书法、美术、棋类等需要安静环境的专业活动产生不良影响。因此，空间应该合理分区，从而避免不同性质活动之间的相互的干扰和流线的交叉影响（图 2.27）。

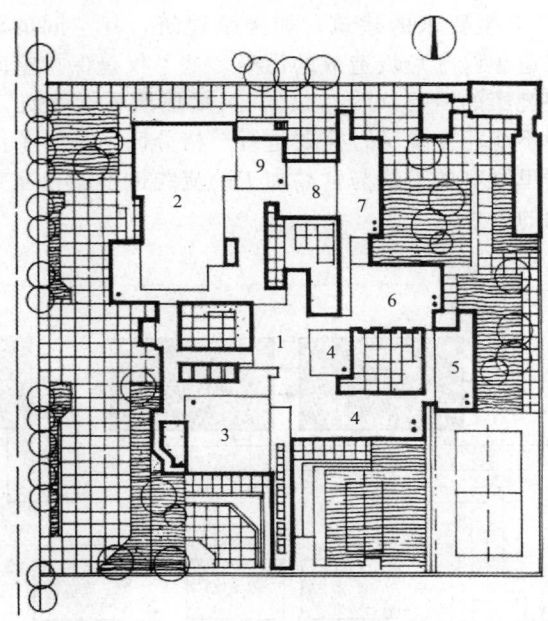

图 2.27　建筑空间中的动静分区

1—门厅；2—观演用房；3—交谊用房；4—游艺用房；5—阅览用房；6—展览用房；7—办公业务用房；8—多用途活动室；9—排练厅

c. 内外分区。主要是指空间的开放程度的差异。例如，文化馆建筑中，大多数空间是对公众开放的，多功能厅、健身、游艺等活动用房的空间开放程度较高，而行政办公则是单位内部的活动，一般不对公众开放。因而要合理组织流线，内外分区，保证内部办公用房的安静和空间私密性，避免外部人流影响正常的行政办公。又如住宅中的主人卧房及书房等是私密性较强的空间，而客厅、餐厅等则是相对较开放的空间（图 2.28）。

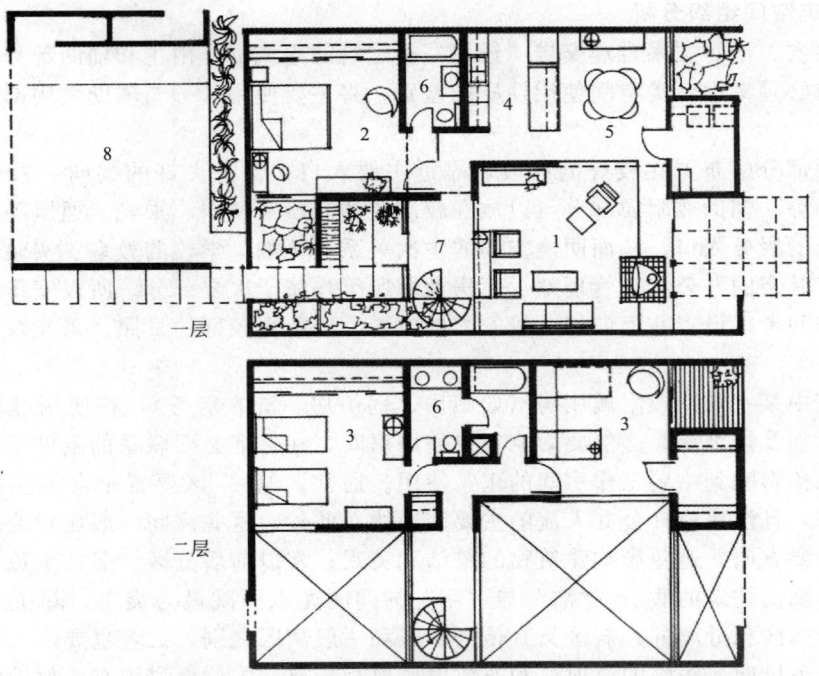

图 2.28　依据空间的开放程度合理组织住宅中的私密性和开放性空间

1—起居室；2—主卧室；3—卧室；4—厨房；5—餐厅；6—卫生间；7—门厅；8—车库

d. 洁污分区。对于有卫生要求的建筑，如医院建筑，其空间的洁污分区是十分重要的，因为不同流线的设置可以避免医疗垃圾造成的污染。这不仅是保持空间环境卫生、防止疾病传染的需要，也是人们心理健康的需要（图2.29）。又如按照餐饮建筑，相关规范严格规定，其生食的流线与熟食的流线不能相互交叉，需要进行严格分区，是为了保证食品卫生的要求。同时，建筑规范还规定餐厅里顾客的流线与食品加工的流线也不能相互交叉，目的也是为了确保食品的卫生以及就餐环境的卫生。

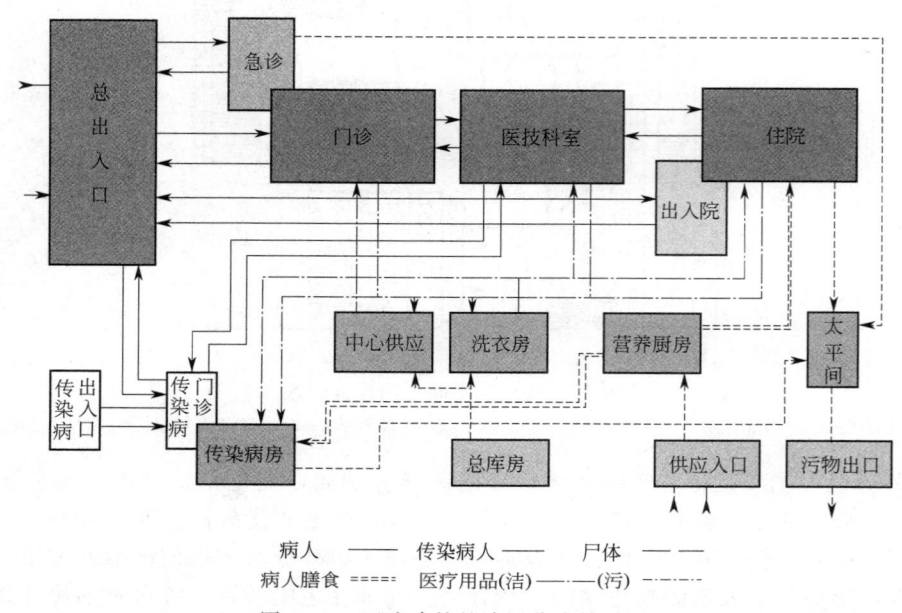

图2.29 医院建筑的洁污分流关系图

2.1.4.2 建筑空间组织分析

（1）按主次、洁污关系合理安排 任何一类建筑的组成都是由主和辅两部分组成的。在进行空间布局时必须考虑各类空间使用性质的差别，将主要使用部分与辅助使用部分合理地进行分区。

主要使用部分应布置在较好的区段，靠近主要入口，保证良好的朝向、采光、通风及景观、环境条件等；辅助或附属部分可以放在较次要的区段，朝向、采光、通风等条件可以差一些，并设单独的服务入口，从而明确空间的主次关系。例如，学校的教室、实验室，应是主要的使用房间，其余的办公室、管理室、库房及厕所等均属于次要部分。所以安排位置时，应把教室等主要房间考虑设置在朝向好、较安静的位置，以取得较好的日照、采光及通风条件（图2.30）。

公共建筑中某些辅助或附属用房（如厨房、锅炉房、洗衣房等），在使用过程中会产生气味、烟灰、污物及垃圾等，必然要影响主要使用房间，在保证必要联系的条件下，要使二者之间相互隔离以免影响到主要工作房间的正常使用。通常，"污"区要置于常年主导风向的下风向或设于后院，且注意避开公共人流的主要交通线；此外，这些房间一般比较凌乱，也不宜放在建筑物的主要方向，避免影响建筑物的整洁和美观；常以前后分区为多，少数可以置于建筑的最高层或不临街建筑的底层。"洁"与"污"的问题尤以医院最为突出，除了上述附属用房有污染物要与病区相分离外，病区又有传染病区和一般病区之别，二者也要隔离布置，且要将传染病区置于下风向。医院的放射科和非放射科要相分离，同位素科因有放射性物质伤害人体健康也要与一般治疗室、诊室相分开，最好独立设置，相距大于50～100m。可以放在大楼的

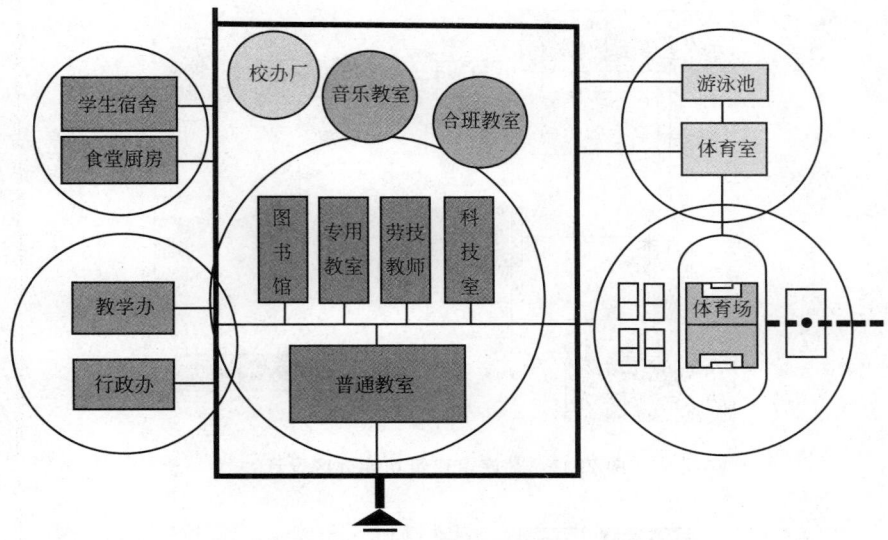

图 2.30 学校建筑空间的主次分配关系

顶层，对一般病人伤害少且同位素的路线也要与病人路线分开（图 2.31）。

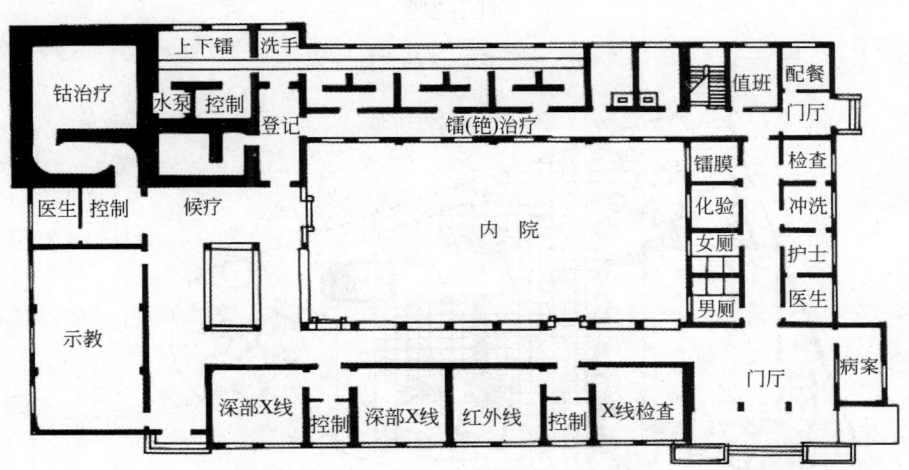

图 2.31 医院放射科应考虑独立设置或与一般治疗室、诊室相分开

（2）以主要空间为核心，次要空间的安排要有利于主要空间功能的发挥　对待"主"与"辅"的关系要辩证地分析，有时二者是难以分开的，常常是某些辅助用房寓于主要使用部分之中。这也告诉我们，功能分区要与使用程序结合起来考虑，分区布置也要保证功能序列的连贯性。次要用房的设计应从全局出发，合理布置。从某种意义上说，主要使用空间能否充分发挥作用与次要使用空间的配置是否妥当有着不可分割的关系，如旅馆建筑的设计（图 2.32）。

（3）根据实际使用要求，按人流活动顺序安排位置　在使用程序上位于前位及根据人流活动的需要，即使是辅助用房也应该按照序列布置在方便、通达之处，如影剧院的售票室、行政办公建筑的传达室、展览建筑的门卫室等。这些用房在使用功能上属次要使用部分，它们的主要使用空间应该是观众厅和陈列室等，但是从人流活动的需要上看，售票室、传达室及门卫室等虽然是次要用房，但对外性强，在使用程序上居于前位，按照使用序列的连贯性，应该安排在明显易找的位置，不能置于次要隐蔽的位置。因此，辅助用房的位置也并非随意安排的，而应设置在公众能方便通达之处（图 2.33、图 2.34）。

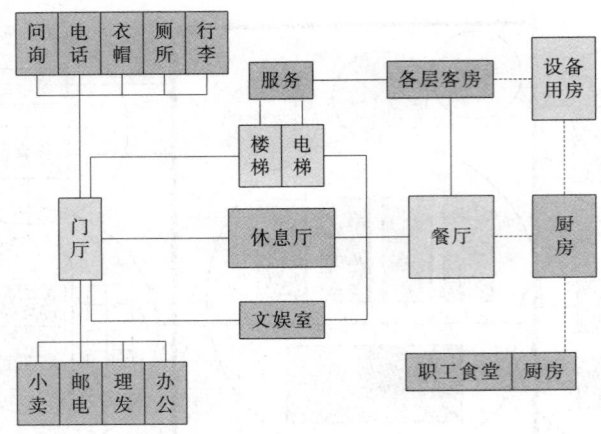

图 2.32　某旅馆建筑功能分区设计

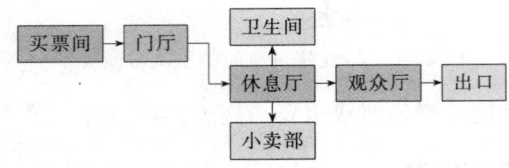

图 2.33　影剧院的空间序列

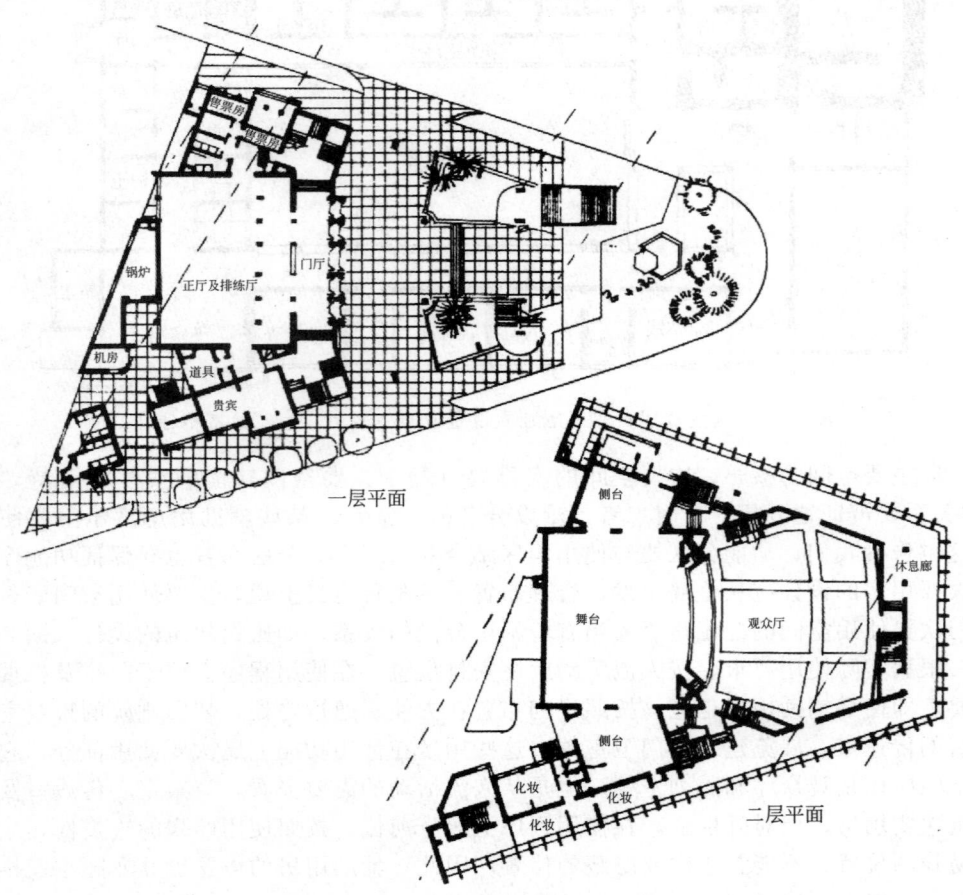

一层平面

二层平面

图 2.34　影剧院功能分区设计

（4）对外联系密切的空间要靠近交通枢纽，内部使用空间要相对隐蔽　公共建筑物中的各种使用空间，有的人流对外性强，直接为公众使用，如观众厅、陈列室、营业厅、讲演厅等，其应布置在主入口或交通枢纽附近，或直接设置对外出入口；对内性强的使用空间则应尽量布置在较隐蔽的位置，使之靠近内部交通区域，并注意避免公共人流穿越而影响内部人员的工作，如内部办公室、仓库及附属服务用房等。

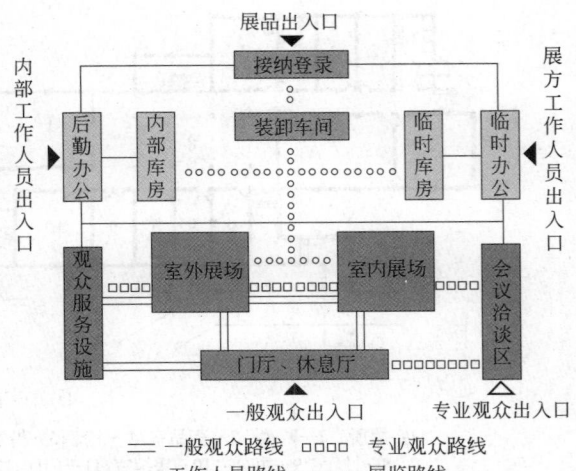

图 2.35　展览建筑空间的组织关系

沿街商店的营业厅是主要使用房间，对外性强，应该临街布置，库房、办公室属于辅助、对内性的用房，不宜将它们临街布置或安排在顾客容易穿行的地方。

展览建筑中陈列室是主要使用房间，对外性强，尤其是专题陈列室、外宾接待室及讲演厅等一般都靠近门厅布置，而库房、办公室等则属对内的辅助用房，不应布置在明显的位置（图 2.35、图 2.36）。

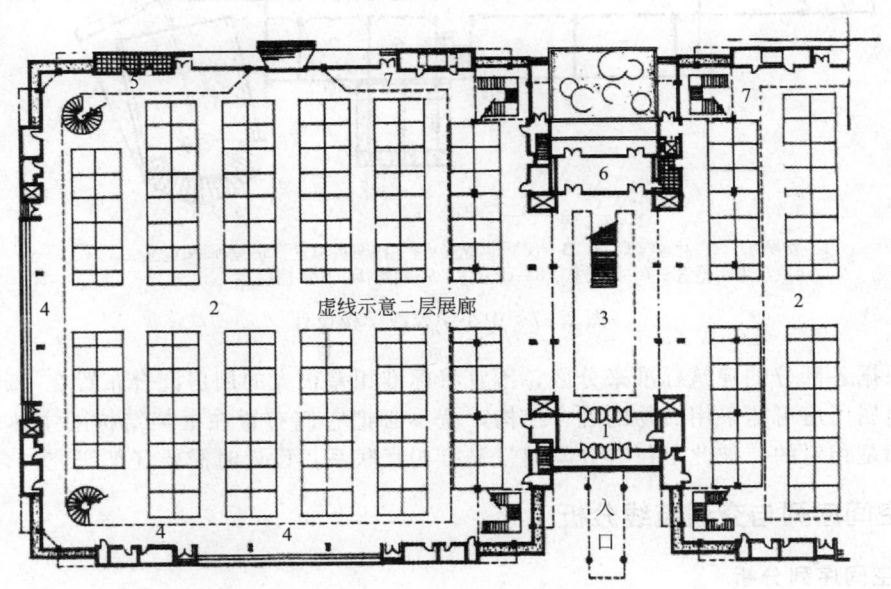

图 2.36　展览建筑中陈列空间应布置在明显位置

1—门厅；2—室内展厅；3—中央大厅；4—休息；5—厕所；6—接待；7—变电

（5）空间的联系与隔离要在深入分析的基础上恰当地处理　设计各类公共建筑时，就各部分相互关系而言，有的联系密切，有的次之，有的没有关系，有的有干扰，有的没有干扰。设计者必须根据具体情况具体分析，有区别地对待和处理。

平面布局中要认真分析各使用部分的"动""静"关系，对于使用中联系密切的要靠近布置，对于有干扰的（声响、气味及烟尘等）要适当分隔，尽量隔离布置。各类建筑物功能分区中联系和分隔的要求是不同的，在设计中要根据它们使用中的功能关系来考虑，如中小学校教学楼设计，要注意处理"动"与"静"的关系（图 2.37）。

（6）根据空间大小、高低来分区，尽量将同样高度、大小相近的空间布置在一起。

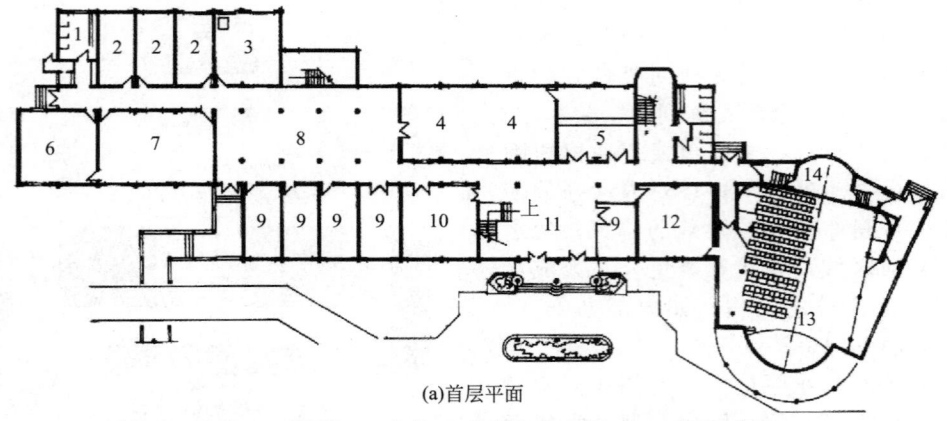

(a)首层平面

1—厕所；2—贮藏；3—药品室；4—书库；5—借书厅；6—准备室；7—物理实验室
8—过厅；9—办公；10—采编室；11—门厅；12—接待室；13—合班教室；14—放映室

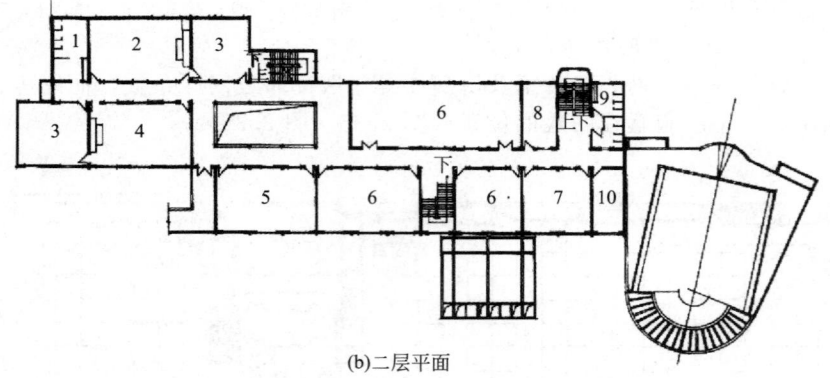

(b)二层平面

1—女厕所；2—化学实验室；3—仪器准备室；4—物理实验室；5—教师阅览室
6—学生阅览室；7—报刊室；8—研究室；9—男厕所；10—器材室

图 2.37　中小学校教学楼设计

（7）根据各部分的建筑标准来分区，不宜将标准相差很大的用房混合布置在一起。

有的附属用房可能采用简易的混合结构，就不必把它们布置在框架结构的主体中。当然，上述分区都是相对的，彼此不仅有分隔而且又有相互联系，设计时需要仔细研究、合理安排。

2.1.5　空间序列与交通流线分析

2.1.5.1　空间序列分析

序列是指按次序编排个体空间环境的先后关系，它是通过对比、重复、过渡、衔接、引导等空间处理手法，把个别、独立的单元空间组织成统一、变化和有序的复合空间集群，使空间的排列与时间的先后这两种因素有机地统一。

空间序列首先应以满足功能要求为依据，但仅仅满足行为活动的需要，显然远远不够。正如音乐有抑扬顿挫、高低起伏，空间也同样有浓淡虚实、疏密大小、隔连藏露。序列路线会以它自己的特殊形式影响人的心理，正如面对一个陌生城市，选择不同行进路线会影响到人们对这个城市的印象一样。对于同样的空间组织，同样的室内布置，观赏次序不同，人的视觉感受肯定也不同；也就是说空间序列组织，还要从心理和生理上影响、打动参与者。

为了进一步理解参与者与空间序列的关系，人们首先要清楚如何体验空间，如何从行进和空间变化中感知空间。人不是静物，受行动的支配促使身体发生走动，而空间也绝非局限于静止的视野，其视觉刺激源自时差相继的延展，其感受随时间延续而变化。时间和运动是人类感受和体验空间环境的基本方式。对于三维的空间组合体系，除非是非常狭小的空间，人们往往无法一眼看到其整体的内部，只有通过运动和行进，由一个空间进入另一个空间。随着位置的移动及时间的推移而"步移景异，时移景变"。视线的变动、视野角度的变换，使建筑空间的客体与观者的主体相对位置不断产生变化，观者从不同角度和侧面感知和体验环境的各个局部要素和实体、轮廓，不断受到建筑空间之中的实体与虚拟在造型、色彩、样式、尺度、比例等全方位的信息刺激，随时间的延续逐步地积累感受和联想，从而得到变化着的视觉印象（图2.38、图2.39）。这些不在同一时间形成的变化着的视觉印象由于视觉的连续对比和视觉残留作用而叠加、复合，经头脑加工整理，形成对空间总体的、较为完整的印象和体验，可得到对其全面的认识和理解。

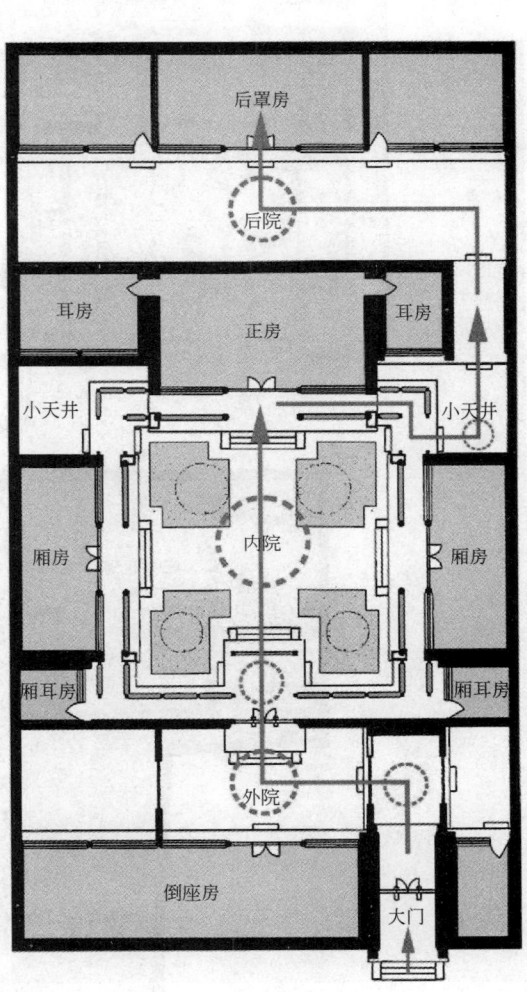

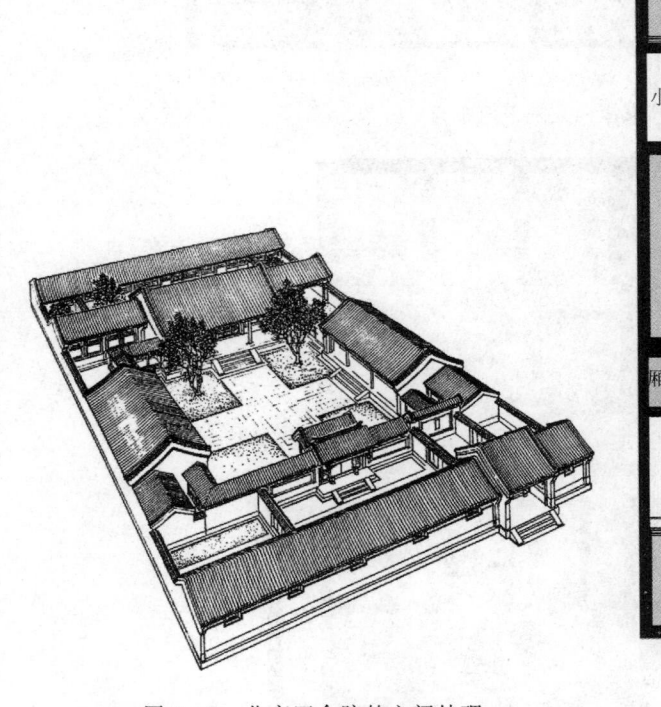

图 2.38　北京四合院的空间处理　　　　　图 2.39　四合院的空间序列分析

　　"建筑是凝固的音乐，音乐是流动的建筑"这一名言大家并不陌生。尽管空间不会发出任何声音，但人们却会从中感受到雄伟壮丽、华美舒缓的乐章，空间序列也应有前奏、引子、高潮、回味、尾声，既应谐调一致，又要充满变化（图2.40、图2.41）。沿主要人流路线逐一展开的空间序列应有起、有伏、有抑、有扬、有主、有次、有收、有放。其中，高潮是整个空间序列的中心，是点睛之笔，反映整个空间的主题和特征，若空间序列无高潮处理，只收不放，会使人感到沉闷、压抑，很难打动人和引起情绪共鸣，当然，这种主题空间既可单一也可多个。而只放不收的空间，又容易使人感到松散、空旷。

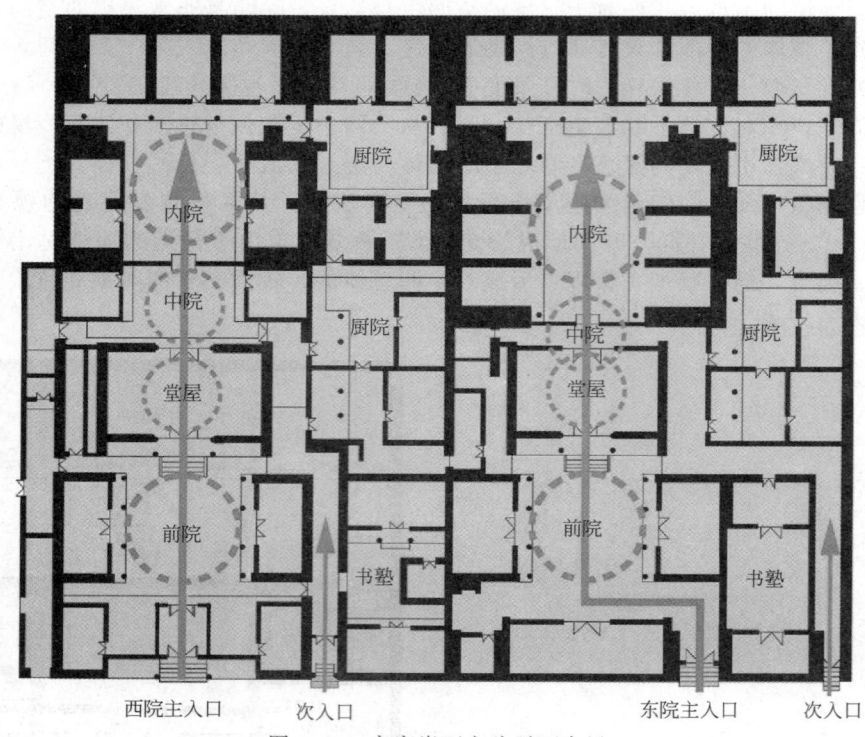

图 2.40　高家崖两主院平面布局

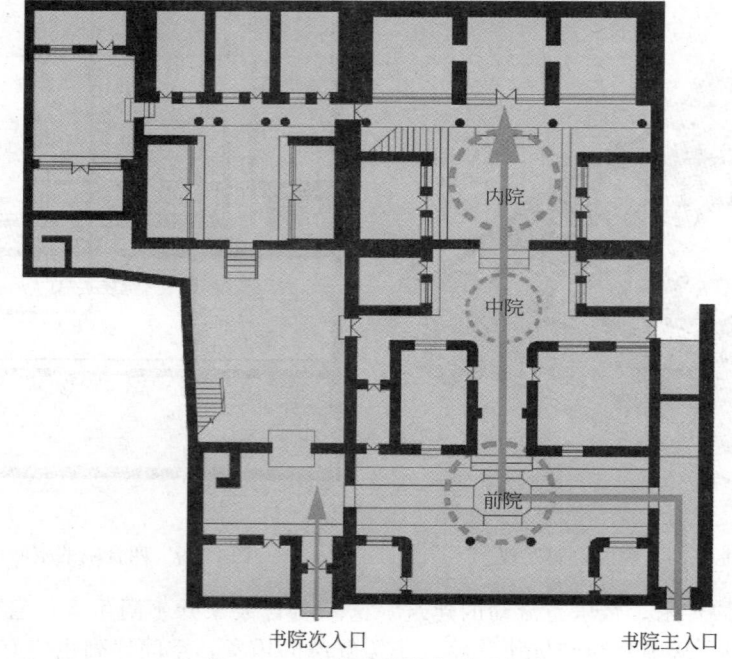

图 2.41　王家大院书院平面布局

2.1.5.2　空间动线分析

空间动线是建筑空间中人流重复行进的路线轨迹。动线实际上就是交通流线，是空间构成的主体骨架，也是影响整体空间形态的主要要素。空间中的动线以特有的设计语言与人对话、传递信息，以左右人的前进方向，使人在空间中游走而不至迷失方向，并引导人流到达预定目标。这种按照人的行为心理特点设计的处理方法也称"空间导向性"。

常用动线有直线式、曲线式、循环式、盘旋式等。空间动线可以是单向的，也可以是多向的，单向的动线方向单一明确，有头有尾，秩序井然，甚至会带有一定的强制性因素，如赖特的古根海姆美术馆，就是采用盘旋式动线而产生的独特空间形式，参观者先要乘电梯到达顶层，再沿着螺旋形的楼面往下走，边走边看；而多向的动线方向往往也不甚明确，同时会有多条动线，这种空间处理方式效果丰富含蓄，多用于规模较大的公共空间，尤其是那些人流频繁的交通空间，如车站、商场、影剧院、博物馆、宾馆等（图 2.42～图 2.44）。

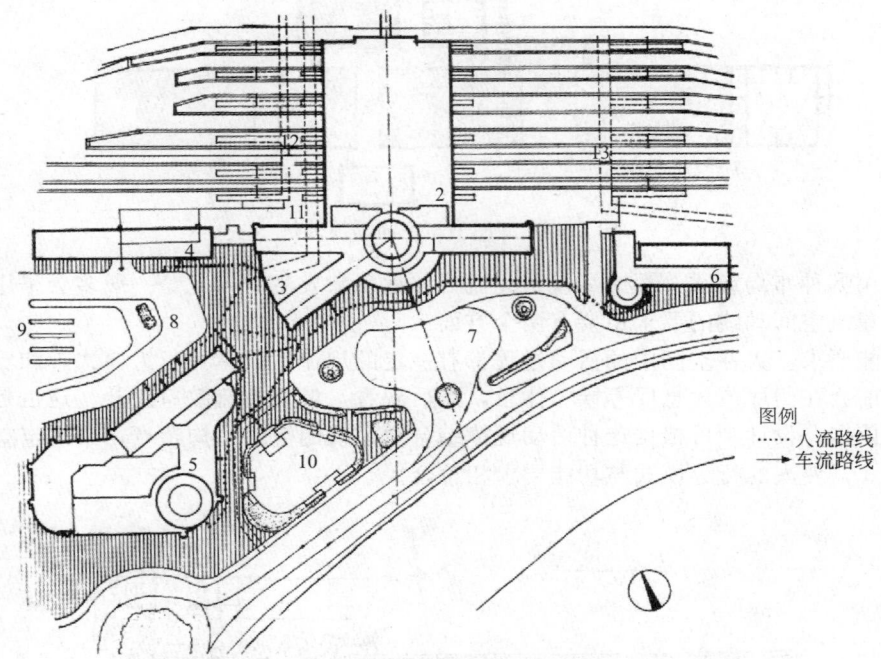

图 2.42　某车站空间动线分析

1—主站房；2—高架候车厅；3—出站厅；4—行包综合楼；5—商业服务综合楼；
6—邮电楼；7—主广场（小汽车大客车停车场）；8—副广场（出租车停车场）；
9—公交终点站；10—下沉式自行车停车场；11—出站地道；12—行包地道；13—邮包地道

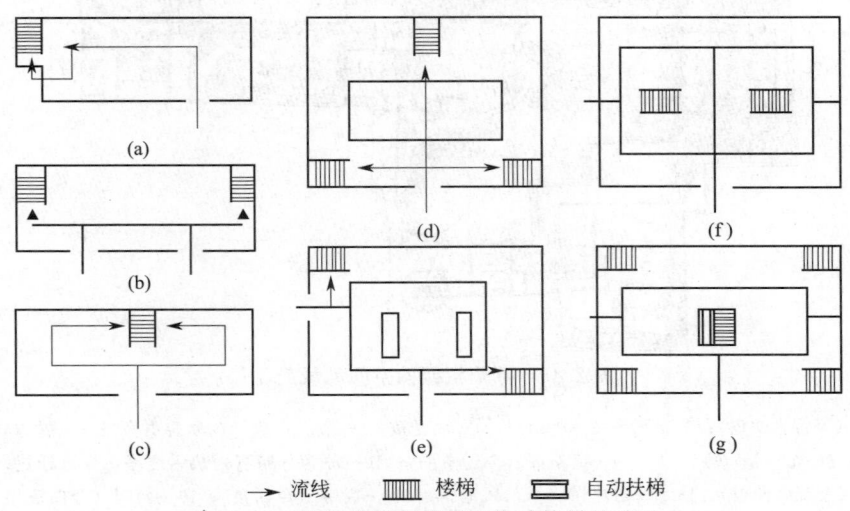

→ 流线　▥ 楼梯　▭ 自动扶梯

图 2.43　空间动线与楼梯和自动扶梯的关系

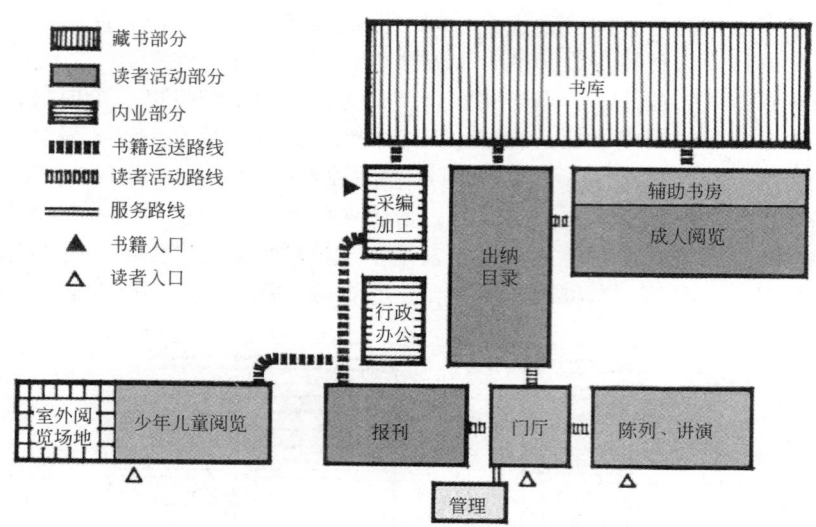

图 2.44　某图书馆空间动线分析

　　无论采用哪种布局形式，都应尽量避免流线往返现象发生。为此，一般多会采用环状的动线布局。对建筑空间动线的要求主要有两个方面。

　　(1) 功能要求　人在空间中的活动过程都有一定的规律性或称为行为模式，如看电影会先买票，开演前会在门厅或休息厅等候、休息，然后观看，最后由疏散口离开，这也是空间序列设计的客观依据。设计师可根据这种活动规律结合原建筑的空间结构特点，来决定空间活动路线及围合方式，使人的行为模式与功能要求相符合。

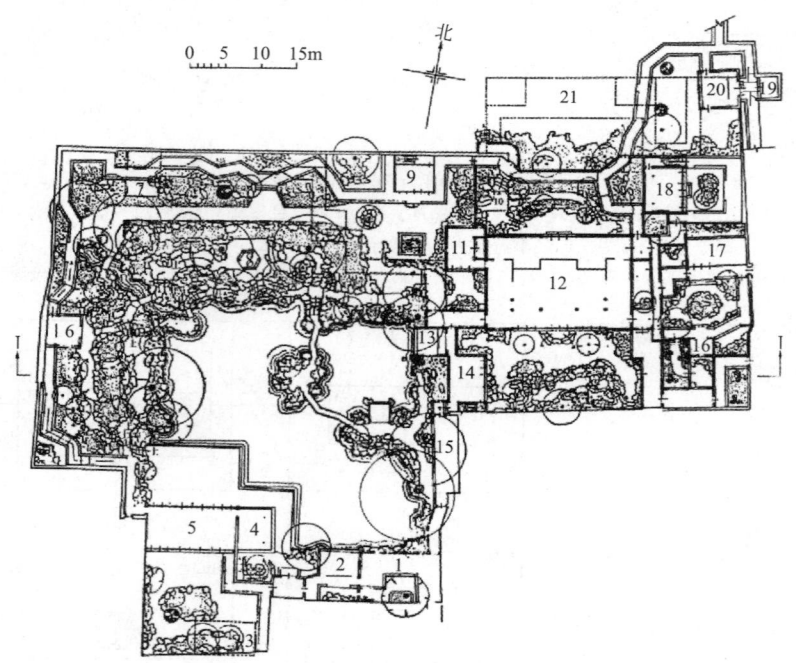

图 2.45　苏州留园的空间动线变化

　　1—寻真阁（今古木交柯）；2—绿荫；3—听雨楼；4—明瑟楼；5—卷石山房（今涵碧山房）；6—餐秀轩（今闻木樨香轩）；7—半野堂；8—个中亭（今可亭）；9—定翠阁（今远翠阁）；10—原为佳晴喜雨快雪之亭，今已迁建；11—汲古得修绠；12—传径堂（今五峰仙馆）；13—垂阴池馆（今清风池馆）；14—霞啸（今西楼）；15—西奕（今曲溪楼）；16—石林小屋；17—揖峰轩；18—还我读书处；19—冠云台；20—亦吾庐，今为佳晴喜雨快雪之亭；21—花好月圆人寿

（2）精神要求　根据空间性质以及特定条件，充分发挥空间变化的多样性给观者视觉及精神上的体验，这也是设计者应能够预见或全面掌控的基本能力所需。认识到观者的视野变化而进行有目的的设计，把空间的变化及时间的先后顺序有机统一，采用“收放”“抑扬”等手法，使空间形态获得理想的整体印象。

通常情况下，空间动线不宜太直，一览无余、深远狭长的空间会使人沉闷而令人厌倦。中国园林“畅则浅”“曲径通幽”的造园方式无疑是空间处理的典范。“径莫便于捷，而又莫妙于迂”（李渔《一家言·居室器玩部》），可以说是动线创造的根本原则，既应尽量缩短交通距离以提高效率，又要引入曲线或其他形态等手段，通过曲折迂回、旁枝末节以及加强横向渗透、增加对景，使空间藏露结合、充实饱满，并能够增加视觉趣味（图 2.45）。

2.2　建筑外部环境空间组织与分析

2.2.1　外部空间环境设计的目的和意义

2.2.1.1　外部空间环境设计的含义及意义

建筑外部空间环境指的是建筑周围或建筑与建筑之间的环境，是以建筑构筑空间的方式从人的周围环境中进一步界定而形成的特定环境，与建筑室内环境同是人类最基本的生存活动的环境。建筑外环境主要局限于与人类生活关系最密切的聚落环境之中，包含了物理性、地理性、心理性、行为性等各个层面。同时它又是一个以人为主体的有生物环境，其领域之中的自然环境、人工环境、社会环境是它的重要组成部分。

如何来设计建筑外环境？对于建筑师、规划师、景观设计师而言，通常将视角更多关注于建筑空间与实体的设计，而建筑外环境的设计也是设计师应考虑的范畴，具体设计对象包括庭院、广场、街道、游园、绿地、露天场地等人们日常活动的空间，而区域、城市环境则是建筑群体的外环境，它们是一系列室外空间的集合。

通过外部空间环境的设计，使城市环境在不同功能之间建立一种空间依存、价值互补的能动关系，从而形成一个功能复合、高效率、复杂而统一的综合体。这种综合环境有利于发挥建筑空间的协调作用，这是城市建筑走向高度集中的新型建筑模式，它不仅能改变城市的整体环境，创造秩序良好的城市关系，使其成为市民公共交往的场所，更在城市层面上对整个城市形态的塑造有很大的促进作用。

2.2.1.2　外部空间环境设计的原则

（1）场地总体环境指标要达到规定的要求　环境指标在设计完成之后必须达到全部规定的要求，即场地的总体环境能够达到既定的设计目标。新的建筑置于环境中，能够完美地解决基地存在的先天不足，从而影响整个街区、路段、景点、建筑的群体作用，使环境基地的艺术价值和文化价值得到最大限度的发挥（图 2.46、图 2.47）。

（2）做到建筑与场所环境的交流与对话　建筑置于场所之中，要与环境交流与对话，达到和谐一致的情境。如为给幼儿园创造一个“寓教于乐”“德智体美全面发展”的环境，幼儿园的平面组合形式应活泼多变，错落有致（图 2.48）。

（3）注重环境、文脉的延续　在设计过程中，要充分思考和挖掘建筑场地环境的文化内涵，使文脉得到传承，将既有环境的情景得到延续与改良。如当代城市历史地段的肌理大多是很有特色的，保持它们的文脉延续，是其保持城市空间形态认同感的重要环节。

（4）有机生长理论的接受与应用　建筑应该是根植于其特定的环境，仿若从环境中自然生长出来的一样。如赖特设计的流水别墅就如地面长出，自然地生长在、矗立于环境中。如果换一个环境，它可能会“死掉”。赖特狂热地追求自然美，设计中极力模仿、表现自然界中的有机体。在建筑取材方面也十分高明，他经常选择当地的材料，如流水别墅的外墙材料就选用了

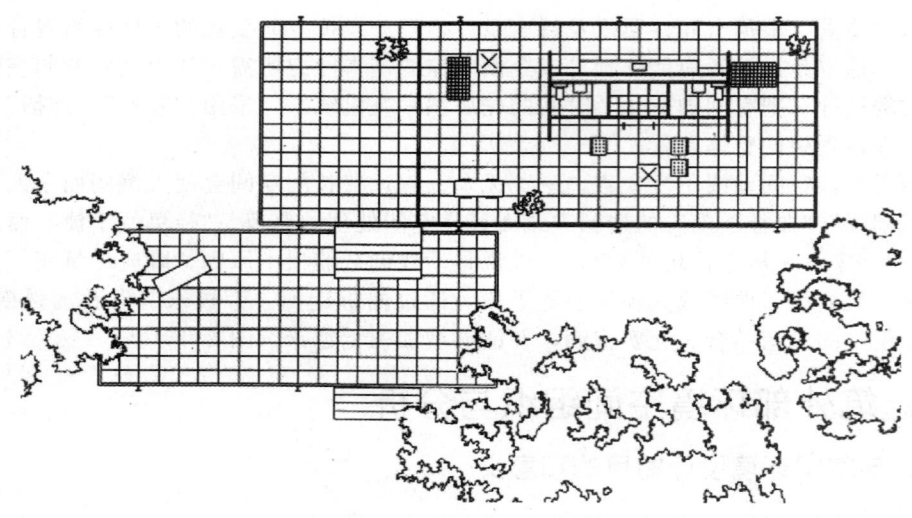

图 2.46　范斯沃斯住宅平面图

图 2.47　范斯沃斯住宅外观

当地的三色石材，使建筑很轻松地融入自然环境背景之中，墙体是秋天树叶的颜色，这是建筑师惯用的一种设计手法——"隐身"手法（图 2.49）。

2.2.2　外部空间环境构成的要素及分析

2.2.2.1　外部空间环境构成要素

建筑外部空间环境的基本构成包括建筑群体、室外场地、广场、道路入口、灯光造型、照明、绿化设施、水体雕塑、壁画等。

（1）建筑　建筑是外部环境的标志，也是外部环境的边界。作为外部环境的主要标志，建筑常位于显要的位置，以形成室外环境的构图中心，其附属建筑应与主体配合形成统一的整体。由建筑组合所形成的室外空间环境应体现一定的设计意图、艺术构思，特别是对于大型重点的公共建筑，应考虑其观赏的距离、观赏的范围及建筑群体艺术处理的比例尺度等（图 2.50）。

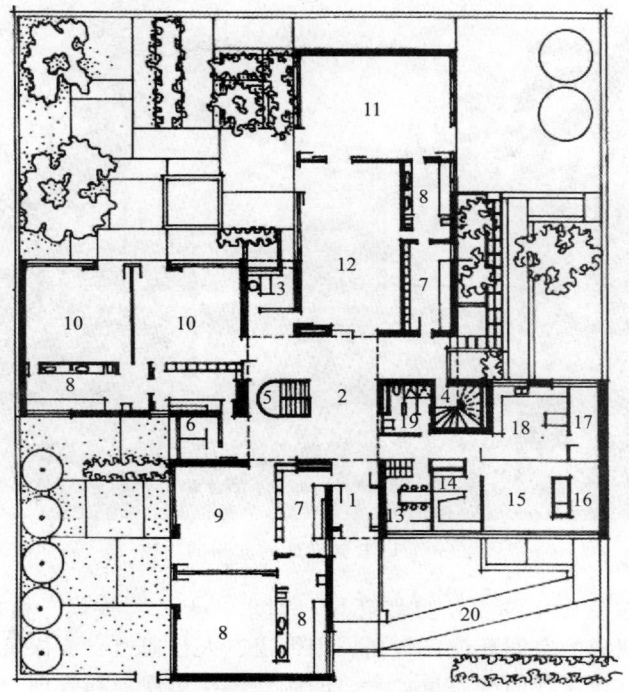

图 2.48　某幼儿园的平面组合形式

1—门厅；2—大厅；3—办公；4—楼梯（去职工宿舍）；5—楼梯（去地下童车库）；
6—晨检；7—衣帽间；8—更衣室；9—卧室；10—婴儿卧室；11—幼儿卧室；
12—游戏室；13—管理室；14—床单室；15—洗衣房；16—烘干室；
17—库房；18—厨房；19—厕所；20—儿童车坡道

图 2.49　赖特设计的流水别墅

图 2.50　贝聿铭设计的苏州博物馆

（2）场地　场地包括以下含义：自然环境，即水、土地、气候、植物、地形、地理环境等；人工环境，也即建成的空间环境，包括周围街道、人行通道、要保留或拆除的建筑、地下建筑、能源供给、市政设施导向和容量、合适的区划、建筑规划和管理、红线退让、行为限制等；社会环境，包括历史环境、文化环境、社区环境和小社会构成等。

场地设计是为满足一个建筑项目的要求，在基地的现状条件和相关的法规、规范的基础上，组织场地中各构成要素之间关系的设计活动。在设计时要了解场地的地理特征、交通情况、周围建筑及露天空间特征，考虑人的心理对场地设计的影响，解决好车流、主要出入口、道路、停车场地、地下管线的竖向设计、布置等，要符合建筑高限、建筑容积率、建筑密度、绿化面积等要求，要符合法律法规的规定。

由场地发展而来的公共广场，为不同生活方式下的人群提供了聚集、交往、驻足和进行各种活动的开敞空间。主要通过不同规模、不同形式的广场，如城市公共广场、商业购物广场、纪念广场、道路节点中派生的相对开阔的空间区域等表现出来。它们共同表现出面状的形态特征。由于形成条件的差异，有的是由人为规划而成，有的是由周边的道路、水系、建筑的围合而产生，因此表现出规则或不规则的形态特征。

（3）绿化　绿化是建筑群体外部空间的重要组成部分，它对改善城市面貌、改善环境卫生并在维持生态平衡等方面都具有十分重要的意义。

对于绿化的各项指标，各省市均有自己的管理条例。绿化率为绿化占地面积与总占地面积之比。绿化覆盖率为绿化面积（即地面绿化和屋面绿化）与总占地面积之比。其计算公式为：

绿化率＝绿化占地面积/总占地面积×100%

绿化覆盖率＝绿化面积（即地面绿化和屋面绿化）/总占地面积×100%

绿化的布置形式主要分为规则式、自然式、传统式和混合式四种。规则式的特点是规则严整、适于平地；自然式为了顺应自然、增强自然之美，多用于地形变化较大的场所；混合式集前两者之长，既有人工之美，又有自然之美；传统式采用中国古典园林手法，将花卉、绿篱结合亭榭等建筑一起经营布置，依山傍水配以竹木、岩石，利用水面组织空间，山色湖光，四季皆宜，因地取势，宛如天然（图 2.51）。

（4）建筑小品　所谓建筑小品，是指建筑群中构成内部空间与外部空间的那些建筑要素，是一种功能简明、体量小巧、造型别致并带有意境、富有特色的建筑部件。

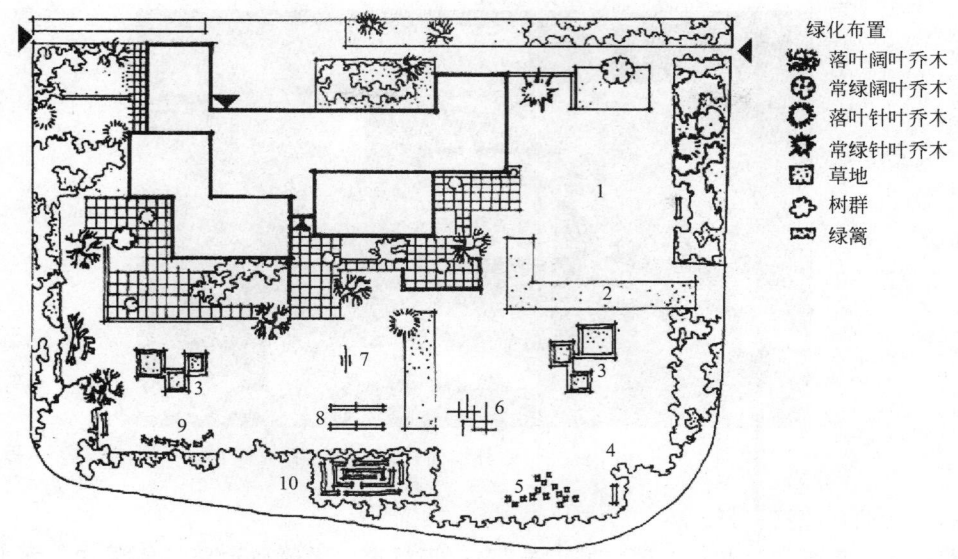

图 2.51　绿化布置形式

场地布置　1—游戏场；2—儿童庭院；3—沙地；4—赛跑、游戏；5—跳间游戏；6—密林游戏；
7—秋千；8—压板；9—木马游戏；10—迷园

　　在室外空间环境布局中，应依照公共环境的不同性质，结合室外空间的构思意境，配以各种装饰性的建筑小品，突出室外空间环境构图中的某些重点，起到强调主体建筑，丰富与完善空间艺术的作用。因此，常在比较显要的地方，如主要出入口、广场中心、庭园绿化焦点处，设置灯柱、花架、花墙、喷泉、水池、雕塑、壁画、亭子等建筑小品，使室外空间环境起伏有序、高低错落、节奏分明，令人有避开闹市步入飘逸之境的感受（图 2.52、图 2.53）。

图 2.52　室外空间环境雕塑

　　（5）道路　道路在现实空间中承担着非常关键的功能作用，是室外环境设计中的重要主题之一。道路的功能性指向非常鲜明，具体体现在：支撑流动的人群、车辆等活动要素的通达，能有效地将一切活动要素，如车辆、人流、货物流等资源流向目的地；连接各单元区域，能将庭院、广场等空间单元有效连接；明确分割和划分城市街区和各种大小环境的功能范围等。

　　道路在城市中如同人的大动脉，如果功能区域间连接一旦被阻断，城市将陷入瘫痪，就如

图 2.53　室外空间环境水池

同人体的血液循环停滞一样。

　　道路包含了传统的公共行车道（城市马路）、步行道、无障碍道路等体现在平面上的道路内容。其中，步行道是最早形成的道路形式之一。另一种类型是水道，如绍兴、周庄等江南小镇中的水系和穿越城镇的运河、秦淮河，以及意大利的水城威尼斯的水路等。它们成为构成城市"道路"网的重要组成部分，在完成城市道路功能作用的同时赋予了城市更多的活力与灵气。

　　此外，还有分别向地面上方架空或向地下纵深的城市立体道路等，形态由平面向立体化转换，这种由路面的高差处理所产生的变化，改变了基面的平面形态，使平面空间被赋予了强烈的层次感。

　　（6）庭院　庭院的产生及发展动因，早期更多考虑安全因素和强调领地意识，通过围合、封闭的手段制造具有私密性的空间范围。它是最早形成的典型的环境单元形式，主要借助墙体、栅栏、绿篱等实体内容围绕建筑对一定范围的场地进行围合而成。

　　庭院的形成原理与场所相同，其围合的紧密程度决定其封闭的程度。相对广场来说，庭院具有封闭性强的空间特性，通常表现出独立的、领域感强的鲜明特征。其典型的空间组合方式一直成为如今各种单元环境的基本模式（图 2.54）。模式的运用及庭院规模的大小有所不等，从私人居所到皇宫、机构所在地都一直沿用并仍在发展。

图 2.54　室外庭院

2.2.2.2　外部空间环境形式要素分析

室外空间环境设计在满足人类的物质生存空间的同时，也要照顾到物质成分中外化的形状、色彩和实体造型，以此满足审美、文化等精神层面的基本要求；并将这种要求以外化的形式特征进行表现，由此构成了能体现室外环境形象特征的一系列形式要素。

构成这些要素的两个关键核心是：实体制造、实体造型。前者包含建筑、墙体、栅篱、围栏、雕塑和小品等人工构筑体，以及可以利用的山体、水体、树木、花草、河流等人工或天然的实体内容，以满足功能需求为要旨；后者是这些功能实体所表现的外观造型、色彩、肌理等视觉元素在与空间的相互作用下所产生的形式表现，是精神层面上的审美要求和人文文化体现的总和。

（1）实体造型　室外空间环境的实体设计或实体制造，首先要满足特定的适用性要求，满足人类生存与社会发展的不同需要，以体现其功能要素。同时，作为人类"精神"的栖居所，这就要求在实体制造中充分考虑实体在空间中所表现的造型、色彩、材质及肌理的处理，以求得良好的形式感表现。具体通过以下几个方面进行把握。

① 比例关系。实体自身在长、宽和高度关系方面的恰当控制使得实体获得和谐的体量关系。

② 尺度关系。通过对处于同一空间中各个实体之间的尺度的有效把握，处理好实体之间、形态之间和实体与空间的共同关系。

③ 实体造型与空间关系。以实体的表面轮廓所呈现的形状特征求得合理的视觉效果，通过实体在空间中的合理安排以满足人们的审美要求。

在具体的实体制造中，针对以建筑、公共设施、路牌标志、雕塑、绿化等诸要素的造型及空间组合，一方面要注重实体造型所表现的形态特征及形式美感；另一方面，各元素之间合适的尺度关系，以及通过统一所产生的韵律关系，变化所制造的节奏关系彼此制约、相得益彰，构成一种在统一中求变化的形式效果，完整体现出规划与设计意图，才能实现真正意义上的外部环境设计。

（2）造型元素　做好实体造型并安排好实体关系是实现优秀环境设计的关键因素。通过良好的造型表现来讲求它们自身的形式美感，而处理好它们的共同关系是有效完成设计的整体措施。

① 造型元素。在室外环境设计中，我们可将实体造型归纳为设计或视觉元素。各种视觉元素成为构成或表现环境特征的基本成分，元素的应用则决定了设计的直观视觉效果和风格特征。例如，色彩作为呈现于实体表面的色相、纯度、明度，以先声夺人的视觉效果成为最具表现力的视觉元素。因具有象征性、装饰性，特别是辨认性强的鲜明特征，能在不同程度上影响建筑形态的视觉重量和面貌特征。一旦与它们的周边环境相区别，则成为区分性格的"面孔"。因此，它们既是构成设计的元素，也是表现设计的符号，是审美愿望得以实现的形式要素和体现面貌特征的关键内容。

② 元素决定风格。视觉元素作为设计的基本成分，会对环境设计的视觉效果，即风格、特色产生影响。例如，已有 250 年历史的日本南岳山光明寺，因无法修复而需要重建。设计者安藤忠雄考虑到既要尊重历史文脉，但又不能简单重现旧貌。因此提炼了东方建筑中"线条"的特征，运用传统元素，借助纤细立柱的交替排列制造了鲜明的形式感及立面肌理，与水景呼应，营造了有"现代"意味的景观面。富于时代感，但又不失传统东方建筑及环境氛围的特色，继承了东方古建筑的肃然之美，充分描绘和表述了佛教的"禅景"（图 2.55）。

2.2.3　外部空间环境设计的原则和要点

关于外部空间环境设计的原则，包含有两层意思：一是以功能、技术、客观条件、生态保

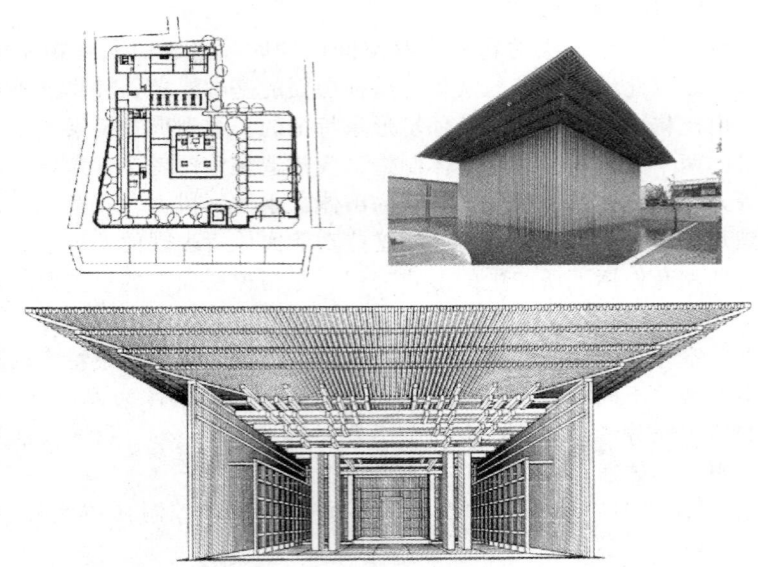

图 2.55　安藤忠雄设计的日本南岳山光明寺

护等是否符合科学的发展规律，以及在社会实践中的可行性因素的充分关照为出发点，在进行设计时所应遵循的法则或标准依据；二是以设计学的基本原理为出发点，以"设计"的视点和专业的角度对设计的方式方法所进行的规律性总结。

要真正有效把握好室外环境设计的原则，以上二者都不能忽略。前者是一项设计是否能得以贯彻实现，并能经历时间检验的决定性因素，也是对设计结果进行评价的"客观标准"；后者则是完成优秀设计以达到直观效果的"主观性指标"。

2.2.3.1　尊重自然的原则

以科学的态度和尊重自然的精神进行设计，是人们应遵循的基本法则。首先，应把握好人地关系。面对人类社会对自然环境资源的消耗和破坏，人类只有从自身、微观的居住环境和活动空间的改善入手，而这种改善均不能脱离"天""地""人""和"的根本原则；其次，应把握好生态关系。生态设计也称绿色设计，是将环境因素纳入设计之中，从而帮助确定设计的决策方向。生态设计主要包含以下方面的含义：第一，是从保护环境角度考虑，减少资源消耗、实现可持续发展战略；第二，是从商业角度考虑，降低成本、减少潜在的责任风险，以提高竞争能力；第三，把握好地域特征。良好人工环境的营造是人们沟通自然的唯一桥梁。在设计实践中，利用不同区域中地理环境的客观差异所呈现的"异质化"的生态及景观特征，尽力体现不同地域间的特有风貌，不仅表明特定地域的人们对客观自然规律的尊重和对自然生态的维护，在符合自然生态循环规律的同时，又能最大限度地体现出不同地域的风情，呈现出鲜明的异质文化特征。

2.2.3.2　符合人们的社会生活方式

在共同构成人居环境的有机系统中，社会环境是指特定地域中的群落在其所在地顺势形成的一种人际空间和地域环境。它包括国家、民族、人口、社会、语言、文化、宗教和民俗方面的地域分布，以及各种人群对周围事物的心理及现实体验后相应产生的社会行为，最终通过特定的生活方式表达出来。例如，樱花作为日本的国花，赏樱花就成为日本人每年一度的重要生活内容。因此，由樱花构成的环境对于日本人来说具有特殊的意义，成为容纳他们特定生活方式的恰当空间及"容器"。

人类社会中的每一个体与外界都相互关联，包括人与自然环境、人与人之间都永远是有机体，而室外环境是构成这种关联的因素和媒介。人设计和制造环境，但环境也如同容器一样，将人们对空间的需求、社会生活及行为方式包容于其中，因此会对人们的行为规范产生诱导与限制的作用，从而产生"环境塑造人"的实际意义。因此，在进行室外环境的设计时，一切着眼点都要围绕事物间的关联因素，要以符合人类社会的生产及生活行为方式作为设计的指导思想。

2.2.3.3　注重历史与文化

自然环境会因地理、地域和气候等因素的差异而呈现出不同的地域风貌。同样的人为环境，也会因不同地域的民族对自身文化的自觉理解，而选择自身特有的表达方式。会在自觉与不自觉间，将一个民族隐形的意识形态、文化和价值观，通过并借助于环境设计将其显现地表达出来。

一个民族和特定地域中的人群是否珍视自身的历史和文化，能折射出每个民族和群落在不同地域或国家间特有的文化价值观，也决定着这个民族对历史与文化的自觉程度，体现出一个民族生存和发展的健康程度。在全人类都重新认识并认可"非同质化"异域文化价值的今天，是否具备和拥有自身特色的民族地域文化已成为衡量一个国度、地区和民族文化等软实力的标志。或者说，一个国家、地域和民族的传统文化、哲学、宗教、民族价值观，以及思想理念都不同程度地借助于外部环境来进行表达和体现。与此同时，一个民族的历史渊源及血脉也具体通过历史文化遗迹进行传承和彰显。

如果一味流于简单地抄袭和模仿，非但无助于民族精神和文化的表达，甚至会抹杀一个民族自身特有的文化痕迹。积极的做法是，根据不同的环境特点，从地域文化资源中选择恰当、能代表和体现自身文化、民族精神和地域特征的符号为元素，结合诸多环境要素进行设计。对群落自身，使人产生情绪上、心理上的向心力和认同感。对外，通过符号化设计元素的运用，借助于符号化的象征作用将自身民族的文化特征和民族精神进行一种外化的张扬。从中折射出每个民族、不同地域和不同国家间的文化价值观，甚至是不同国家和民族间的意识形态的巨大反差，呈现出特有的鲜明文化特征。例如，始建于明朝的天安门城楼及后来兴建的天安门广场，以中国特有的建筑样式，以"中国红"意味的色彩元素组合构成有鲜明"中国味道"的空间氛围，已经成为体现中华民族精神和地域文化特征的空间及视觉符号。

2.2.3.4　形式美原则

在设计实践中，以遵循客观规律为原则，将求得主观性、客观性和科学性等诸多因素的平衡，使功能指标及审美情趣得以实现，从中体现并建立民族、地域及时代的审美典范，以功能的合理性及审美内容的完美结合来充分展示审美的力量。

中国先人用"对立与统一"的基本法则对宇宙的运行规律进行了辩证总结，在艺术实践中，经过对以往经典作品的分析与研究，总结了符合人们审美习惯的构图规律，成为人们今天所熟知的形式美法则。其中，"对立与统一"的辩证法成为构成形式美规律的总法则。形式美法则的有效运用，既促进了审美形成的过程，也能对以往成熟作品进行合理而系统的总结，同时成为实现合理、合情的审美表现的关键因素和展示审美力量的最佳途径和有效手段。如：被誉为世界"七大奇观"之一的埃及金字塔，创造者通过"塔高×2＝塔身每面三角形的面积"计算，以符合黄金分割的三角形在对立中求统一，体现出简约之美。

在构成室外环境的实体、空间等设计要素中，实体首先以功能作用的体现而存在，也以实体造型表现其形式特征。功能与形式，二者既构成矛盾，又互为统一，二者一致才能真正体现出存在的价值。因此，在设计实践中，充分运用形式美原则进行实体造型和空间形式的安排，是实现功能与形式、物质与精神和谐一致的关键手段。

2.2.4　外部空间环境设计一般步骤

外部空间环境设计的步骤包括前期准备工作、设计工作和回访总结三个阶段。

2.2.4.1 前期准备工作

（1）明确任务 接受任务时要明确三方面内容。

① 目的性。接受任务首先要了解任务的内容和规模，要设计一个什么样的空间环境，即建筑环境设计项目的特定条件。

② 地点性。建在什么地方，场地范围多大，即红线范围。其所在地域的重要程度、周围环境、邻里关系、场地内的自然条件、退让距离要求。

③ 时间性。是永久性的，还是临时性的，要求多长时间完成设计。

（2）订立设计目标 订立设计目标可以概括为三个方面。

① 经营目标。经营目标往往由建设单位或业主决策，与业主的管理政策、使用观念、基本利润与动机、经营策略等有关，应在设计任务书中予以明确。

② 效用目标。效用目标取决于设计成果最终建成时的现实需要，由使用、功能、造型、经济、时间等相关因素形成，需要建筑师与业主共同研讨。

③ 人性目标。人性目标泛指人类一般共同的欲望与需求，主要是指在社会学、心理学层面上与人性价值有关的需要，建筑师应依据建设项目的具体要求与条件加以选择。

（3）拟定设计工作计划 拟定设计工作计划包括人员构成与组织、设计程序与进度、设计成果、成本控制等内容，用以指导、控制场地设计全过程。

（4）设计调研 设计调研包括场地现状基础调查和同类型已建工程的调查两方面。

① 场地现状基础调查。场地现状基础调查主要调查场地范围、规划要求、场地环境、地形地质、水文、气象、建设现状、内外交通运输、市政设施等基础资料。

② 同类型已建工程的调查。对同类型已建工程进行调查是为迅速了解同类工程的发展状况及其经验、教训等，为场地设计提供更好的依据和参考。

2.2.4.2 设计工作

（1）初步设计 初步设计应遵照国家和地方有关法规政策、技术规范等要求，并根据批准的可行性报告、设计任务书、土地使用批准文件和可靠的设计基础资料等，编制出指导思想正确、技术先进、经济合理的场地总体布局设计方案，并与建筑初步设计一道提供给有关土地管理部门审批。其方法步骤是按使用功能要求，计算各个建筑物和构筑物的面积、平面形式、层数、确定出入口位置等。按比例绘出建筑物、构筑物的轮廓尺寸，剪下试行几个方案，用草图纸描下较好的方案。将各方案做技术经济比较，经反复分析、研究和修改，最后绘出两个或两个以上的总平面方案草图，供有关单位会审使用。

初步设计阶段的成果包括设计说明书、区域位置图、总平面图、竖向设计图等。其中设计说明书包括设计依据及基本资料、概况、总平面布置、竖向设计、交通运输、主要技术经济指标及工程概算、特殊的说明等方面。

（2）施工图设计 施工图设计的目的是深化初步设计，落实设计意图和技术经济指标及概算等。其内容有建筑总平面布置图、施工管线图及说明书等。其中建筑总平面布置施工图比例尺为1：500或1：1000，其中地形等高线、建筑位置、新设计的建筑用粗实线绘制；管线布置图是指给水、排水和照明管线，设计人员需要绘制出一张管线综合平面布置图；说明书一般不单独出，需要文字说明的内容可以附在总平面布置施工图的一角。

施工图设计的内容有设计说明、总平面图、竖向布置图、土方图、管线综合图、绿化与环境布置图、详图及计算书等。

2.2.4.3 回访总结

设计工作结束后，应立即着手进行技术总结，形成设计总结、技术要点等文件，并与有关设计文件一并归档。在工程施工的过程中，设计人员还应定期了解工程进展情况，及时帮助解决施工现场出现的有关问题；当某些客观条件或其他因素发生变化而需要补充、修改设计时，设计人员更应深入现场，在认真细致地调查和研究的基础上，及时做出切合实际的修改和补充设计。

回访总结既可以看成是对一个已建项目的使用情况的调查了解，又可以把这部分工作看成是后续同类新项目的开始阶段，作为建筑策划前期工作的一个重要环节之一。

2.3　建筑造型设计

2.3.1　建筑造型设计基本规律

2.3.1.1　建筑造型设计应遵循的原则

建筑造型设计是结合建筑美学原理及物质技术条件创造出满足使用功能的物质环境和美的建筑形象。建筑造型设计的因素主要有以下几方面。

（1）满足使用功能　建筑造型设计根据使用功能，结合物质技术、环境条件确定房间的形状、大小、高低，并进行房间的组合，体现出不同的外部体形及立面特征。

（2）体现物质技术条件　建筑形体设计受物质技术条件的制约，并能反映出结构、材料和施工的特点。不同施工方法对建筑造型都具有一定影响。如采用各种工业化施工方法的建筑：滑模建筑、升板建筑、大模板建筑、盒子建筑等都具有自己不同的外形特征。

（3）体现城市规划及环境条件　建筑所处的环境，是构成该处景观的重要因素，建筑外形设计必须与周围环境协调一致，不能脱离环境。

（4）符合建筑美学原则　建筑造型设计中的美学原则，是指建筑构图的一些基本规律，是在长期建筑实践中形成和发展的、具有相对独立性又具有普适性构成的建筑形式美的基本原则。

（5）与社会经济条件相适应　建筑造型设计必须依据适用、安全、经济、美观的原则，根据建筑物的规模、重要性和地区特点，在建设标准、材料选择、结构形式等方面予以区别对待。

2.3.1.2　建筑形体设计规律

形体是指建筑物的轮廓形状，它反映了建筑物的体量大小、组合方式以及比例尺度等。立面是指建筑物的门窗组织、比例与尺度、入口及细部处理、装饰与色彩等。在建筑外形设计中，形体是建筑的雏形，立面设计则是建筑物体形的进一步深化。二者是相互联系、不可分割的统一体。

（1）形体的组合

① 单一形体。单一形体是将复杂的内部空间组合到一个完整的形体中。外观各面基本等高，平面多呈正方形、矩形、圆形、Y 形等。这类建筑的特点是没有明显的主从关系和组合关系，造型统一、简洁，轮廓分明，给人以鲜明而强烈的印象（图 2.56）。

② 单元组合形体。将几个独立单元按一定方式组合起来的，没有明显的均衡中心和主从关系，而连续重复，形成了强烈的韵律感；结合基地大小、形状、地形起伏变化、建筑朝向、道路走向，实现自由灵活的组合。住宅、学校、医院等建筑形体常采用这一种组合方式（图 2.57、图 2.58）。

③ 复杂形体。复杂形体是由两个以上的体量组合而成的，形体丰富，更适用于功能关系比较复杂的建筑物。由于复杂形体存在着多个体量，体量与体量之间相互协调（图 2.59）。

（2）形体的转折与转角处理　在丁字路口、十字路口或任意角度的转角地带设计建筑物时，建筑形体应结合地形，增加建筑形体组合的灵活性，使建筑物更加完整统一。转折主要是指建筑物顺道路或地形的变化作曲折变化。转角地带的建筑形体设计常采用主附体相结合的方

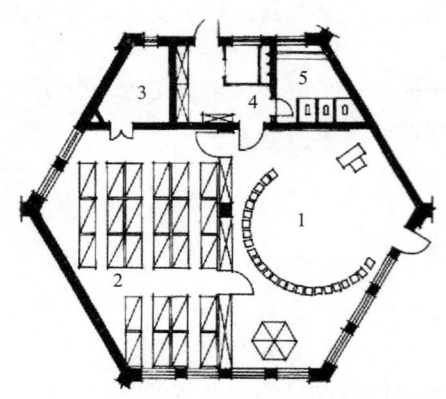

图 2.56　单一形体
1—活动室；2—卧室；3—贮藏；4—收容兼盥洗；5—厕所

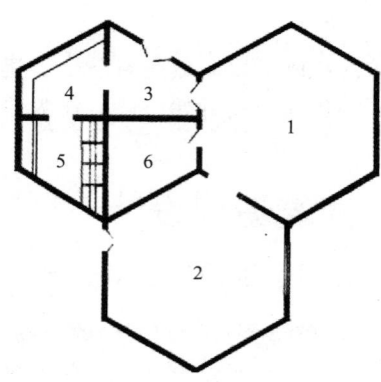

图 2.57　单元组合形体
1—活动室；2—卧室；3—衣帽间；
4—盥洗；5—厕所；6—贮藏

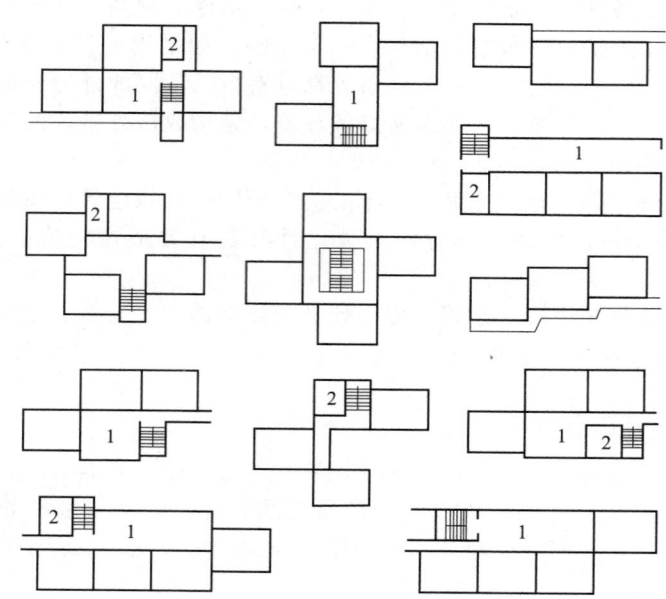

图 2.58　通过自由的组合，实现空间的灵活多变
1—公用学习活动空间；2—卫生间

法，以附体陪衬主体或局部体量升高，形成以塔楼控制整个建筑物及周围道路的关系，主从分明，使道路交叉口、建筑主要入口更加醒目（图 2.60）。

（3）形体的联系与咬接　复杂形体设计常用的方式有以下几种。

① 直接连接。在形体组合中，将不同体量形体直接相连。这种方式具有形体明确、简洁、整体性强等特点。这种组合常用于各房间功能要求联系紧密的建筑。

② 穿插。各体量之间相互穿插，形体较复杂，但组合紧凑，整体性强，易于获得有机整体的效果。

③ 以走廊或连接体相连。各体量之间既相对独立又互相联系，根据使用功能、气候条件及设计意图，走廊或连接体的形式自由灵活，可开敞、可封闭、可单层、可多层，建筑形体给人以轻快、舒展的感觉。

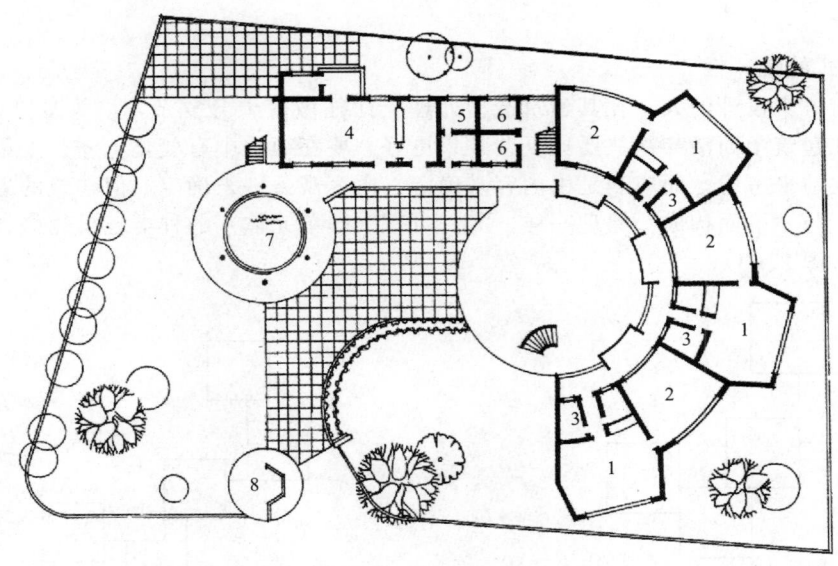

图 2.59　通过两个以上的体量组合，形成的复杂形体

1—活动室；2—卧室；3—卫生间；4—厨房；5—洗衣；6—厕所；7—戏水池；8—传达室

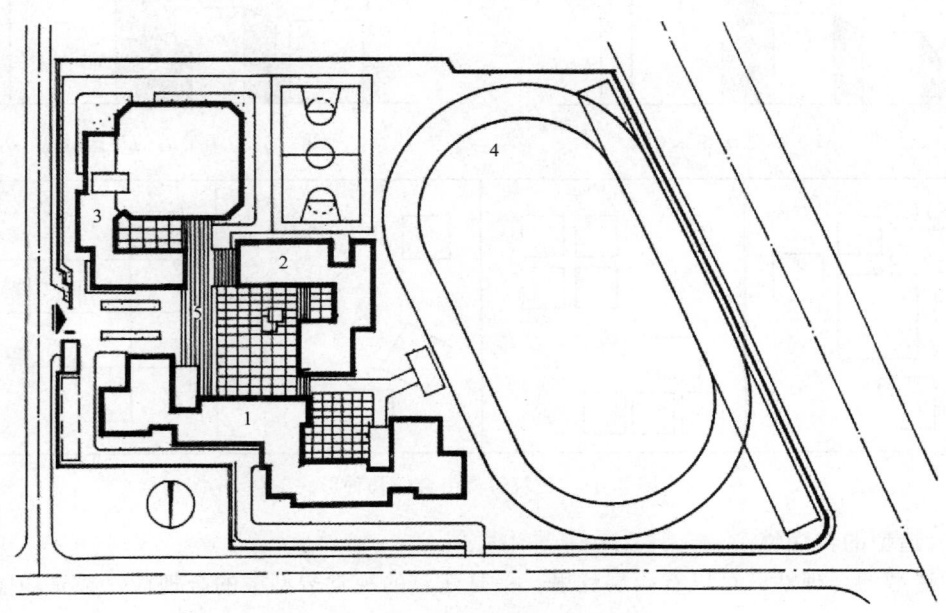

图 2.60　建筑物与周围道路的关系

1—第一教学区；2—第二教学区；3—办公用房区；4—运动场区；5—敞廊

2.3.2　建筑造型设计

　　建筑方案设计中难度最大的是造型设计，这对初学者来说更是如此。造型设计不是孤立的，它必须与功能、技术、经济、可行性等结合起来。造型是一种艺术，它也有一定的法则，在此进行分门别类的分析。

2.3.2.1　建筑化、视觉化

　　如图 2.61 所示的建筑，在平面形态上看，很有"造型感"，但立体的视觉形象，则体现不出它的造型魅力。如果遇到这种情况，能否进行一些调整呢？如图 2.62 所示，则效果就要比之前的好多了。

2.3.2.2 形式的统一性

开始接触方案设计的人，在其建筑造型处理上往往做得十分复杂，以为复杂总比简单好。其实不然，在建筑中简洁却往往要比复杂效果更好。要在简洁中有变化，才是上策。简单与复杂，不要孤立地来考虑，而应当是由内容来确定，由客观条件来确定。但建筑的繁与简，有一个基本原则：与"平面构成"原理一样，"基本形"（即单元体）的种类越少越好，但组合要有规则的变化（图2.63）。

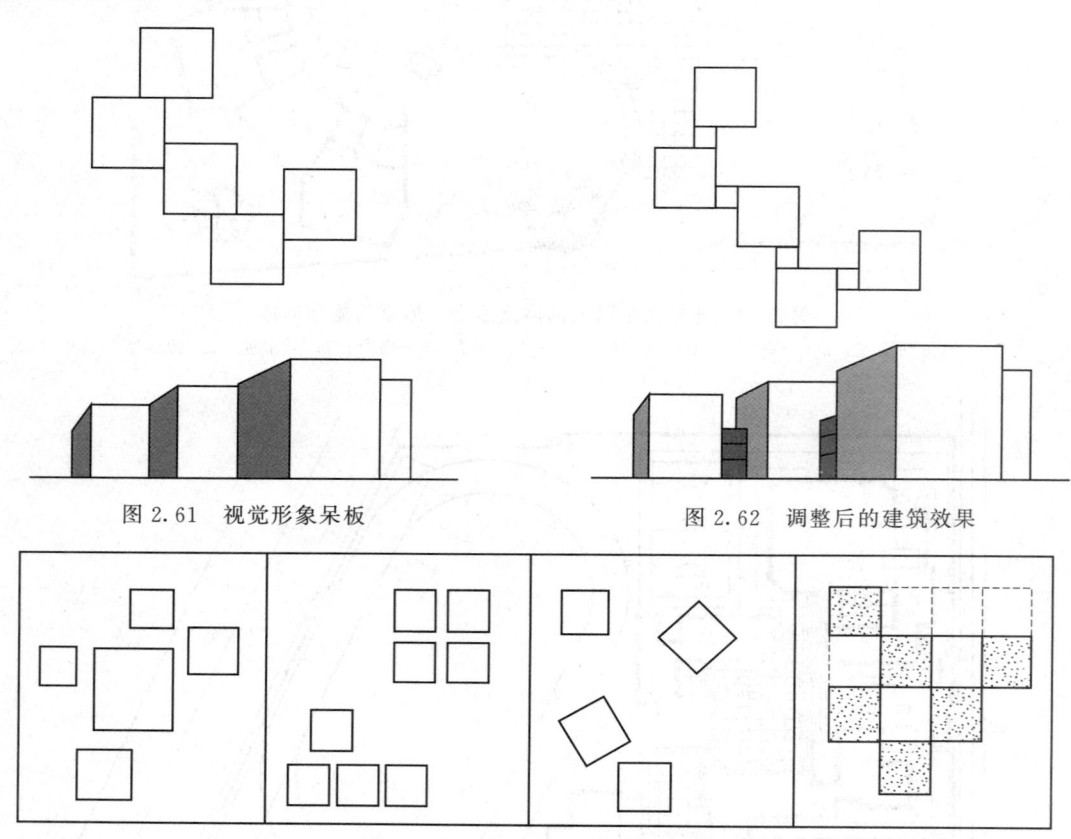

图 2.61　视觉形象呆板　　　　　　　　图 2.62　调整后的建筑效果

图 2.63　建筑造型组合的几种形式

2.3.2.3 造型的合理性

所谓造型的合理性，可以有两层意思：一是建筑的视觉造型上的合理性；二是功能上的合理性。

建筑的视觉造型上的合理性，可以用图2.64的实例来分析。这是一座改建的建筑立面，原来是一座古典形式的展览馆，后来虽然其性质不变，仍为展览馆，但立面改建了，由原来的对称中轴线形式改为不对称的形式，但下部入口处以及室内空间的对称中轴线仍未变，这就不妥。从立面上看，上下之关系不协调。其实，展览馆立面不一定做不对称才能表现"现代化"。

功能上的合理性，可以用图2.65来分析，这是一个汽车站的立面，由于功能关系，形成造型上的两大部分，而造型不同，体量相近，这在建筑造型法则上是不妥的，但它功能却是合理的，这就不能牺牲功能的合理来满足造型上的好看。如何改呢？有两种改法：一是把中间的过渡性部分包含在右边的候车部分中，则它就大于售票及办公部分了，使主次分明（图2.66）；二是把整个建筑用一个大空间全部包容起来。里面分功能布局，在外形上则显示出一种交通建筑的流畅明朗的气派（图2.67）。可能还会有其他方法，总之，要会设计，也要会修

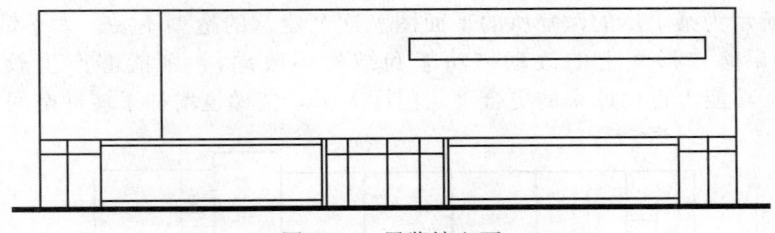

图 2.64　展览馆立面

改设计。但功能是重要的，形式可以多样，这就要看设计者的水平。

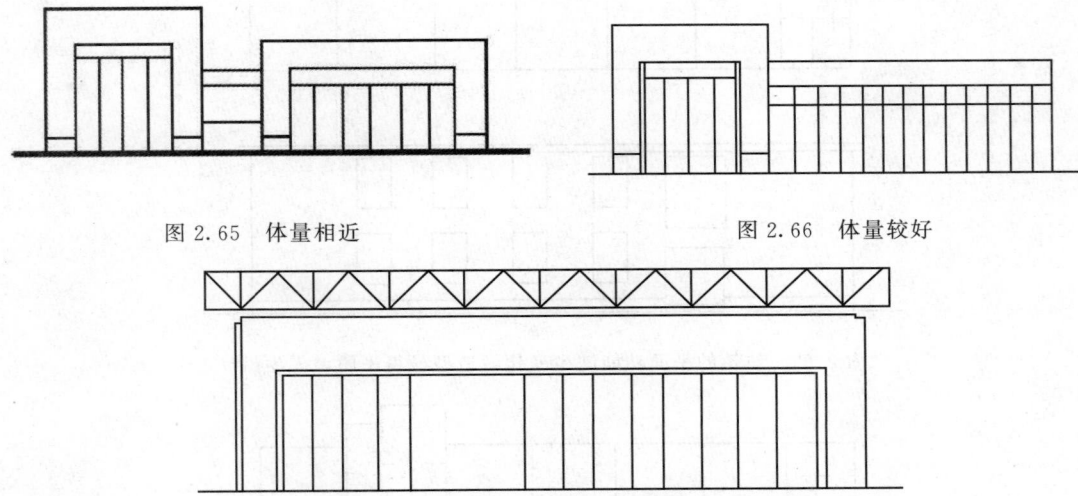

图 2.65　体量相近　　　　　　　　　　　　　　图 2.66　体量较好

图 2.67　通过一个大空间将整个建筑包容起来起到功能布局的流畅性

2.3.2.4　造型的调整

之前所说的汽车站方案的修改，其实就是造型的调整。在此再进行深入的分析。功能是重要的，但它并不是不能更动的。只要更改得合理，对造型有好处，这就是作者的匠心。对功能的更改，首先要熟悉功能，而且要善于调整。如图 2.68 所示是某小学建筑的平面图，从图中可知，造型不妥。如果调整功能布局，是否能做到功能更合理，造型更好看呢？这座建筑的造型，关键是在东立面上把中间的连接体适当拉长，这样功能反而更合理，造型反而更好看。

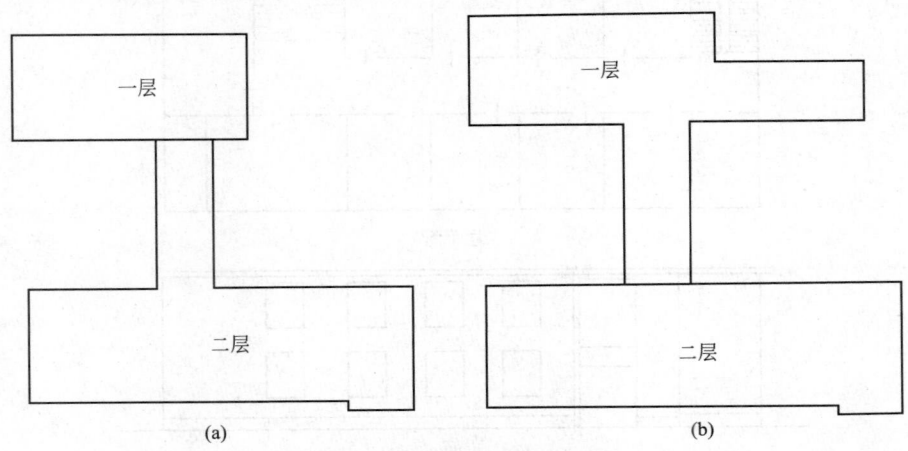

图 2.68　通过平面功能的调整，使建筑造型更加合理

如图 2.69 所示为某工厂的医疗所的平面图。这个建筑的造型不妥，太平铺直叙，显得平庸，无生机。如果略作形式上的改动（功能和结构不改动），则能够产生较好的效果（图2.70）。这样做，功能上也比原来的更合理，门厅大了，楼梯也增加了缓冲空间。

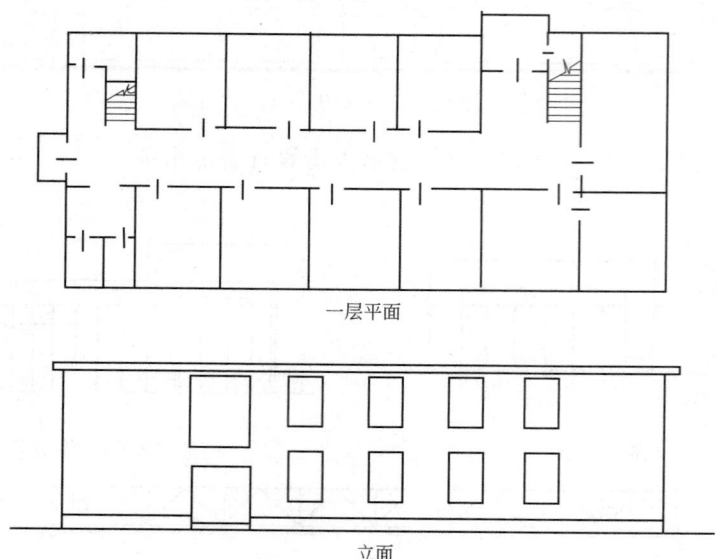

一层平面

立面

图 2.69　建筑的平面功能缺少变化，造型显得平庸，无生机

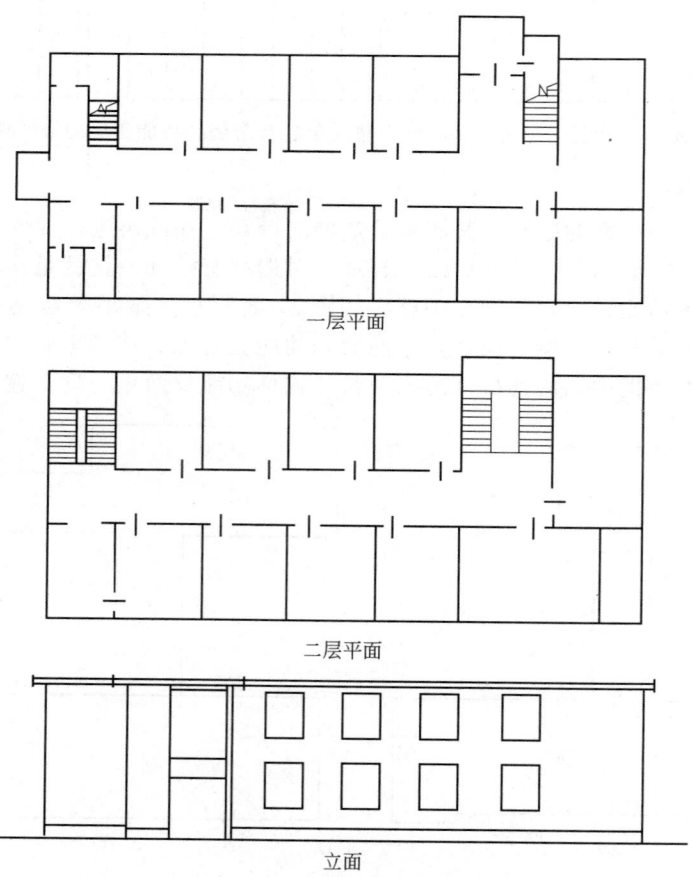

一层平面

二层平面

立面

图 2.70　通过形式上的调整，功能显得更加合理

第 3 章
建筑环境设计思维、方法和程序

3.1 设计思维的目的与意义

3.1.1 设计思维与观念形成

　　思维的萌生是人的自觉意识的开端，思维的形成是人的精神的丰满。设计思维作为设计的一个过程，它是在对特定信息、概念、内容、含义、情感、思想等理解分析的基础上的构思和对视觉形象、表现方式的寻找。设计的目的就是创造有思想的生命。

　　思想观念的构成对设计思维方式会产生深远影响，而思维方式的差异又会影响思想观念的形成，二者相辅相成。设计师个人的生活经历及特定的社会文化传统、时代精神造就其潜在的心理结构，形成了自己独特的感受方式和知觉方式，这些经验也促成了其思想观念。思想观念一方面来自于生活经历的概括、归纳，但更多的是受外在主体的各种理论的影响，这时思想虽不一定系统，但已进入理性阶段。人们需要关注的是思想观念不应"定型化"，抵御这种"定型化"能使人们不断地吸收新思想、新观念。新的思想会对设计创作起积极的作用，使思维方式更为开放。

3.1.2 设计思维与文化修养

　　文化修养是思维表达的坚实基础和灵感中介。文化修养因人而异。建筑师、设计师的文化修养及其作品的质量与他本人的表达能力是密切相关的，从某种意义上讲，设计师的思维能力、综合能力、对其民族或地域文化的感悟能力以及时代感，都是其整体修养的体现。文化修养的高低，直接影响着设计思维的层次、能力和结构；同时，设计思维也限定表现思维的走向和状态。可见，表现思维活动和思维方式，在一定程度上依赖于文化本身，这种密切关系，也反映出一定的文化形态与文化风格对表现思维的制约。虽然，东西方的文化存在着差异，但东西方文化的相互影响与渗透是必然的，有意识地去学习他国或他乡的经验，自觉地去了解、比较东西方设计语言上的共性与个性，从思维方法到表达方式，甚至表现手段（媒介）上广泛地比较与学习，显然是有益的。对建筑设计而言，个性与民族性、地方性密切相关，这是提升对传统设计思维方式、构造技术等认识的关键。在学习传统了解地方文化之后，一个优秀的设计师在表达自己对现实生活的理解时，往往能在设计中得到一种与自己文化传统相关的精神。在这方面，老一辈设计师，无论是东方的，还是西方的都有着杰出的表现。

　　修养离不开认识能力、判断能力和知识的深度与广度。对设计师来讲，理性与感性的平衡，对东西文化的深入了解与比较，对传统与现实的深刻理解，三者都是设计与表达的重要基础。对待这些问题不能只用实用主义的态度来解决，修养高低只是相对而言，但作为认识与设计的基础，其研究都将是长期的、严肃的。对于设计师来讲，运用这种多元化的思维方法去开发设计表现的处女地，必将帮助我们获得认识问题与解决问题的能力，繁荣艺术创作和设计表达。

3.2 建筑环境设计思维方法

3.2.1 建筑环境设计思维特征

建筑环境设计是一种创作活动，为此，设计者必须善于运用创造性思维方法，即运用创造学的一般原理，以谋求发现建筑创造性思维活动的某些规律和方法，从而促成设计者创造潜能的发挥。

3.2.1.1 创造性思维的概念

创造性思维是一种打破常规、开拓创新的思维形式，其意义在于突破已有事物的束缚，以独创性、新颖性的崭新观念或形式形成设计构思。它的目的在于提出新的方法，建立新的理论，做出新的成绩。可以说，没有创造性思维就没有设计，整个设计活动过程就是以创造性思维形成设计构思并最终生产出设计产品的过程。

"选择""突破""重新建构"是创造性思维过程中的重要内容。因为在设计的创造性思维形成过程中，通过各种各样的综合思维形式产生的设想和方案是多种多样的，依据已确立的设计目标对其进行有目的性的恰当选择，是取得创新性设计方案所必需的行为过程。选择的目的在于突破、创新。突破是设计的创造性思维的核心和实质，广泛的思维形式奠定了突破的基础，大量可供选择的设计方案中必然存在着突破性的创新因素，合理组织这些因素构筑起新理论和新形式，是创造性思维得以完成的关键所在。因此，选择、突破、重新建构三者关系的统一，便形成了设计的创造性思维的内在主要因素。

3.2.1.2 创造性思维的特征

(1) 独特性 创造性思维的独特性是指从前所未有的新视角、新观点去认识事物，反映事物，并按照不同寻常的思路展开思维，达到标新立异、获得独到见解的性质。为此，设计者要敢于对"司空见惯""完满无缺"的事物提出怀疑，要打破常规，锐意进取，勇于向旧的传统和习惯挑战，也要能主动否定自己。这样，才能不使自己的思维因循守旧，而闯出新的思路来。

(2) 灵活性 是指能产生多种设想，通过多种途径展开想象的性质。创造性思维是一种多回路、多渠道、四通八达的思维方式。正是这种灵活性，使创造性思维左右逢源，使设计者摆脱困境，可谓"山重水路疑无路，柳暗花明又一村"。这种思维的产生并获得成功，主要依赖于设计者在问题面前能提出多种设想、多种方案，以扩大择优余地，能够灵活地变换影响事物质和量的诸多因素中的某一个，从而产生新的思路。即使思维在一个方向受阻时，也能立即转向另一个方向去探索。

(3) 流畅性 是指心智活动畅通无阻，能够在短时间内迅速产生大量设想，或思维速度较快的性质。创造性思维的酝酿过程可能是十分艰辛的，也是较为漫长的。但是一旦打开思维闸门，就会思潮如涌。不但各种想法相继涌出，而且对这些想法的分析、比较、判断、取舍的各种思维活动的速度相当快。似乎很快就把握了立意构思的目标，甚至设计路线也能胸有成竹。相反，思维缺乏这种能力，就会呆滞木讷，很难想象这样的设计者怎么能有所发明，有所创造？

(4) 敏感性 是指敏锐地认识客观世界的性质。客观世界是丰富多彩而错综复杂的，况且又处在动态变化之中。设计者要敏锐地观察客观世界，从中捕捉任何能激活创造性思维的外来因子，从而妙思泉涌。否则，缺乏这种敏感性，思维就会迟钝起来，甚至变得惰性、刻板、僵化。那么，创造性就荡然无存了。

(5) 变通性 所谓变通性是指运用不同于常规的方式对已有事物重新定义或理解的性质。人们在认识客观世界的过程中，因司空见惯容易形成固定的思维习惯，久而久之便墨守成规而难以创新发展。特别是当遇到障碍和困难时，往往束手无策，难以克服和超越。此时，创造性思维的变通性有助于帮助设计者打破常规，随机应变而找到新的出路。

（6）统摄性　统摄性是指能善于把多个星点意念想法通过巧妙结合，形成新的成果的性质。在设计初始，设计者的想法往往是零星多向、混沌松散的。如果设计者能够有意识地将这些局部的思维成果综合在一起，对其进行辩证地分析研究，把握个性特点，然后从中概括出事物的规律，也许可以从这些片段的综合中，得到一个完整的构想。

综上，独特性、灵活性、流畅性、敏感性、变通性、统摄性是创造性思维的基本特征。然而，并非所有的创造性思维都同时具有上述全部特征，而是因人因事而异，各有侧重。

3.2.2　建筑环境设计思维方法

3.2.2.1　环境构思

首先，要注意设计与环境的关系。设计任何一幢建筑物，其形体、体量、形象、材料、色彩等都应该与周围的环境（主要是建成环境及自然条件等）很好地协调起来。设计之初，设计者必须对地段环境进行分析，并且要深入现场、踏勘地形。一方面要分析环境特点及其对该工程的设计可能产生的影响，客观环境与主观意图的矛盾在哪里？主要矛盾是什么？矛盾的主要方面是什么？是朝向问题还是景观问题？是地形的形状还是基地的大小？是交通问题还是与现存建筑物的关系问题等。抓住主要矛盾，问题就会迎刃而解。另一方面也要分析所设计的对象在地段环境中的地位，在建成环境中将要扮演什么角色？是"主角"还是"配角"？在建筑群中它是主要建筑还是一般建筑？该地段是以自然环境为主？还是以所设计的建筑为主？在这个场地中建筑如何布置？采取哪种形体、体量较好……通过这样的理性分析，我们的构思才可能得以顺利开展，设计的新建筑才能与环境相互辉映、相得益彰、和谐统一。否则可能会喧宾夺主，各自都想成为标志性建筑，结果必然是与周围环境格格不入，左右邻舍关系处理不好，甚至损坏原有环境或风景名胜，造成难以挽回的后果。

其次，要注意城市环境中的构思。在城市环境中，建筑基地多位于整齐的干道或广场旁，受城市规划的限定较多。这种环境中如果该建筑是环境中的"主角"，就要充分地表现，使其起到"主心骨"的作用，如果不是"主角"，就应保持谦和的态度"克己复礼"，自觉地当好"配角"。另外，设计者还要有城市设计的观念。从建筑群体环境出发，进行设计构思与立意，找出设计对象与周围群体的关系，如与周边道路的关系，轴线的关系，对景、借景的关系，功能联系关系以及建筑形体与形式关系等。如贝聿铭设计

图 3.1　贝聿铭设计的美国国家美术馆东馆

的美国国家美术馆东馆置于华盛顿广场的东北角，北临一条放射形道路，建设基地为梯形，基地东面是国会山，国会大厦就位于此高地上；基地西面为原有的国家美术馆西馆，考虑到这一特殊地形和环境，新的国家美术馆（东馆）采用两个三角形的空间布局，使建筑的每一个面都平行于相邻的道路，且将主要入口设在西侧，与老美术馆（西馆）遥相呼应（图3.1）。

3.2.2.2　主题构思

（1）主题与构思的关系　设计如同写文章一样，需要进行主题构思，形成自己的设计观念（或理念），问题是这个观念和理念又从何而来呢？应该说：观念就是由主题而生的，由主题而来的，在没有主题之前，就不会有观念，有了主题之后才会有观念。

（2）主题构思的几点建议　在设计时，一定要重视主题构思，在未认清主题之前，要反复琢

磨、冥思苦想。另一方面设计者也要避免把建筑创作变成一种概念的游戏，更不能牵强附会。

① 积累知识，利用知识。在产生观念之前，应以知识为工具，借以认清主题、分析内容、了解情况，才能有正确的观念。因为知识是创作的工具，是创作的语言。例如，设计汽车站必须了解车站的管理办法、使用方式、历史及当前的发展趋势；了解交通流线的组织方式和节地的设计方式，有关的规划和设计的条例，以及借鉴好的旅客车站的平面空间布局特点和优点等。借用这些知识，针对设计的现实问题，可以借他山之石，激发自己的灵感，产生自己的"想法"。

因此，设计构思必须要有充分的知识作为基础，否则连观念都弄不清，或主题都抓不住，盲目设计自然不会产生好的结果。

② 调查认知，深刻思考。设计前要进行调查研究，要深入洞察，这样才可能做出良好的设计。如果不深入洞察，则观念就会失之空洞；如果只研究局部而不顾其他，则观念就会失之于偏离。

③ 发散思维，丰富联想。建筑创作的思维一定要"活"，要"发散"，要"联想"，要进行多种想法多种途径的探索。因此，方案设计一开始，必须进行多方案的探索和比较，在比较中鉴别优化。

④ 深厚的功力，勤奋的工作。建筑设计良好的观念固然重要，但是没有深厚的功力，缺少方法、技巧，缺少一定的建筑设计处理能力，也很难把好的观念通过设计图纸——建筑语言表达出来。同时，也需要勤奋的工作，像着了"迷"似地钻进去，就可能有较清醒的思路从"迷"中走出来。

3.2.2.3 仿生构思

建筑应该向生物学习，学习其塑造优良的构造特征，学习其形式与功能的和谐统一，学习它与环境关系的适应性，不管是动物还是植物都值得研究、学习、模仿。

形态仿生是设计对生物形态的模拟应用，是受大自然启示的结果。每一种生物所具有的形态都是由其内在的基因决定的；同样，各类建筑的形式也是由其构成的因子生成、演变、发育的结果。它们首先是"道法自然"的。今天，建筑创作也要依循大自然的启示、道理行事，不是模仿自然，更不是毁坏自然，而应该回归自然。在自然界中，生物具有各种变异的本领，自古以来吸引人去想象和模仿，将建筑有意识地比拟于生物。如美国肯尼迪机场的展翅形壳体结构，就是建筑师小沙里宁运用了仿生手法——建筑形象像一只展翅欲飞的大鸟设计而成的（图3.2）。

图3.2　小沙里宁设计的
美国肯尼迪机场　　　　　图3.3　斯蒂文·霍尔（Steven Holl）
设计的南京艺术与建筑博物馆

3.2.2.4 地缘构思

在进行建筑创作时，一般都要了解它的区位，分析它的地缘环境，充分发掘建设地区的地缘文化、人文资源与自然资源，并根据这些人文资源和自然资源的特征内涵进行创作构思，特别是一些历史文化名城、名镇、名人旅游资源极丰富的风景区、旅游地等，它们是激发建筑师进行地缘构思的广阔空间，很多著名建筑师都曾走过这条创作之路。例如，南京是历史文化名城，六朝古都，人文荟萃，又"虎踞龙盘""钟山风雨"，有著名的紫金山、石头城、雨花石等广为人知的地缘特征。因此，近年来，很多大型公共建筑的创作，无论是中国建筑师还是国外建筑师在进行方案创作时都经常应用"地缘构思"法，以表达城市形象、人文精神（图 3.3）。

3.2.2.5　功能构思

在主题构思中我们提到，设计者对文化、社会和历史文脉的深刻理解是方案构思的重要基础。但是，需要强调的是建筑的计划，即立项的目标、功能的需求、运行管理模式、空间的使用与分配、建造方式以及特殊的使用要求和业主的意愿等，这些才是方案评判的最终依据，是塑造成功建筑首要的因素。即任何创作都有一个不能违背的共同的根本要求，那就是建筑建造的目的所需要的适应性及其可发展性，如美国纽约古根海姆美术馆的设计就是功能构思的典范（图 3.4）。

图 3.4　赖特设计的美国纽约古根海姆美术馆

在进行这种构思时，建筑师与业主或使用者进行讨论，可以了解更多的信息，加强对业主意图的了解，深化对功能使用的理解，可以获得有助于解决问题的信息。功能构思一个重要的问题是"功能定位"。功能定位一般在业主的计划中是明确的，但是设计者对其的认识深度会影响着设计构思的准确性，对于一些综合性的建筑更要深入了解。

3.2.2.6　技术构思

技术因素在设计构思中也占有重要的地位，尤其是建筑结构因素。因为技术知识对设计理念的形成至关重要，它可以作为技术支撑系统，帮助建筑师实现好的设计理念，甚至能激发建筑师的灵感，成为方案构思的出发点。技术构思中包含了结构因素和设备因素两方面。

结构构思就是从建筑结构入手进行概念设计的构思，它关系到结构的造型，建筑的建造方式，以及建构技术和材料等因素。结构形式是建筑的支撑体系，从结构形式的选择引导出的设计理念，充分表现其技术特征，可以充分发挥结构形式与材料本身的美学价值。例如，意大利建筑师奈尔维利用钢筋混凝土可塑性的特点，设计了罗马小体育馆，并于 1957 年建成。他把直径 59.13m 的钢筋肋形球壳的网肋设计成一幅

图 3.5　奈尔维设计的罗马小体育馆

"葵花图"；并采用外露的"Y"形柱把巨大的装配整体式的钢筋混凝土球壳托起，整个结构清晰、欢快，充分表现了结构力学的美（图 3.5）。

除了结构因素以外，还有各种设备，因此也可以从建筑设备的角度进行设计概念的构思。就空调来讲，采用集中空调设施和不采用集中空调的设施——采用自然通风为主，二者设计是不一样的，因而也就有不同的建筑构思方案。例如，图书馆的设计要考虑节省能源，创造健康的绿色建筑，这是一种回归自然的思路。可采用院落式，以创造较好的自然采光和自然通风的条件。

3.2.3　建筑环境设计思维过程

通过什么样的思维过程才能获得创造性思维成果呢？以下三种途径可供参考。

3.2.3.1　发散性思维与收敛性思维相结合

发散性思维与收敛性思维相结合是建筑创作中激发创造性思维的有效途径。其中发散性思

维是收敛性思维的前提和基础，而收敛性思维是发散性思维的目的和效果，两者相辅相成；而且它们对创造性思维的激发不是一次性完成的，往往要经过发散—收敛—再发散—再收敛，循环往复，直到设计目标实现。这是建筑创作思维活动的一条基本规律。

发散性思维是一种不依常规，寻求变异，从多方向、多渠道、多层次寻求答案的思维方式。它是创造性思维的中心环节，是探索最佳方案的法宝。由于建筑设计的问题求解是多向量和不定性的，答案没有唯一解。这就需要设计者运用思维发散性原理，首先产生出大量设想，其中包括创造性设想，然后从若干探索方案中寻求出一个相对合理的选择。如果思维的发散量越大，即思维越活跃、思路越开阔，那么，有价值的选择方案出现的概率就越大，就越能使设计问题求解得以顺利实现。

收敛性思维是指在分析、比较、综合的基础上推理演绎，从并列因素中做出最佳选择的思维方式。这种最佳选择有两个重要条件。一是要为选择提供尽可能多的并列因素，如果并列因素少，选择的余地就小；反之，并列因素多，选择的余地就大。这就需要发挥发散性思维的作用，提供更多的选择因素。二是确定选择的判别原则，避免盲目性。因为，不同的原则可能产生不同的判别结果，导致做出不同选择。

3.2.3.2　求同思维与求异思维相结合

求同思维是指从不同事物（现象）中寻找相同之处的思维方法，而求异思维是指从同类事物（现象）中寻找不同之处的思维方法。由于客观世界万事万物都有各自存在的形式和运动状态，因此，不存在完全相同的两个事物（现象）。求同思维与求异思维的结合，能够帮助人们找到不同事物（现象）的本质联系，找到这一事物（现象）与另一事物（现象）之间赖以转换或模仿的途径。

仿生建筑是最为明显的例证。自然界的生物（动、植物）与建筑是完全不同的两个事物。但是，仿生学的研究打开了人们的创造性思路，从核桃、蛋壳、贝壳等薄而具有强度的合理外形中获得灵感，创造了薄壳建筑；从树大根深有较强稳定性的自然现象中启示人们建造了各式各样基座放大的电视塔等。

3.2.3.3　正向思维与逆向思维相结合

正向思维是指按照常规思路、遵照时间发展的自然过程，或者以事物（现象）的常见特征与一般趋势为标准而进行的思维方式。这一思维与事物发展的一般过程相符，同大多数人的思维习惯一致。因此，可以通过开展正向思维来认识事物的规律，预测事物的发展趋势，从而获得新的思维内容，完成创造性思维。一般来说，正向思维所获得的创造性成果其特色不及逆向思维所产生的创造性成果引人惊奇。这是因为逆向思维的成果往往是人们意想不到的。逆向思维是根据已知条件，打破习惯思维方式，变顺理成章的"水平思考"为"反过来思考"。正因为它与正向思维不同，才能从一个新的视角去认识客观世界，有利于发现事物（现象）的新特征、新关系，从而创造出与众不同的新结果。

例如，皮亚诺和罗杰斯设计的巴黎蓬皮杜艺术与文化中心就是采用逆向思维的例子，通过"翻肠倒肚"把琳琅满目的管道毫不掩饰地暴露在建筑外面和室内空间中，甚至用鲜艳夺目的色彩加以强调，使建筑呈现出完全不同以往的新形态（图 3.6）。

图 3.6　皮亚诺和罗杰斯设计的巴黎蓬皮杜艺术与文化中心

3.2.4　建筑环境设计思维表达

3.2.4.1　草图表达

　　草图表达是仅次于语言文字表达设计的一种常用的表达方式。它的特点是能比较直接、方便和快速地表达创作者的思维，并且促进思维的进程。这是因为一方面图示表达所需的工具很简单，只要有笔、有纸即可将思维图示化，并且可以想到哪儿画到哪儿。

　　草图虽然看起来很粗糙、随意，也不规范，但它常常是设计师灵感火花的记录，思维瞬间的反映。正因为它的"草"，多数建筑师才乐于用它来发散思维，借助它来思考。美国建筑师迈克尔·格雷夫斯（Michael Graves）在他的文章《绘画的必要性——有形的思索》中曾强调说："在通过绘画来探索一种想法的过程中，我觉得对我们的头脑来说，非常有意义的应该是思索性的东西。作为人造物的绘画，通常是比象征图案更具暂时性，它或许是一个更不完整的，抑或更开放的符号，正是这种不完整性和非确定性，才说明了它的思索性的实质"。

　　用草图来思考是建筑设计的一个很重要的特征。那些认为有创造智慧的大脑会即时、完美地涌现出伟大的构思的想法是不切实际的，很多优秀的构思必须以大量艰苦的探索为基础，这种探索很大程度上要依赖于草图。这些草图，有的处于构思阶段的早期——对总体空间意象的勾画；有的处于对局部的次级问题的解决之中；有的处在综合阶段——对多个方案做比较、综合。它们或清晰或模糊，但这些草图都是构思阶段思维过程的真实反映，也是促进思维进程、加快建筑设计意象物态化的卓有成效的工具，我们必须对此有足够的认识（图 3.7、图 3.8）。从某种意义上讲，现在造成建筑设计水平不高的一个重要原因，就是设计师少于思考，自然少有构思草图。

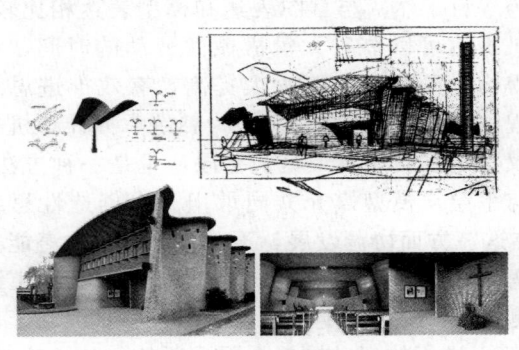

图 3.7　乌拉圭建筑师艾拉迪欧·迪斯特（Eladio Dieste）设计的埃拉迪欧工人基督教堂

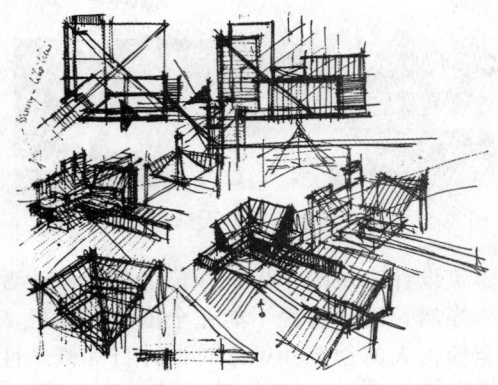

图 3.8　戴维·斯蒂格利兹在餐巾纸背后绘制的西格勒住宅区构思草图

3.2.4.2　模型表达

　　模型表达在构思阶段也有非常重要的作用。与草图表达相比较，模型具有直观性、真实性和较强的可体验性，它更接近于建筑创作空间塑造的特性，从而弥补了草图表达用二维空间来表达建筑设计的三维空间所带来的诸多问题。借助模型表达，可以更直观地反映出建筑设计的空间特征，更有利于促进空间形象思维的进程（图 3.9）。以前，由于模型制作工艺比较复杂，因而在构思阶段往往很少采用。但随着建筑复杂性的提高，以及模型制作难度的降低，模型表达在构思阶段的应用越来越普遍，它在三维空间研究中的作用犹如草图在二维空间中的作用一样，越来越受到设计师的重视。利用模型进行多方案的比较，直观地展示了设计者的多种思路，为方案的推敲、选择提供了可信的参考依据（图 3.10）。

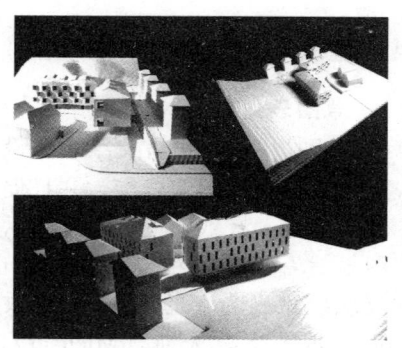

图 3.9 借助模型表达，可以更直观地反映出建筑设计的空间特征

图 3.10 利用模型进行多方案的比较，直观地展示了设计者的多种思路

模型表达作为一种研究方法，人们强调运用工作模型帮助创造性思维，进行建筑造型研究，而不是用成果模型通过制作来表现最终设计成果。因此，具体掌握工作模型这一工具时，可用小比例尺，易于切割的泡沫块，按照创造性思维的意图，轻松而方便地进行体块的加加减减，以保证在研究形体时创造性思维不因手的操作迟缓而受阻甚至停顿。

3.2.4.3 计算机表达

计算机表达的强大功能使得它在草图表达与模型表达的双重优点上显示出巨大潜力，它使

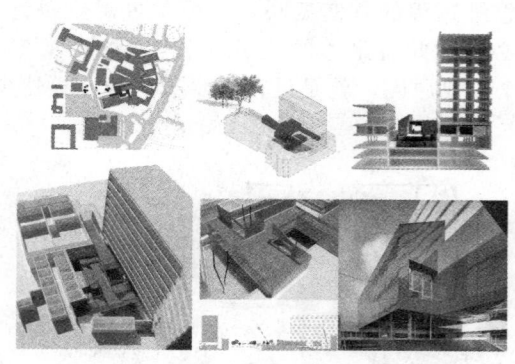

图 3.11 西班牙塞维利亚大学医院自助餐厅

二维空间与三维空间得以有机融合。尤其在构思阶段多方案的比较推敲中，利用计算机可以将建筑空间做多种处理与表现，可以从不同观察点、不同角度对其进行任意察看，还可以模拟真实环境和动态画面，使得建筑空间的形体关系、空间感觉等一目了然。与草图表达和模型表达相比较，计算机表达可以节省大量机械性劳动的时间，从而使得构思阶段的效率大大提高，有效推进思维的进程（图 3.11）。从长远看，熟练掌握计算机技术不仅是建筑设计的工具、手段，也是一种方法。它应与手绘、模型媒介共同承担开发创造性思维

与建筑设计表现的作用。一位优秀的设计者应能在这三方面协调发展，不断提高自己的潜能。

当然，设计过程不能完全依赖计算机，特别是在方案构思阶段和设计起步阶段，反而束缚甚至桎梏人的创造性思维对设计目标概念性的、模糊的、游移不定的想象。如果一旦沉溺于计算机工具，那么，"脑、眼、手"作为创造性思维赖以进行的互动链就会严重断裂。"人脑"就会因"电脑"代替了许多技术性工作而使思维边缘化。"人脑"就会迟钝起来。"手"就会被强势的"鼠标"取代，失去对创造性思维的控制。手做方案的感觉消失，最终也就越来越懒。"眼"逐渐被屏幕上匠气、冷漠、机械的方案线条和毫无艺术、失真的效果图替代，导致设计者创造性思维的潜能基础——人的专业素质、修养丧失。因此，计算机只是辅助设计的工具。它仅是人脑的延续，而不是人脑的替身，更不能代替人的思维，尤其是创造性思维。

3.2.4.4 语言文字表达

长期以来建筑师运用专业"语言"——徒手画草图、建模型等工作，在深化方案、辅助思考、完善意图方面确实起到了很好的作用，然而这种训练也为今后的设计带来两种后果：一是走功能主义，缺乏建筑美感；二是纯粹追随形式，严重脱离建筑语境，导致本末倒置。反之，借助语言文字的思维一直以来没有给予足够的重视，甚至对想得多、说得好、做得相对少的学生予以打击。当今的建筑教育过于理性，模型、电脑工具早早把学生引入了理性的思考，而文

字的描述能强化学生对空间的感性认识，尝试培养感性的意识，逐渐建立起理性和感性的关联，让擅长理性思维与擅长感性思维的学生都发挥出真正的作用。语言文字的思维一定程度上能弥补部分学生在图形表达上的弱势，增强其空间想象的信心，更有利于学生个性特征的发挥。

语言文字的思维还体现在教师与学生的交流方面。教师在授课时可采用"一对一"和"多对一"方式，使学生从教师之间一致性意见或有差异性的意见中受益，认识到设计没有唯一答案，"条条道路通罗马"，学会尝试不同。在点评学生模型或作业时，让学生各抒己见，大胆地发表意见，进行探讨、争论，从中产生思想的火花，使其自主权充分发挥，体会到自身的力量，他们相互评价模型或作业，增强自信心。

语言文字表达能力作为素质教育的重要内容，在现代设计教育体系中越来越发挥着重要的作用。在深化教育改革，全面推进素质教育的过程中，做好建筑设计专业语言文字表达能力工作，对于学生掌握科学文化知识，培养他们的实践能力和创新精神，全面提高学生素质具有重要意义。

总之，草图表达、模型表达、计算机表达和语言文字表达是构思阶段的主要的表达方式。它们各有特点，对构思阶段的思维进程有着不可缺少的作用。但它们各自也有缺欠，如草图表达直观性差，模型表达费时费力，计算机表达太机械，语言文字表达显得空泛。这就使得思维阶段的表达要将这几种形式有机地综合运用，充分发挥各自优点，弥补彼此的不足，以便更好地促进创作思维向前进行。

3.2.5　建筑环境设计表达基本程序

3.2.5.1　设计分析阶段

（1）委托　委托是客户方和设计方的初次会晤，说明客户的需求、确定服务的内容以及确定双方之间的协议。通常情况是口头协议即可，但对于大型、复杂或长期的项目，应拟定详细合法的协议文件。

（2）现场踏勘　明确设计任务后，要求掌握所要解决的问题和目标。例如，设计创造出的建筑的使用性质、功能特点、设计规模、总造价、等级标准、设计期限以及所创造出的建筑空间环境的文化氛围和艺术风格等。

现场踏勘是一个非常重要的过程。首先，需要对即将规划设计的场地进行初步测量、收集数据。然后，做一些访问调查，综合考虑人与场地景观之间的关系和需求，这些信息将成为设计时的重要依据。最后，是现场体验。测量图纸及汇集其他相关的数据固然是重要的，但现场的调查工作却是不容忽视的，最好是多次反复地进行调查，可以带着图纸现场勾画和拍摄照片，以补充图纸上难以表达出来的信息和因素，这样才能掌握场地的状况。除此之外，还应该关心场地的扩展部分，即场地边界周围环境以及远处的天际线等。西蒙兹教授认为："沿着道路一线所看到的都是场地的扩展部分，从场地中所能看到的（或将可能会看到的）是场地的构成部分，所有我们在场地上能听到的、嗅到的以及感受到的都是场地的一部分"。如植被、地形地貌、水体以及任何自然的或人工的可以利用的地方和需要保留或保护的特征等。

（3）设计分析　这一步骤的工作包括场地分析、政府条例分析，记载限制因素等，如土地利用密度限制、生态敏感区、危险区、不良地形等情况，分析规划的可能性以及如何进行策划，包括区域影响分析、自然环境分析、人文精神分析等。场地分析的程序通常从对项目场地在地区图上定位、在周边地区图上定位以及对周边地区、邻近地区规划因素的粗略调查开始。从资料中寻找一些有用的东西，如周围地形特征、土地利用情况、道路和交通网络、休闲资源以及商贸和文化中心等，构成与项目相关的外围背景，从而确定项目功能的侧重点（图 3.12、图 3.13）。

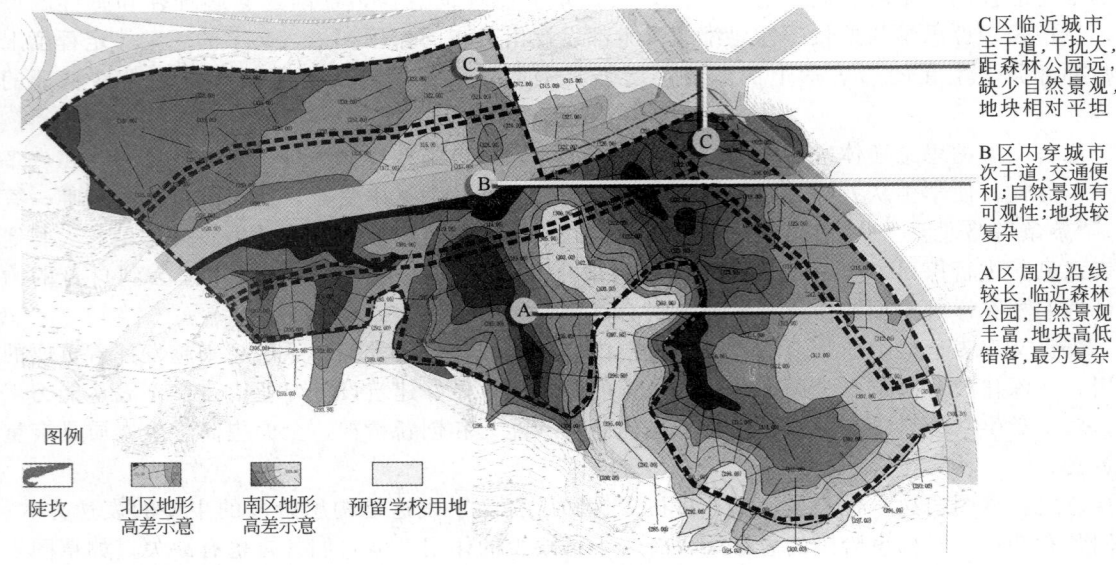

C区临近城市主干道,干扰大,距森林公园远,缺少自然景观,地块相对平坦

B区内穿城市次干道,交通便利;自然景观有可观性;地块较复杂

A区周边沿线较长,临近森林公园,自然景观丰富,地块高低错落,最为复杂

图例

陡坎　　北区地形高差示意　　南区地形高差示意　　预留学校用地

图 3.12　地形分析图

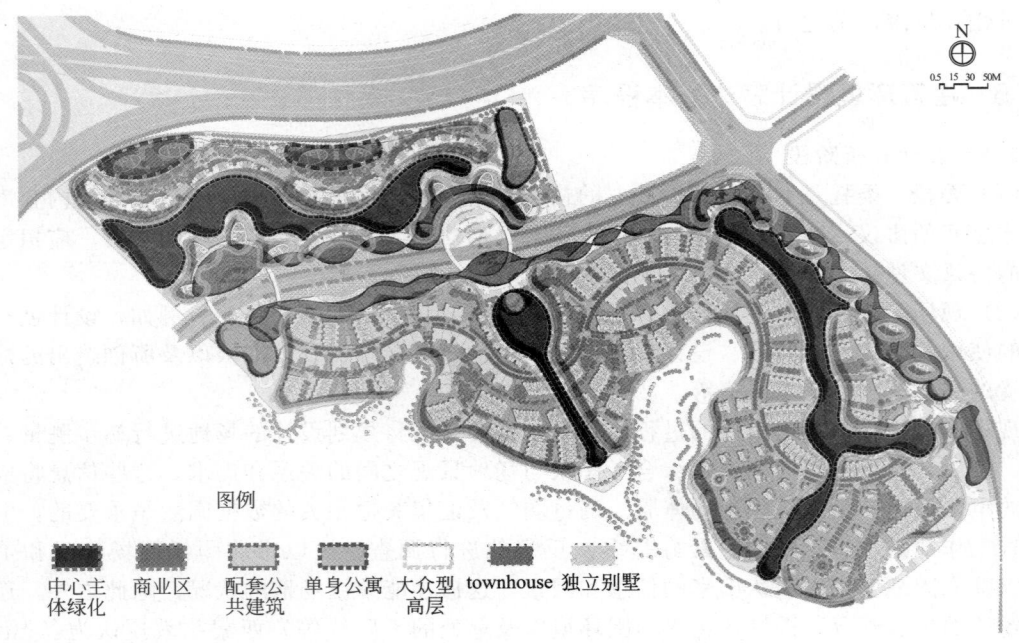

图例

中心主体绿化　　商业区　　配套公共建筑　　单身公寓　　大众型高层　　townhouse　　独立别墅

图 3.13　功能结构分析图

　　环境差异对景观的格局、构建方式影响较大,包括对地形、气候、植被等进行的客观分析,主要包括人们对物质功能、精神内涵的需求,以及各种社会文化背景等。不同景观在精神层面上都能给人一定的感受或启迪,借助建筑的精神、宗教气氛的渲染、民俗文化的表现、历史文化感等来达到这一目的。因此,要设计某个区域的景观,就要了解该景观所针对的人群的精神需求,了解他们的喜好、追求与信仰等,然后有针对性地加以设计。

　　场地分析图是对场地进行深刻评价和分析,客观收集和记录基地的实际资料,如场地及周围建筑物尺度、栽植、土壤排水情况、视野以及其他相关因素(图 3.14)。

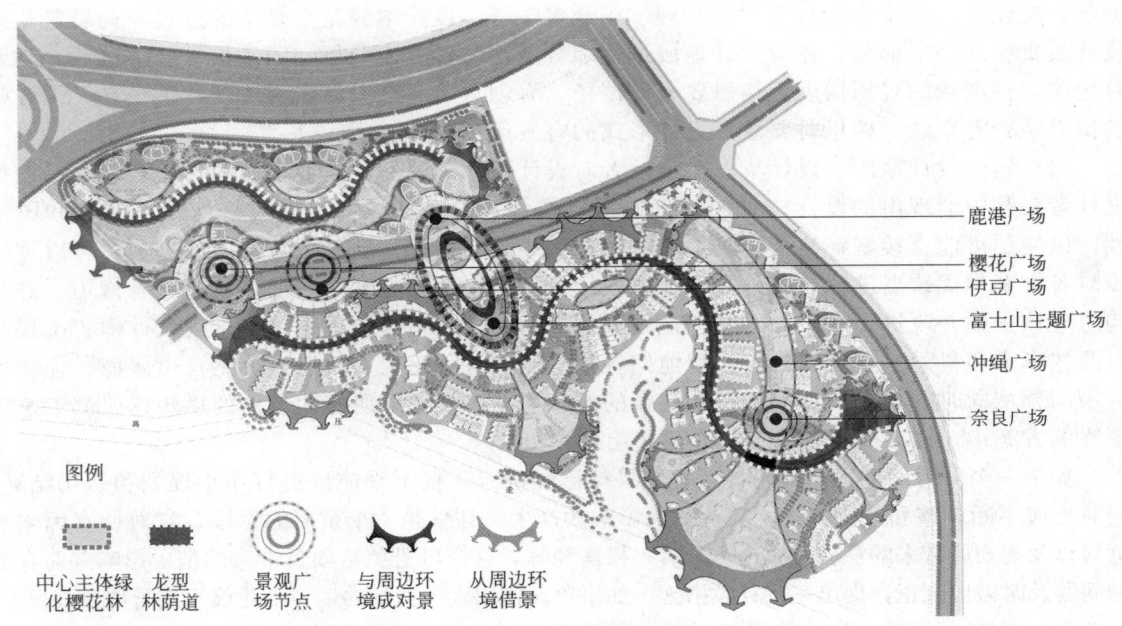

图例

中心主体绿　龙型　　景观广　与周边环　从周边环
化樱花林　林荫道　场节点　境成对景　境借景

图 3.14　绿化景观分析图

除了这些现场的信息，调研中收集到的其他一些数据也包含在测量文件中，如邻接地块的所有权，邻近道路的交通量，进入场地的道路现状，车行道、步行道的格局等（图 3.15）。

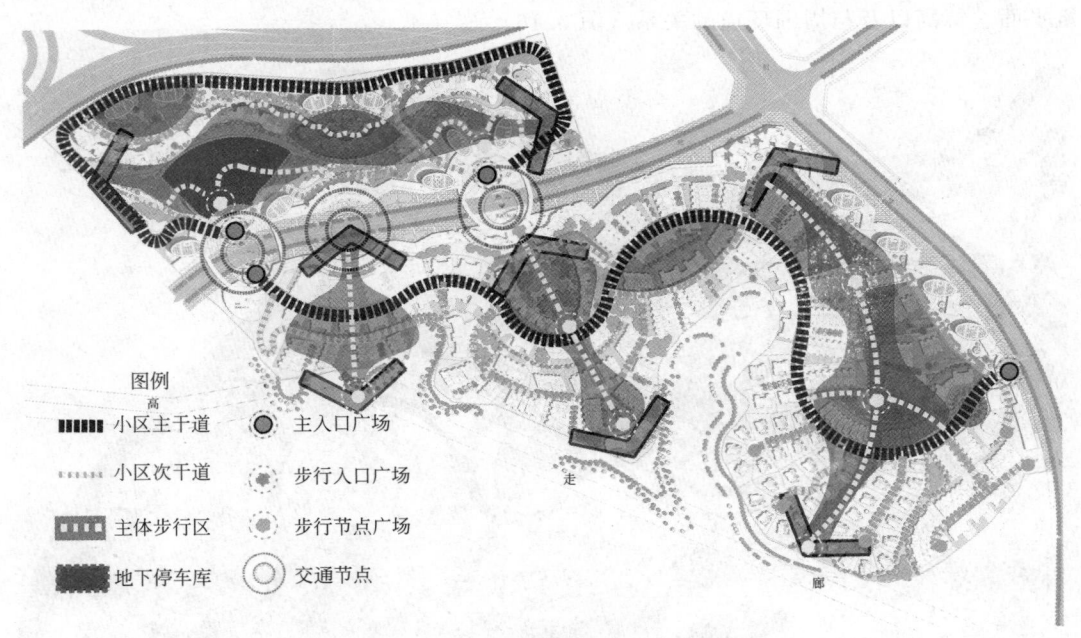

图例

小区主干道　　主入口广场

小区次干道　　步行入口广场

主体步行区　　步行节点广场

地下停车库　　交通节点

图 3.15　道路系统分析图

（4）确定设计方案的总体基调　在通过对建筑设计所属地域的综合考察与分析之后，就要确定设计什么样的建筑，分析其可行性，建造此建筑的有利因素和不利因素，以明确设计方案的总体基调，如休闲娱乐、教育、环保建筑等。

3.2.5.2　初步设计阶段

建筑设计是一门综合性很强的学科，涉及景观规划学、城市规划学、建筑学、生物学、社会学、文化学、环境学、行为学、心理学等众多学科。设计本身是个复杂的过程，构思是建筑设计最重要的一个部分。在对设计地域进行综合考察与各方面分析，明确设计效果之后，就要对场地进行细致的规划构思。构思要另辟蹊径、有创意，一个设计能否成功，关键在于设计师的构思是否有新意，构思时要注意设计形式的有效运用。

（1）勾画设计草图　设计草图是设计者对设计要求理解后，设计构思的形象表现，是捕捉设计者头脑中涌现出的设计构思的最好方法。在设计草图阶段，草图应该保持简明性和图解性，以便尽可能直接解释与特定场地的特性相关的规划构思。随着规划草图的进展，可以进一步对各方案的优缺点进行总结，并做出比较分析。不合适的方案需要加以放弃或者修正，好的构思应该采纳并改进。应该把不同知识领域的专家，如建筑师、规划师、景观设计师、工程师以及艺术家和科学家集合到一起，请他们各抒己见，各种思想、构思、灵感自由碰撞，让项目在不同领域同时探讨，最终得到一个综合的概念规划，做到把所有建设性的思想建议都考虑到最终的方案中，以减少负面的影响，增进有益之处。

如果一个可行的方案初具轮廓，具体目标已经确定，接下来应该进行初步规划和费用结算，同时也应不断调整和充实方案，关注负面影响的产生。评估是一个重要的手段，它对所有因素和资料以及规划后带来的社会反应进行分析，权衡利弊，这样可避免给项目带来的消极影响并对存在的问题及时做出改正，提出一些补救措施。如果负面作用大于益处的话，则建议不进行项目开发。

（2）绘制平面图　在绘制平面图时，首先根据设计的不同分区划分若干局部，每个局部应根据整体设计的要求进行局部详细设计。

在进行平面图的绘制时，应注意选用恰当的比例尺及等高线距离，如比例尺为 1:1000，等高线距离为 0.54m，用粗细不同的线条绘制出建筑的不同部分，详细平面图的绘制要求表明建筑平面、标高以及与周围环境的关系（图 3.16）。

图 3.16　总平面布置图

为了更好地表达设计意图，有时需要一些局部放大图或横纵剖面图。

（3）制作效果图 效果图的绘制比草图更加完整精细，细节更加清晰，要按精确的比例进行绘制，效果图的绘制通常可以借助计算机来辅助完成，也可以手绘形式完成，效果图要按比例描绘出建筑的造型，反映出建筑的主要结构关系。

（4）展板设计 在绘制完效果图后，就可以利用各种图纸来组织版面，配以主要文字说明对图纸进行解释和补充，做成展板，以供公众或相关部门来观赏和评判。制作展板，一方面可以向公众充分展示设计师的设计成果及设计水平；另一方面，可以针对设计中的不足充分采集和听取公众及相关部门的意见，以便对设计进一步修改和完善。

（5）模型制作 虽然效果图已经将构思立意充分地表现出来了，但是，效果图始终是平面图形，而且是以一定的视点和方向绘制的，这就难免会存在设计构思体现不完全的假象，因而在设计的过程中，使用简单的材料和加工手段，按照一定的比例制作出模型是很有必要的，模型的制作能更准确直观地表达出建筑与所在环境的比例和尺度关系及总体效果。

3.2.5.3 施工图设计阶段

在完成初步设计的基础上，才能着手进行施工图的设计，施工设计图纸的绘制要符合国家建委规定的标准，一般包括施工放线总图、地形平面设计、水体设计、道路设计、建筑主体设计、周边绿化设计及管线、电信设计等图纸。

同时，在施工图设计阶段需要编制设计说明书及工程预算。在进行设计构思时，必须对各阶段的设计意图、经济技术指标、工程安排以及设计图上难以表达清楚的内容等，用图表或文字的形式加以描述说明，使规划设计的内容更加完善，最后还要附上一份关于工程的预算文件。

3.2.5.4 工程施工阶段

初步规划设计和概算获得批准后，应开始拟定施工文件、进行招投标，进而就进入了工程施工阶段，这是设计人员与施工人员相配合将设计方案实现的阶段，虽然大量的工作要由施工人员来完成，但仍需设计人员的密切配合。首先，在施工前，设计人员要向有关的施工单位讲解其设计方案，递交相关的设计图纸。其次，在施工的过程中，设计人员要深入工地，到现场全程化跟踪指导。施工结束后，设计人员应协同质检部门进行工程验收。一个优秀的作品必须是设计和施工的完美结合。

3.2.5.5 后期回访

在项目完成之后，建筑师应该给客户提供一份说明，指导其如何进行运作和维护，并做到定期访问，注意使用后的定期反馈。

3.3 建筑环境设计表现基础

3.3.1 文本表现内容

一套完整的建筑设计文本一般包含封面、封底、方案设计说明及指标明细表、现状分析图、照片、总平面图、规划平面定位图、竖向定位图、日照分析图、建筑设计方案平面图、建筑设计方案立面图、建筑设计方案剖面图、效果图和设计光盘等内容。

（1）封面 封面是建筑设计方案的一个重要的设计环节，它是建筑设计文本的门面，既要符合版面设计构图的相关原则，满足视觉上的美感，又要通过艺术形象设计的形式来反映文本的内容。

（2）设计说明 方案设计说明书安排在所有图纸内容的首页位置，用文字或表格方式介绍工程概况，按照规划、建筑、绿化、供电、供水、排水、电信、人防、消防、环保、暖通、节能等顺序进行。

(3) 分析图　建筑方案设计文本中的分析图一般包括功能分析、交通流线分析、产品形态分析、日照分析、景观节点分析、消防分析等。

(4) 总平面图　总平面图需要如实反映地块周边的现状情况，包括规划范围及各类规划控制线，规划建筑性质分类，各类建筑位置、层数、间距系数，道路名称、宽度，市政和公共交通设施以及场站点，机动车停车场位置，主、次要出入口方向、位置，建筑出入口与城市道路交叉口距离，建筑物的高度，地下设施范围、地下设施出入口等。

(5) 建筑设计方案平面图　建筑设计方案平面图，应包含各建筑地下室各层平面图、地面一层、二层……标准层、顶层、屋顶平面图，平面图需标注轴线尺寸及墙体厚度，总尺寸及凹、凸外轮廓尺寸等数据。

(6) 建筑设计方案立面图　建筑设计方案立面图，要按不同立面形式标明各建筑物高度、色彩、尺寸、建筑装饰材料等。

(7) 建筑设计方案剖面图　建筑设计方案剖面图，必须按不同剖面形式标明各建筑物高度、色彩、尺寸、建筑装饰材料等。

(8) 效果图　效果图包括规划设计方案的鸟瞰图、建筑单体效果图、沿重要街道的沿街效果图、规划平面节点效果图、主要出入口效果图等。方案应有两个以上，并与现状真实情况相符，反映出与现状周边环境之间的关系。

3.3.2　表现基础训练

3.3.2.1　线条训练

线条作为建筑表现的基本构架，其构造出来的骨架对画面情感有很强的表现力，对空间结构的表达也至关重要。建筑表现图中所涉及的线条并不是抽象、无生命、无内容的线条，而是能够充分体现客观形体、结构和精神的线条，它被赋予表达形体和空间感觉的职能。由于线具有一定的性格和表情，所以诞生出各种各样的线的形式。例如，刚劲、挺拔的直线，柔中带刚的曲线，纤细、绵软的颤线等（图 3.17、图 3.18）。不同线的表现给人的感觉也不一样。有的线条粗犷、豪放、稳重，有的线条则温柔、细腻、圆滑，由此可见线条可以决定表现图的个性及风格。

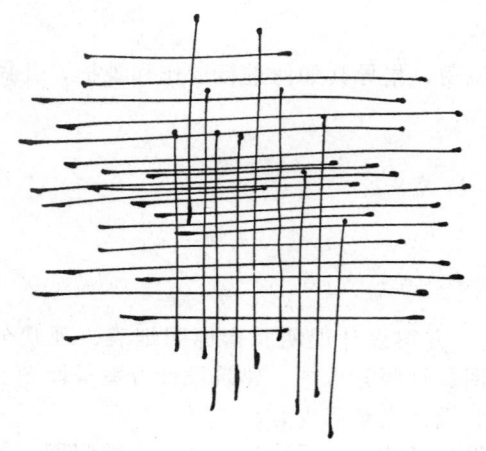

图 3.17　刚劲、挺拔的直线

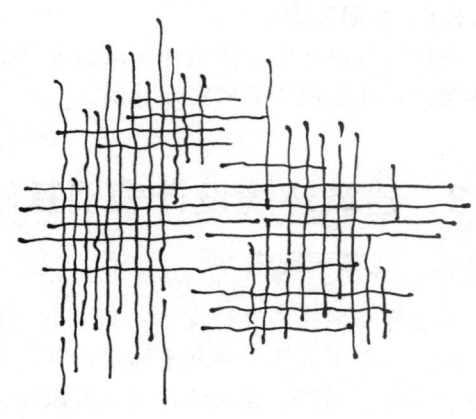

图 3.18　纤细、绵软的颤线

线条训练可从基础开始学习和掌握。首先练习和熟悉线条的正确绘制方法，这方面很多初学者并没有给予足够的重视，绘制的线条缺乏表现的基本功力（图 3.19）。在手绘表现图时，线条相交处要严实无缝，应尽量避免交角的线条不相交；垂直相交的直线可以稍稍出头，但不可过多，略微地加重线段的端点有助于加强线条表现力（图 3.20）。

当掌握线条的基本要领后，就可对线条的组织美和表现美两个领域进行有步骤的练习。组织美主要是通过线条的疏密效果来表现的。自然界中物体的轮廓线或结构线可以构成最初步的线条组织结构，但仅靠这些常常是不能达到理想的疏密效果，还需要在形式美原则的指导下，对自然界可能利用的线条进行组织和归纳，才能达到艺术化的线条组织之美。表现美也强调线条的组织美，同时也需依靠线条自身的变化之美，这便考验作画者对笔和线条的感受力和控制力。

线条表现能力的最终完善，不是一朝一夕的事，需要历经基础性、专门化的训练过程。要画好建筑手绘表现图，首先要潜心练好线

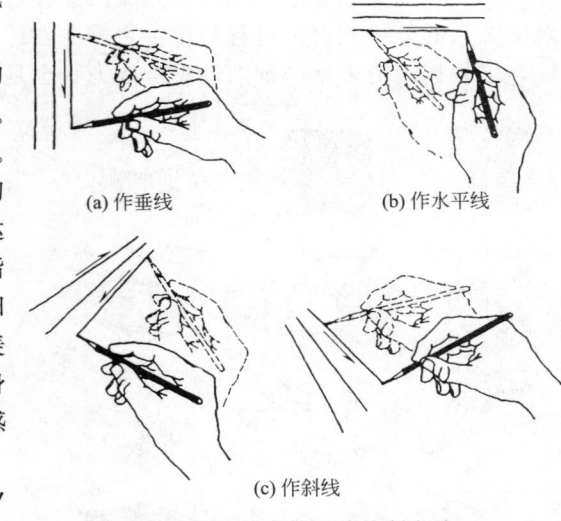

(a) 作垂线　　　　(b) 作水平线

(c) 作斜线

图 3.19　线条的正确绘制方法

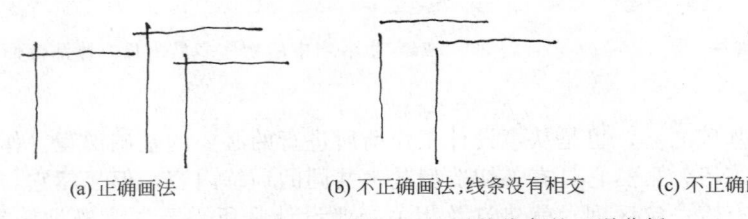

(a) 正确画法　　　(b) 不正确画法，线条没有相交　　　(c) 不正确画法，线条相交处形成墨疙瘩

图 3.20　手绘线条的正误分析

条，学会运用线去塑造物体，这是需要大量实践来积累经验的（图 3.21、图 3.22）。

图 3.21　刚劲、挺拔的快直线，留给人以深刻的印象

图 3.22　纤细、绵软的慢线衬托出空间关系的和谐

3.3.2.2　体块训练

体块训练是对线条练习的深化，是进入实质性练习的第一步，它主要是通过简单的形体及结构透视练习，让初学者了解并掌握物体结构、比例、空间构成和透视关系等，对线条的练习进一步加强，而且此种方法有益于增强练习者的三维空间想象力，增强对透视的理解。

体块训练是一种非常重要也十分有效的训练，它能够使人们有效地提高立体形象思维能力，建立起初级的立体形象思维意识（图 3.23）。生活当中的物体虽然千姿百态，但总的来说都是由立方体、球体、圆柱体和锥体等几何形体组成的，如沙发、床、桌柜、茶几等，多是由长方体演变而来的。这些练习难度虽然不大，但是人们必须首先做到将命题解析清楚，通过形

象化的思考，在头脑里想象出所要完成的立体造型的基本形象，最后再动笔完成。其中对体块间对应关系的分析和思考过程是重中之重。在练习中能够对所想象出来的立体形态进行保存和延续，这种控制能力是一种惯性思考能力，也是立体形象思维中不可缺少的（图 3.24）。

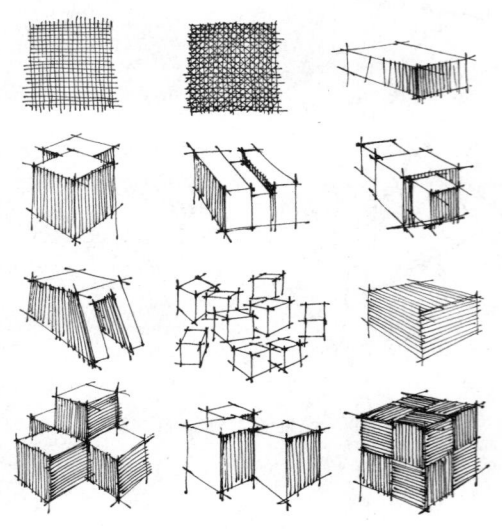

图 3.23　体块训练　　　　　　　　　图 3.24　生活当中的物体多是由长方体演变而来的

3.3.2.3　素描训练

　　素描是造型艺术的表现基础之一，也是从事设计工作前所进行的必要的基础课程。作为未来设计师成长所需要的素描练习，虽然它具有一切造型艺术共同的训练内容，但显然它与进行绘画创作为目的的素描训练有着一定区别。就建筑及相关专业设计师所需要的素描训练来说，其目的主要在于对初学者造型能力的培养，这种能力包括造型能力、塑造能力、构图能力与形式美感等方面的内容。也就是要求初学者在素描练习中要侧重于对形体空间结构的理解，而要做到这一点，初学者首先要解决的就是观察、分析，并能在画面中确定出空间各个部位的位置与比例，在这个基础上再进一步深入刻画形象的特征。

　　素描表现主题主要包括以下三个方面的内容：

　　（1）形体与结构　培养自己的眼睛把握形的准确性和把握物体之间的尺度和比例关系，用线条来解决形体各部分之间可见与不可见以及前后层次的关系，以达到理解和表达各部分之间相互结构关系的目标，经过反复的观察、比较与分析，逐步确立出二维空间的立体形态（图 3.25）。

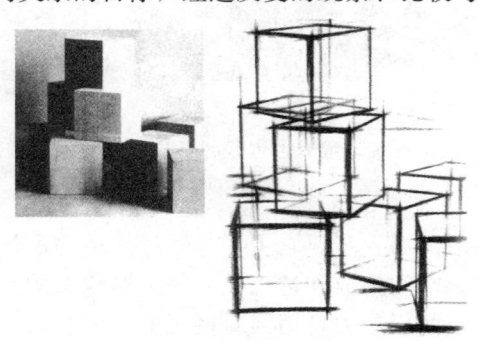

图 3.25　通过形体渗透以达到理解和　　　　　图 3.26　通过光影和线条来塑造
　　　　表达各部分之间相互结构关系　　　　　　　　　物体的整体感与空间感

　　（2）明暗与光影　通过在图形结构内加进光影和线条来塑造物体的整体感与空间感，以便自然地保留形态的轮廓与结构，使画面显得更为强烈生动，使形体各部分之间以及前后层次，达到理解和表达各部分之间相互的结构关系的目标（图 3.26）。

（3）质感与肌理 通过运用明暗与光影的变化来表现物体材料的质感与肌理特征，强调物体的空间特性以及物体的材料特性。

3.3.2.4 色彩训练

色彩表现是建筑设计专业基础课程的重要组成部分，它不仅在建筑设计表现图中占有十分重要的位置，而且在建筑设计中的各类要素和构筑物的材料、质感都需要通过色彩的表现来实现。

现就色彩的基本知识以及与建筑表现有关的色彩问题做以下介绍。

（1）色彩的属性

① 色相——色彩的基本特征。用来区别各种颜色的名称，如绿色、黄色、红色等。不同比例的原色、间色、复色的调配可以产生丰富的色相变化。

② 明度——色彩的明亮程度。明度最高的是白色，明度最低的是黑色。黑白之间按不同灰度排列即显示出明度的差别。有彩色的明度是以无彩色的明度为基础来识别的。

③ 彩度——色彩的鲜艳饱和程度。色彩彩度高的色称为清色，色相特征明显；而彩度低的色称为浊色，色相特征则难以判别。

（2）色彩的感觉 色彩的冷暖是由人的联想而引起的一种心理感受。例如，红色、黄色可使人联想到火焰、阳光等事物，而产生温暖的感觉；而蓝色则可使人联想到大海、夜空等事物，而产生清凉的感觉。据此，颜色可分为暖色、冷色和中性色三种。其中暖色包括红色及与其相近的黄色、橙色等；冷色包括蓝色、紫色、青色等；而中性色的冷暖感觉位于二者之间，包括绿色、黑色、白色等。在近似色相中也有冷暖变化，例如朱红色较玫瑰红色暖一些，而玫瑰红色则比紫红色暖一些。

色彩感觉训练的常用方法有两种：一种是以感性认识为主的绘画色彩写生，要通过大量实践来理解，分析各色彩之间的关系（图 3.27）；另一种是以理性分析为主的色彩构成训练，通过分析色彩的色相、色度、色性以及相互之间的关系及变化来理解色彩，取得合理的运用。感性认识与理性认识两者互为补充，相辅相成，方可形成完整的对于色彩的正确感觉（图 3.28）。

图 3.27 色彩的感觉训练

图 3.28 色彩的理性分析

作为初学者，色彩的学习首先可以先从色彩写生着手，重点解决色彩基本理论的认识和各种画笔基本技法的掌握；其次也可从临摹入手，临摹是色彩初学者的重要训练手段，通过临摹优秀作品，可以从别人现成的经验中得到启示。

3.3.2.5 空间构成训练

基于建筑学的空间构成是以类似建筑的空间形态为训练对象，训练重点不是放在具象实体形态的创造，而是对空间形态等建筑所固有的一些特性的把握，通过引入人体尺度的概念，强化读者对主次空间、流动空间、开放空间和封闭空间以及均质空间的认识和体验。空间构成的训练进一步巩固从平面构成、立体构成作业中学到的形式美的基本原则、构成原理与方法，掌握空间限定的基本手法（分割、围合、凸起、下沉、覆盖、设立等），认识局部空间与整体空间、局部空间与局部空间之间存在的多种关系（包含、穿插、邻接、间接、主次、对位等），通过模型初步体验空间的感染力，认识到利用构成手法创造不同空间形态的无限可能性，培养对空间形态美的感受与把握能力（图3.29）。

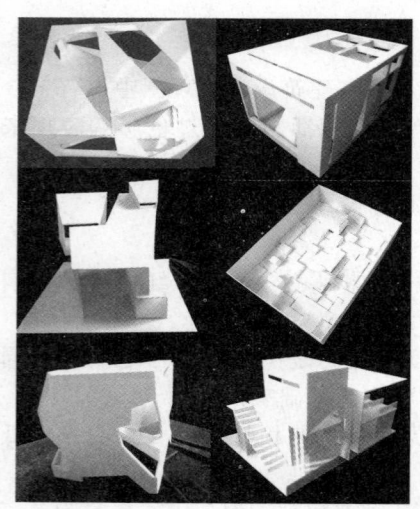

图 3.29 建筑空间构成训练

材质和材料的介入也是进行概念设计的表达要素，建筑设计研究的是体量、空间的关系，研究的是建筑与人、建筑与环境的关系，针对建筑设计专业学习的需要，空间构成设计要求在抽象的几何形体中寻找一种形式的美，即节奏、韵律、平衡、比例、虚实以及对称关系。

剖析从空间构成到建筑设计的过渡环节，研究两者的关联性，对基础设计课程进行重建，对提高形态构成的综合能力和建筑设计的专业技能都具有一定的指导作用，对提高开发设计潜力也有着重要的现实意义。

第4章

建筑环境设计基本过程

4.1 方案构思

4.1.1 明确设计任务书

设计任务书是进行建筑创作的指导性文件，它从各方面对建筑方案设计提出了明确的设计目标和要求，也通过文字和图形的方式为设计者提供了建筑方案设计的内外条件以及相应的有关规定和必要的设计参数。因此，人们只有充分理解设计任务书的内容，才能在进行建筑方案设计时做到心中有数。

设计任务书是建筑设计过程中的主要依据，在项目建设环节具有举足轻重的地位：一方面显示出设计深度，即业主对工程项目设计提出的要求，其最终成果要达到设计的要求；另一方面又要展示出规划报建必须达到的条件。一份优秀的建筑设计任务书，必然是两者兼顾，通过对容积率、户型类型、总体布局、景观搭配、配套设施等各种指标的量化规定来实现项目设计理念的定位，在满足节能、环保，符合开发商低成本、高效益要求的基础上，体现项目的设计理念、区域重要性、人文风情等。设计任务书一般应包括以下几方面内容。

① 项目总的要求、用途、规模及一般说明。

② 项目的组成，单项工程的面积，房间组成，面积分配及使用要求。

③ 项目的投资及单方造价，土建设备及室外工程的投资分配。

④ 建设基地大小、形状、地形，原有建筑及道路现状，并附地形测量图。

⑤ 供电、供水、采暖及空调等设备方面的要求，并附有水源、电源的使用许可文件。

⑥ 设计期限及项目建设进度计划安排要求。

那么，作为设计师怎样解读任务书呢？在设计之前需要注意任务书表述的哪些问题？以下阐述可作为设计者的参考。

首先，通读设计任务书全文。这是理解设计任务书的前提，无论设计任务书篇幅多少，都要从头至尾仔细阅读一遍。先通读一遍，对设计任务在脑中有一个概貌是必不可少的。此时，你首先明白你要设计什么？比如你要着手设计一座美术馆，你马上就要在脑海中搜索过去储存下来的有关美术馆的信息：你对这一类型的建筑方案设计经历过没有？对美术馆设计的原理掌握了多少？有没有去美术馆参观的生活体验？阅读过多少有关美术馆建筑的图书资料等。如果上述问题你都能肯定回答，在通读设计任务书之后，你就会感到心中有底，接下来的设计工作就好办了。如果上述问题你很含糊甚至不能肯定回答，那么，在通读设计任务书之后，你就会感到茫然生疏，此时就要看你在阅读设计任务书提供的功能关系图之后，依据你的逻辑思维如何理性地去理解设计的目标。

其次，消化设计任务书的核心问题。设计任务书的内容不是每一句话都对展开设计本身产生决定性影响，这里面有一个设计者如何消化设计任务书的问题。通常设计任务书分为几个部分加以阐述，如项目名称、建设地点、项目概述、用地概况、规划设计要求、建筑组成、图纸要求、地形图等。设计者除了要通读设计任务书，对每项给定的条件要有一个概貌以外，还要对部分内容做重点消化理解，如有关用地概况，一定要在阅读文字的同时，在脑中迅速建立用地区位与周边环境要素的空间概念。因为建筑作为这个区域建筑群中的一员要与周边建筑或环境发生对话关系，要成为有机整体。

有些是带有强制性的规定，如"满足无障碍设计要求""空间形式应富于变化"等，设计者在消化理解这些特定要求时，应将它作为平面设计的约束条件，更好地控制建筑设计方案的图形生成，以一个较好的平面图形求得给观者良好的第一印象。

设计项目是设计任务书的重点部分，所要设计的内容、房间众多，在消化理解时，设计者先要搞清楚几大功能组成，再进一步搞清主次关系以及各大功能组成的面积，不要在单个房间上做过多文章，避免失去对设计的总体把握。

第三，分析设计任务书提出的内外设计条件。通读、消化、理解设计任务书的内容是为分析设计的内外条件收集信息，针对设计任务，我们要分析设计的基本条件。通常建筑设计条件分为外部条件和内部条件，外部条件主要包括人流来自哪个方向、周边城市建筑状况分析、景观分析、用地分析等；内部条件包括功能关系的图解、功能分区分析、竖向功能分区、水平功能分区等。内部条件分析是将设计任务书对设计对象的若干规定进行系统分析的一种方法。如果说外部条件分析是从外向里制约设计走向的话，那么，内部条件分析就是由里向外制约设计走向的因素，两者共同决定了建筑空间组织的原则、形式与方法。

4.1.2 现场勘查

现场勘查是建筑方案设计前必须经过的程序，也是每个设计师必须重视的一项工作。设计师要亲临现场，通过绘图、拍照、访谈等方式，观察与记录基地的状况。现场踏勘的目的是找出基地的限制条件，以感性与理性的手段，应对基地的种种限制条件，找到建筑与周边环境的恰当关系，寻求建筑设计的逻辑依据，从而建立起建筑与环境的应对策略。

现场踏勘并不需要立即获得一个完整的答案，但现场踏勘记录下来的信息将作为重要的依据影响着整个建筑设计的过程。现场踏勘能够为建筑设计者提供直接的依据，并使最终建成的建筑更加适应基地的状况。

4.1.2.1 现场勘查的内容

对建筑基地的勘查包括地形、地势、地貌、地质、地层结构；水位、水质、水流、水速，河流、水沟、自来水；空间、空气、风向、风速、风声；阳光、紫外线、温度、湿度；各种建筑物，各种树木及植物种群等。勘查包括基地周围环境要素（所属空间组合能量、建筑物组合能量、地层组合能量等形成的中和能量）变化、运动、发展，环境要素所蕴含的有利与不利中和能量一旦变化，人本身所蕴含的生命轨迹能量也随即发生变化，人居环境作为影响人的生命形成与发展的主要因素之一，由于其客观性和相对可控性，使无形生命有了可通过有形途径来实现改变的可能。

4.1.2.2 地形勘查存在的问题

良好的地形条件，不但是建筑设计的成功保证，而且也可以大大节省费用和人力。在建筑设计之前，需要相关人员对地形进行较为准确的勘查，但是勘查中常常会有以下问题影响建筑设计。例如，没有足够的地形勘测时间，对地形条件不清楚，直接导致投资难以把控，施工后修改设计等情况，更可怕的是可能会留下工程隐患，造成重大的工程事故。也有建筑设计勘测周期不合理的问题，从建筑工程地质勘查到地质报告的提交需要一定的工作周期，这是再简单不过的道理，然而有些工程却没有进行基础性的前期投入。比如一旦需要申报项目，立即就要求提交建筑设计方案；另外，对建筑地形分析不够深入，有时甚至会出现建筑工程地形评价结论性错误这样严重的问题，从而影响到后期工作的开展。可以说，建筑设计地形勘查工作的质量，对建筑方案的决策和建筑施工的顺利进行至关重要。

4.1.2.3　在地形勘查设计中注重对现代技术的应用

当今世界，信息技术的高速发展和相互融合，正在改变着我们周围的一切，许多现代技术手段在建筑地形勘查中的应用，提高了我们对地形认知的精确度。如在地形勘测定界测量中，RTK（Real-time Kinematic，实时动态差分法）技术可实时地测定建筑适合位置，确定土地使用界限范围、计算用地面积。利用 RTK 技术进行勘测定界放样是坐标的直接放样，建筑用地勘测定界中的面积量算，实际上由 Photoshop 软件中的面积计算功能直接计算并进行核检，这样就避免了常规的解析法放样的复杂性，简化了建筑用地设计定界的工作程序。在土地利用动态检测中，也可利用 RTK 技术。传统的建筑地形设计检测采用简易补测或平板仪补测法，如利用钢尺用距离交会、直角坐标法等进行实测丈量，对于变通范围较大的地区采用平板仪补测，这种方法速度慢、效率低，而应用 RTK 新技术进行地形动态监测，则可提高检测的速度和精度，省时省工，真正实现建筑地形设计的合理监测，保证土地利用状况调查的现实性。还有 GIS（Geographic Information System，地理信息系统）的应用，互操作地理信息系统是GIS 系统集成的平台，它实现异构环境下多个地理信息系统及其应用系统之间的通信协作。另外，3S 一体化的应用也是非常重要的，3S 指的是全球定位系统（GPS）、卫星遥感系统（RS）和地理信息系统（GIS）。GPS 可在瞬间产生目标定位坐标却不能给出想要应用的建筑设计地形的属性，RS 可快速获取区域面状信息但受光谱波段限制，GIS 具有查询、检索、空间分析计算和综合处理能力。建筑地形设计需要综合运用这三大技术的特长，方可形成和提供所需的对地观测、信息处理和分析模拟能力。实际上，地形的属性数据是十分丰富的，我们要用科学的方法了解地形的属性，以便更好地应用于建筑设计当中。

4.1.3　资料收集

设计师除了到现场勘查地形、进行场地分析外，还要对与设计有关的资料进行相应收集和整理。

资料收集工作需要注意两点，一是尽量收集与本设计类型相同的资料，而且规模和基地情况也很接近。这本来也没什么不好，但如果设计师为图省事，不动脑筋"依样画葫芦"地去抄袭，结果做出来的方案就不是真正自己的作品了；二是可收集一些国外著名建筑师的作品，通过解读名家的设计使自己的设计思维得到开拓，但不能不加分析地套用在自己的方案中，这种设计往往会有些不切实际，方案最终也不会得到认可。

资料收集需要有全面性，如中学的设计，首先要收集的并不是具体、现成的中学建筑方案，而应当收集一些规范性的东西，如教室、实验室的大小和要求，阶梯教室的要求，专门化教室（如语音等）的要求等，走廊的宽度，建筑的层高，中学所需的室外场地等的种种要求。只有掌握这些基本的规范性的要求，才能行之有效地做方案。至于收集实例资料确实也是需要的，但不是用来抄袭的，而是作为分析研究，分析它为什么如此处理，有什么优点，有哪些可以借鉴等，从中或许能得到许多启示。收集资料有"粗阅"和"精研"之分，有些实例只需粗阅，但要求多看，实例数量不嫌多；有些则要细细琢磨，悟出其中道理，得到某些启示。

当资料收集到一定程度之后，就要对所收集的资料进行整理。资料整理是把收集到的资料以及现场踏勘情况进行进一步记录分析，把记录下来的信息整理成建筑设计必需的基础资料（地形图、现状图），寻找基地的限制条件和建筑设计的依据。例如，建筑物的退界要求（即建筑退用地红线、道路红线、城市蓝线、绿线、紫线、黄线等的距离），见表4.1；与相邻建筑物的消防间距、日照间距、安全防护距离；场地交通流线及出入口设置（机动车、行人、辅助、货运、污物等）。资料整理主要包括以下两方面的内容。

（1）相关规范解读　城市规划与建筑设计的普遍性法规的解读，例如《城市道路和建筑物无障碍设计规范》、《民用建筑设计通则》、《总图制图标准》、《建筑设计防火规范》等；地方性法规和相关技术规定的解读；特定类型的建筑设计规范的解读，例如旅馆、剧场、电影院、文化馆、博物馆、百货商店、办公楼、银行、幼儿园、中小学、住宅等各类型建筑设计规范。

（2）基地资料分析　场地周边的建成环境与历史文脉分析；场地的气象、地质、水文、地形图、现状图等资料的综合分析；场地的地形地貌、市政管线、城市空间、交通状况、周边建筑、景观资源等资料的综合分析。

表 4.1　城市建设限制条件及组成

名称	定　义	组　成
建筑红线	指城市道路两侧控制沿街建筑物或构筑物（如外墙、台阶等）靠临街面的界线	一般由道路红线和建筑控制线组成
道路红线	指规划的城市道路(含居住区级道路)用地的边界线	通行机动车或非机动车和行人交通所需的道路宽度；敷设地下、地上工程管线和城市公用设施所需增加的宽度；种植行道树所需的宽度
城市蓝线	指水域保护区，即城市各级河、渠道用地规划控制线	城市河道水体的宽度、两侧绿化带以及清淤路
城市绿线	指规划城市公共绿地、公园、单位绿地和环城绿地等	城市公共绿地、防护绿地、风景园林、道路绿地、湿地，以及古树名木等
城市紫线	指国家和省、自治区、直辖市人民政府公布的历史文化街区的保护范围界线，以及经县级以上人民政府公布保护的历史建筑的保护范围界线	包括历史建筑、构筑物和其风貌环境所组成的核心地段
城市黄线	指对城市发展全局有影响的、城市规划中确定的、必须控制的城市基础设施用地的控制界线	城市公共交通设施、城市供水设施、城市环境卫生设施、城市供燃气设施、城市供热设施、城市供电设施、城市通信设施、城市消防设施、城市防洪设施、城市抗震防灾设施

4.1.4　设计立意

立意是设计过程实质性的第一步，是设计方案的灵魂，决定设计的优与劣。立意的思维过程通常分为四个阶段。

（1）准备阶段　当接到设计任务后，建筑师一方面通过与业主接触，勘查基地，并阅读设计任务书，初步了解设计要求、功能组成及影响设计的各种外部环境条件。另一方面，从记忆中积极挖掘同类型建筑实例及与设计有关的储存信息、设计经验，并从自然、文化、社会历史及艺术等方面寻求启发设计的原动力，通过充分的思索和联想，为意念的产生做好前期准备。

（2）定向阶段　前期准备阶段是从影响项目的各个方面对设计项目了解、把握和寻找特征的过程。对建筑师来说，也是逐渐进入设计角色的过程。正是在这个过程中，建筑师从某一方面或几个方面产生设计的意念。设计意念的种类，有功能性的设计意念，即设计意念基于建筑功能的要求和对功能的思考而建立；有环境性的设计意念，即设计意念基于对建筑地段环境的分析而建立；有文化性的设计意念，即设计意念基于对项目所处地域的社会历史或文化的理解和借鉴而建立；有哲理性的设计意念，即设计意念基于一种哲学的或理论的思考而建立；设计意念也可能基于对地段的自然环境的认识而建立，如充分利用地形地貌，结合地区气候特征，借取环境自然景观等；设计意念也可能建立在对某种相关学科的研究基础上，或受某些已建成的同类建筑的影响而建立。总之，设计意念的种类及来源是多种多样的，在同一设计中，设计意念并不一定是单一存在的，往往同一设计中有多个设计意念同时作用，形成设计发展的推动力。

（3）酝酿阶段　意念还仅仅是一个概念性的想法，处于只能用语言表达的状态，要使设计意念转变成设计方案，设计意念必需转换成建筑形象。换句话说，也就是必须用建筑的语言来表达设计意念，让设计意念转变成设计意象。尽管意念与意象两者均处于大脑的思维状态，是脑中的概念或形象，但在脑中，从意念到意象，思维形式已发生了根本性变化，这时建筑师已从最初的概念逻辑思维转化成形象思维。这一形象思维的目标在于，用某种恰当或者是令人激动的建筑空间及实体形式表达意念。在这一过程中，建筑师集中精力，调动才能，挖掘记忆，通过一定的思维模式，向意念目标进行思维冲击，直到一个使自己满意的平面形式或建筑造型跃现在脑海之中，这时建筑设计的立意过程已从意念飞跃到意象的阶段，实现了意念的形象转换过程。

（4）完善阶段　虽然这时设计意念已具备了建筑形象，但这一逐渐形成或顿悟的形象并不一定十分准确地表达了设计意念，它需要进一步推敲深化。另一方面，设计者还应把意象与初步了解的建筑功能要求及限制条件相对照，尽可能让意象符合建筑使用要求，从而为立意过程下一步与功能使用和环境条件相结合奠定基础。这种深化和检验的过程，可能使立意更趋成熟和完善，也可能否定立意，重新回到寻求设计意念的阶段。

从立意过程的四个阶段来看，意念的产生、意念的形象化及意象的呈现阶段是立意过程的关键。在设计立意过程中，意念的形象化转换正是从无意识的形式片断、不完全的空间关系、零散的建筑符号、局部的环境构想开始，任思维展开想象和探索的翅膀自由飞翔，甚至借助于梦幻及虚幻的感觉进行联想发挥，充分展现潜意识中各种本能的冲动和欲望，在积累丰富的原始认识的基础上，运用设计法则，如构图原理、形式美原则、构成手法，对原始素材进行组织和整合，最终逐渐形成或顿悟出表达设计意念的建筑形象，初步完成形象创造的思维活动过程。

4.1.5　功能图解

如果设计立意被看作设计灵魂的话，图解思考过程就是设计灵魂的显现。在设计思考过程中，图解可以看成为自我交谈，在交谈中作者与设计草图相互交流，交流过程涉及纸面的速写形象、眼、脑和手，这是一个图解思考的循环过程，通过眼、脑、手和速写四个环节的相互配合，在从纸面到眼睛再到大脑，然后返回纸面的信息循环中，通过对交流环节的信息进行添加、删减、变化，从而选择理想的构思。图解思考信息通过循环的次数越多，变化的机遇也就越多，提供选择的可能性越丰富，最后的构思自然也就越完美（图 4.1、图 4.2）。

建筑设计图解思考方法有着自己特定的基本语言。图解表达主要方法有框图法和泡泡图法

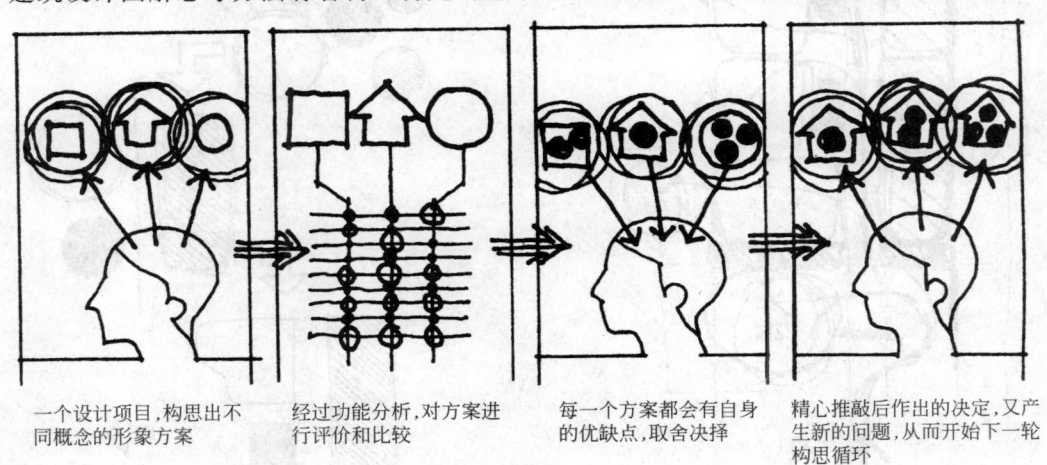

一个设计项目,构思出不同概念的形象方案

经过功能分析,对方案进行评价和比较

每一个方案都会有自身的优缺点,取舍决择

精心推敲后作出的决定,又产生新的问题,从而开始下一轮构思循环

图 4.1　设计构思过程中的图解思考

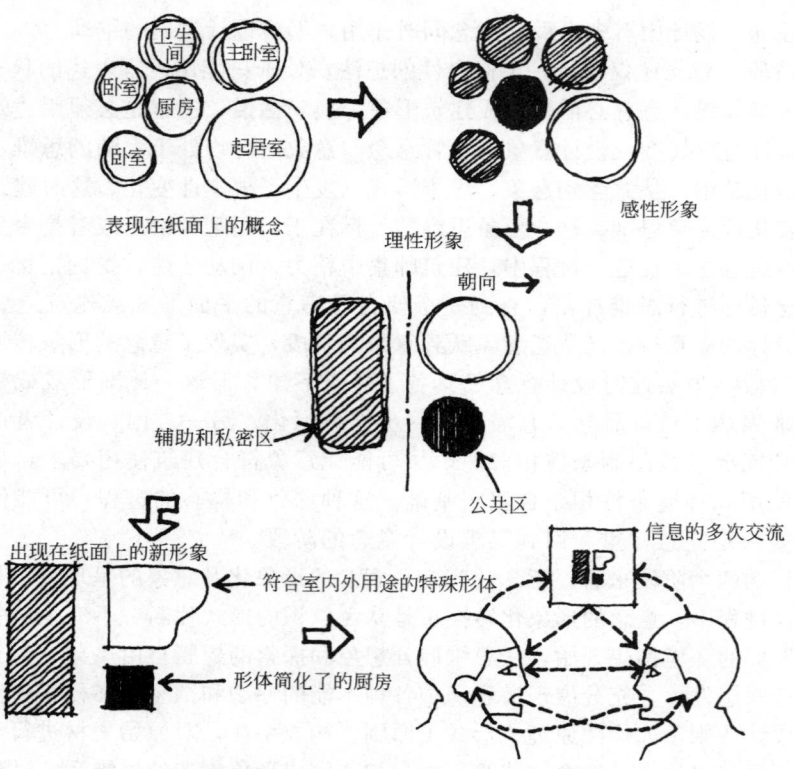

图 4.2　通过图解思考为设计提供更多的选择可能性

两种。其中框图法能够快速帮助记录构思，解决平面内容的位置、大小、属性、关系和序列等问题，不失为建筑设计中一种十分有用的方法（图 4.3）。使用泡泡图法进行构思时，图形不必拘泥，可随意一点，即使性质和大小不同的使用区也宜用圆形表示（图 4.4）。

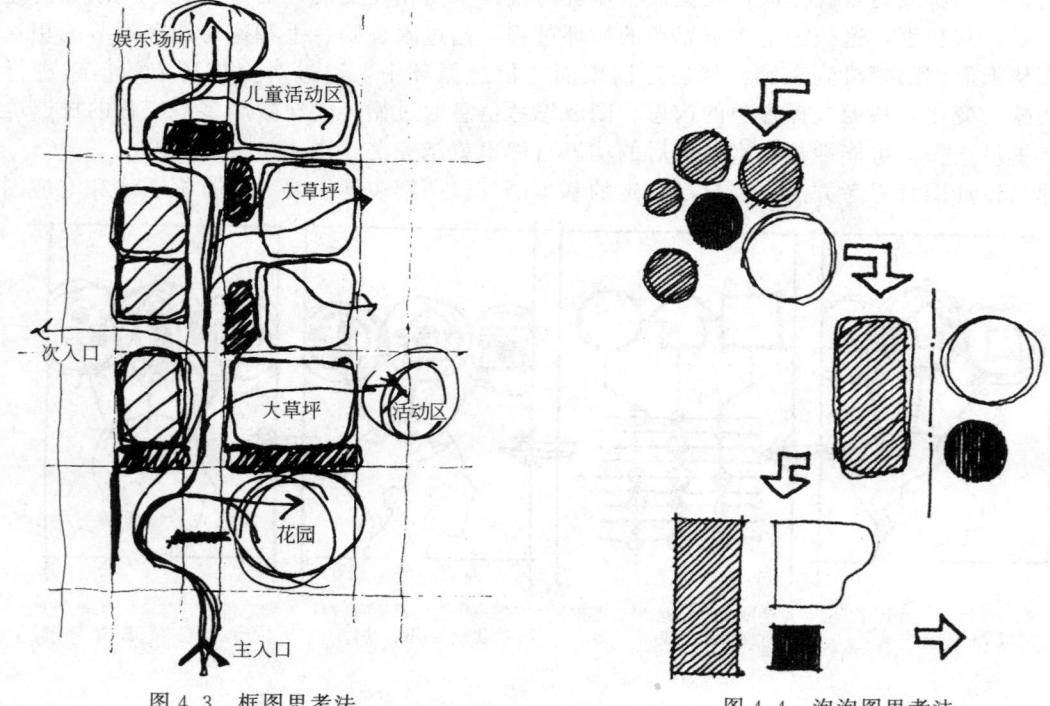

图 4.3　框图思考法　　　　　　　　　　　图 4.4　泡泡图思考法

建筑设计中对空间功能的分析是从平面的角度进行的，采取图形分析的思维方式，通过平面图由粗到细、由抽象到具体的绘制，经过多轮次逐步深入的对比优选而进行的，人们将这个过程称为平面功能分析（图 4.5）。

建筑设计的平面功能分析主要是解决建筑内部空间的界定，它是根据人的行为特征，将建筑空间的使用基本表现为"动"与"静"两种形态。具体到一个特定的空间，动与静的形态又转化为交通面积与实用面积，可以说建筑设计的平面功能分析主要就是研究交通与实用之间的关系，它涉及位置、形体、距离、尺度等时空要素。研究分析过程中依据的图形就是平面功能布局的草图表现，这些设计草图将

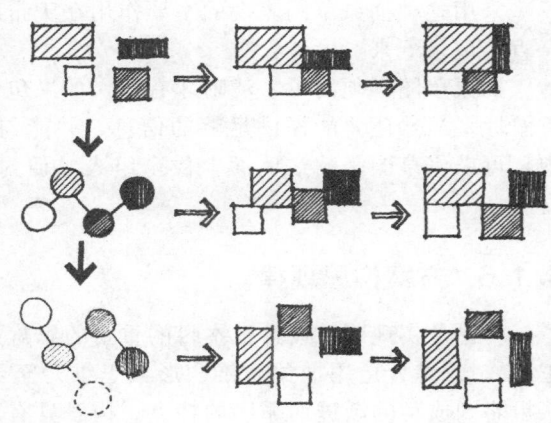

图 4.5　通过平面图由粗到细、由抽象到具体的
思维分析，逐步达到深入对比优选的目的

围绕着使用功能的中心问题而展开思考，其中包括对建筑功能分区、交通流线、空间使用方式、人数容量、布局特点等诸方面的问题进行研究。这一类草图表达多采用较为抽象的设计符号集合，并在图面上配合文字、数据等综合形式加以体现（图 4.6、图 4.7）。

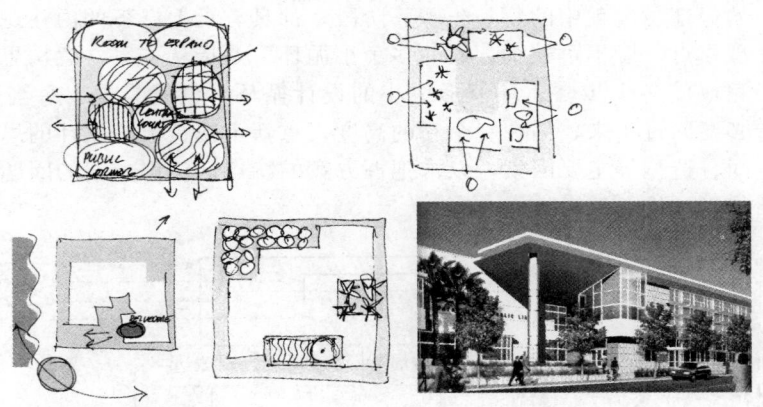

图 4.6　卢堡・尤戴尔为 Santa Monica 图书馆构思的设计方案

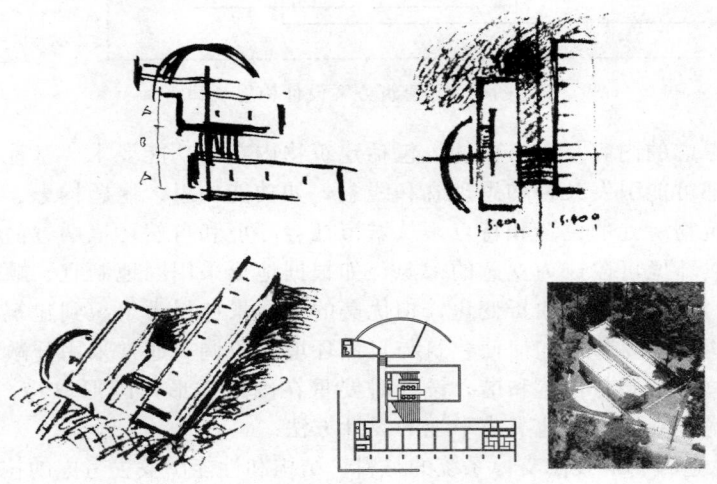

图 4.7　安藤忠雄设计的小筱邸方案

采用这种抽象草图表现的主要作用在于帮助建筑师将平面功能分析的问题和思考的方案信息直接记录下来。

抽象草图必须简单、清晰才有效。如果包含的信息太多以致无法一目了然，草图就失去其有效性。当然还要能提供足够的信息，并能勾勒出具有特征的设想。在分析问题和设计进程中，可以将草图张贴在墙面上供全组人员研讨、交流，这样就能即时地展示设计小组的最新设想。

4.1.6 方案构思规律

构思是实现建筑设计根本目的重要的思辨过程（包括启发、切入、策划、判断、选择、修正等），它综合运用抽象思维、形象思维乃至灵感思维，具有从局部到整体、从特殊到一般、从粗略到成型的渐进而循序的特点。构思具有双重含义，一是"广义的构思"，表现于方案设计的整个过程，每一阶段、每一环节的发展、推进都需要借助构思来完成；二是"狭义的构思"，也称为"大构思"，特指方案设计初始阶段（一草阶段）对方案大思路、大想法的酝酿成型过程，即这里所重点阐述的"方案构思"。

无论按照什么样的具体步骤去实施设计，都会遵循"一个大循环"和"多个小循环"的基本规律（图4.8）。"一个大循环"是指从调研分析、设计构思、方案优选、调整发展、深入细化，直至最终表现，这是一个基本的设计过程。严格遵循这一过程进行操作，是方案设计科学、合理、可行的保证。过程中的每一步骤、阶段，都具有承上启下的内在逻辑关系，都有其明确的目的与处理重点，皆不可缺少。而"多个小循环"是指从方案立意构思开始，每一步骤都要与前面已经完成的各个步骤、环节形成小的设计循环。也就是说，每当开始一个新的阶段、步骤，都有必要回过头来，站在一个新的高度，重新审视、梳理设计的思路，进一步研究功能、环境、空间、造型等主要因素，以求把握方案的特点，认识方案的问题症结所在并加以克服，从而不断将设计推向深入。

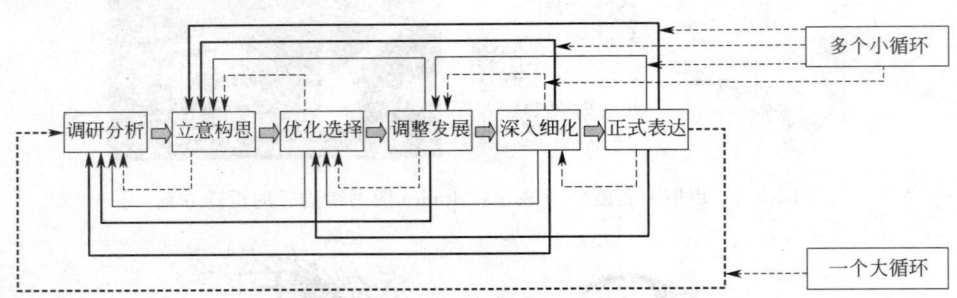

图4.8 建筑方案设计构思规律

设计构思要考虑的内容是多方面的，包括建筑物内在的功能要求、基地条件、周围环境等外界因素，它们都可能引发某种构思理念和线索，如功能构思、主题构思、环境构思等。环境构思可以根据建筑物所处的位置和特点，从城市社会环境和自然环境两方面出发去构思。对建筑设计来说，自然环境可以成为立意的来源，如根据地形采用因地制宜、顺应自然的方法，结合地貌起伏高低，利用水面的曲折变化，把优美的自然景色尽力组织到建筑物更好的视区范围内。自然环境的构思主要考虑如何使建筑与自然环境相协调，通常采用开敞式布局，建筑融于自然之中，为使总体布局与自然和谐，设计时要重在因地成形，因形取势，灵活自由地布局，切忌不顾地形起伏，一律将基地夷为平地的设计方法。

另外，也可从建筑物的技术支撑系统的材料、结构和性能出发去考虑的技术构思，从模仿生物体征性能的高效、低耗、生态的仿生构思以及源于建筑的特定区位和地理环境等构思方法。这些方法都是在设计师不断总结前人经验以及对现实生活的不断观察、思考和探索中而逐渐形成和不断发展的。无论哪种构思方法，其构思内容本身就是来自于生活的，许多具有创造性的建筑设计作品可以说都是以现实生活原型为建筑创作的源泉，如丹麦建筑师杰尔·伍重受到丹麦海滨的风帆和乡间城堡的启示，将这些元素运用在位于海滨的悉尼歌剧院的造型处理上，其独特的风帆造型和底部基座处理，使得该建筑闻名于世，成为悉尼和澳大利亚的象征（图 4.9）。

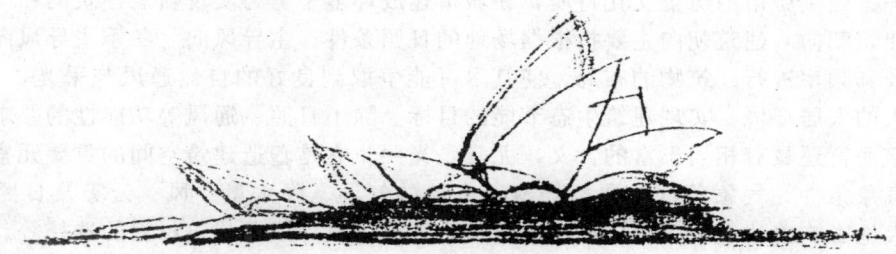

图 4.9　伍重构思的悉尼歌剧院草图

4.2　场地设计

4.2.1　场地分析

场地分析是进入建筑设计开始就进行的工作，现代建筑设计格外注重建筑所处的环境，强调建筑要从各个方面反映环境的特征。场地一般指的是建筑物周围环境的物质和文化条件，物理范围可以涵盖建筑物周围的一切环境因素，心理和文化范围则更加广阔，几乎涵盖于人文科学的各个层面，这其中又有场地的特点和精神实质需要发掘，内容可谓十分庞杂。

场地设计具有很强的综合性，与设计对象的性质、规模、使用功能、场地自然条件、地理特征及城市规划要求等因素紧密相关，它密切联系建筑、工程、景园及城市规划等学科，既是配置建筑物并完善其外部空间的艺术，又包括其间必不可少的道路交通、绿化配置等专业技术与竖向设计、管线综合等工程手段。因此，场地设计知识是一门综合性较强的学科。

4.2.1.1　基地特征

一般而言，建筑总是属于某一个地点，它依赖于特定的基地，这块基地有着自身与众不同的特征。在进行建筑设计之前，应进行详细的资料收集，尤其是关于基地特征的基础资料的收集，并在此基础之上进行整理与分析以获得充分的设计依据。基地的特征主要包括场地区位、地质地貌、现场情况、周边建筑、景观资源、历史文脉、建筑朝向、气象条件等方面的内容。

（1）场地区位　场地区位主要是指拟建场地在城市中的位置、交通状况、市政设施、城市规划条件等。场地区位代表着拟建地块与城市宏观环境的联系。

（2）地质地貌　地质地貌主要指场地的地质情况与地面形态，例如场地内的山体、山脊、山谷、坡度、排水设施等，是分析建筑物可建范围的重要依据。一些建筑物与地质地貌达到了完美的结合。

（3）现场情况　现场情况主要指场地目前的使用情况，是指场地内的现状建筑物以及与之相关的拆除、保留、改造与利用等问题。同时，也应关注场地周边建筑物的样式风格、建筑材料等特征，这些也是建筑设计重要的宏观背景。

（4）周边建筑　周边建筑主要指场地周边建筑物的风貌、高度、体量等现状情况。周边建筑的现状会对场地的日照条件、交通组织、视线设计、防噪、防火等产生影响。

（5）景观资源　景观资源主要指场地内的植被、树木、水体等资源，是建筑空间视线设计及使用功能组织的重要依据。场地的景观资源影响着建筑物的布局和朝向以及建筑中重要房间的位置。

（6）历史文脉　历史文脉主要指场地所在地块、区域及城市的历史文化元素。建筑设计应尊重、保护、延续城市的历史文化特质，在城市建成环境中努力实现新老建筑的和谐共生。

（7）建筑朝向　建筑朝向主要指根据场地的日照条件、主导风向（冬季主导风向与夏季主导风向）及其频率进行建筑物的布局，使其尽可能争取到良好的自然通风与采光，创建舒适、自然、宜人的人居环境，实现建筑生态节能的目标。除了日照、通风等功能性的要求之外，朝向对于建筑而言还具有相当丰富的含义，尤其是光照，它是塑造建筑空间的重要元素。

（8）气象条件　气象条件主要指场地所在地的气温、降水量、风、云雾及日照等气象因素，它极大地影响着建筑物的总体布局、建筑物的形体设计以及建筑材料的选择等。

4.2.1.2　分析内容

（1）可建范围　根据城市规划的要求及相关规范，划定建筑物的可建范围；根据城市规划的要求及相关规范，分析建筑物的安全防护距离；根据场地的地形地貌对场地可利用状况进行分析；根据场地周边建筑状况进行日照、通风、消防、卫生、防噪、视线等分析。

（2）交通流线　根据场地区位及周边交通状况进行人流分析和车流分析；根据场地区位及周边交通状况进行场地及建筑物出入口分析；根据场地区位及周边交通状况进行机动车辆及非机动车辆停车的布置。

（3）朝向布局　场地内现状建筑的拆、改、留分析；根据城市规划要求，对建筑物的高度、体量等进行分析；根据功能要求、气象条件、景观资源等，分析建筑物的朝向与布局；对场地周边的人文环境及城市历史文脉进行分析，寻找建筑设计的依据与灵感。

（4）景观资源　分析场地内的有保留价值的植被与水体；分析场地内的古树名木及其与建筑物的合理保护距离；分析场地周边可利用的风景资源，进行建筑物的朝向及视线的设计；综合场地及其周边的景观资源，形成建筑物的功能布局及广场、庭院等外部空间设计的重要依据。

4.2.2　自然条件分析

场地自然条件通常包括地形条件、气候条件、地质条件和水文条件四种。

4.2.2.1　地形条件

（1）地形图　区域性地形图常用 1∶5000～1∶10000 地形图，总图常用 1∶500～1∶1000 地形图。图例中有地物符号、地形符号和标记符号三类。为取得地形地貌真实资料，现场踏勘必不可少。

（2）地图方向与坐标　上北下南左西右东定方位。纵向 X 轴南北坐标，横向 Y 轴东西坐标。世界各国均以地球经纬度绘地图，而城市地域一般用方格独立坐标网绘地图。场地地图多以城市地域坐标网控制，也可用相对独立坐标网地形图。

（3）地形图高程与等高线　各国的地形图选用特定零点高程算起，称为绝对高程或海拔。工程地图可假定水准点高程，称相对高程。

我国地图等高线是以青岛平均海平面作为零点高程，以米为单位计，以等高相同点连线标注的绝对高程线于地图上。等高线应是一条封闭曲线。

两等高线水平距离叫做等高线间距，两等高线高差叫等高距。等高线间距随地形起伏，大而密。等高线向低方向凸出，形成山脊，反之形成山沟。

有关地形图图例见图 4.10、表 4.2。

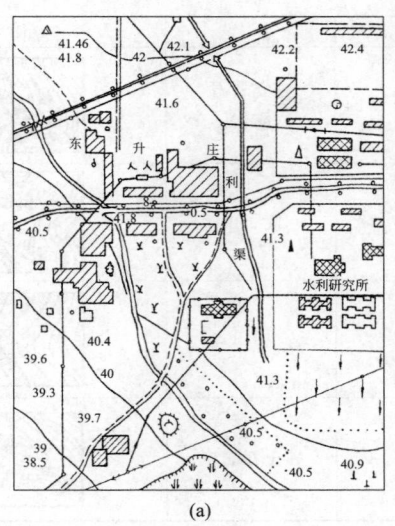

(a)　　　　　　　　　　　(b)

图 4.10　地形图

表 4.2　地形图图例

序号	名　称	图　例	序号	名　称	图　例
1	普通房屋 2-楼层	2　2	15	石砌	
			16	砖砌	
2	永久性房屋 5-楼层	永5　5	17	排洪沟	
3	有地下室的楼房 5-楼层	永5　5	18	菜园	
4	棚		19	旱田	
5	公厕	W	20	坟地	
6	高压		21	草地	
7	低压				
8	电杆		22	行树及灌木丛	
9	围墙				
10	栏杆		23	阔叶树	
11	雨水口				
12	污水口		24	针叶树	
13	人工土坡				
14	天然土坡		25	水表	

序号	名称	图例	序号	名称	图例
26	雨水	⊕	31	独立岩石 露岩	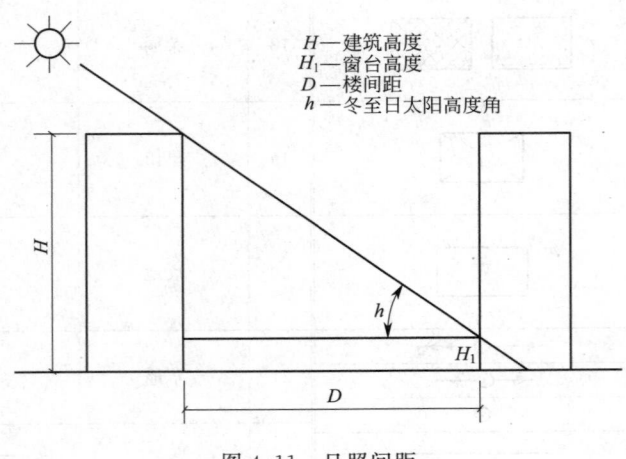
27	煤气	⊘	32	陡石山	
28	水闸	⊗			
29	热力	⊤	33	梯田	
30	石流		34	砂土石崩崖	

4.2.2.2 气候条件

（1）日照 是太阳辐射热能，它作为能源，益于地球与人类生存。太阳辐射强度和日照率有关，因地球纬度不同，而存在差异，故要制定不同地区的日照标准、间距、朝向、通风和防噪声等规定，它是进行建筑工程热工设计的重要依据（可查阅居住区规划住宅群体组合要求）。

《民用建筑设计通则》规定每户住宅至少有一居室冬至日满窗日照不少于1h。而托幼、老年人、残疾人建筑及医院、疗养建筑，半数的居室，冬至日满窗日照不应少于3h。《城市居住区规划设计规范》对日照规定更详尽：如我国气候分区六类；大中小城市分标准；有效日照时间按太阳日出至日落方位角（高度角）运动中的8点至16点，长达7～9h要求。日照标准日若提前至大寒节气，日照时数增至3h规定等。详尽要求见国家住宅建筑日照标准表规定。

H— 建筑高度
H_1— 窗台高度
D— 楼间距
h— 冬至日太阳高度角

图 4.11　日照间距

① 日照间距。如图4-11所示。

由图可知：$\tan h = (H - H_1)/D$

由此得日照间距为：$D = (H - H_1)/\tan h$

式中，H 为建筑高度；H_1 为窗台高度；D 为楼间距；h 为冬至日太阳高度角。

② 日照间距在不同方向的折减系数，见表4.3。

表 4.3 不同方位间距折减系数

方位	0°～15°	15°～30°	30°～45°	45°～60°	＞60°
折减系数	1.0L	0.9L	0.8L	0.9L	0.95L

注：1. 表中方位为正南向 0°偏东、偏西的方位角。

2. L 为当地正南向住宅的标准日照间距（m）。

③ 日照百分比。指某一段时间内，实际日照时数占太阳的可照时数的百分比，它与纬度、气候条件有关。

（2）风象 由风向、风速、风频组成。

① 风向。风吹来的方向。某月、季、年、数年某一方向来风次数占同期观测风向发生总次数的百分比，即称该方位的风向频率。将各方位风向频率按比例绘制在方向坐标图上，形成封闭折线图形，即为风向（频率）玫瑰。以风向分 8、16、32 个方位。又有夏、冬和全年不同风频图形表示（图 4.12）。

② 风速。以 m/s 为单位，以各方位的平均风速绘制在方向坐标上，形成封闭折线，即为平均风速图。

③ 污染系数。污染源的下风向受害程度。较大风向频率与该平均风速之比称为该风向的污染系数。

④ 局地风。由于地形、地物错综复杂引起的风向、风速的改变，形成局部地风、水陆风、山谷风、顺坡风、越山风、林源风、街巷风等。对此局部风效应与地区风向玫瑰图可能会完全不一样。

（3）其他气象条件 气温、降水量（含雨、雪、冰雹）、湿度、气压、雷击、云雾、静风等，从场地所处具体地域气象资料中查取备用。

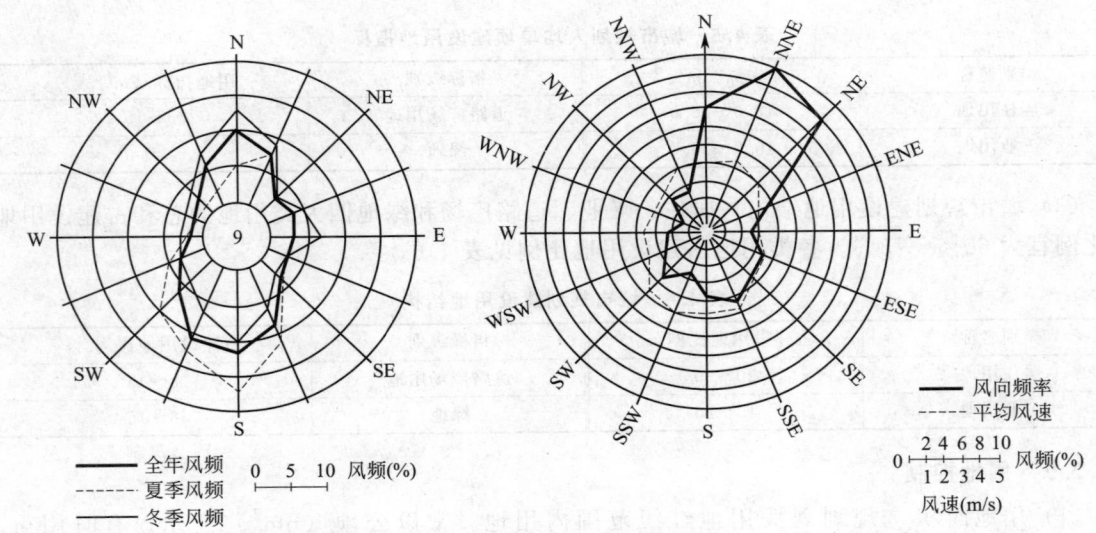

图 4.12 某市常年风向频率、平均风速图

4.2.2.3 地质条件

（1）地质 场地地面下一定深度内是由土、沙、岩石等组成的，其不同特性以及地上或地下水的高度状况直接影响建筑地基承载力，当地基承载力小于 100kPa，应注意地基变形的问题。

（2）地震 地震震级（按释放能量的大小分里氏十等级）、地震烈度（按建筑物等影响破坏的程度分十二级）、基本烈度（某地区百年一遇最大烈度）、设计烈度（地区宏观基本烈度基础。小区域地质不一，而制定增减标准）都直接影响场地设计。九度地震设计烈度地区不宜建设。八度以下地震区建设要注意高度、密度、防火、防爆、疏散等措施。

（3）几种不良地质现象　冲沟、崩塌、滑坡、断层、岩溶、人工采空区等将直接影响工程建筑质量与安全。还影响工程速度与投资量。

4.2.2.4　水文条件

地下水质深度变化影响工程地基基础处理和施工方案。地表水体要注意流量、流速、水位变化，特别最高洪水水位、频率，要考虑加强防洪、排涝的设施与措施。场地排水径流、坡度也要顺畅。

4.2.3　场地设计指标控制

4.2.3.1　城市建设用地标准

城市建设用地含居住用地、公共设施用地、工业用地、仓储用地、对外交通用地、道路广场用地、市政公用设施用地、绿地和特殊用地共 9 类。

（1）城市规划人均建设用地指标，见表 4.4。

表 4.4　城市规划人均建设用地指标

指标级别	用地指标/(m²/人)	指标级别	用地指标/(m²/人)
Ⅰ	60.1~75.0	Ⅲ	90.1~105.0
Ⅱ	75.1~90.0	Ⅳ	≥105.1~120.0

（2）城市规划人均单项建设用地指标　城市四大类主要用地为：居住用地、工业用地、道路广场用地和绿地，各类用地指标见表 4.5。

表 4.5　城市规划人均单项建设用地指标

类别名称	用地指标/(m²/人)	指标级别	用地指标/(m²/人)
居住用地	18.0~28.0	道路广场用地	7.5~15.0
工业用地	10.0~25.0	绿地	≥9.0

（3）城市规划建设用地结构　居住、工业、道路广场和绿地四大类用地的总和占建设用地的比例宜为 60%~75%。各类用地占建设用地比例见表 4.6。

表 4.6　城市规划建设用地结构

类别名称	占建设用地比例/%	指标级别	占建设用地比例/%
居住用地	20~30	道路广场用地	8~15
工业用地	15~25	绿地	8~15

4.2.3.2　用地控制

（1）用地面积　规划划拨用地红线范围内用地。常以公顷（hm²）表示，有时用亩，1 亩=666.6m²，1hm²=15 亩=10000m²。

（2）用地性质　用地性质一般由城市规划确定的，它标定了基地利用方式，限定了基地上的建筑性质与功能。"城市用地分类与规划建设用地标准"明确规定了城市用地 10 大类、46中类、73 小类的要求。

城市人均建设用地指标详查表 4.4。

（3）红线　有道路红线和建筑红线之分。道路红线是指城市道路（公用设施）用地与建筑用地之间的分界线。建筑红线是指建筑用地相互间的用地分界线，或与道路红线共同的分界线。流水体用地称蓝线，城市绿地称绿线。不允许超越道路红线规定的建筑突出物有：台阶、平台、窗井、地下建筑及基础、基地内地下管网。

允许超越道路红线规定的建筑突出物有：2m 以上窗扇、雨罩，并小于 0.4m 宽；2.5m 以上的遮阳，并小于 3m 宽；3.5m 以上阳台、雨罩，并小于 1m 宽；5m 以上阳台、罩，并小于 3m 宽。《民用建筑设计通则》GB 50352—2005 中明文规定：突出物要牢固，不得向道路泄雨水。

（4）建筑范围控制线　建筑范围控制线应比红线范围略小。基地上可建建筑的范围称建筑范围控制线，红线以内、建筑范围控制线地界以外的用地属土地所有者，只能作为道路、绿化、停车场用。

（5）停泊车位数　机动车、自行车停车指标见表 4.7 及表 4.8 的规定。

表 4.7　公共建筑附近停车场车位指标

建筑类别	单位停车位数	车位数	建筑类别	单位停车位数	车位数
旅馆	每间客房	0.08～0.20	医院	每 100m²	0.20
办公楼	每 100m²	0.25～0.40	游览点	每 100m²	0.05～0.12
商业点	每 100m²	0.30～0.40	火车站	每 100 旅客	2.00
体育馆	每 100 座位	1.00～2.50	码头	每 100 旅客	2.00
影剧院	每 100 座位	0.80～3.00	伙食店	每 100m²	1.70
展览馆	每 100m²	0.20	住宅	高级住宅每户	0.50

表 4.8　公共停车场自行车停车指标

建筑类别	单位停车位数	自行车停车指标/辆	建筑类别	单位停车位数	自行车停车指标/辆
旅馆	每间客房	0.06～0.08	展览馆	每 100m²	1.50
办公楼	每 100m²	0.40～2.00	医院	每 100m²	1.50
伙食店	每 100m²	3.60	游乐场所	每 100m²	0.50～2.00
商场	每 100m²	7.50	火车站	每 100 旅客	4.00
体育馆	每 100 座位	20.0	码头	每 100 旅客	2.00
影剧院	每 100 座位	15.0	普通住宅	每户	1.00

4.2.3.3　容量控制

为保证适度的土地利用强度及城市共用设施的正常运转，场地设计必须进行容量的相应控制。

（1）容积率　容积率系指建筑基地（地块）内所有建筑物的建筑面积之和与基地总用地面积的比值。

$$容积率 = \frac{总建筑面积(m^2)}{总用地面积(m^2)}$$

容积率为一无量纲常数，没有单位。容积率与其他指标相配合，往往控制了基地的建筑形态。

$$平均层数 = \frac{容积率}{建筑覆盖率}$$

一般容积率为 1～2 时为多层，4～10 时为高层。

（2）建筑面积密度　建筑面积密度系指单位面积的建设用地上建成的建筑面积数量。

$$建筑面积密度(m^2/hm^2) = \frac{总建筑面积(m^2)}{总用地面积(hm^2)}$$

建筑面积密度在数值上与容积率相关，但二者却有不同的含义。后者更侧重于对建筑面积总量的宏观控制，前者则主要是对单位面积的建设用地上形成建筑面积数量的微观表达。

（3）人口密度　人口密度系指单位面积的用地上平均居住的人数。人口密度通常又分为人口毛密度和人口净密度两项指标。

① 人口毛密度指单位面积的居住区用地上容纳的居住人口数量。

$$人口毛密度(人/hm^2)=\frac{居住总人口数(人)}{居住区用地总面积(hm^2)}$$

人口毛密度主要反映的是居住区用地使用的经济性，即平均容纳了多少居民。有时，也把人口毛密度简称为人口密度。

② 人口净密度。指单位面积的住宅用地上容纳的居住人口数量。

$$人口净密度(人/hm^2)=\frac{居住总人口数(人)}{住宅用地总面积(hm^2)}$$

人口净密度则侧重于表达住宅用地的使用效果，并较为直观地反映了居民的居住疏密程度。

③ 人口毛密度与人口净密度存在下列关系：

人口毛密度＝人口净密度×住宅用地占居住区用地的比例

这清楚地表明了二者的密切相关性。

4.2.3.4 密度控制

（1）建筑密度 建筑密度也称建筑覆盖率，指建设用地（建筑基地）内，所有建筑占基地面积之和与建筑基地总面积的百分比。

$$建筑密度(\%)=\frac{建筑占基地面积之和(m^2)}{建筑基地总面积(m^2)}\times100\%$$

建筑密度表达了基地内建筑直接占用土地面积的比例。

（2）建筑系数 指基地内被建筑物、构筑物占用的土地面积，占总用地的百分比。

$$建筑系数(\%)=\frac{Z+I}{G}\times100\%$$

式中 G——基地总用地面积，m^2；

$\quad\quad Z$——建筑物及构筑物占地面积，m^2；

$\quad\quad I$——露天仓库、堆场、操作场占地面积，m^2。

（3）（场地）利用系数 指基地内被以各种方式有效利用的土地总面积，占总用地面的百分比。

$$利用系数(\%)=\frac{Z+I+T+D}{G}\times100\%$$

式中 T——铁路、道路、人行道占地面积，m^2；

$\quad\quad D$——地上、地下工程管线占地面积，m^2。

4.2.3.5 高度控制

（1）平均层数 指居住区建筑基地内，总建筑面积与总建筑基底面积的比值。

$$平均层数(层)=\frac{总建筑面积(m^2)}{建筑基地面积之和(m^2)}$$

一般常用于居住区规划，此时又称为住宅平均层数。

（2）极限高度 极限高度即建筑物的最大高度，单位为 m。以控制建筑物对空间高度的占用，并保护空中航线的安全及城市天际线控制等，应遵照城市规划部门的具体规定。另外，还有规划高度和消防高度的不同概念和规定。有时，也采用限定建筑的最高层数来控制，但各个含义均有不同解释。

4.2.3.6 绿化控制

（1）绿化覆盖率 绿化覆盖率系指基地内所有乔灌木及多年生草本植物覆盖土地面积（重

叠部分不重复计）的总和，占基地总用地面积的百分比。一般不包括屋顶绿化。

$$绿化覆盖率(\%)=\frac{绿化覆盖面积(m^2)}{用地面积(m^2)}\times100\%$$

绿化覆盖率直观地反映了基地的绿化效果，但使用中统计较为繁杂。

（2）绿化用地面积　绿化用地面积系指建筑基地内专以用作绿化的各类绿地面积之和，单位为 m^2。

（3）绿地率　指居住区或地域规划建筑基地内，各类绿地的总和占总用地面积的百分比。

$$绿地率(\%)=\frac{各类绿地面积之和(m^2)}{总用地面积(m^2)}\times100\%$$

式中各类绿地包括：公共绿地、专用绿地、宅旁绿地、防护绿地和道路绿地等，但不包括屋顶、晒台的人工绿地。

在场地设计中，除上述控制指标外，还常用到其他一些规划设计控制指标和要求，如要求主入口方位、建筑主朝向、建筑形式与色彩等，应在遵守相应规范标准的同时，满足当地规划部门提出的各种条件和要求。

4.3　方案推敲与深化

4.3.1　多方案比较

4.3.1.1　方案的比较

（1）多方案的必要性　在前一个阶段方案构思的基础上，形成多个方案，这是方案设计目的所要求的，方案设计是一个过程，其最终目的是取得一个理想而满意的实施方案。如何验证某个方案是好的，最有说服力的方法就是进行多个方案的分析和比较。绝对意义上的最佳方案是穷尽所有可能而获得的，但在现实的时间、经济及技术条件下，人们不具备穷尽所有方案的可能性，能获得的只能是"相对意义"上的，即有限数量范围内的最佳方案。这是进行多方案构思的意义所在。同时，多方案也是实现民众参与所要求的，让使用者和管理者真正参与到设计中来，是实现建筑以人为本这一追求的具体体现，多方案构思所伴随而来的分析、比较、选择的过程使其成为可能。这种参与不仅表现为评价、选择设计者提出的设计成果，而且应该落实到对设计的发展方向乃至具体的处理方式提出质疑，发表意见，使方案设计这一环节真正担负起应有的社会责任。

（2）多方案的可行性　多方案构思是建筑设计的本质反映。然而对建筑设计而言，认识与解决问题的方法和结果是多样、相对和不确定的。这是由于影响建筑设计的客观因素众多，在把握和处理这些因素时，设计者任何细微的侧重就会导致不同的方案对策结果。但是，只要设计者遵循正确的建筑观，所产生的不同方案就不会有简单意义上的对错之分，而只有优劣之别。

4.3.1.2　方案完善与优化的基本方法

当完成多方案后，将展开对方案的分析比较，从中选择出理想的发展方案。分析比较的重点应集中在以下三个方面。

其一，比较设计要求的满足程度。是否满足基本的设计要求（包括功能、环境、流线等诸因素）是鉴别一个方案是否合格的起码标准。无论方案构思如何独到，如果不能满足基本的设计要求，设计方案就不足可取。

其二，比较个性特点是否突出。鲜明的个性特点是建筑的重要品质之一，富有个性特点的建筑比一般建筑更具吸引力，更容易脱颖而出去打动人、感染人，更容易为人们所认可、接受和喜爱，因而是方案选择的重要指标性条件。

其三，比较修改调整的可行性。任何方案都难以做到十全十美，或多或少都会有一些这样或那样的缺陷，但有的缺陷尽管不是致命的，却是难以修改的，因为如果进行彻底的修正不是带来新的更大的问题，就是完全失去原有方案的个性和优势。对这类方案的选取必须慎重，以防留下隐患（图 4.13、图 4.14）。

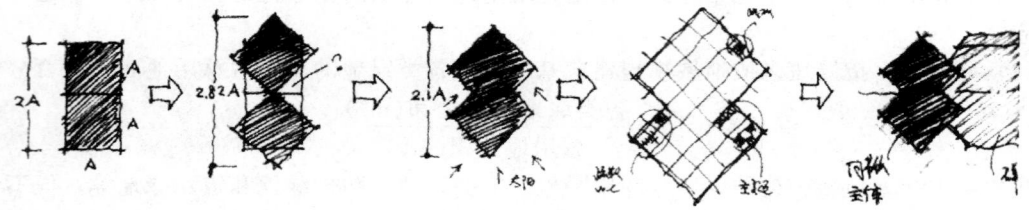

图 4.13　建筑方案发展过程设计草图

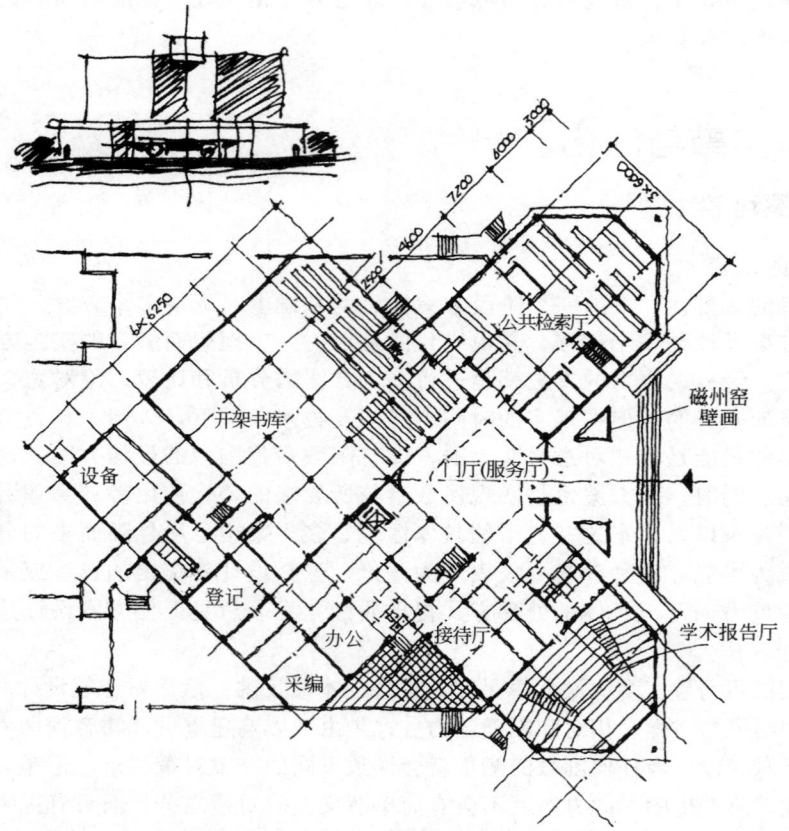

图 4.14　建筑方案设计成熟阶段平面设计草图

4.3.2　总平面图设计

总平面设计是建筑师对建筑体量在用地环境中的规划和分布，它综合反映出建筑形体组织体量组合与自然条件、城市环境以及交通系统的相互关系，是一种由外而内的过程。在此过程中建筑的宏观功能得以解决，同时建筑的外部空间形态也得以合理组织和创造。

4.3.2.1　总平面设计的作用

（1）建筑与环境　任何建筑都必然要处在一定的环境之中，并和环境保持某种关系，环境处理的好坏对于建筑的影响甚大。为此，在拟定建筑计划时，首先面临的问题就是选择合适的建筑地段。古今中外的建筑师都十分注意对于地形、环境的选择和利用，并力求使建筑能够与环境取得有机联系（图 4.15、图 4.16）。

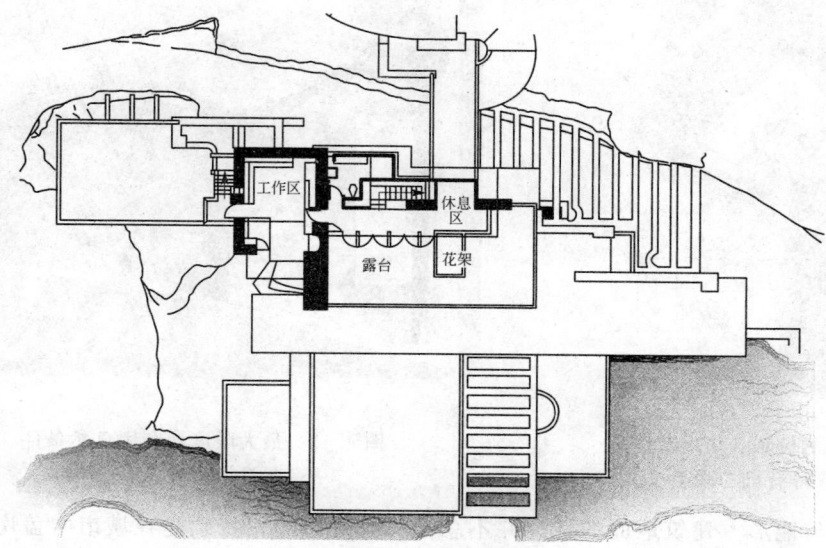

图 4.15 流水别墅底层平面图

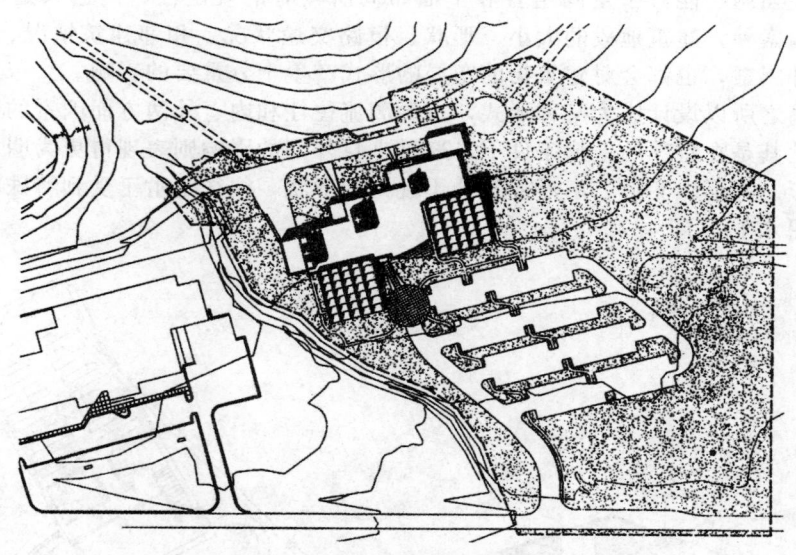

图 4.16 流水别墅总平面图

建筑与环境的统一主要是指两者联系的有机性，它不仅体现在建筑物的形体组合和立面处理上，同时还体现在内部空间的组织和安排上。例如赖特的"流水别墅"和"西塔里森"都是建筑与环境互相协调的范例。这两幢建筑从里到外都和自然环境有机结合在一起，用赖特自己的话来讲，就是体现出与周围环境的统一感，把房子做成它所在地段的一部分。

对于自然环境的利用不仅限于视觉，同时还扩大到听觉。如之前提到的"流水别墅"，赖特就是利用瀑布的流水声而博得主人的欢心。由此可见，周围环境对建筑和人的心理方面的影响是极其复杂和多方面的。要想使建筑与环境有机地合在一起，必须从各个方面来考虑其之间的相互影响和联系。只有这样，才能最大限度地利用自然条件来美化建筑环境（图 4.17、图 4.18）。

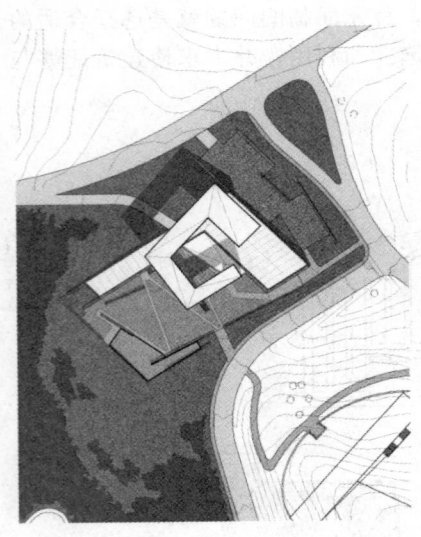

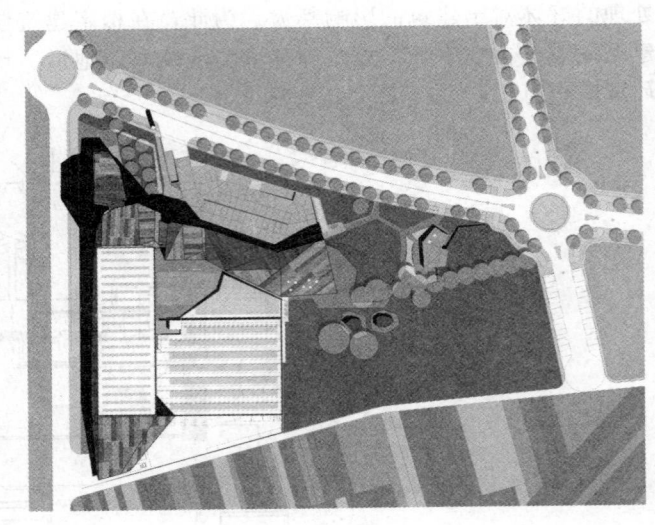

图 4.17 建筑的位置、角度及体量
与环境取得有机的联系

图 4.18 最大限度地利用自然条件
来美化建筑环境

（2）建筑与地形 建筑地面的选择并不总是符合理想的，特别是在城市中盖房子，往往只能在周围环境已经形成的现实条件下来考虑问题，这样就必然会受到各种因素的限制与影响。另外，我们曾经强调功能对于空间组合和平面布局所具有的规定性，但这只是问题的一个方面。除了功能因素外，建筑地段的大小、形状、道路交通状况、相邻建筑情况、朝向、日照、常年风向等各种因素，也都会对建筑物的布局的形式产生十分重要的影响。

一幢建筑物之所以设计成为某种形式，追源溯流往往和内、外两方面因素的影响有着不可分割的联系。尤其是在特殊的地形条件下，这种来自外部的影响则表现得更为明显。有许多建筑平面呈三角形、梯形、Y形、扇形或其他不规则的形状，往往是由于受到特殊的地形条件影响所造成的（图 4.19、图 4.20）。

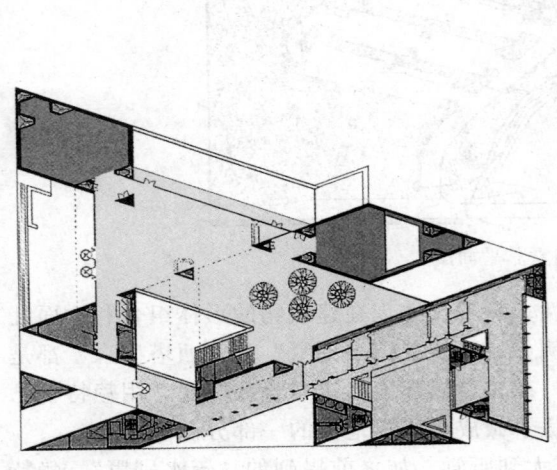

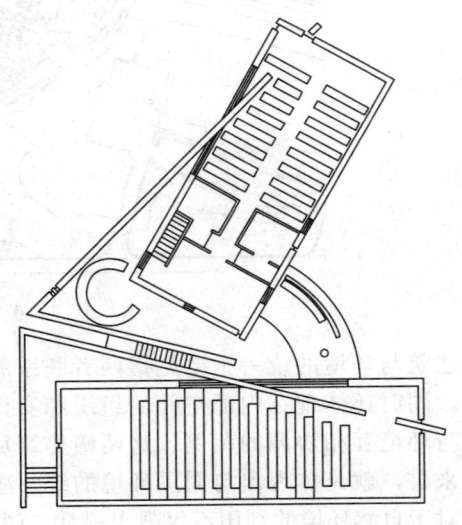

图 4.19 贝聿铭设计的美国国立美术馆平面图

图 4.20 光之教堂平面图

在地形条件比较特殊的情况下设计建筑，固然要受到多方面的限制和约束，但是如果能巧妙地利用这些制约条件，通常可以赋予方案以鲜明特点。国外建筑师十分注意并善于利用地形的起伏来构想方案。有些建筑的剖面设计与地形配合得很巧妙，标高也极富变化，这种效果的取得往往和地形的变化有直接或密切的联系。

（3）外部空间的处理　外部空间具有两种典型的形式：其一是以空间包围建筑物，这种形式的外部空间称之为开敞式的外部空间；另一种是以建筑实体围合而形成的空间，这种空间具有较明确的形状和范围，称之为封闭形式的外部空间。但在实践中，外部空间与建筑体形的关系却并不限于以上两种形式，而要复杂得多。这就意味着除了前述的开敞与封闭的两种空间形式外，还有各种介乎其间的半敞或半封闭的空间形式。

在外部空间设计中，即使通过地面处理也能使人产生某种空间感。这表明，对于外部空间来讲，即使是绿化、铺地处理也必须认真对待而不可等闲视之（图 4.21、图 4.22）。

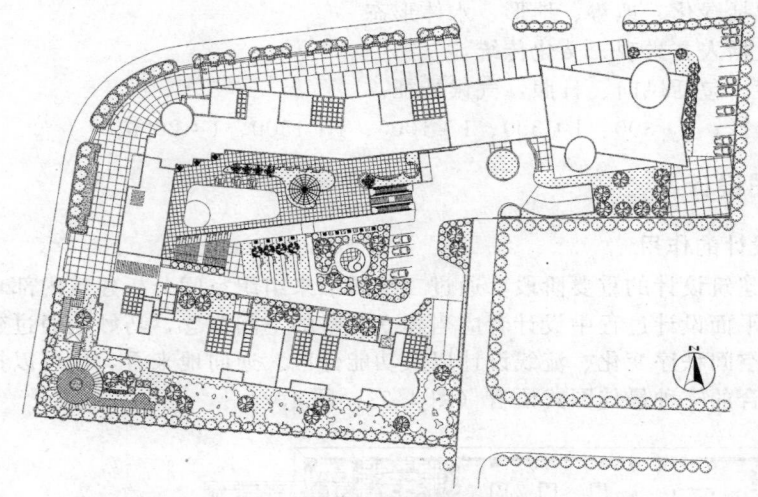

图 4.21　通过绿化、铺地处理强化建筑的外部空间环境

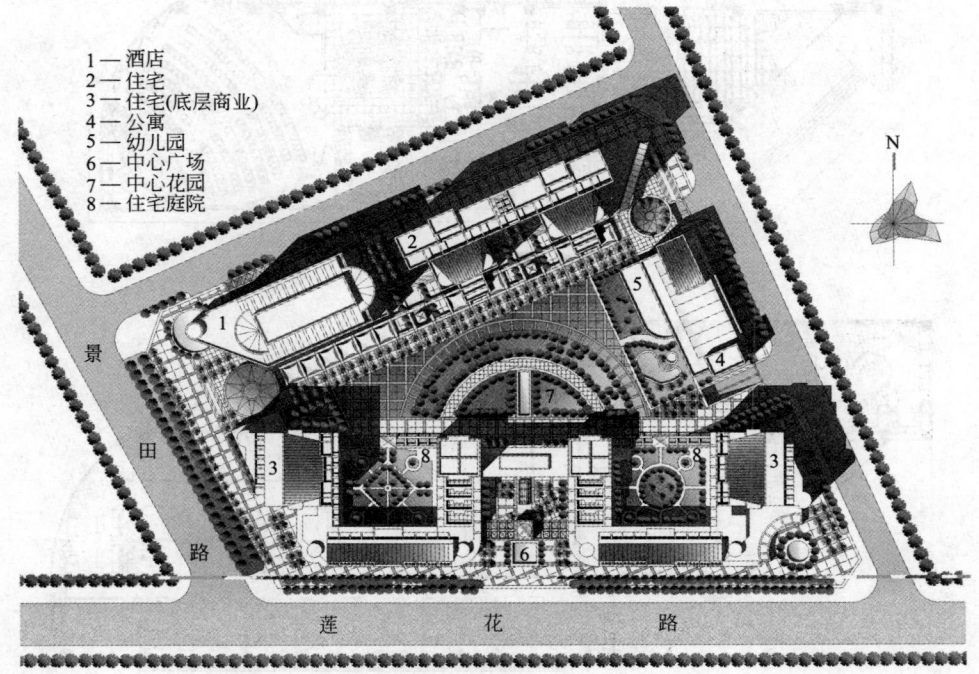

1— 酒店
2— 住宅
3— 住宅(底层商业)
4— 公寓
5— 幼儿园
6— 中心广场
7— 中心花园
8— 住宅庭院

图 4.22　通过地面的景观处理使人产生某种空间感

把若干个外部空间组合成为一个空间群，若处理得宜，利用它们之间的分割与联系即可以借对比以求得变化，又可以借渗透而增强空间的形式感。此外，要把众多的外部空间按一定程序连接在一起，还可以形成统一完整的空间序列。

4.3.2.2 总平面设计的方法和步骤

（1）现场踏勘　现场踏勘是一种环境体验和实测的行为，通过这种方式设计者能对环境信息有一个更加直接的领悟，以便在设计过程中能把握一定的格调，同时设计者能通过现场实测对图纸信息给予一定纠偏帮助。建筑现场踏勘应针对图纸来进行，去完善设计前的信息归纳工作。

（2）现状分析

① 交通分析。包括车流、人流。

② 地理。包括绿化、地势、地形、水体形态。

③ 人文。包括人文景观、文化传统。

④ 自然因素。包括风向、日照、气候特征。

⑤ 比例的选择。1：300、1：500、1：1000、1：1500、1：2000。

4.3.3 平面图设计

4.3.3.1 平面设计的作用

平面设计是建筑设计的重要阶段，通过二维图形来组织空间分析建筑内部功能，完善建筑内部使用功能。平面设计过程中设计者应当建立完整的空间概念，巧妙地通过建筑制图语言来更直观地反映出空间秩序变化、流线设计以及功能分区。逆向地来看，也可以把平面图看成是图解建筑空间组合的一种最佳图式语言（图 4.23、图 4.24）。

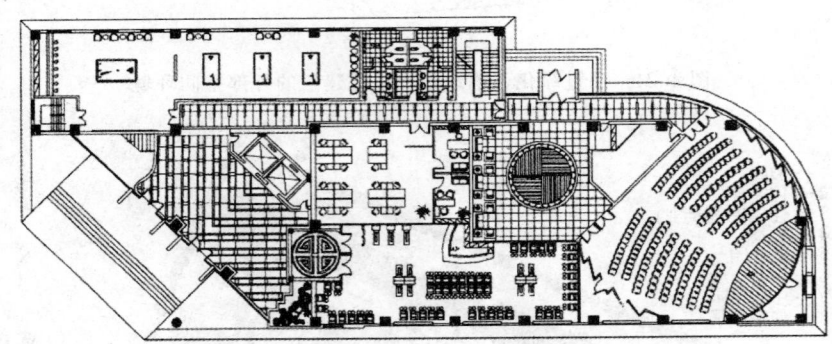

图 4.23　平面图设计

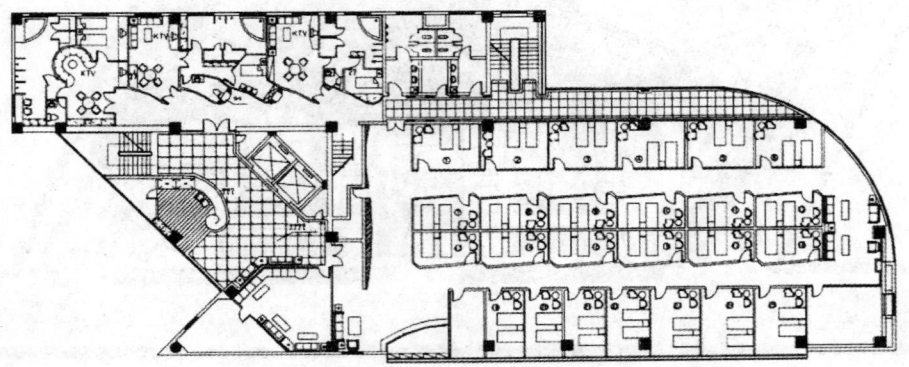

图 4.24　平面图是图解建筑空间组合的一种最佳图式语言

　　平面是对建筑空间组织细部的处理，是总平面的深入，是解决局部与整体，建筑与环境，空间组织、功能设置与建筑体量组合之间矛盾的阶段。平面设计要在总平面设计的基础上进行，但这并不意味着它将一味遵循总平面。当细部处理产生创新的火花或产生别具一格的特点时也许要通过总平面构图的调整来协调。

　　（1）解决建筑的使用功能

　　① 创造合理的单元空间。在一般情况下室内空间的体量大小主要是根据房间的功能使用要求确定的，室内空间的尺度感应与房间的功能性质相一致。例如，住宅中的居室，大的空间将难以形成亲切、宁静的效果。因此，居室的空间只要能保证功能的合理性，即可获得恰当的尺度感。

　　对于公共活动来讲，过小或过低的空间将会使人感到局促或压抑，这样的尺度感也会有损于它的公共性。而出于功能要求，公共活动空间一般都具有较大的面积和高度。这就是说，只要实事求是地按照功能要求来确定空间的大小和尺寸，一般都可以获得与功能性质相适应的尺度感（图4.25、图4.26）。

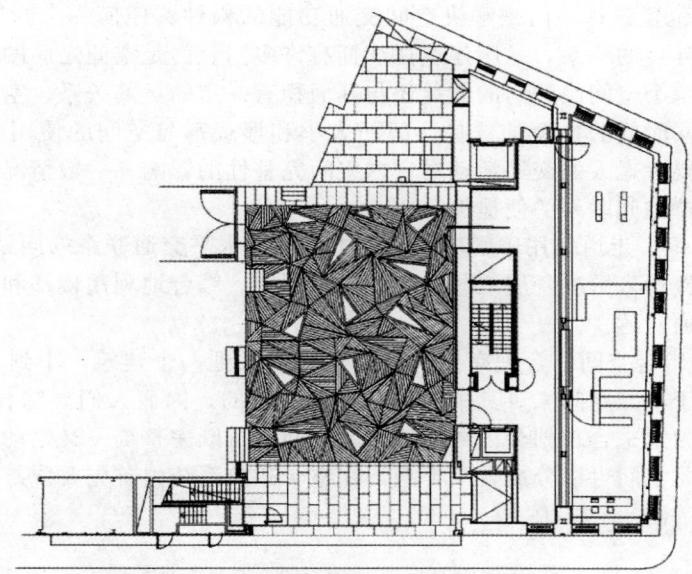

图 4.25　按照功能要求来确定空间的大小和尺寸

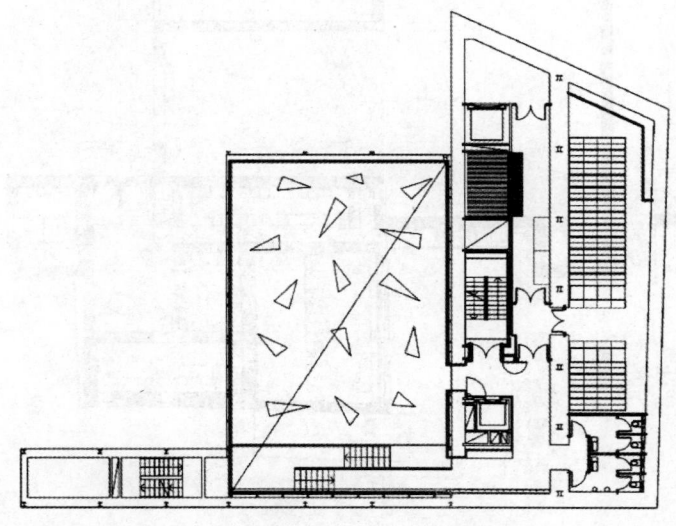

图 4.26　合理的交通流线设计使得公共活动空间更加突出

　　a. 活动功能对单元空间的限定。从某种意义上来讲，建筑空间犹如一种容器，不过这种容器所容纳的不是具体的物，而是人的活动。为此，它的体量大小必然因活动的情况不同而大相径庭。

　　b. 物理环境对单元空间的要求。包括天花、地面、墙面的处理；色彩与质感的处理；空间形状与视线组织；照明、声学效果的关系。

　　② 解决建筑内部交通。

　　a. 走道路线的设计。走道式组合的最大特点是把使用空间和交通联系空间明确分开，这样就可以保证各使用房间不受干扰，因而如单身宿舍、办公楼、医院、学校、疗养院等建筑，一般都适合于采用这种类型的空间组合办法。走道式组合有双面式走道、单面式走道和双廊式走道三种类型。

　　b. 门厅的设计。门厅是专供人流集散和交通联系用的空间。这种组合形式的特点是：通过门厅可将人流分散到各主要空间，也可以把各主要使用空间的人流汇集于这个中心，从而使门厅成为整个建筑物的交通联系中枢。一幢建筑视其规模大小可以有一个或几个中枢。这种组合形式较适合于大量人流集散的公共建筑，如展览馆、火车站、图书馆、航空站等。

　　c. 门的数量及位置选择。门是解决空间交通功能的构件。任何一个封闭的空间至少都拥有一个门以保持和外界的联系，一座建筑往往拥有许多门。门是空间之间的界面，是联系室内外的重要媒介，而单个空间中的门的数量还与其面积有一定的量关系，空间越大用于疏散的门的数量就越多。同时门的位置的选择、门的大小和形式都与空间的使用功能有着紧密的联系。门的位置选择要考虑人的交通活动对室内空间完整性的影响，一般情况应尽可能地减少这种影响，以及要保持空间联系的便捷性。

　　d. 竖向交通组织。走道是用来解决同一层中各房间水平交通联系的问题。除单层建筑外，各层之间还必须用楼梯来解决各层之间的交通联系问题。综合地利用楼梯和走道，就可使整个建筑内部各房间四通八达。

　　③ 合理布置及组合空间。合理布置和组合空间是大到一个建筑，小到一个单元空间的使用功能的要求。对于单元空间来讲其中的活动是分区域的，因而人们要综合考虑采光、交通、设备、家具布置等因素来合理划分区域，使单元空间保持既完整统一又生动丰富。对于一个建筑来讲，众多的单元空间可以分成若干类型，在整个建筑系统内首先要统筹安排各种类型的空间，使之合理有序（图 4.27～图 4.29）。

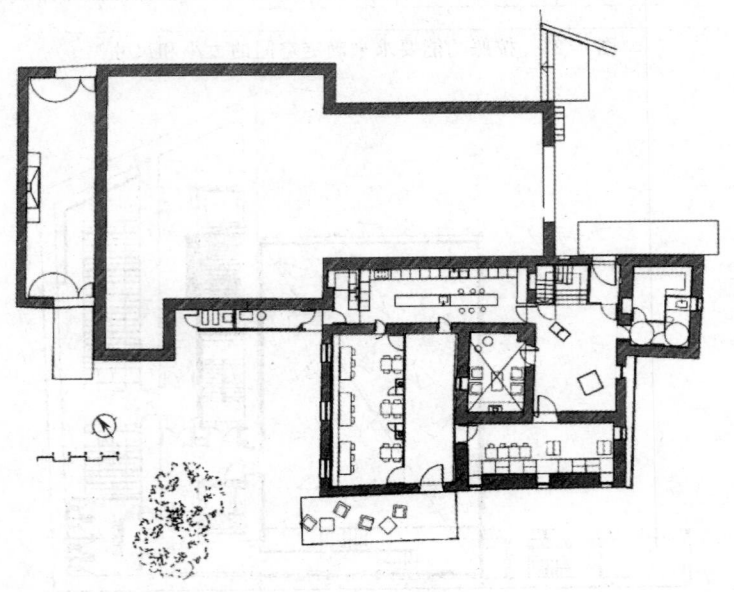

图 4.27　Consolacion 旅馆一层平面

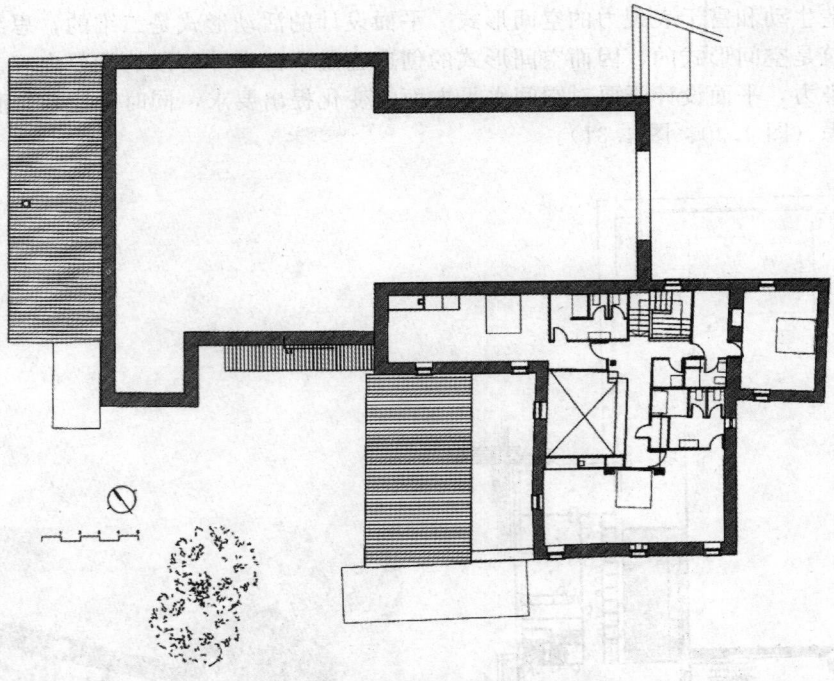

图 4.28　Consolacion 旅馆二层平面

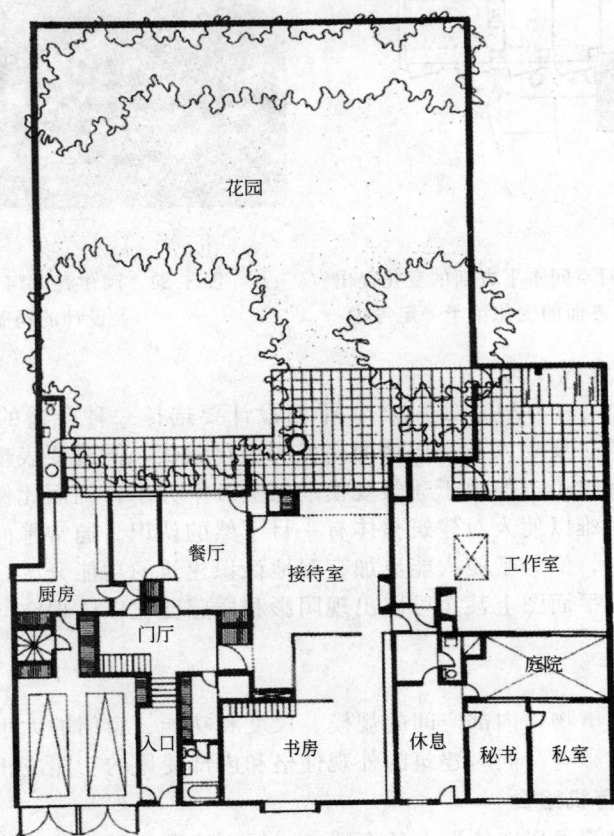

图 4.29　巴拉干设计的住宅平面

（2）创造生动和富于表现力的空间形式　平面设计的活动形式是二维的，思维活动是三维的，同时建筑是空间形式的，因而空间形式的创造也是平面设计阶段的重要内容。为了增强空间的艺术感染力，平面设计既要对空间水平方面的变化提出要求，同时也应对垂直方面的变化给予一定考虑（图 4.30、图 4.31）。

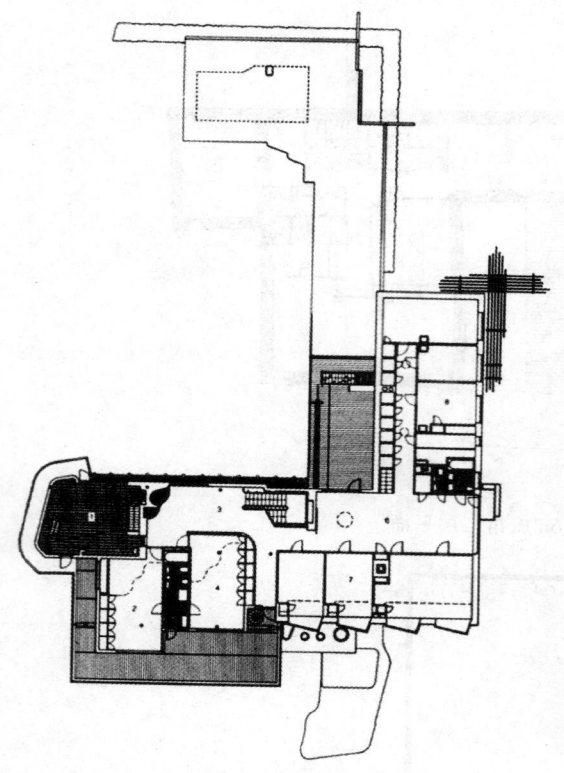

图 4.30　平面设计既要对空间水平方面的变化提出要求，同时也应对垂直方面的变化给予一定考虑

图 4.31　阿尔瓦·阿尔托（Alvar Aalto）设计的玛丽亚别墅

4.3.3.2　比例选择及表现方式

比例常选用 1∶100、1∶200、1∶300。平面设计要选择一种合适的比例，建筑平面设计要表达平面的组合关系，要令人看得出地面高低的变化起伏，同时要表现与建筑相邻庭院的细节处理，因而比例不宜过小。但由于建筑规模动辄上万平方米，因而比例过大也会给绘制、打印带来一些问题，同时难以使人对建筑整体有一目了然的认识。通常平面图的绘制是以黑白的墨线图体现准确的概念，但为了使人能更加直观地认识建筑的功能分区，可以通过填色块来表现，特殊情况下建筑的平面图上甚至可以出现阴影和质感变化以体现空间变化。

4.3.4　立面图设计

建筑是由内而外的事物，内部空间的规模、尺度和功能、窗门的大小等因素自然地会对建筑的外立面起到重要的影响，同时建筑的外观性格和内部使用的功能应相协调统一。

4.3.4.1　主从分明、有机组合

尽管不同类型的建筑表现在体形上各有特点，但不论哪一类建筑其体量组合通常都遵循一些共同的原则。这些原则中最基本的一条就是主从分明、有机结合。所谓主从分明就是指组成建筑体量的各种因素不应平均对待，各自为政，而应当有主有次，宾主分明；所谓有机结合就

是指各个要素之间的连接应当巧妙、紧密、有秩序，而不是勉强地或生硬地凑在一起，只有这样才能形成统一和谐的整体（图 4.32、图 4.33）。

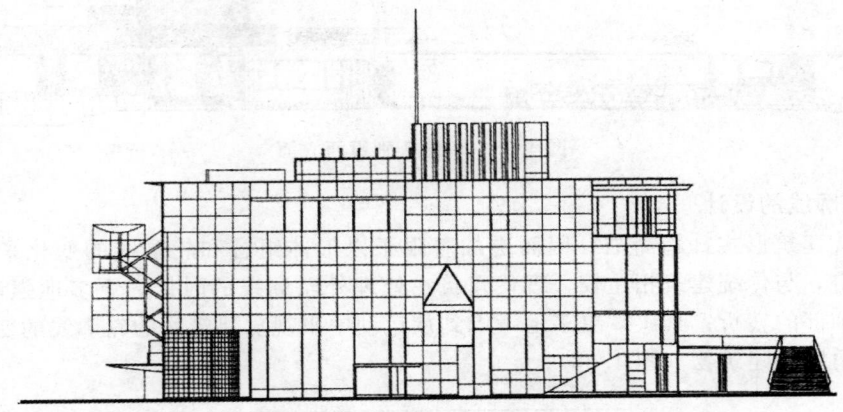

图 4.32　组成建筑立面的各种元素应主从分明、有机组合

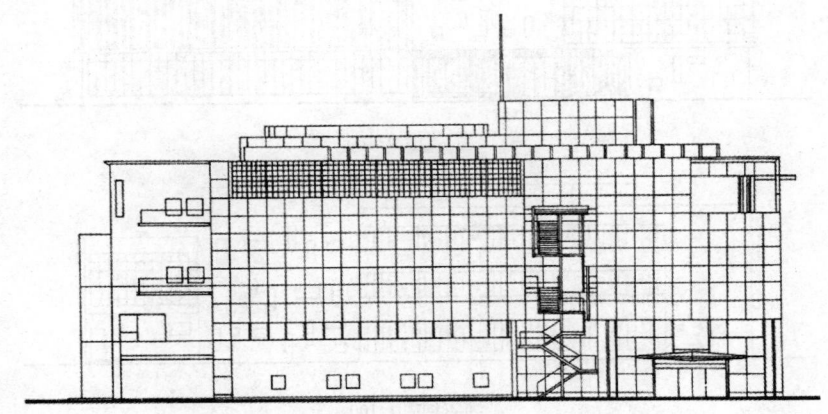

图 4.33　桢文彦为宇宙科学馆设计的建筑立面图

4.3.4.2　对比和变化

为避免单调，组成建筑体量各要素之间应当有适当的对比和变化。人们知道，体量是内部空间的反映。为此，要想在体量组合上获得对比和变化，则必须巧妙地利用功能特点组织空间、体量，从而借它们本身在大小之间、高低之间、横竖之间、直曲之间、不同状态之间的差异性来进行对比，以打破体量组合上的单调而求得变化（图 4.34、图 4.35）。

图 4.34　组成建筑立面的各种元素应对比和变化

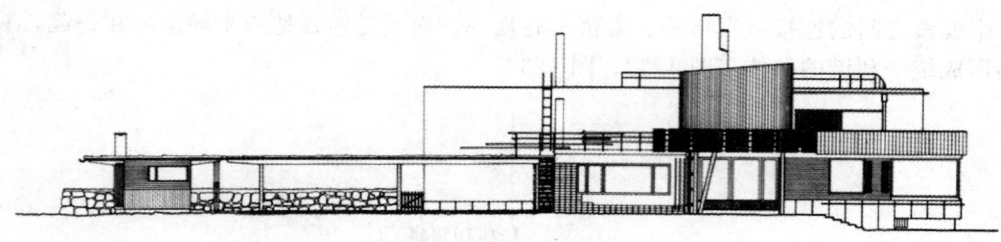

图 4.35　玛丽亚别墅西立面

4.3.4.3　轮廓线的设计

由于现代建筑形式日趋简洁，因而更加着眼于以形体组合和轮廓线的变化来获得大的效果。具体地讲，与传统建筑相比较，现代建筑在处理外轮廓线的时候，更多地强调大的变化，而不拘泥于细部的转折；其次，更多地考虑到从运动中来观赏建筑物的轮廓线的变化，而不限于仅从某个角度看建筑物（图 4.36）。

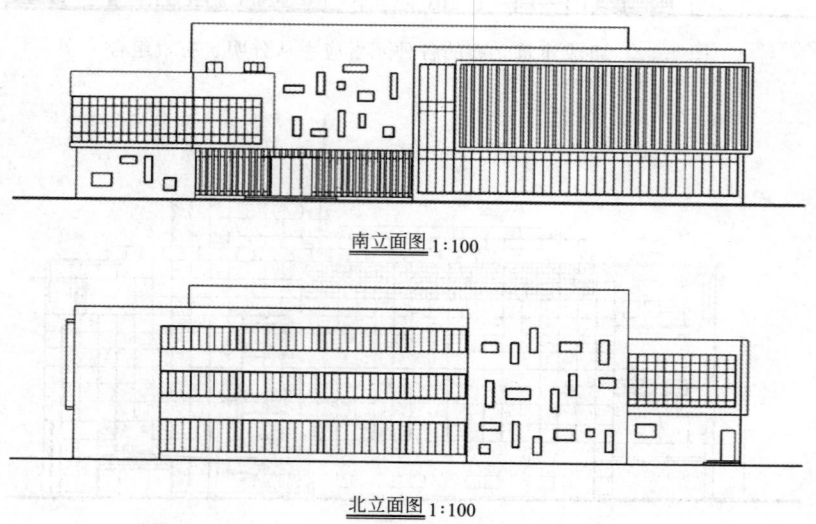

南立面图1:100

北立面图1:100

图 4.36　通过强调轮廓线的变化使建筑形体更加鲜明

4.3.4.4　虚实与凹凸的处理

虚实与凹凸的处理对于建筑外观效果的影响极大。虚与实、凹与凸既是相互对立，又是相辅相成和统一。虚实凹凸处理必然要涉及墙面、柱、阳台、凹廊、门窗、挑檐、门廊等组合问题。为此，必须巧妙地利用建筑物的功能特点把以上要素有机地组合在一起，并利用虚与实、凹与凸的对比与变化，形成一个既有变化又和谐统一的整体（图 4.37）。

4.3.4.5　墙面和窗的组织

墙面处理最关键的问题就是把墙、垛、柱、窗洞等各种要素组织在一起，使之有条理、有秩序、有变化。墙面处理不能孤立地进行，它必然要受到内部房间划分以及柱、梁、板等结构体系的制约。为此，在组织墙面时必须充分利用这些内在要素的规律性而使之既能反映内部空间和结构的特点，同时又具有美好的形式，特别是具有各种形式的韵律感，从而形成一个统一和谐的整体（图 4.38）。

4.3.4.6　色彩和质感的处理

建筑物的色彩和质感对于人的感受影响很大，在设计中必须给予足够的重视。具体地讲，建筑物的色彩处理除本身必须和谐统一外，还必须和建筑物的性格相一致。由于建筑物都是由各种具体的物质材料做成的，它的色彩和质感必然在一定程度上受到建筑材料的限制和影响。

南立面图 1:100

图 4.37 建筑立面虚实与凹凸的处理

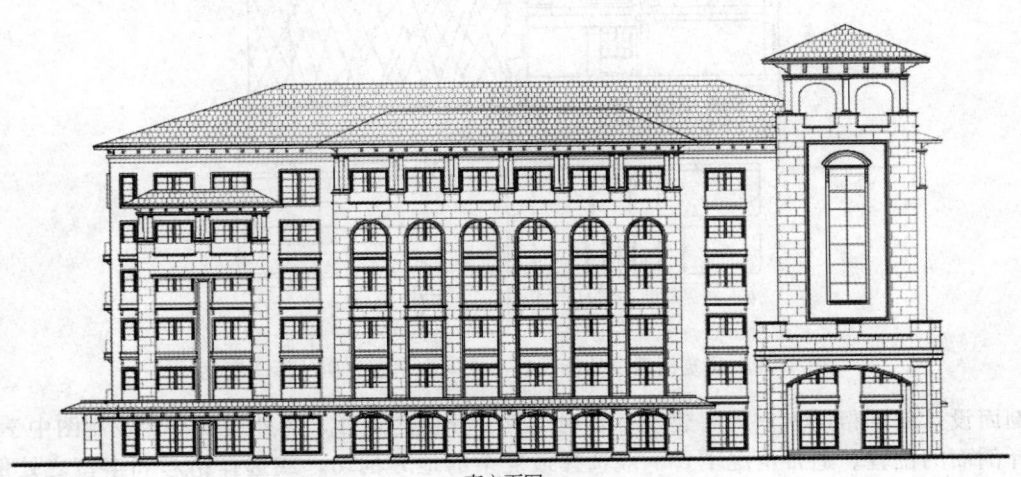

南立面图 1:100

图 4.38 通过不同形式的窗口处理使得建筑立面和谐统一

从这个意义上讲要获得良好的色彩、质感效果，就必须选择建筑材料。另外，在色彩处理上还应充分考虑到民族文化传统的影响。

4.3.4.7 装饰与细部的处理

总的来讲建筑形式的发展有从烦琐到简洁的发展趋势，但这也不排斥少数建筑可以运用各种形式的装饰来丰富其形式处理，并取得一定效果。建筑装饰作为整体的一部分首先必须在构图上、尺度上、色彩质感上与整体相统一；其次，装饰本身也存在着完整统一的问题；另外，有些装饰还可以通过自身形象的象征而表达一定

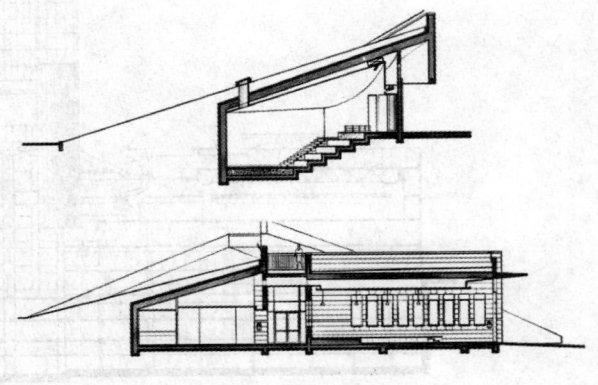

图 4.39 建筑剖面从一定程度上反映出内部功能的要求

的思想内容。

4.3.5 剖面图设计

之前我们讲平面设计是一种空间概念，但平面图中所反映出来的仅为空间在水平方面的相互关系和二维的信息，即长、宽两向的尺度，而剖面恰恰要表现建筑在高度方向的尺度以及各个空间在垂直方向上的相互关系。建筑的剖面设计也涉及功能和形式两方面内容，它的尺度从一定程度上反映出内部功能的要求，同时反映出建筑和环境的关系，比如室内外高差、景观、采光、通风等诸多信息。另一方面剖面设计反映出空间在垂直方向的形态变化，比如空间的起伏，空间与空间之间的渗透和层次关系（图 4.39、图 4.40）。

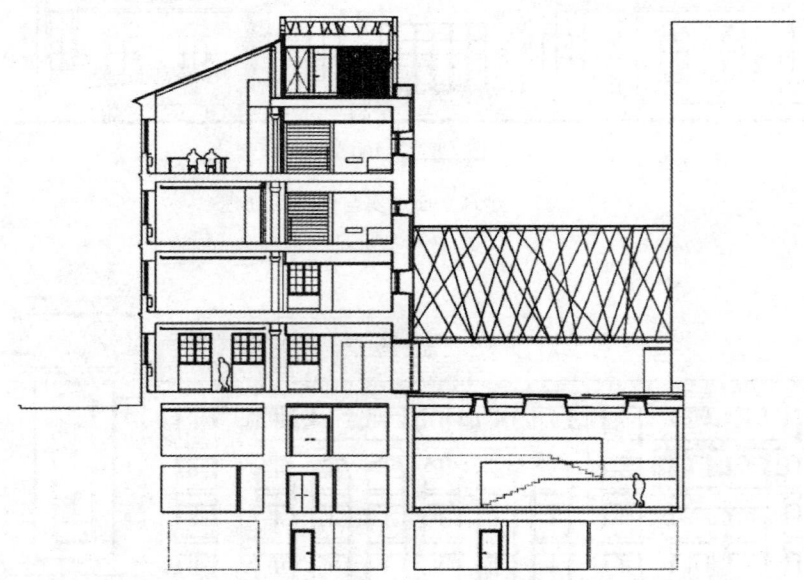

图 4.40　建筑剖面设计能反映出空间在垂直方向的形态变化

剖面设计除了帮助人们理解建筑、表现建筑、分析建筑外，另外还要在专业制图中学会如何选择剖面的位置。通常情况下，一般选择最复杂的地方剖切，或选择精彩和丰富之处剖切，或选择最局促和矛盾突出之处剖切（图 4.41、图 4.42）。

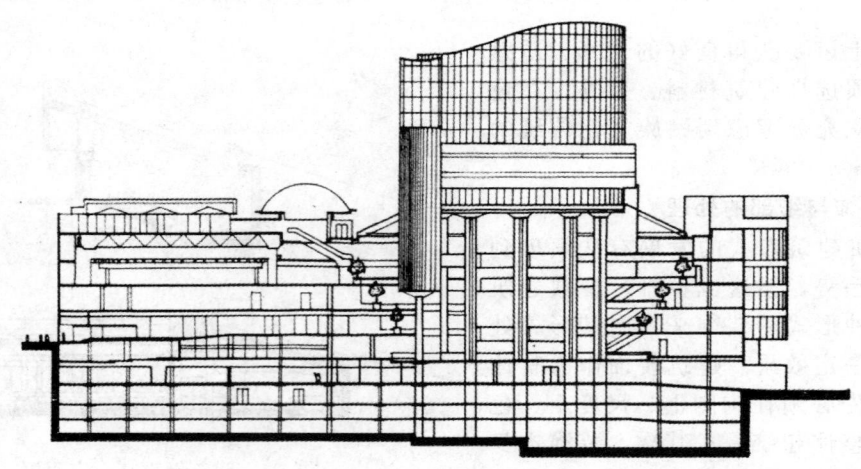

图 4.41　建筑剖面设计能够理解建筑、表现建筑、分析建筑

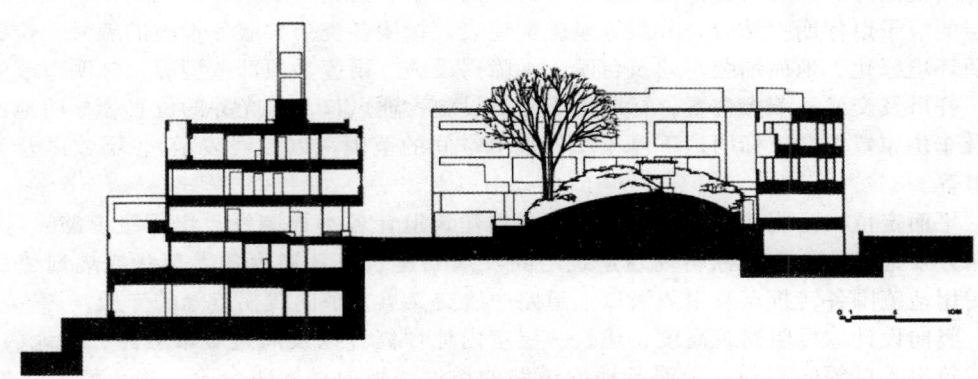

图 4.42　建筑剖面图通常选择最复杂的地方剖切

4.4　方案成果表达

4.4.1　设计成果表达要求

建筑方案设计成果内容主要包括方案设计说明、效果图、总平面图（含平面定位图、竖向规划图）、单体建筑各层平面图、立面图、剖面图以及公示图件小样等。

设计成果包括纸质成果及相应的电子数据，纸质成果应装订成册，加盖设计单位资质章，设计人、审核人在纸质成果上签字。电子数据中的设计说明应采用 Word 格式，图纸采用 CAD 格式，图片采用 jpg 格式。

建筑设计成果应符合国家相关法规、标准、规范的规定，对成果各组成部分的内容及深度作如下要求。

4.4.1.1　建筑方案设计说明

包含项目概况与现状分析、设计依据、设计构思、规划布局与功能、交通组织、竖向、消防、户型、日照分析、纵横断面、管线综合、排水防洪、建筑与周围环境的相互关系、建筑造型、立面材质与色彩、建筑节能以及相关经济技术指标等内容。

4.4.1.2　效果图

包含鸟瞰图以及主要建筑至少两个主要立面的效果图，特殊项目还需绘制沿街透视图（图 4.43）。

效果图须与设计方案对应一致，能够体现申报建筑和相邻现状建筑的景观关系，真实反映建筑材质与色彩。

图 4.43　建筑鸟瞰图

4.4.1.3　总平面图

（1）总平面　标明图名、指北针、比例尺（应为 1∶500 或 1∶1000）、图例以及主要技术经济指标表（包括用地平衡表、经济技术指标表、公共服务设施配建表、套型面积统计表、建筑面积明细表），制图单位应为"米"，同时项目周边的地形需反映现状。

标明道路红线、河道蓝线、绿化、高压线走廊、市政设施及文物古迹保护范围等规划控制线及相应宽度；标明项目内组团道路、宅间小路、项目出入口、台阶、挡土墙等。

标明用地边界以及各类建筑或市政管线的平面形式、用途、层数，对规划住宅顶层设置阁楼或跃层的应予以标明；结合公共服务设施配建表，标明各类公共服务设施的编号、位置和用途；标明环境绿化、地面铺装、建筑台阶、无障碍设施、雨篷、顶部造型等；标明市政管线的检查井、杆塔及交叉、节点位置，标明地下人防设施、通风口、采光井的位置。标明地面停车场范围及车位布置方式，标明地下停车库等地下空间的范围（以虚线表示）、层数以及人、车流出入口等。

（2）平面定位 标明建筑外轮廓尺寸、规划建筑退让各类控制线、组团级道路（含宅间、宅前小路）及地界的距离；标明规划建筑之间及规划建筑与其周边各类现状或规划建筑的距离；标明用地范围各转折点及组团级以上道路中线交叉点、平曲线拐点等的坐标。

（3）竖向设计 标明建筑高度、建筑一层室内地坪高程以及周边城市道路、基地内道路、广场、建筑出入口等的高程；标明基地内道路的坡度、坡向；标明台阶、挡土墙的位置和高程；标明市政管线的检查井、杆塔及交叉、节点的标高，标明地下人防设施、通风口、采光井的标高。

4.4.1.4 单体建筑各层平面图

各层平面图主要包括地下层、首层、标准层、顶层以及屋顶等的平面图。标明比例尺（1∶50至1∶200）、建筑面积（含保温层面积）、各房间的名称或功能；住宅项目还应标明户型编号、每套户型每个使用空间（居室、客厅、厨房、阳台、卫生间等）的使用面积。

标注室内各层楼面标高，首层还须标注指北针、剖切线、剖切符号、室外标高等；平面设计及功能完全相同的楼层标准层可共用一平面，但需注明层数及标高。

标明墙、柱、轴线和轴线编号；标明门、窗、门的开启方向；标明墙体之间尺寸、外轮廓总尺寸、柱截面尺寸、墙体厚度（含保温层）、阳台进深、飘窗进深；标明电梯、楼梯（标注上下方向及主要尺寸）、卫生洁具、水池、主要家具、隔断等的位置；标明阳台、飘窗、室外空调机位、雨篷、台阶、坡道、无障碍设施、采光井、设备管井的位置及尺寸。

在停车库平面图上标明车辆停放位置、停车数量、车道、行车路线、转弯半径、出入口位置及尺寸和坡度等。

此外，还需单独绘制檐口、飘窗等较复杂部分的局部放大图。

4.4.1.5 单体建筑立面图

标明建筑物两端轴线编号及建筑外轮廓尺寸；标明立面轮廓、门、窗、墙、雨篷、檐口、女儿墙、屋顶、阳台、栏杆、飘窗、室外空调机位、台阶、外立面装饰构件等；标明层数、建筑总高度、女儿墙顶（或檐口上沿）高度和室内外地坪标高；标明各部分建筑外立面的装饰材质及色彩；立面图比例应与平面图一致。

4.4.1.6 单体建筑剖面图

标明建筑物两端轴线编号及建筑外轮廓尺寸；标明层数、建筑总高度及标高、女儿墙顶（或檐口上沿）高度及标高、各层高度尺寸及标高、墙体厚度（含保温层）、覆土层厚度、挑檐宽度等；标明室内外地坪标高、坡屋面坡度、各剖切位置的房间名称或功能；标明内墙、外墙、柱、地面、楼板、屋顶、檐口、女儿墙、楼梯、电梯、阳台、飘窗、踏步、地下室顶板覆土层等；剖面图比例应与平面图一致。

道路、河道和市政管线工程的横断面图标明机动车道、非机动车道、分隔带、道路绿化带、路灯及交警设施等位置；标明匝道、梯道、坡道、紧急停车带、桥梁墩柱、实体挡墙等位置；标明各种管线位置、埋深及管沟尺寸；标明河道行洪断面、水面标高、河道挡墙超高、坝顶标高等。

道路、河道和市政管线工程的纵断面图标明纵坡、排水坡度、竖曲线各要素、埋深、管顶（底）标高、坡降等。

4.4.2　设计成果表现

建筑方案设计的表达主要指建筑方案设计阶段需要提交的成果的表达。建筑方案设计是一种设计创意，任何优秀的设计创意最终都需要通过图示语言来进行表达与呈现，例如图纸绘制、模型制作、综合表达等。

4.4.2.1　图纸绘制

（1）内容与深度

① 总平面图。表达设计项目与环境条件结合的方式与程度以及基地内环境设计的内容。内容包括：

a. 场地的区域位置；

b. 场地的范围（用地和建筑物各角点的坐标或定位尺寸、道路红线）；

c. 场地内及四邻环境的反映（四邻原有及规划的城市道路和建筑物，场地内需保留的建筑物、古树名木、历史文化遗存、现有地形与标高、水体、不良地质情况等）；

d. 场地内拟建道路、停车场、广场、绿地及建筑物的布置，并表示出主要建筑物与用地界线（或道路红线、建筑红线）及相邻建筑物之间的距离；

e. 拟建主要建筑物的名称、出入口位置、层数与设计标高，以及地形复杂时主要道路、广场的控制标高；

f. 图名、指北针或风玫瑰图、比例或比例尺。

② 平面图。表达设计项目所有房间在水平与竖向上的配置方式及相互之间的联系。内容包括：

a. 尺寸标注：建筑平面的总尺寸、开间与进深的轴线尺寸或柱网尺寸（也可以用比例尺表示）；

b. 建筑物的各个出入口；

c. 结构受力体系中的柱网、承重墙位置；

d. 各主要使用房间的名称；

e. 各楼层地面标高、屋面标高；

f. 楼梯、电梯等竖向交通联系；

g. 门窗的位置及开启方式；

h. 底层平面图应标明剖切线位置和编号，并标示指北针；

i. 必要时绘制主要用房的放大平面和室内家具与洁具的布置；

j. 图名、比例或比例尺。

③ 立面图。表达建筑外观的式样、材质、色彩、细部装饰等综合艺术效果，体现建筑造型的特点。内容包括：

a. 选择绘制最具有代表性的主要立面；

b. 表达投影方向可见的建筑外轮廓线和墙面线脚、构配件、墙面做法等；

c. 标注各主要部位和最高点的标高或主体建筑的总高度；

d. 当与相邻建筑（或原有建筑）有直接关系时，应绘制相邻或原有建筑的局部立面图；

e. 图名、比例或比例尺。

④ 剖面图。表达设计项目的内部空间形态与变化、外部形体的高低起伏以及结构构成的逻辑性和重要节点的构造样式。内容包括：

a. 剖切面应选在建筑空间关系比较复杂或最能反映出建筑空间特点的部位；

b. 表达剖切面和投影方向可见的建筑构造、建筑构配件等；

c. 标注各层标高及室外地面标高，室外地面至建筑檐口（女儿墙）的总高度；

d. 若遇有高度控制时，还应标明最高点的标高；

e. 图名、剖面编号、比例或比例尺。

⑤ 分析图。以图示形式表达建筑方案设计的理念与特点。通常根据表达重点的不同，可分为交通流线分析图、功能分区分析图、景观视线分析图等。

交通流线分析图主要包括主出入口、人行和车行出入口、人车分流、地下停车行车线路等的交通组织分析图。

景观视线分析图主要包括景观总平面图、景观分区图、水景设计构想、植物选取意向、植物种植分布意向图、室外小品设计意向、景观透视分析草图、景观节点透视分析草图。

⑥ 彩色效果图。表达建筑的尺度与比例、色彩与质感，重点表达建筑空间的各个角度及细部设计。

（2）常用绘图软件。目前主流的建筑设计绘图软件有 AutoCAD、Revit 等，主要用于绘制建筑的平、立、剖面图等；常用的建模软件有 Sketch Up、3ds Max、Rhino 等，这些软件主要用于创建建筑的三维模型；常用的平面排版软件有 Photoshop、Adobe Illustrator、Coredraw 等，这些软件主要用于制作建筑方案设计文本等。

4.4.2.2 模型制作

建筑模型是一种直观的建筑方案设计表达方法。建筑模型的制作有助于直观、理性地感受和认识建筑空间与建造方式。

（1）实体模型　实体模型的制作材料主要有：木头、纸板、泥土、塑料、有机玻璃、玻璃、金属等。

（2）计算机虚拟模型　计算机虚拟模型具有能模拟复杂建筑形体、场景真实、便于修改、成本低廉等特点。

（3）3D 打印机　近年来国内外出现了 3D 打印机，随着其生产成本的日益降低，3D 打印机已逐渐成为建筑模型制作的高效的新型手段。3D 打印机的原理是用塑料、陶瓷、金属等为原料，根据输入的关于建筑的形体与空间的信息，由电脑程序控制的喷嘴将溶解后的原料水平层叠喷涂而形成三维形体。

4.4.2.3 综合表达

当代科技的进步为建筑方案设计的表达方式提供了越来越多的可能性与选择性。除了传统的绘制图纸和制作实体模型之外，还有文本制作、三维动画、视频等新的方式与手段对建筑设计方案进行视觉、听觉等多方位的诠释。

第5章
建筑环境设计制图基本规定

5.1 制图工具介绍与使用方法

制图是建筑设计的基本语言，它是将建筑师的思考、创意具体化地反映到图纸上，成为建筑师与业主互相沟通、交流的工具。建筑制图规范是国家专为建筑设计制定的制图标准，是为了保证制图质量，提高制图效率，做到图面清晰、简明，符合设计、施工、存档的要求，适应工程建设的需要而制定的制图准则。

在设计的初期阶段，制图还经常用来表达创意构思，以便进行草图交流，交换意见，因此人们说，制图也是设计界的共同语言或内部语言。这种语言是同行业中进行设计交流的最好方式。

5.1.1 图版、丁字尺、三角板

图板：图板是用来铺设、固定纸张，绘制图样的工具。因此，图板的板面要平整，边缘要光滑平直，特别是图板左侧的边缘作为丁字尺使用的导边，更应平直。

丁字尺：丁字尺由一个直尺和一个垂直于直尺的尺头组成，尺头与直尺被牢牢固定住。使用丁字尺时，尺头应紧贴绘图板的左侧边。用一只手扶住尺头，将尺推到适当的位置固定，另一只手则沿直尺画线（图5.1、图5.2）。

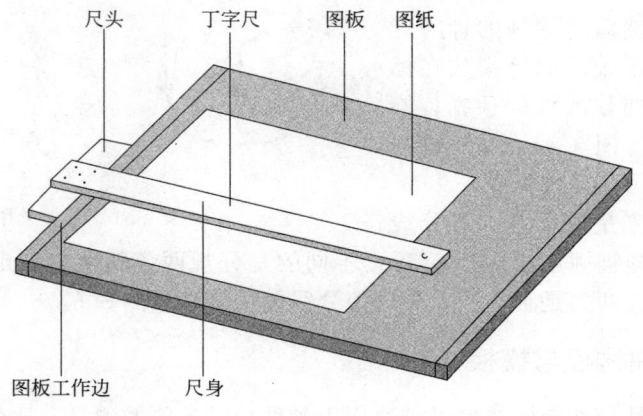

图5.1 图板与丁字尺

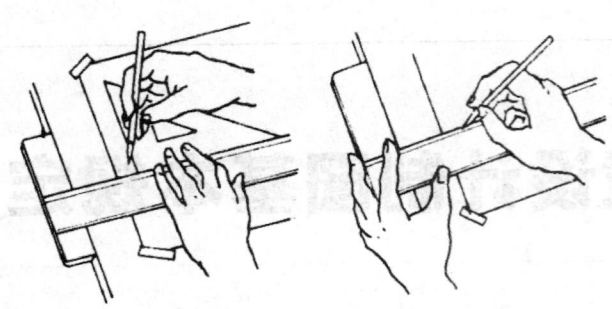

图 5.2　丁字尺的用法

三角板：三角板是有三条边且两条边相互垂直的绘图工具。三角板通常用于绘制直线和斜线，与丁字尺搭配使用绘制垂直线和不同角度的斜线（图 5.3）。常用的三角板因其组成角度的大小而得名，有 45°三角板、30°三角板、60°三角板。有的三角板在一侧的边缘有凹槽，这种带凹槽的三角板是用来画墨线的。板的凹槽不会贴在纸面上，当墨线笔沿着板边画线时，不会溢墨污染图样。

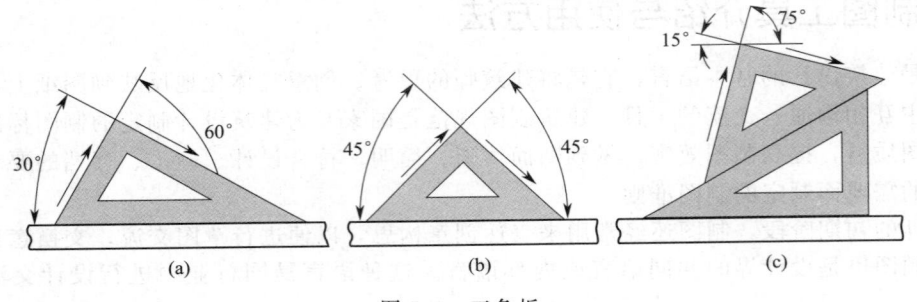

图 5.3　三角板

5.1.2　圆规与分规

圆规：圆规是用来绘制圆和圆弧的。圆规通常被固定成倒 V 字形。一条腿上固定着一个针尖，另一条腿上则固定着一个持铅器（或一个专门的部件用来固定安装水笔）。使用圆规时，先在图样上标记圆心位置和半径长度，然后将圆规的针脚置于圆心，而将铅笔或墨线笔的笔尖放在标好的半径点上。而后握住圆规的顶帽，旋转圆规就可以画圆了（图 5.4）。从一般的习惯来讲，顺时针画圆更容易一些。

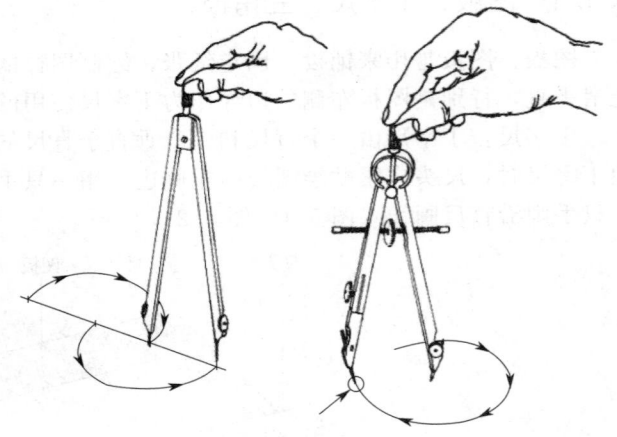

图 5.4　圆规及用法

分规：分规是用来量取尺寸和等分线段的。分规与圆规一样被固定成倒 V 字形，不同的是分规两条腿上均固定着针尖。分规在使用时应两尖并拢，检查两尖是否平齐。分规等分线段的方法见图 5.5。

5.1.3　比例尺、曲线板与模板

比例尺：比例尺是一种特殊的尺子，适用于各种长度单位的测量，比例尺的刻度与一般尺子相似，都以毫米为单位，由于它的截面呈等边三角形，也被称为"三棱尺"（图 5.6）。三棱

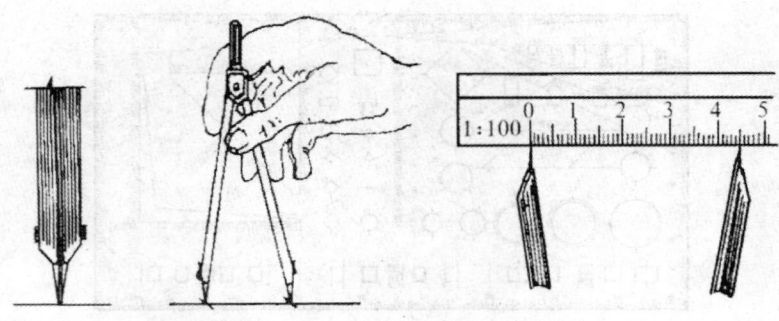

图 5.5　分规及用法

柱比例尺上标注六种不同的比例，所以很受欢迎。

曲线板：曲线板是用来绘制不规则曲线的一种模板。曲线板由很多常用的曲线轮廓组成，是一种很好用的描制曲线工具（图 5.7）。设计者利用曲线板可以绘制各种需要的曲线。依次找出曲线板上和所需的不规则曲线吻合的一段，沿曲线板描出这段复杂曲线，然后将曲线修改圆滑。

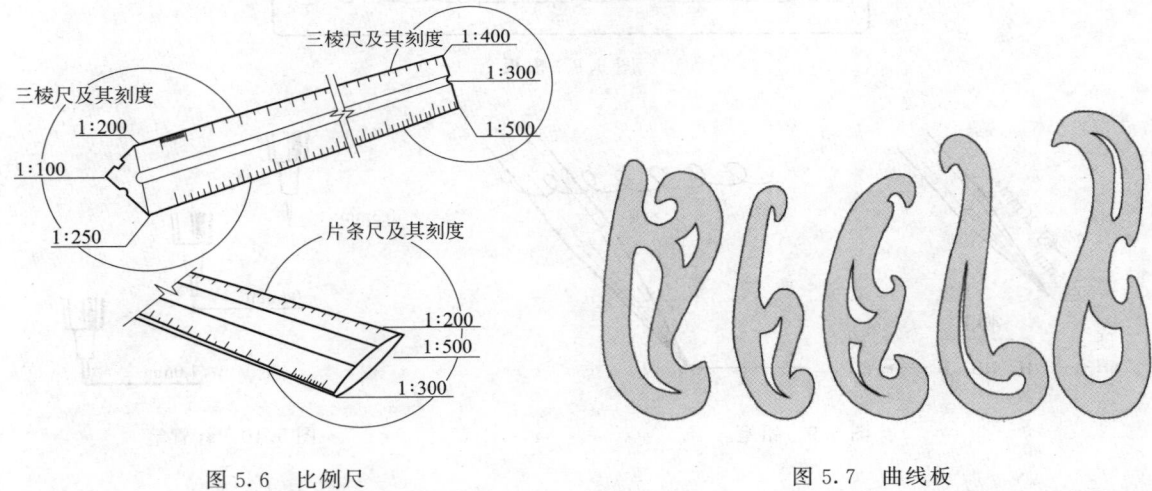

图 5.6　比例尺

图 5.7　曲线板

模板：模板是一种预置有建筑结构和建筑设计时常用符号、形状和图案的辅助绘图工具（图 5.8）。利用模板可以快捷地画出圆、矩形以及窗、门、电子元件、卫生洁具、家具等图例符号，使用模板可以提高制图的速度和精确度。

5.1.4　铅笔与针管笔

铅笔是绘制图样最基本也是最主要的工具。依据铅芯的硬度，可将笔划分为硬铅与软铅，硬铅用字母 H 代表；软铅用字母 B 代表。铅芯越软，画出的图线颜色越深。对于大多数制图工作来讲，根据绘制线型的需要，细实线和草稿线使用 H、2H；粗实线常用 B、2B 铅笔。书写字体采用 HB 铅笔。铅笔芯的软硬度分别为 6 个等级（图 5.9）。

针管笔也称为绘图笔，笔尖有不同的粗细大小（图 5.10）。专业绘图笔都有一个管式笔头，里面有一个控制墨水流出的细金属丝。绘图笔所画线的粗细与管式笔头的粗细有关。而且管式笔头的宽度是根据线宽的规定制定的。在使用专用制图笔时，务必要注意把笔头拧紧，防止墨水阻塞笔尖。在每次用完笔之后要记得盖上笔帽，不用的时候要笔尖朝上放置绘图笔。

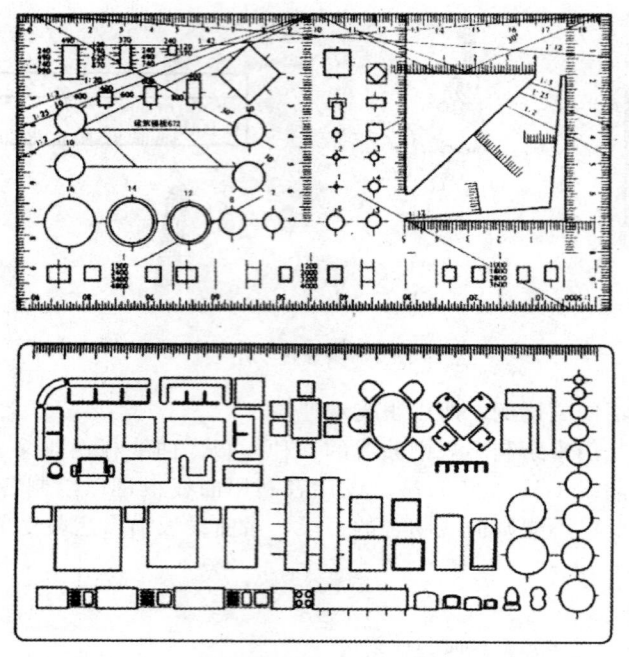

图 5.8 模板

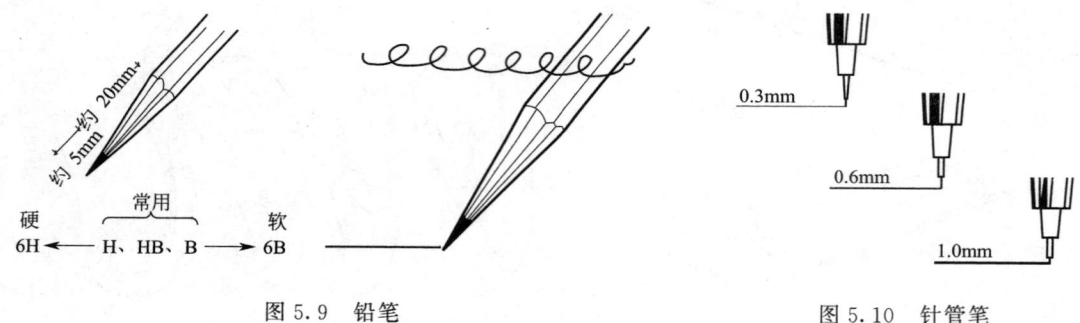

图 5.9 铅笔

图 5.10 针管笔

5.2 图幅、线型、比例、字体的设置

对于图纸幅面的大小、图样的内容、格式、画法、尺寸标注、技术要求、图例符号等，国家都有统一的规定，我国 2010 年颁布了《建筑制图标准》，又在 2018 年颁布了《房屋建筑制图统一标准》。这两个国标对图幅、字体、线型及比例都做出了详尽的规定。

5.2.1 图纸幅面、标题栏及会签栏

图纸幅面是指图纸本身的大小规格。所有图纸的幅面均是以整张纸对裁所得。整张纸为 A0 图幅。A1 图幅是 A0 图幅的对裁，A2 图幅是 A1 图幅的对裁，以此类推。为使图纸整齐划一，某一产品或某一设计的系列图纸应选定以一种图幅为主，尽量避免大小图幅的掺杂混用。图纸的短边不得加长，长边可以加长。以图纸的短边作垂直边称为横式，以短边作水平边称为立式，一般 A0～A3 图纸宜横式使用，必要时也可立式使用。一个专业所用的图纸，不宜多于两种幅面（图 5.11～图 5.13）。

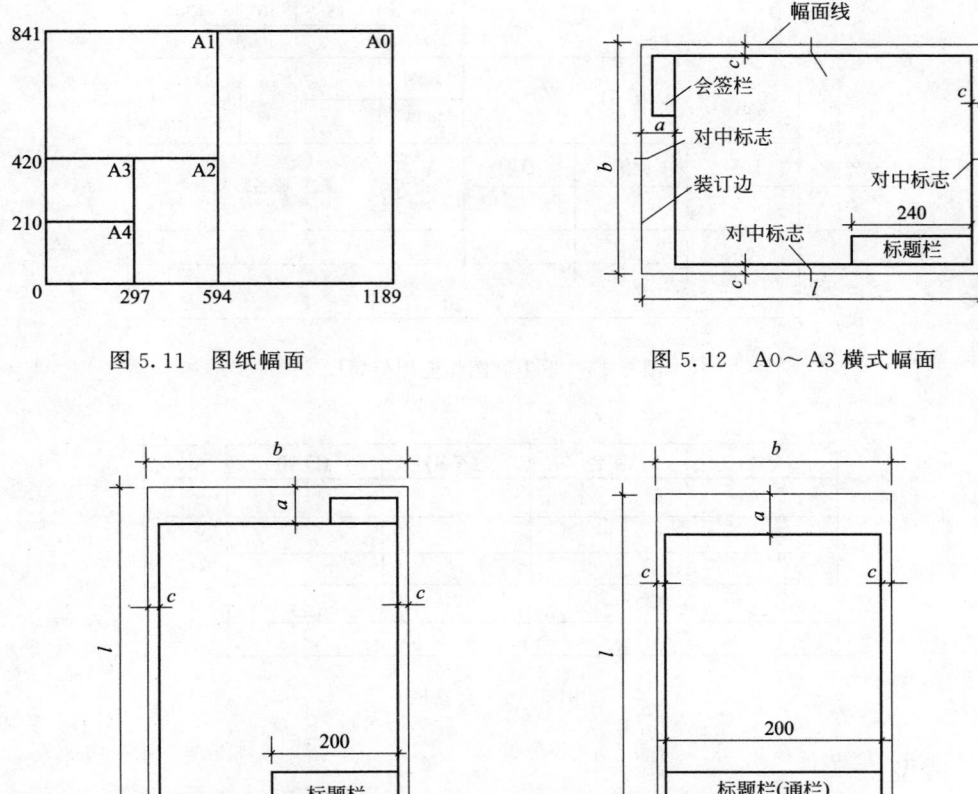

图 5.11　图纸幅面　　　　　　　　　图 5.12　A0～A3 横式幅面

图 5.13　A0～A4 立式幅面

每张图纸都应有标题栏。标题栏中应注明图纸名称、设计单位名称、设计人及工程或项目负责人名称、图纸设计的日期及图号。标题栏的设计常常以一个设计单位的标志性面貌出现，所以，它的风格和格式越来越受到重视（图 5.14、图 5.15）。

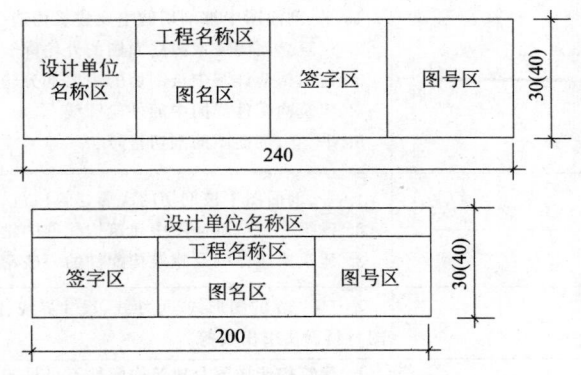

图 5.14　标题栏

会签栏是大型工程施工图中用于设计师、监理人员与工程主持人会审图纸签字用的栏目，通常放在图纸的左上角。小型工程的施工图纸通常将会签栏的内容合并放在标题栏中（图 5.16）。

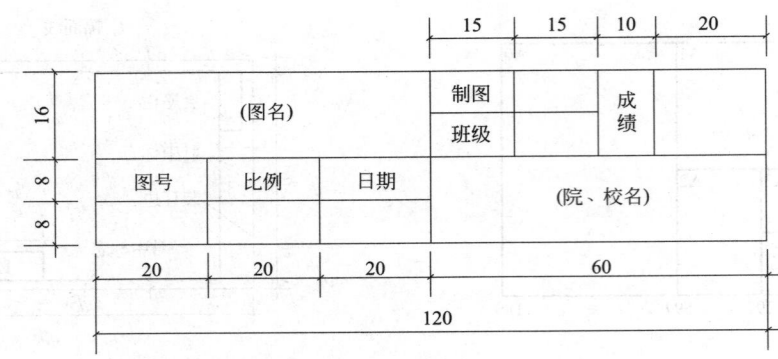

图 5.15 学生制图作业用标题栏

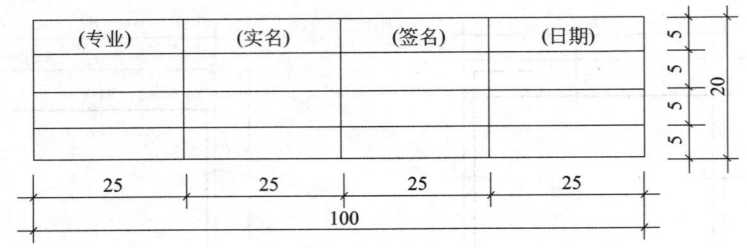

图 5.16 会签栏

5.2.2 线型

建筑专业制图采用的各种线型，应符合 GB/T 50104—2010《建筑制图标准》中的规定。

在国标中对各种图线的名称、线型、线宽和用途进行明确的规定，不同的线型代表不同的意义和侧重点，表达出不同的空间关系。

在建筑制图中，线型的分类、粗线和细线的具体用法可见表 5.1 所示。

表 5.1 各种线型表达及其适用范围

名称		宽度	线型	适用范围
实线	粗	b		1. 平、剖面图中被剖切的主要建筑构造(包括构配件)的轮廓线 2. 建筑立面图或室内立面图的外轮廓线 3. 建筑构造详图中被剖切的主要部分轮廓线 4. 建筑构配件详图中的外轮廓线 5. 平、立、剖面图的剖切符号
	中	$0.5b$		1. 平、剖面图中被剖切的次要建筑构造(包括构配件)的轮廓线 2. 建筑平、立、剖面图中建筑构配件的轮廓线 3. 建筑构造详图及建筑构配件的一般轮廓线
	细	$0.25b$		小于 $0.5b$ 的图形线、尺寸线、尺寸界线、图例线、索引符号、标高符号、线图材料做法引出线等
虚线	中	$0.5b$		1. 建筑构造详图及建筑构配件不可见的轮廓线 2. 平面图中的起重机(吊车)轮廓线 3. 拟扩建的建筑物轮廓线
	细	$0.25b$		图例线、小于 $0.5b$ 的不可见轮廓线
单点长画线	粗	b		起重机(吊车)轨道线
	细	$0.25b$		中心线、对称线、定位轴线

续表

名称	宽度	线型	适用范围
折断线	0.25b	———∿———	不需要画全的断开界线
波浪线	0.25b	∿∿∿∿∿	1. 不需要画全的断开界线 2. 构造层次的断开界线

注：1. 标准实线 $b=0.4\sim0.8$mm。

2. 地平线线宽可用 1.4b，图名线线宽可用 2b。

图线的宽度 b，宜从 1.4mm、1.0mm、0.7mm、0.5mm、0.35mm、0.25mm、0.18mm、0.13mm 线宽系列中选取。图线宽度不应小于 0.1mm。每个图样应根据复杂程度与比例大小，先选定基本线宽 b，再选用表 5.2 中相应的线宽组。

表 5.2　线宽组

线宽比	线宽组/mm			
b	1.4	1.0	0.7	0.5
0.7b	1.0	0.7	0.5	0.35
0.5b	0.7	0.5	0.35	0.25
0.25b	0.35	0.25	0.18	0.13

注：1. 需要缩微的图纸，不宜采用 0.18mm 及更细的线宽。

2. 同一张图纸内，各不同线宽中的细线，可统一采用较细的线宽组的细线。

画线时还应注意下列几点。

① 在同一张图纸内，相同比例的各图样应采用相同的线宽组。

② 相互平行的图线，其间隙不宜小于其中的粗线宽度，且不宜小于 0.7mm。

③ 虚线、单点长画线或双点长画线的线段长度和间隔宜各自相等。

④ 单点长画线或双点长画线，当在较小图形中绘制有困难时，可用实线代替。

⑤ 单点长画线或双点长画线的两端不应是点。点画线与点画线或点画线与其他图线交接时，应是线段交接。

⑥ 虚线与虚线交接或虚线与其他图线交接时，应是线段交接。虚线为实线的延长线时，不得与实线连接（图 5.17）。

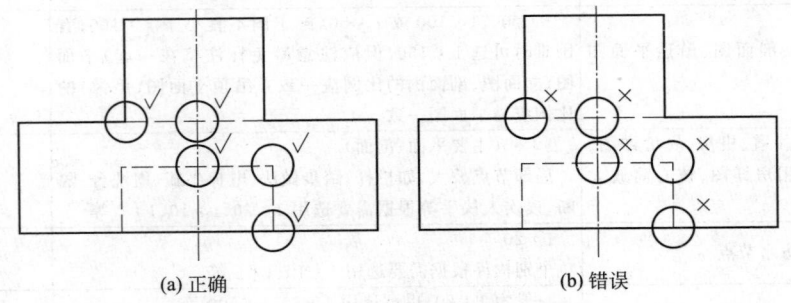

(a) 正确　　　　　　　　(b) 错误

图 5.17　线的正确画法和错误画法

⑦ 图线不得与文字、数字或符号重叠、混淆，不可避免时，应首先保证文字等的清晰。

⑧ 图纸的图框线和标题栏线可采用表 5.3 所示的线宽。

表 5.3　图框线、标题栏线的线宽
单位：mm

幅面代号	图框线	标题栏线	
		外框线	分格线
A0、A1	1.4	0.7	0.35
A2、A3、A4	1.0	0.7	0.35

5.2.3 比例

比例是表示图样尺寸与物体尺寸的比值，在工程制图中注写比例能够在图纸上反映物体的实际尺寸。

绘制图样时，一般应选用规定的比例，并尽量采用原值比例，同一物体的各个视图应采用相同比例，并一般在标题栏中填写。图样不论采用何种比例，在标注尺寸时，应按物体的实际尺寸标注。

比例的符号为"："，比例应以阿拉伯数字表示，如1：1、1：2、1：100等。

比例宜注写在图名的右侧，字的基准线应取平；比例的字高宜比图名的字高小一号或二号（图5.18）。特殊情况下也可自选比例，这时除应注出绘图比例外，还必须在适当位置绘制出相应的比例尺。

平面图 1：100   ⑥ 1：20

图5.18 比例的注写

对于比例的选择，人们一般根据纸面的大小、构图合理安排决定。绘图中常用的比例是1：5、1：10、1：15、1：20、1：25、1：30、1：40、1：50、1：100、1：200等，见表5.4。

表5.4 绘图所用的比例

常用比例	1：1，1：2，1：5，1：10，1：20，1：30，1：50，1：100，1：150，1：200，1：500，1：1000，1：2000
可用比例	1：3，1：4，1：6，1：15，1：25，1：40，1：60，1：80，1：250，1：300，1：400，1：600，1：5000，1：10000，1：20000，1：50000，1：100000，1：200000

特殊情况下也可自选比例，这时除应注出绘图比例外，还必须在适当位置绘制出相应的比例尺。

建筑设计专业制图选用的比例，宜符合表5.5的规定。

表5.5 建筑设计专业制图比例

图纸内容	常用比例	可用比例
封面、图纸目录、建筑设计说明、材料做法表、房间装修用料表、门窗表	无比例	
总平面图	1：1000 或 1：500	
平面图、立面图、剖面图、吊顶平面图（镜像）	1：200、1：100 或 1：50（施工图不宜小于1：100；有困难时可选1：150，但应注意避免标注挤在一起）平面图、立面图、剖面图的比例应一致。吊顶平面图（镜像）的比例应与平面图一致	1：150
楼梯详图、电梯井道、机房、底坑详图卫生间详图、设备用房详图、核心筒放大详图	1：50（主要平面、剖面）局部节点放大，如栏杆、踏步做法、电梯牛腿、盥洗台、隔断、残疾人扶手等根据需要选用1：20、1：10、1：5等	1：30
墙身详图、地下防水节点	1：20 个别构件根据需要选用1：10、1：5等	1：30
门窗详图	一般为1：20，也可选用1：50、1：100等	1：30
防火分区图	可与平面图一致，也可适当缩小比例，选用1：150、1：200、1：500等，但轴线等符号字体应保持清晰	1：250、1：300、1：400、1：600

5.2.4 字体

建筑设计图纸上除了图形，还要有各种符号、字母代号、尺寸数字及文字说明等。各种字体应从左到右横向书写，并注意标点符号的正确使用。

建筑设计图纸上的字体书写必须做到字体端正，笔画清楚，间隔均匀，排列整齐。不可写连笔字，也不得随意涂改。标点符号应清楚正确；否则，不仅影响图画质量，而且容易引起误解或读数错误，乃至造成工程事故（图 5.19）。

国标规定汉字用长仿宋体，并采用国家公布的简化字。长仿宋体的特点是：笔画挺直、横斜竖直、粗细一致、结构匀称。字高与字宽的比例大约为 3∶2。字体高度（用 h 表示）的尺寸为 1.8mm、2.5mm、3.5mm、5mm、7mm、10mm、14mm、20mm（图 5.20）。

为保证字体写得大小一致，整齐匀称，无论是平时练习，还是写在图纸上我们都应按字的大小，先打好格子再书写。数字与字母，宜采用向右倾斜的斜体字。

ABCDEFGHIJKLMN
OPQRSTUVWXYZ
abcdefghijklmnopqrstuvwxyz
ABCDEFGHIJKLMN
OPQRSTUVWXYZ
1234567890
1234567890

字体端正　笔画清楚

排列整齐　间隔均匀

景观建筑设计

图 5.19　文字书写图例

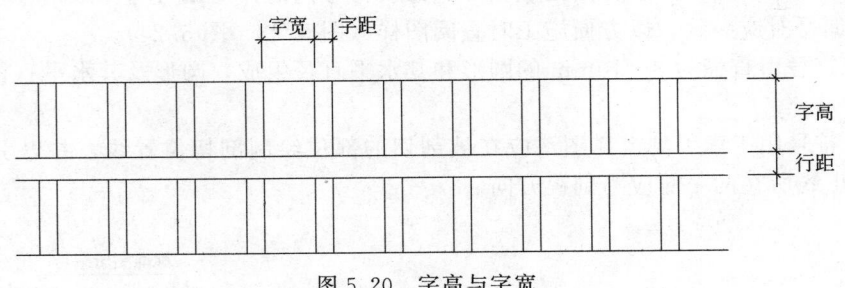

图 5.20　字高与字宽

5.3　符号标注、尺寸标注、定位轴线

5.3.1　符号标注

为方便施工时查阅详图，在平、立、剖面图中，常常用索引标志的符号，注明已画出详图的位置、详图的编号以及详图所在的图纸编号。按国标规定，建筑设计图纸上的图示符号有多种。常用符号有：剖切符号、索引符号、详图符号、标高符号、引出线和指北针等。

5.3.1.1　剖切符号

在建筑施工图中，剖切符号是表示剖面图的剖切位置以及剖视方向的符号（图 5.21、图 5.22）。因为一般建筑都会绘制两个以上的剖面图，所以剖切符号必须按规定的顺序编号。剖切符号的绘制要求在制图规范里有详细规定。

① 剖视的剖切符号应由剖切位置线及投射方向线组成，均应以粗实线绘制。剖切位置线的长度宜为 6～10mm；投射方向线应垂直于剖切位置线，长度应短于剖切位置线，宜为 4～6mm。绘制时，剖视的剖切符号不应与其他图线相接触。

② 剖视剖切符号的编号宜采用阿拉伯数字，按顺序由左至右、由下至上连续编排，并应注写在剖视方向线的端部。

③ 需要转折的剖切位置线，应在转角的外侧加注与该符号相同的编号。

④ 建（构）筑物剖面图的剖切符号宜注在±0.000 标高的平面图或首层平面图上。局部剖面图（不含首层）的剖切符号应注在包含剖切部位的最下面一层的平面图上。

⑤ 剖面图如与被剖切图样不在同一张图内，可在剖切位置线的另一侧注明其所在图纸的编号，也可以在图上集中说明。

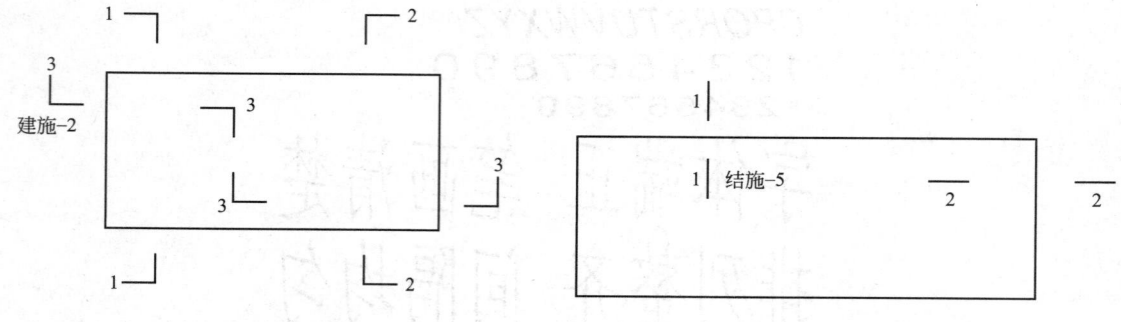

图 5.21　剖面剖切符号　　　　　　　　图 5.22　断（截）面剖切符号

5.3.1.2　索引符号与详图符号

在建筑施工图中，为了表达清楚一些局部，需另画详图。一般用索引符号注明画出详图的位置、详图的编号以及详图所在的图纸编号。索引符号内的详图编号与图纸编号均应和详图所在的图纸和编号对应一致，以方便施工时查阅图样（图 5.23、图 5.24）。

① 索引符号由直径为 8～10mm 的圆形和其水平直径组成，圆形及其水平直径均应以细实线绘制。

② 索引符号用于索引剖视详图，应在被剖切的部位绘制剖切位置线，并以引出线引出索引符号，引出线所在的一侧应为剖视方向。

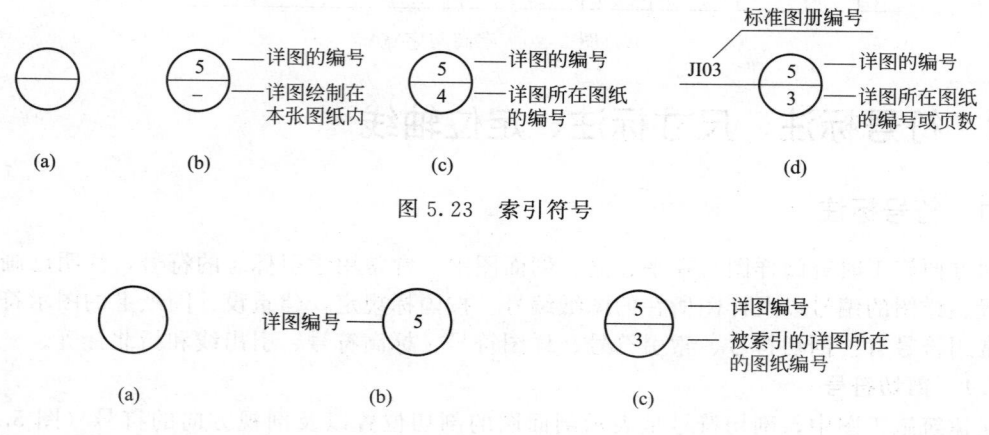

图 5.23　索引符号

图 5.24　详图符号

5.3.1.3　引出线

在平面制图中，用以确定标注内容的具体位置的线，即为引出线。

① 引出线应以细实线绘制，宜采用水平方向的直线、与水平方向呈 30°、45°、60°、90°的直线，或经上述角度再折为水平线。文字说明宜注写在水平线的上方，也可注写在水平线的端部。索引详图的引出线，应与水平直径线相连接（图 5.25）。

② 同时引出几个相同部分的引出线，宜互相平行，也可画成集中于一点的放射线（图 5.26）。

③ 多层构造或多层管道共用引出线，应通过被引出的各层。文字说明宜注写在水平线的上方，或注写在水平线的端部，说明的顺序应由上至下，并应与被说明的层次相互一致；如层次为横向排序，则由上至下的说明顺序应与左至右的层次相互一致（图 5.27）。

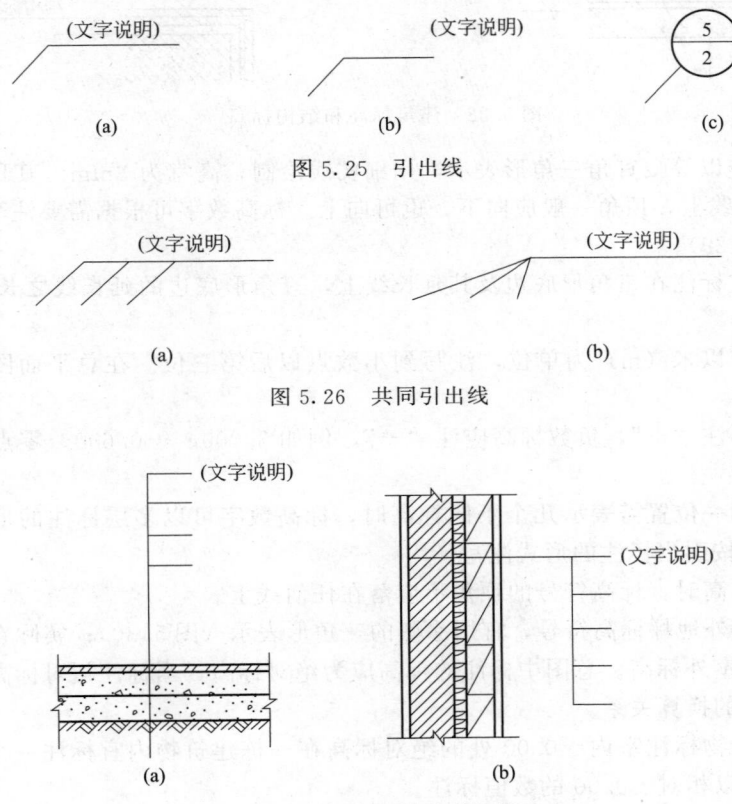

图 5.25　引出线

图 5.26　共同引出线

图 5.27　多层构造引出线

5.3.1.4　标高符号

标高表示建筑物某一部位相对于基准面（标高的零点）的竖向高度，是竖向定位的依据。

（1）绝对标高和相对标高　标高按基准面选取的不同分为绝对标高和相对标高。绝对标高是以一个国家或地区统一定的基准面作为零点的标高。相对标高是以建筑物室内主要地面为零点测出的高度尺寸。

（2）建筑标高和结构标高　房屋各部位的标高又分为建筑标高和结构标高，区别是：建筑标高是指包括粉刷层在内的、装修完成后的标高；结构标高则是不包括构件装修层厚度的构件表面的标高。建筑标高－楼地面装修厚度（面层做法）＝结构标高。如建筑标高是 3.000m，面层做法为 40mm 厚细石混凝土，则结构标高为 2.960m（图 5.28）。

（3）标高注写方法　标高符号及其标注方法应符合下列规定。

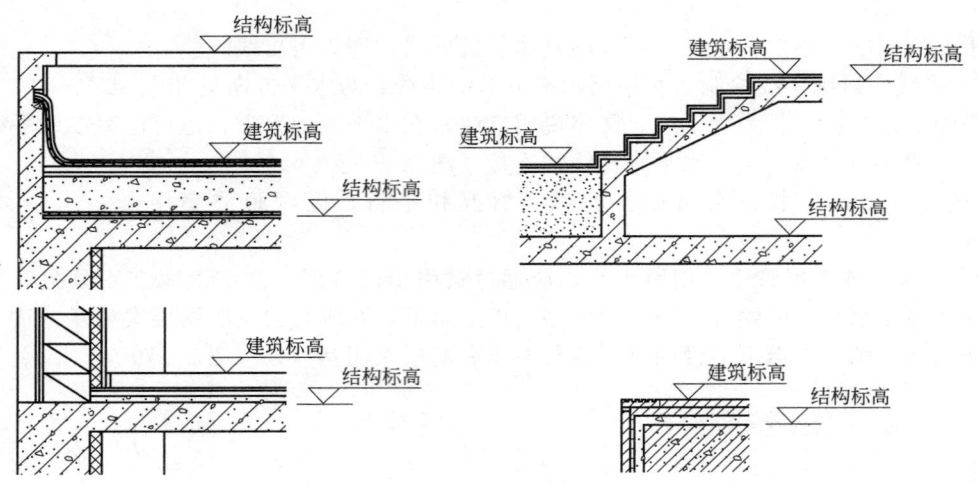

图 5.28 建筑标高和结构标高

① 标高符号应以等腰直角三角形表示，用细实线绘制，高宜为 3mm。其顶角应落在被标注高度线或其延长线上，顶角一般应向下，也可向上。标高数字可根据需要注写在标高符号的左侧或右侧（图 5.29）。

② 标高数值应标注在三角形底边及其延长线上，三角形底边的延长线之长 L 宜超出字长度 1~2mm。

③ 标高数值应以米（m）为单位，注写到小数点以后第三位。在总平面图中，可注写小数点以后第二位。

④ 正数标高不注"＋"，负数标高应注"－"，例如 3.000、－0.600。零点标高应注写成 ±0.00 或 ±0.000。

⑤ 在图样的同一位置需表示几个不同标高时，标高数字可以多层标注的形式注写。如标注位置不够，也可按引出标注的形式注写。

⑥ 标注平面标高时，标高符号的顶角不应落在任何线上。

⑦ 总平面图室外地坪标高符号，宜用涂黑的三角形表示（图 5.30）；实际在竖向设计中常采用等高线来表示室外标高。总图中标注的标高应为绝对标高，当标注相对标高，则应注明相对标高与绝对标高的换算关系。

⑧ 总图中建筑物标注室内 ±0.00 处的绝对标高在一栋建筑物内宜标注一个 ±0.00 标高，当有不同地坪标高以相对 ±0.00 的数值标注。

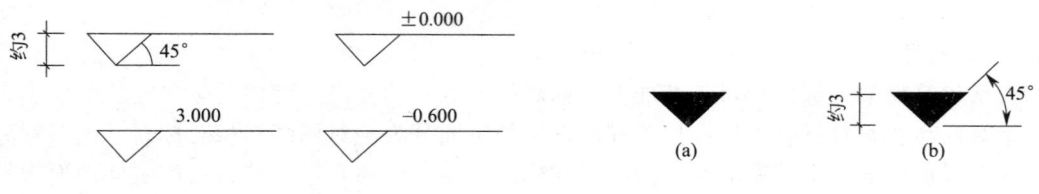

图 5.29 标高符号   图 5.30 室外地坪标高符号

5.3.1.5 其他符号

（1）折断符号　较长的构件，如沿长度方向的形状相同或按一定规律变化，可断开省略绘制，断开处应用折断符号来表示。折断符号有直线折断和曲线折断，以及两边折断和单边折断。直线折断线两端应超出图形线 2~3mm。其尺寸应按原构件长度标注（图 5.31）。

（2）对称符号　由对称线和分中符号组成。对称线应用细单点长画线绘制；分中符号应用细实线绘制。采用平行线分中符号时，平行线用细实线绘制。其长度宜为 6～10mm，每对的间距宜为 2～3mm；对称线垂直平分于两对平行线，两端超出平行线宜为 2～3mm（图 5.32）。

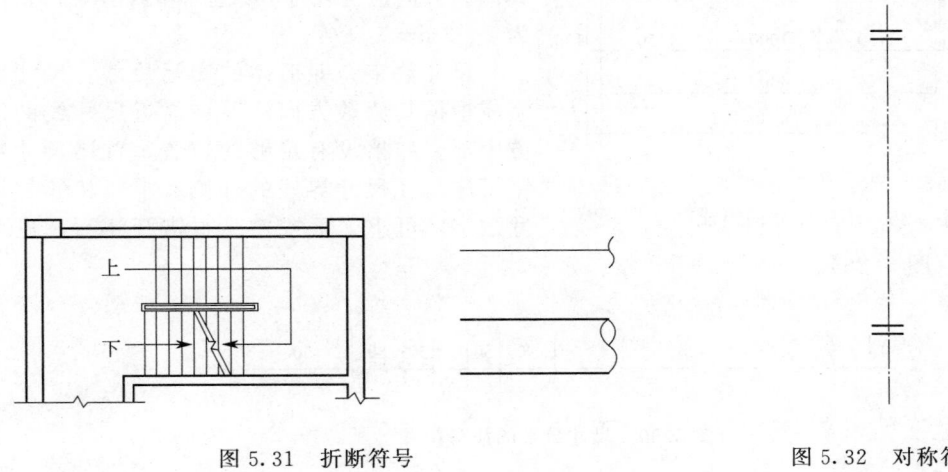

图 5.31　折断符号　　　　　　　　　　　　图 5.32　对称符号

（3）连接符号　应以折断线或波浪线表示需连接的部位。两部位相距过远时，折断线或波浪线两端靠图样一侧应标注大写拉丁字母表示连接编号。两个被连接的图样必须用相同的字母编号（图 5.33）。

（4）指北针　指北针圆的直径宜为 24mm，用细实线绘制；指针尾部的宽度宜为 3mm，指针头部应注"北"或"N"字。需用较大直径绘制指北针时，指针尾部宽度宜为直径的 1/8。指北针应绘制在建筑设计的第一张平面图上，并应位于明显位置（图 5.34）。

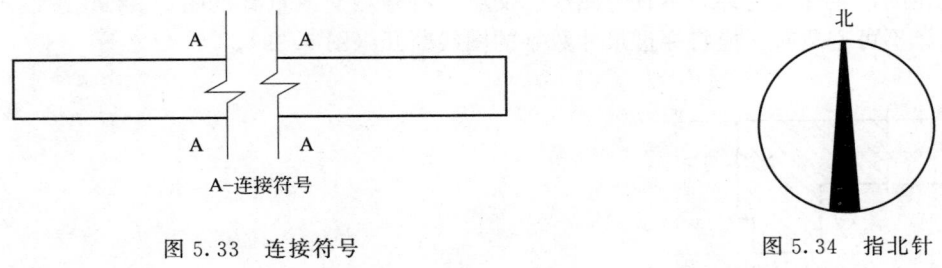

A-连接符号

图 5.33　连接符号　　　　　　　　　　　　图 5.34　指北针

5.3.2　尺寸标注

图样除了画出建筑物及其各部分的形状外，还必须准确地、详尽地和清晰地标注尺寸，以确定其大小，作为施工时的依据。

根据国际上通用的惯例和国标上的规定，各种设计图上标注的尺寸，除标高及总平面图以米（m）为单位外，其余一律以毫米（mm）为单位。因此，设计图上尺寸数字都不再注写单位。

对建筑制图国家标准中尺寸标注的一些基本规定作以下介绍。

5.3.2.1　尺寸的组成

《建筑制图标准》中规定图样上的尺寸应包括尺寸界线、尺寸线、尺寸起止符号和尺寸数字（图 5.35）。

尺寸界线用细实线，应与被注长度垂直，其一端应离开图样轮廓线不小于 2mm，另一端

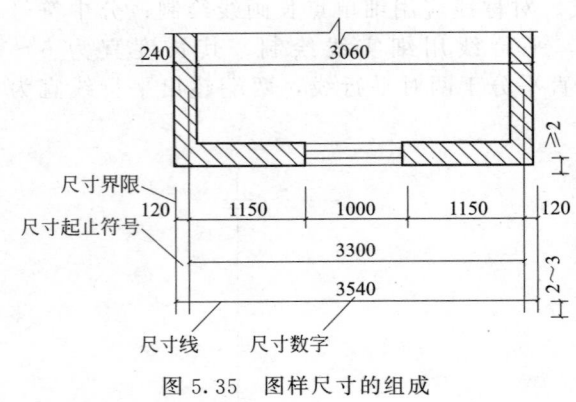

图 5.35　图样尺寸的组成

宜超出尺寸线 2～3mm。

尺寸线用细实线，应与被注长度的方向平行，且不宜超出尺寸界线。

尺寸起止符号一般用中粗斜短线绘制，其倾斜方向应与尺寸界线呈顺时针 45°，长度为 2～3mm。

尺寸数字，即形体的实际尺寸。尺寸数字应根据其读数方向注写在靠近尺寸线的上方中部，如果没有足够的位置，首尾尺寸数字可注写在尺寸界线的外侧；中间相邻的尺寸数字，可上、下或左、右错开注写，也可用引出线注写（图 5.36）。

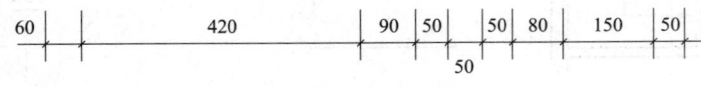

图 5.36　尺寸数字的注写位置

对于建筑设计制图中连续重复的构配件等，当不易标明定位尺寸时，可在总尺寸的控制下，定位尺寸不用数值而用"均分"或"*EQ*"字样表示（图 5.37）。

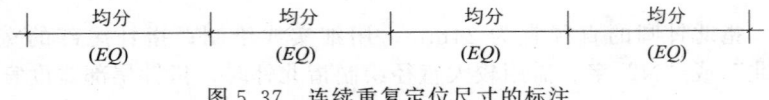

图 5.37　连续重复定位尺寸的标注

尺寸宜标注在图样轮廓线之外，不宜与图线、文字及符号相交或重叠（图 5.38）。图线不得穿过尺寸数字，不可避免时，应将穿过尺寸数字的图线断开（图 5.39）。

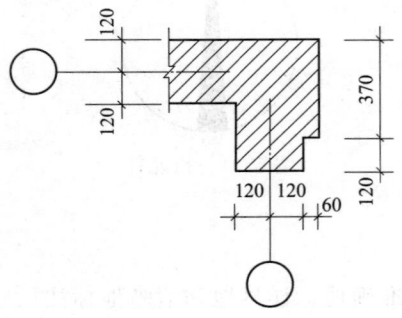

图 5.38　尺寸不宜与图线相交

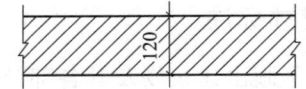

图 5.39　尺寸数字处图线应断开

5.3.2.2　线性尺寸

线性尺寸一般指长度尺寸，单位为 mm。标注中尺寸线必须与所标注的线段平行，大尺寸要注在小尺寸外面。互相平行的尺寸线，应从被注写的图样由近及远整齐排列，较小尺寸应离轮廓线较近，较大尺寸应离轮廓线较远；图样轮廓线以外的尺寸线，距图样最外轮廓之间的距离，不宜小于 10mm；平行排列的尺寸线的距离，宜为 7～10mm，并应保持一致；总尺寸的尺寸界线应靠近所指部位，中间分尺寸的尺寸界线可稍短，但其长度应相等（图 5.40）。尺寸标注和标高注写，宜符合下列规定：

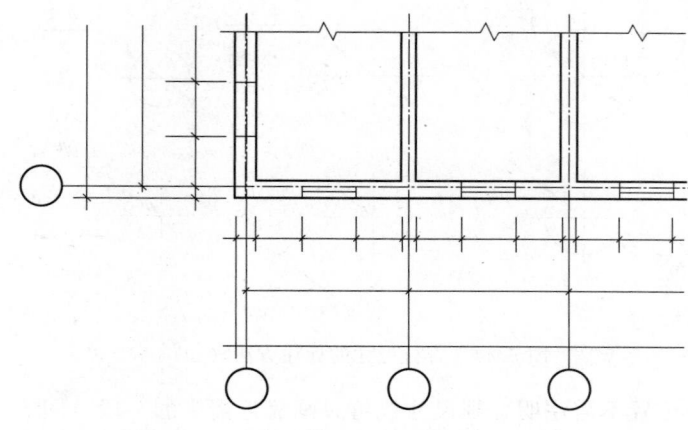

图 5.40　尺寸的排列

① 立面图、剖面图及详图应标注标高和垂直方向尺寸；不易标注垂直距离尺寸时，可在相应位置表示标高（图 5.41）。

② 各部分定位尺寸及细部尺寸应注写净距离尺寸或轴线间尺寸；

③ 标注剖面或详图各部位的定位尺寸时，应注写其所在层次内的尺寸（图 5.42）。

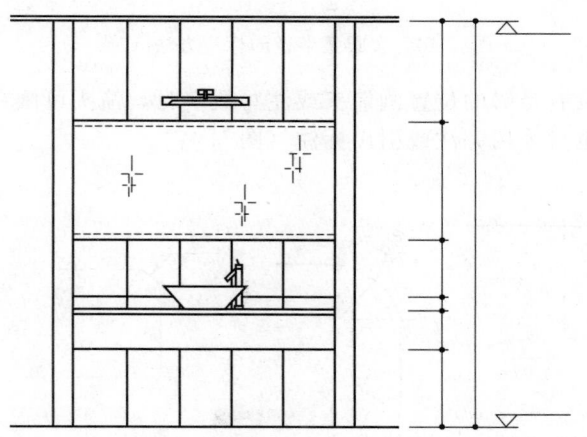

图 5.41　尺寸和标高注写

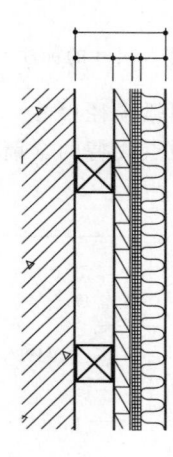

图 5.42　详图尺寸注写

5.3.2.3　直径、半径、球、角度、弧度、弧长的尺寸标注

（1）直径尺寸　标注圆的直径尺寸时，直径尺寸线通过圆心，两端画箭头直至圆弧（图 5.43）。直径数字前应加直径符号"ϕ"。较小圆的直径数字可标注在圆外（图 5.44）。

（2）半径尺寸　半径尺寸线应一端从圆心开始，另一端画箭头指向圆弧。半径数字前应加注半径符号"R"（图 5.45）。加注半径符号 R 时，"$R20$"不能注写为"$R=20$"或"$r=20$"。

（3）大圆弧半径尺寸　当圆弧的半径过大或在图纸范围内无法标注其圆心位置时，可采

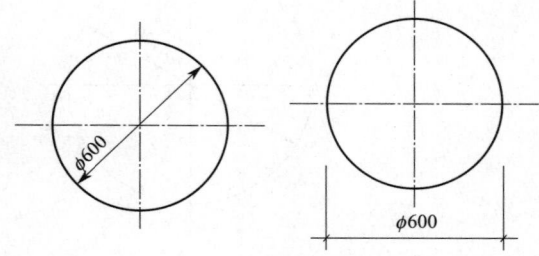

图 5.43　直径尺寸的标注方法（一）

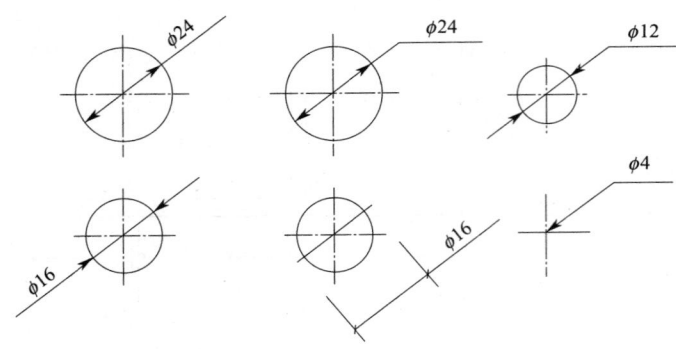

图 5.44　直径尺寸的标注方法（二）

用折线形式，若圆心位置不需注明，则尺寸线可只画靠近箭头的一段（图 5.46）。

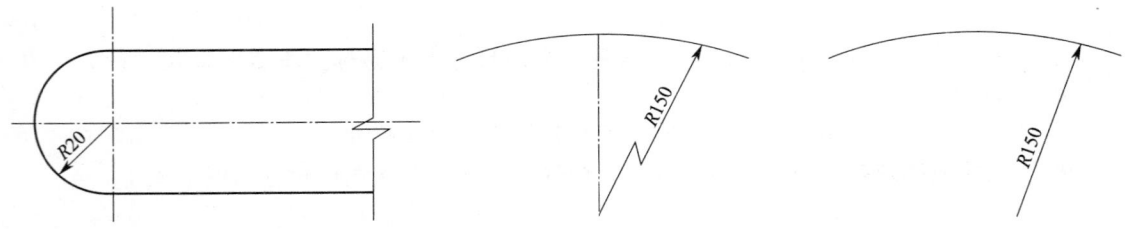

图 5.45　半径尺寸的标注方法　　　　　　　图 5.46　大圆弧半径的标注方法

（4）小圆弧半径尺寸　对于小尺寸在没有足够的位置画箭头或注写数字时，箭头可画在外面，或用小圆点代替两个箭头；尺寸数字也可采用旁注或引出标注（图 5.47）。

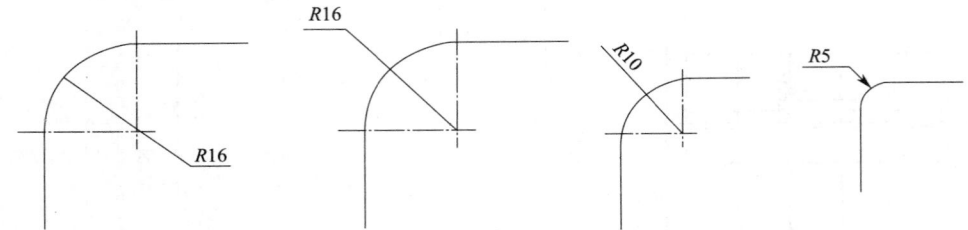

图 5.47　小圆弧半径的标注方法

（5）球面尺寸　标注球面的直径或半径时，应在尺寸数字前分别加注符号"$S\phi$"或"SR"（图 5.48）。

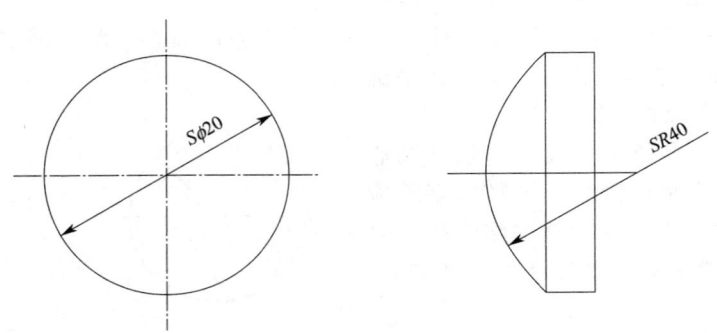

图 5.48　球面尺寸的标注方法

（6）角度尺寸　角度的尺寸线应以圆弧表示。该圆弧的圆心是该角的顶点，角的两条边为尺寸界线。起止符号以箭头表示，如无足够位置画箭头，可用圆点代替，角度数字应按水平方向注写（图 5.49）。

（7）弦长和弧长尺寸　标注圆弧的弧长时，尺寸线应以与该圆弧同心的圆弧线表示，尺寸界线垂直于该圆弧的弦，起止符号用箭头表示，弧长数字上方应加注圆弧符号"⌒"，如图 5.50(a) 所示。

标注圆弧的弦长时，尺寸线应以平行于该弦的直线表示，尺寸界线应垂直于该弦，起止符号用中粗斜短线表示，如图 5.50(b) 所示。

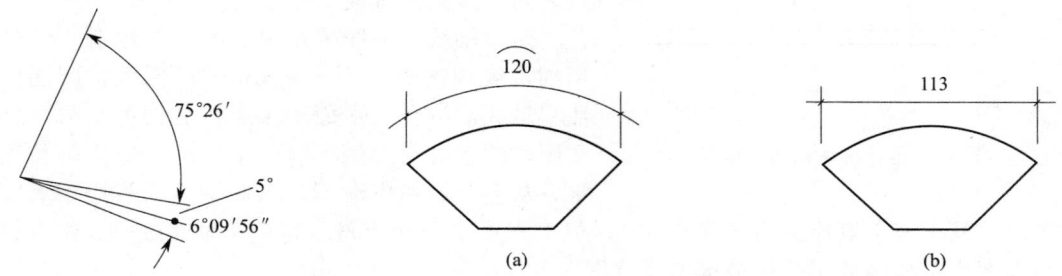

图 5.49　角度尺寸的标注方法　　　　图 5.50　弧长和弦长的标注方法

5.3.3　定位坐标

表示建筑物、构筑物位置的坐标应根据设计不同阶段要求标注，当建筑物与构筑物与坐标轴线平行时，可注其对角坐标。与坐标轴线呈角度或建筑平面复杂时，宜标注三个以上坐标，坐标宜标注具体情况，建筑物、构筑物也可用相对尺寸定位。

① 坐标定位分为测量坐标和建筑坐标两种（图 5.51）。坐标网格应以细实线表示。一般采用 100m×100m 或 50m×50m。测量坐标网应画成交叉十字线，坐标代号宜用"X、Y"表示，南北方向的轴线为 X，东西方向的轴线为 Y；建筑坐标适用于房屋朝向与测量坐标方向不一致的情况。一般将建设地区的某一点定为"0"，沿建筑物主轴方向画成网格通线，坐标代号宜用"A、B"表示，垂直方向为 A 轴，水平方向为 B 轴。

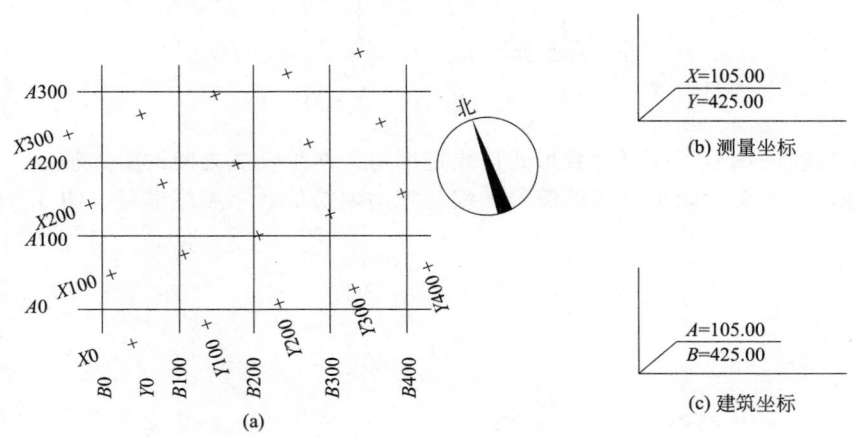

图 5.51　坐标网格

注：图中 X 为南北方向轴线，X 的增量在 X 轴线上；Y 为东西方向轴线，Y 的增量在 Y 轴线上。
A 轴相当于测量坐标网中的 X 轴，B 轴相当于测量坐标网中的 Y 轴。

② 坐标值为负数时，应注"一"号，为正数时，"+"号可省略。

③ 总平面图上有测量和建筑两种坐标系统时，应在附注中注明两种坐标系统的换算公式。

5.3.4 定位轴线

定位轴线用于控制房屋的墙体和柱距。凡是主要的墙体和柱体，都要用轴线定位。房屋的墙体、柱体、大梁或屋架等主要承重结构件的平面图，都要标注定位轴线；对于非承重的隔墙及其他次要承重构件，一般不设定位轴线，而是在定位轴线之间增设附加轴线。

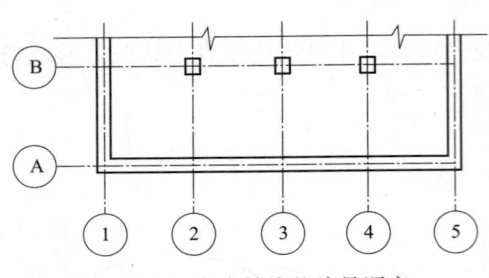

图 5.52 定位轴线的编号顺序

定位轴线，一般采用单点长画线绘制，其端部用细实线画出直径为 8～10mm 的圆圈，圆圈内部注写轴线的编号。平面图上定位轴线的编号，标注在图样的下方与左侧。横向轴线编号应用阿拉伯数字，从左至右顺序编写，纵向轴线编号应用大写的拉丁字母，从下至上顺序编写（图 5.52），但 I、O、Z 三个字母不得用于轴线编号。组合较复杂的平面图中定位轴线可采用分区编号（图 5.53）。

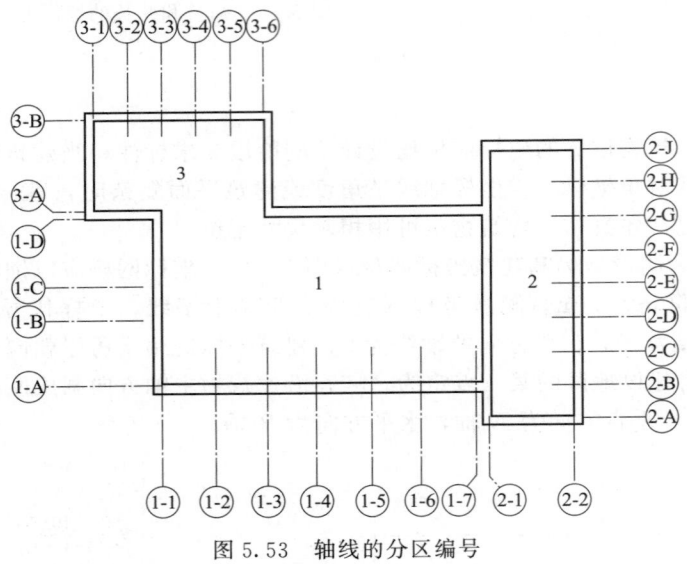

图 5.53 轴线的分区编号

附加定位轴线的编号，应以分数形式按规定编写。两根轴线之间的附加轴线，分母表示前一轴线的编号，分子表示附加轴线的编号，编号宜用阿拉伯数字顺序编写（图 5.54）。图 5.54

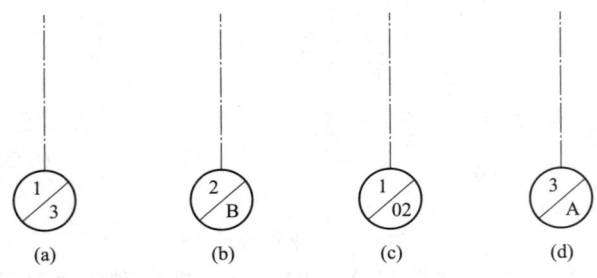

图 5.54 附加轴线的编号

（a）表示 3 号轴线之后附加的第一根轴线；图 5.54(b) 表示 B 号轴线之后附加的第二根轴线；图 5.54(c) 表示 2 号轴线之前附加的第一根轴线；图 5.54(d) 表示 A 号轴线之前附加的第三根轴线。

一个详图适用于几根轴线时，应同时注明有关轴线的编号（图 5.55）。

圆形与弧形平面图中的定位轴线，其径向轴线应以角度进行定位，其编号宜用阿拉伯数字表示，从左下角或-90°（若径向轴线很密，角度间隔很小）开始，按逆时针顺序编写；其环向轴线宜用大写拉丁字母表示，从外向内顺序编写（图 5.56、图 5.57）。折线形平面图中定位轴线的编号可按图 5.58 所示形式编写。

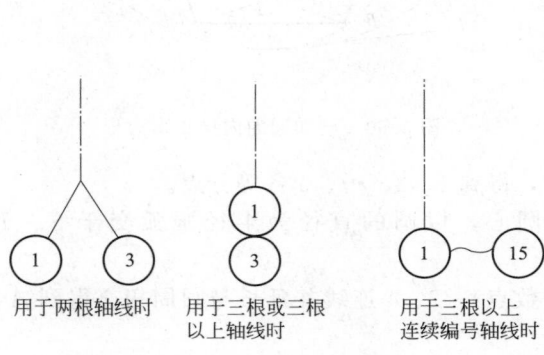

图 5.55　详图的轴线编号

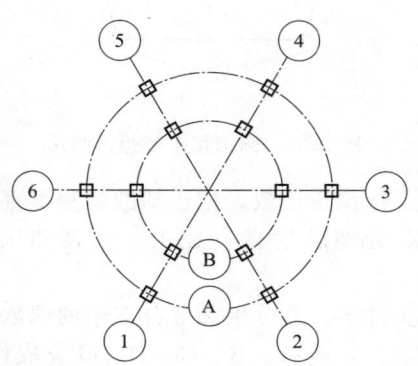

图 5.56　圆形平面图中的定位轴线

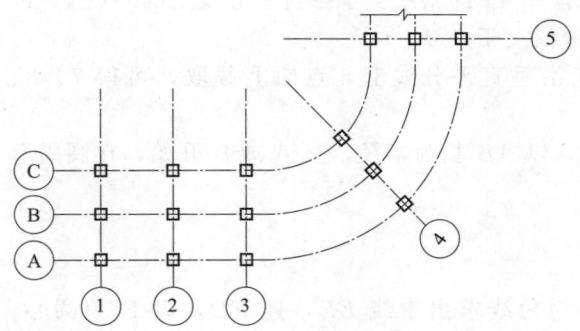

图 5.57　弧形平面图中的定位轴线

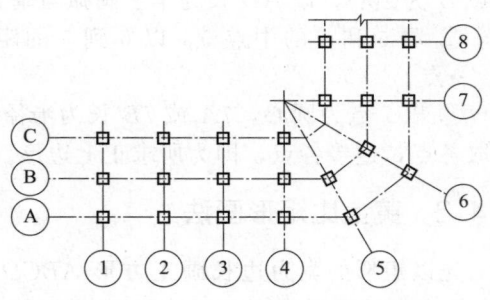

图 5.58　折线形平面图中的定位轴线

5.4　几何作图画法

在工程设计绘制图样时，都离不开画各种几何图形，掌握几何作图方法，是快速、准确绘图的基础。本节将介绍一些常用的几何作图法。

5.4.1　正多边形画法

（1）作圆内接正五边形（图 5.59）　作法如下：

① 作已知圆半径 OB 的垂直平分线，得到中点 E。

② 以 E 为圆心，$E1$ 为半径画弧，交 AO 于 P。

③ 以 $1P$ 的长度从 1 开始分割圆周得 1、2、3、4、5 各点，依次连接各点，即得到圆内接正五边形。

（2）作任意正多边形　以正五边形为例（图 5.60），作法如下：

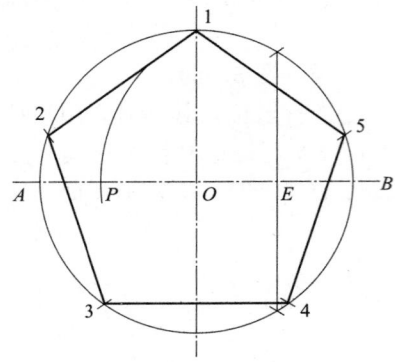

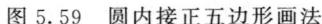

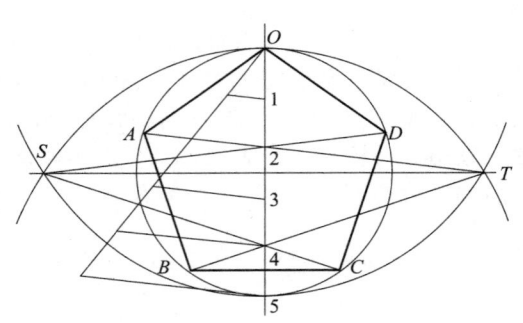

图 5.59　圆内接正五边形画法　　　　　图 5.60　已知圆的内接正多边形

① 按预定边数，把已知圆的垂直直径五等分，得到 1、2、…、5 各等分点。

② 分别以垂直直径上、下两点 O 和 5 为圆心，以圆的直径为半径画弧交于 S、T 两点。

③ 过 S、T 分别和等分点中的偶数点（或奇数点），2、4 连线并延长与圆周相交得到 A、B、C、D，连 A、B、C、D、O 完成作图。

此法为近似作图法，适合画边数为十三以内的正多边形。

（3）已知边长作正多边形　已知边长为 AB，求作一正七边形（图 5.61），作法如下：

① 作 AB 的垂直平分线，过 A 或 B 作与 AB 呈 45°的斜线交于垂直平分线上的一点 4，以 A 或 B 为圆心，以 AB 长为半径画弧与垂直平分线交于点 6。

② 取 6 和 4 的中点 5，以 6 到 5 的距离长沿垂直平分线上 6 点向上截取，可得 7、8、9、…点。

③ 以 7 点为圆心，$7A$ 或 $7B$ 长为半径画圆，以 AB 长为半径，从 A 或 B 开始，在圆周上截取各点，连接各点，即为所求正七边形。

5.4.2　黄金比矩形画法

先以矩形的宽为边长画正方形 $ABCD$，画对角线求出中线 EF，连 FD，以 F 为圆心，FD 长为半径画弧交于 BC 的延长线上得 G 点，BG 即为黄金比矩形的长（图 5.62）。此时 $AB：BG≈0.618$。

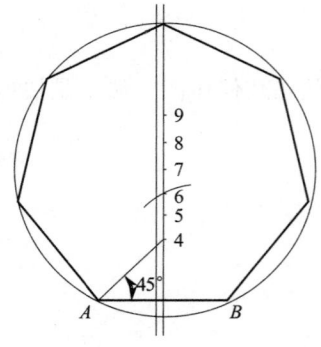

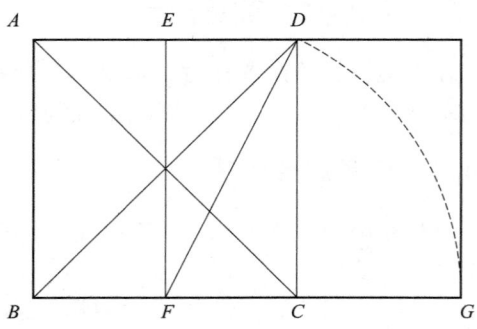

图 5.61　已知边长作正多边形　　　　　图 5.62　黄金比矩形画法

5.4.3　圆弧画法

圆弧与圆弧的光滑连接，关键在于正确找出连接圆弧的圆心以及切点的位置。

由初等几何知识可知：当两圆弧以外切方式相连接时，连接弧的圆心要用 $R+R_1$ 来确定，如图 5.63(a) 所示；当两圆弧以内切方式相连接时，连接弧的圆心要用 $R-R_1$ 来确定，如图 5.63(b) 所示。

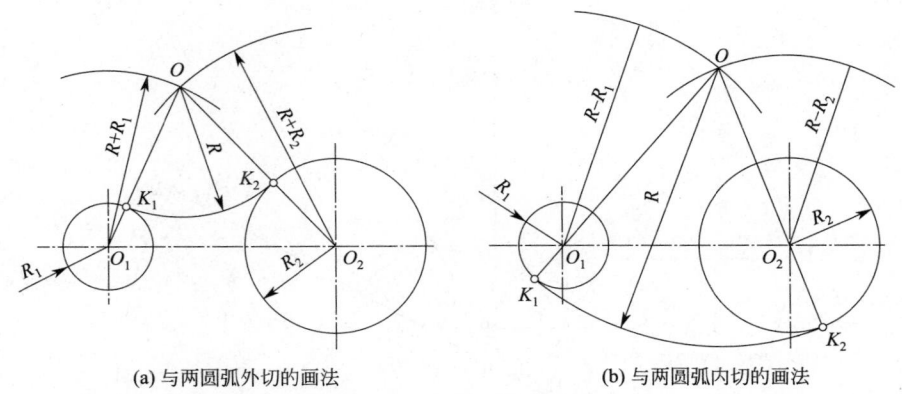

(a) 与两圆弧外切的画法　　　　　　　　(b) 与两圆弧内切的画法

图 5.63　圆弧连接

5.4.4　椭圆和渐开线的画法

（1）椭圆的近似画法　常用的椭圆近似画法为四圆弧法，即用四段圆弧连接起来的图形近似代替椭圆。如果已知椭圆的长、短轴 AB、CD，则其近似画法的步骤如下：

① 连 AC，以 O 为圆心，OA 为半径画弧交 CD 延长线于 E，再以 C 为圆心，CE 为半径画弧交 AC 于 F；

② 作 AF 线段的中垂线分别交长、短轴于 O_1、O_2，并作 O_1、O_2 的对称点 O_3、O_4，即求出四段圆弧的圆心（图 5.64）。

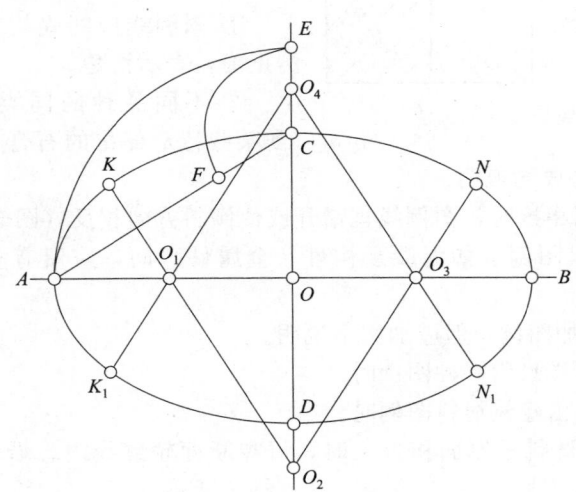

图 5.64　椭圆的近似画法

（2）渐开线的近似画法　直线在圆周上作无滑动的滚动，该直线上一点的轨迹即为此圆

（称为基圆）的渐开线。齿轮的齿廓曲线大都是渐开线（图5.65）。其作图步骤如下：

① 画基圆并将其圆周 n 等分（$n=12$）；

② 将基圆周的展开长度 πD 也分成相同等分；

③ 过基圆上各等分点按同一方向作基圆的切线；

④ 依次在各切线上量取 $1/n\pi D$、$2/n\pi D$、$\cdots$、πD，得到基圆的渐开线。

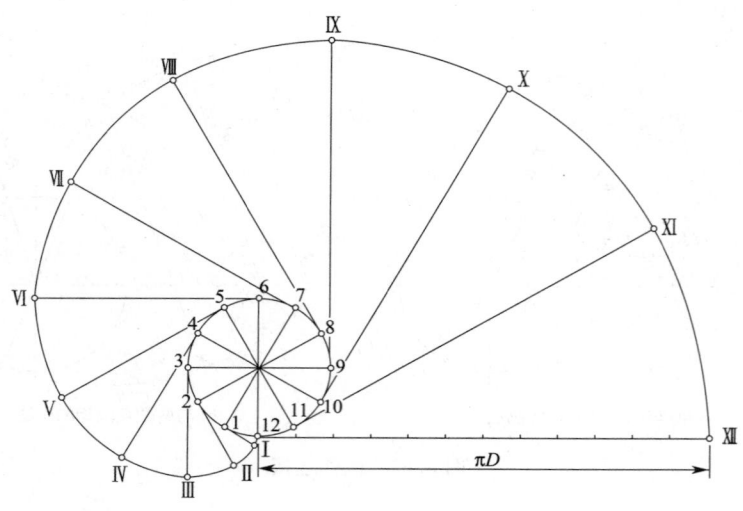

图 5.65　圆的渐开线

5.5　常用建筑图例

5.5.1　一般规定

（1）规范只规定常用建筑材料的图例画法，对其尺度比例不作具体规定。使用时，应根据图样大小而定，并应注意下列事项。

① 图例线应间隔均匀，疏密适度，做到图例正确，表示清楚。

② 不同品种的同类材料使用同一图例时（如某些特定部位的石膏板必须注明是防水石膏

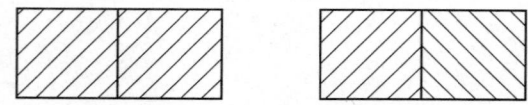

图 5.66　相同图例相接时的画法

板时），应在图上附加必要的说明。

③ 两个相同的图例相接时，图例线宜错开或使倾斜方向相反（图5.66）。

④ 两个相邻的涂黑图例（如混凝土构件、金属件）间，应留有空隙。其宽度不得小于0.7mm（图5.67）。

（2）下列情况可不加图例，但应加文字说明。

① 一张图纸内的图样只用一种图例时。

② 图形较小无法画出建筑材料图例时。

（3）需画出的建筑材料图例面积过大时，可在断面轮廓线内，沿轮廓线作局部表示（图5.68）。

（4）当选用的建筑材料在常用图例中未包括时，可自编图例。但不得与常用图例的符号重复。绘制时，应在适当位置画出该材料图例，并加以说明。

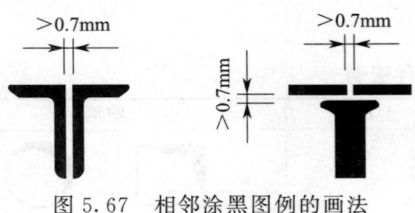

图 5.67　相邻涂黑图例的画法

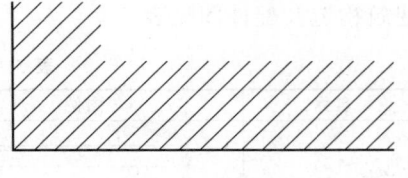

图 5.68　局部表示图例

5.5.2　常用图例

　　常用图例包括常用建筑材料图例、建筑构造及配件图例、总平面中常用的图例、园林景观绿化图例。

　　常用建筑材料图例见表 5.6。

表 5.6　常用建筑材料图例

序号	名称	图例	备注	序号	名称	图例	备注
1	自然土壤		包括各种自然土壤	15	木材		（1）上左图为横断面，上右图为垫木、木砖或木龙骨；（2）下图为纵断面
2	夯实土壤		—
3	砂、灰土		—	16	胶合板		应注明为 X 层胶合板
4	砂砾石、碎砖三合土		—	17	石膏板		包括圆孔、方孔石膏板、防水石膏板等
5	石材		—
6	毛石		—	18	金属		（1）包括各种金属；（2）图形小时，可涂黑
7	普通砖		包括实心砖、多孔砖、砌块等砌体，断面较窄不易绘出图例线时，可涂红，并在图纸备注中加注说明	19	网状材料		（1）包括金属、塑料网状材料；（2）应注明具体材料名称
8	耐火砖		包括耐酸砖等砌体	20	液体		应注明具体材料名称
9	空心砖		指非承重砖砌体	21	玻璃		包括平板玻璃、磨砂玻璃、夹丝玻璃、钢化玻璃、中空玻璃、夹层玻璃、镀膜玻璃等
10	饰面砖		包括铺地砖、马赛克、陶瓷锦砖、人造大理石等
22	橡胶		—
11	焦渣、矿渣		包括与水泥、石灰等混合而成的材料	23	塑料		包括各种软、硬塑料及有机玻璃等
12	多孔材料		包括水泥珍珠岩、沥青珍珠岩、泡沫混凝土、非承重加气混凝土、软木、蛭石制品等	24	防水材料		构造层次多或比例大时，采用上面图例
25	混凝土		（1）本图例指能承重的混凝土及钢筋混凝土；（2）包括各种强度等级、骨料、添加剂的混凝土；
13	纤维材料		包括矿棉、岩棉、玻璃棉、麻丝、木丝板、纤维板等
14	塑料泡沫材料		包括聚苯乙烯、聚乙烯、聚氨酯等多孔聚合物类材料	26	钢筋混凝土		（3）在剖面图上画出钢筋时，不画图例线；（4）断面图形小，不易画出图例线时，可涂黑

　　注：序号 1、2、5、7、8、12、14、16、17、18、22、23、26 图例中的斜线、短斜线、交叉斜线等一律为 45°。

建筑构造及配件图见表5.7。

表5.7 建筑构造及配件图例

序号	名称	图例	序号	名称	图例
1	墙体		10	孔洞	
2	隔断		11	坑槽	
3	玻璃幕墙				
4	栏杆		12	墙预留洞（槽）	宽×高或φ 标高 宽×高或φ×深 标高
5	楼梯	下 下 上 上	13	地沟	
			14	烟道	
6	坡道	下 下 下 	15	通风道	
7	台阶	下	16	新建的墙和窗	
8	平面高差	×× ××			
9	检查孔	不可见　　可见	17	空门洞	$h=$

续表

序号	名称	图例	序号	名称	图例
18	单开单扇门		24	推拉折叠门	
19	双开单扇门		25	墙洞外单扇推拉门	
20	双层单扇平开门		26	墙中单扇推拉门	
21	单开双扇门		27	墙中双扇推拉门	
22	双层双扇平开门		28	推拉门	
23	折叠门		29	门连窗	
			30	旋转门	

序号	名称	图例	序号	名称	图例
31	两翼智能旋转门		37	人防双扇密闭门	
32	自动门		38	横向卷帘门	
33	折叠上翻门		39	竖向卷帘门	
34	提升门		40	单侧双层卷帘门	
35	分节提升门		41	双侧单层卷帘门	
36	人防单扇防护密闭门		42	固定窗	

序号	名称	图例	序号	名称	图例
43	上悬窗		49	双层内外开平开窗	
44	中悬窗		50	单层推拉窗	
45	下悬窗		51	上推窗	
46	立悬窗		52	百叶窗	
47	单层外开平开窗		53	高窗	*h*
48	单层内开平开窗		54	平推窗	

总平面中常用的图例见表5.8。

表 5.8 总平面中常用的图例

序号	名称	图例	说明
1	新建的建筑物	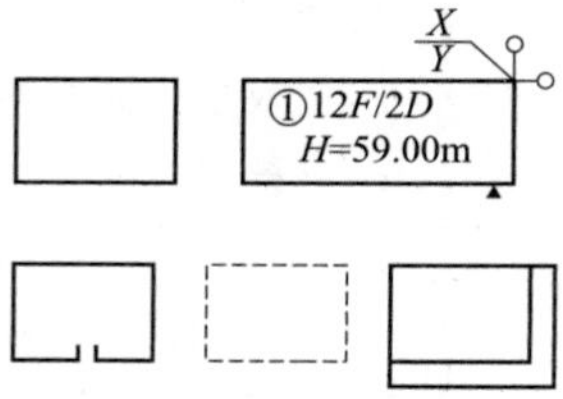 ①12F/2D H=59.00m	地上新建建筑物粗实线、地下粗虚线、悬挑部分细线
2	所有的建筑物	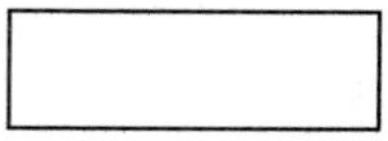	用细实线表现
3	计划扩建的预留地或建筑物		用中粗虚线表示
4	拆除的建筑物	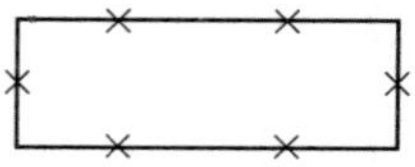	用细实线表示
5	建筑物下面的通道	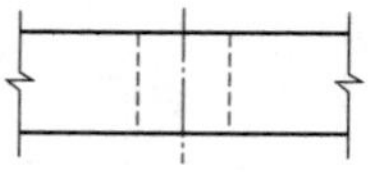	—
6	散状材料露天堆场	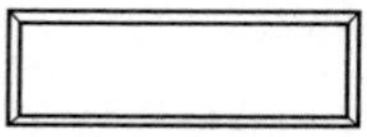	需要时可注明材料名称
7	其他材料露天堆场或露天作业场地	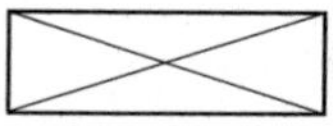	
8	铺砌场地	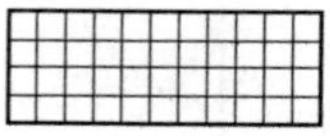	—
9	敞棚或敞廊	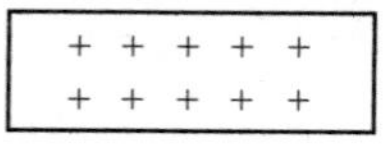	—
10	高架式料仓	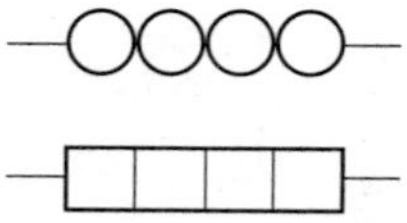	—
11	漏斗式贮仓		左右为底卸式,中为侧卸式
12	冷却塔(池)	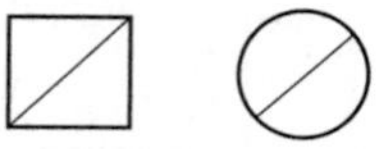	应注明冷却塔或冷却池
13	水塔、贮罐	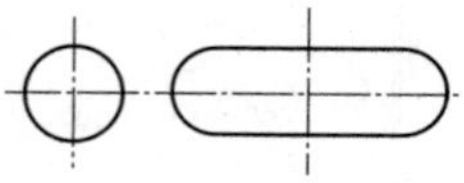	左图为水塔或立式贮罐;右图为卧式贮罐

序号	名称	图例	说明
14	水池、坑槽	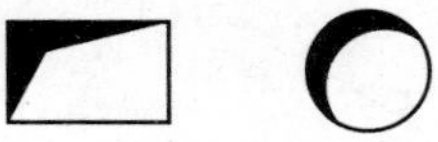	也可以不涂黑
15	烟囱		实线为烟囱下部直径,虚线为基础,必要时可注写烟囱和上下口直径
16	围墙及大门	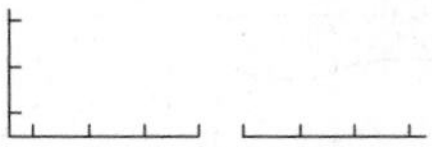	—
17	挡土墙	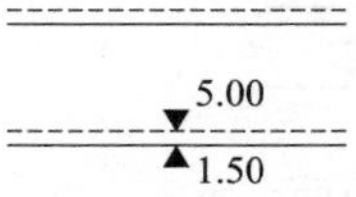 5.00 ▼ 1.50 ▲	根据不同的设计阶段标注墙顶标高、墙底标高
18	挡土墙上设围墙		—
19	台阶及无障碍坡道	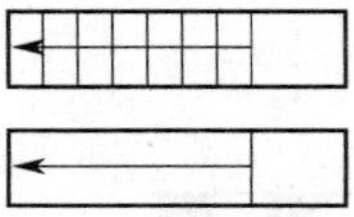	
20	露天桥式起重机	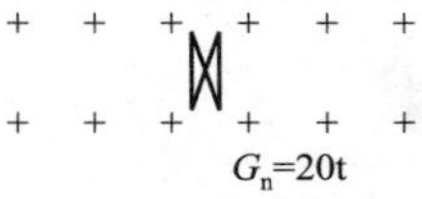 G_n=20t	"+"为柱子位置
21	露天电动葫芦	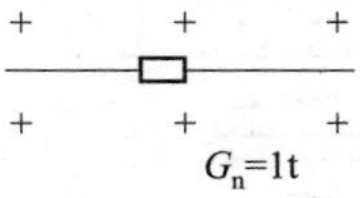 G_n=1t	"+"为支架位置
22	架空索道		"I"为支架位置
23	坐标	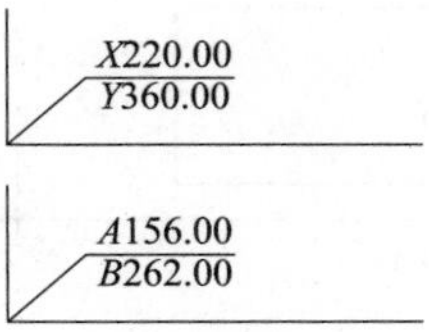 X220.00 Y360.00 A156.00 B262.00	上图为测量坐标;下图为建筑坐标
24	方格网交叉点标高	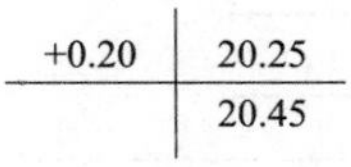 +0.20　20.25 20.45	20.25 为原地面标高;20.45 为设计标高;+0.20 为施工高度;+为填方,－为挖方
25	填土方、挖土方、未平整区及零点线	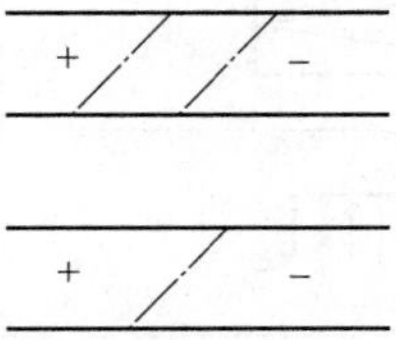 + ／ － + ／ －	"+"表示填方区;"－"表示挖方区;中间为未平整区;点画线为零点线
26	填挖边坡	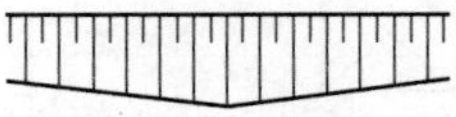	—

序号	名称	图例	说明
27	地表排水方向		—
28	洪水淹没线		洪水最高水位以文字标注
29	截水沟	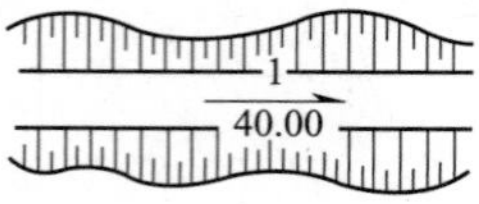	"1"表示1%的沟底纵向坡度,"40.00"表示坡点间的距离,箭头表示流水方向
30	排水明沟	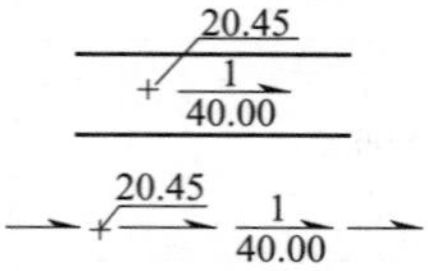	上图用于较大比例,下图较小比例。余同序号29
31	有盖板排水沟	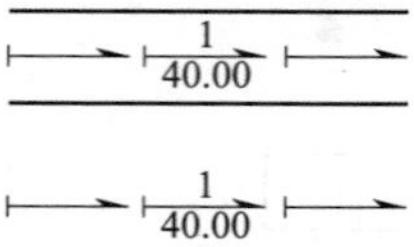	—
32	雨水井	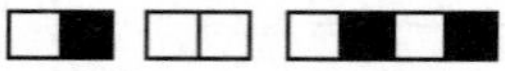	依次表示雨水口、原有雨水口、双落式雨水口
33	消火栓井		—
34	拦水(闸)坝	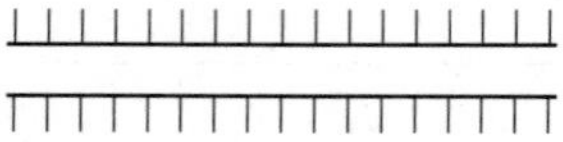	—
35	透水路面	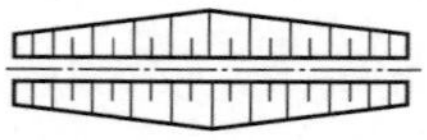	边坡较长时可在一端或两端局部表示
36	过水路面	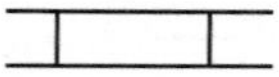	—
37	室内标高	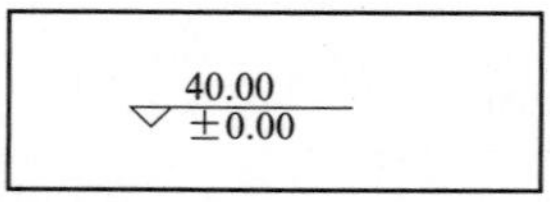	—
38	室外标高		室外标高也可采用等高线表示
39	盲道		—
40	地下车库入口	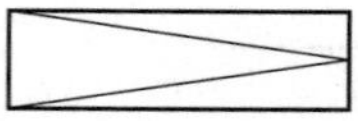	机动车停车场
41	地面露天停车场	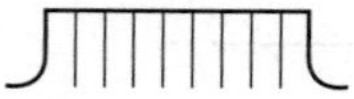	—
42	露天机械停车场	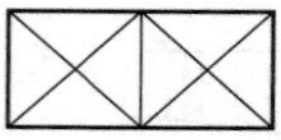	—

园林景观绿化图例见表 5.9。

表 5.9　园林景观绿化图例

序号	名称	图例	序号	名称	图例
1	常绿针叶树	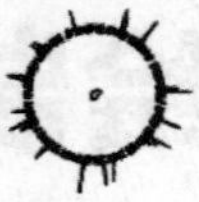	10	竹丛	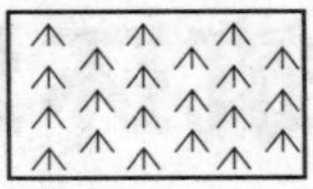
2	常绿阔叶灌木		11	棕榈植物	
3	常绿阔叶乔木		12	水生植物	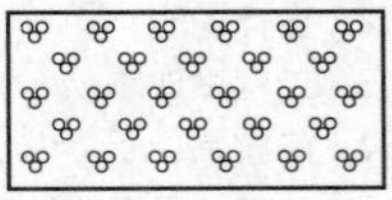
4	落叶阔叶乔木		13	植草砖	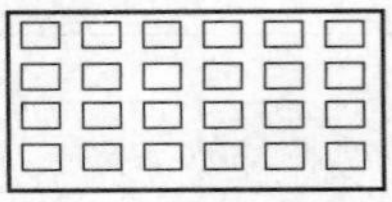
5	落叶阔叶灌木		14	土石假山	
6	落叶针叶树		15	独立景观	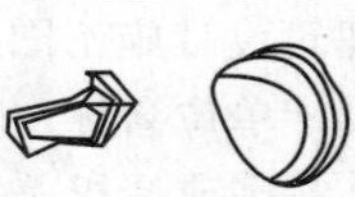
7	绿篱		16	喷泉	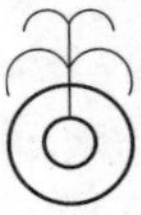
8	花卉	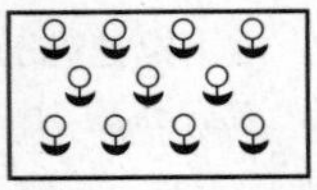	17	自然水体	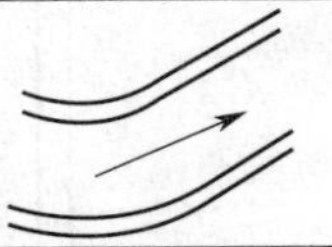
9	草坪(上图为自然的,下图为人工的)	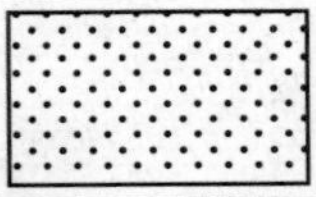 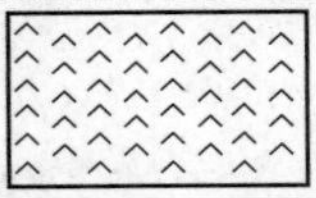	18	人工水体	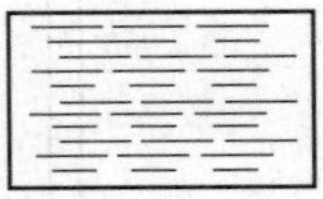

第6章
建筑环境设计施工图绘制

6.1 封面和图纸目录

6.1.1 封面

建筑设计施工图应有总封面。总封面的格式可由设计单位自行设计，内容包括如下：项目名称、设计单位名称、项目的设计编号、编制单位法定代表人、技术总负责人和项目总负责人的姓名及其签字或授权盖章、设计日期（即设计文件交付日期），如图6.1所示。封面具体要求如下。

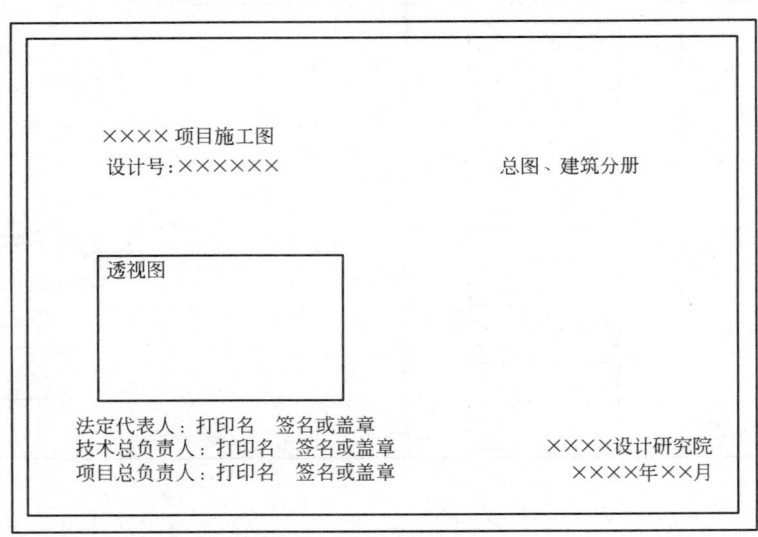

图6.1 施工图封面

① 施工图应有总封面是《建筑工程设计文件编制深度规定》（2008年版）的要求。对于各专业图纸较多的大型工程，建议制出专业分册封面，不同专业分册封面格式应统一。

② 封面内容不允许自行增加。示例中增加了透视图，便于审图单位和施工单位了解工程的形象。

③ 封面的大小应与装订图册大小一致。应按A1、A2、A3、A4标准图幅，字体大小应随

图幅调整，做到协调美观。

6.1.2　图纸目录

图纸目录又称为"标题页"，它是设计图纸的汇总表。一套完整的建筑工程图纸，数量较多，为了方便阅读、查找、归档，需要编制相应的图纸目录。图纸目录一般都以表格的形式表示。图纸目录主要包括图纸序号、工程内容等。

建筑设计项目的规模大小、繁简程度各有不同，但其成图的编制顺序则应遵守统一的规定。一般来说，成套的施工图应按照图纸内容的主次关系、逻辑关系进行有序排列，做到先总体、后局部，先主要、后次要；布置图在先，构造图在后，底层在先，上层在后；同一系列的构配件按类型、编号的顺序编排。同楼层各段（区）房屋建筑设计图纸应按主次区域和内容的逻辑关系排列。

在装订时，图纸目录通常放在首页。图纸目录要按专业列出整套图纸的编号和图样内容，见表 6.1。

表 6.1　图纸目录

序号	图样内容	图号	序号	图样内容	图号
1	设计说明、门窗表、工程做法表	建施 01	18	雨篷配筋图	结施 06
			19	给水排水设计说明	水施 01
2	总平面图	建施 02	20	底层给水排水平面图	水施 02
3	底层平面图	建施 03	21	楼层给水排水平面图	水施 03
4	二～五层平面图	建施 04	22	给水系统图	水施 04
5	地下室平面图	建施 05	23	排水系统图	水施 05
6	顶层平面图	建施 06	24	采暖设计说明	暖施 01
7	南立面图	建施 07	25	底层采暖平面图	暖施 02
8	北立面图	建施 08	26	楼层采暖平面图	暖施 03
9	侧立面图、1—1 剖面图	建施 09	27	顶层采暖平面图	暖施 04
10	楼梯详图	建施 10	28	地下室采暖平面图	暖施 05
11	外墙墙身剖面详图	建施 11	29	采暖系统图	暖施 06
12	单元平面图	建施 12	30	底层照明平面图	电施 01
13	结构设计说明	结施 01	31	楼层照明平面图	电施 02
14	基础平面图、详图	结施 02	32	供电系统图	电施 03
15	楼层结构平面图	结施 03	33	底层弱电平面图	电施 04
16	屋顶结构平面图	结施 04	34	楼层弱电平面图	电施 05
17	楼梯结构图	结施 05	35	弱电系统图	电施 06

从表 6.1 中可以看出，本套施工图共有 35 张图样，其中建筑施工图 12 张，结构施工图 6 张，给水排水施工图 5 张，采暖施工图 6 张，电气施工图 6 张。看图前首先要检查各施工图的数量、图样内容等与图样目录是否一致，防止缺页、缺项。

图纸目录下面的第一张图纸称为施工首页图，主要内容包括设计说明、工程做法表、门窗表、总平面图。如果内容较多，可以分几张图来布置。如果工程较大，总平面图是作为总图专业的图纸列在前面的，对于较小的工程则放在建筑施工图中。

6.2　设计说明

设计说明是对图样中无法表达清楚的内容用文字加以详细的说明，这些内容用文字的形式来表达比用图样更加方便、直观、清晰。其主要内容有：建筑设计依据、建设工程概况、建筑装修、构造的要求，以及设计人员对施工单位的要求。

设计说明通常按专业编写，列在各专业图的首页，如建筑设计说明、结构设计说明、给水排水设计说明等。

6.2.1 设计说明内容

建筑设计说明通常也指建筑设计总说明，主要内容有：

（1）工程概况　工程概况主要介绍工程的总尺寸、总高度、结构形式、建筑面积、总投资等。

（2）设计依据　在设计依据中，需详细列出工程的设计批准文号，耐久年限、耐火等级、抗震设防烈度、设计所依据的国家规范、部门规章或地方性法规、政策以及设计合同文件等。

（3）套用标准图集代号　在工程设计中，构造设计或构配件的选用经常套用标准做法，这些标准做法在全国或各地的标准图集中，均有详细的设计和说明。选用时，应指明所套用的标准图集代号、名称、页码、做法或详图编号。套用时，如需做某些改变，应详细说明或用图样说明所做改变。

（4）装饰装修及构造做法、材料要求等　装饰装修及构造做法、材料要求等，在建筑立面图上和工程做法表中均有详细标注，但具体要求仍需说明清楚。

（5）各专业之间的配合及设计人员对施工单位的要求　各类不同专业的设计人员从本专业的角度对其他相关人员通常需提出相应要求，如材料质量、施工进度、施工方法以及在工程施工中遇到突发事件时的处理程序、处理方法等。

6.2.2 设计说明举例

以下是某工程的建筑设计说明。

（1）工程概况

① 本工程为××科技发展有限公司新厂区职工宿舍楼，主体四层，局部五层，砖混结构。

② 本工程建筑面积 $1794.2m^2$。

③ 体型系数 0.23。

（2）设计标准与等级

① 建筑物类别为Ⅲ类，耐久等级为二级，结构耐久年限为 50 年。

② 抗震设防烈度为 7 度，设计基本地震加速度为 0.15g。

③ 消防耐久等级为二级。

④ 屋面防水等级为Ⅱ级。

（3）设计依据

① 建设单位设计委托书。

② 方案批准文件和批准的方案。

③ 规划管理部门对本工程规划方案的批复文件。

④ 国家及××市规划、环保、抗震、消防等部门现行的有关规定。

⑤ 建设单位提供的基地范围的工程地质勘查报告。

⑥《建筑设计防火规范》《民用建筑设计通则》《宿舍建筑设计规范》及其他有关规范、规定、条文。

（4）施工说明

① 设计标高±0.000 相当于本工程地质勘察报告中的假设高程 0.2m。

② ±0.000 以下采用黏土实心砖，M5 水泥砂浆砌筑，±0.000 以上采用 Kp1 型承重空心砖（孔隙率≤15%）。一～三层采用 M7.5 混合砂浆，三层以上采用 M5 混合砂浆砌筑。

③ 墙基防潮：防水砂浆防潮层。

④ 地面做法：水泥地面。

⑤ 楼面做法：水泥楼面。

⑥ 踢脚做法：水泥踢脚（暗）。

⑦ 护脚线做法：水泥护脚线。

⑧ 内墙面做法

a. 楼梯间混合砂浆粉刷。

b. 其余内墙面粉刷。

⑨ 外墙面做法

a. 南北外墙面做法。

b. 西外墙保温隔热做法。

c. 东西外墙防水：1∶2 水泥砂浆掺 5％防水剂一道。

⑩ 屋面做法

a. 上人平屋顶为倒置式保温屋面，建筑找坡，挤塑保温板，厚度 25mm。

b. 坡屋顶黑色水泥瓦贴面。

⑪ 平顶做法

a. 楼梯间板底做水泥砂浆平顶，白色涂料。

b. 其余平顶做法：板底做水泥砂浆平顶，不刷涂料。

⑫ 油漆

a. 木门漆调和漆。

b. 楼梯木扶手漆调和漆。

c. 楼梯栏杆漆银粉漆。

⑬ 混凝土散水。

⑭ 台阶。

（5）门窗

① 所有外窗均为白色塑钢窗，入户门为塑钢门，其余内门均为木板门。底层宿舍南立面窗户均须安装扁铁防盗窗。

② 门窗制作前应仔细核对实际施工后的洞口尺寸。

（6）建筑构配件

① 烟道出屋面。

② 烟道选用。

③ 水斗及落水管。

④ 楼梯栏杆。

（7）其他

① 施工中应加强土建与水电工种之间的协调与配合，预埋的各种管线严禁事后凿洞。

② 图中尺寸除标高以米（m）计外，其余均以毫米（mm）计。

③ 凡本说明及图上未及之处均按现行国家规范、规程执行。

④ 图上构造柱以结构图为准。

⑤ 滴水线为黑色 UPVC 成品滴水线。

⑥ 所有色彩应先做小样，待设计人员验收合格后方可施工。

⑦ 每层管道井待管井施工完毕后用防火材料隔离。

⑧ 卫生间四周浇高混凝土止水坎（除门的位置外）。

⑨ 所有外窗为白色塑钢窗，5mm 厚白玻加纱窗。

6.3　工程做法表

工程做法表是用表格的形式对建筑各部位的构造做法的详细说明，见表6.2。对构造做法种类较多、变化较大的工程，使用工程做法表可使施工单位在进行工程量统计和材料用量统计时更加方便。

表 6.2　工程做法表

编号	项目名称	施工要求及部位	工程做法
1	铝合金门窗(古铜色)	采用安全玻璃(达到国家及地方验收标准)；型材及五金件	平板中空无色透明玻璃6＋12A＋6,65系列,喷涂型材1.2mm,外窗可开启窗均带纱扇
2	外墙保温、外装饰	单面钢丝网架聚苯板,50mm厚,B1级聚苯板容重不低于20kg/m³,与结构面机械固定,加气块墙腹丝为穿透式锚栓机械固定；按要求增设每层300mm宽岩棉防火隔离带	外墙基层处理： 15mm厚1：2.5水泥砂浆找平层搓毛 钢丝网架聚苯乙烯泡沫塑料板 水泥砂浆抹面、抗裂砂浆罩面 外墙涂料(2遍腻子,2遍涂料)
3	外墙文化石	高层为一二层,多层一般为一层	素水泥粘贴石材 1：1水泥细砂浆勾缝,做暗缝
4	外墙面砖	除底部石材和上部涂料以外的外墙面,外墙阳台及侧隔墙贴砖	外墙保温抗裂砂浆凝固有足够强度 处理好腰线及门窗护角；贴面砖；水泥浆擦缝
5	外墙涂料装饰	依据设计要求	耐水腻子找平,外墙乳胶漆饰面涂料2遍,所有外墙漆平涂
6	楼面1	客厅、卧室	20mm厚1：2水泥砂浆抹面压光 素水泥浆结合层一遍 钢筋混凝土楼板
7	楼面2	卫生间	25mm厚干硬水泥砂浆保护层； 1.5厚聚氨酯防水涂料,面撒黄沙,上返高度500mm；刷基层处理剂一遍 15mm厚1：2水泥砂浆找平层,四周抹小八字角 50厚C15混凝土埋管向地漏找0.5%坡,最薄处不小于30mm厚随打随抹光
8	楼面3	厨房、阳台	20mm厚1：2水泥砂浆抹面压光 素水泥浆结合层一遍 50mm厚C15细石混凝土防水层找坡不小于0.5%,最薄处不小于30mm厚
9	楼面4	楼梯间、走道、电梯间、门厅	混凝土楼板按楼面1施工； 20mm厚1：2水泥砂浆抹面压光；80mm厚C15混凝土
10	内墙面1	卫生间、厨房、阳台	刷建筑胶素水泥砂浆一遍,配合比为建筑胶：水＝1：4；15mm厚2：1：8水泥石灰砂浆,分两次抹灰,细拉毛墙面
11	内墙面2	客厅、卧室(细拉毛不见白)	刷建筑胶素水泥砂浆一遍,配合比为建筑胶：水＝1：4；15mm厚1：1：6水泥石灰砂浆,分两次抹灰；5mm厚1：0.5：3水泥石灰砂浆
12	内墙面3	楼梯间斜板、顶棚、踏步、踢脚、楼梯间公共部位、电梯机房顶棚	刷乳胶漆2遍(电梯机房顶棚不做此项) 满刮腻子2遍,找平；清理墙面
13	顶棚	客厅、卧室、卫生间、厨房、阳台	顶棚打磨,留清水混凝土面层,四周用防脱落粉刷石膏腻子粉弹线找齐
14	踢脚	客厅、卧室、楼梯间	暗踢脚,1：3水泥砂浆打底,1：2水泥砂浆压光,高度180mm,楼梯间为深灰色；当首层地面为石材时,踢脚同地面材料

续表

编号	项目名称	施工要求及部位	工程做法
15	地面	地下室地面	2～4mm 厚自流平涂层；18mm 厚 1：3 水泥砂浆找平层；素水泥浆结合层一遍；80mm 厚 C15 混凝土
16	顶棚	地下室顶棚	顶棚打磨，留清水混凝土面层，四周用防脱落粉刷石膏腻子粉；面层为 2 遍耐水腻子抛光
17	墙面	地下室墙面	清理抹灰基层；满刮腻子一遍；刷底漆一遍；乳胶漆两遍
18	散水	首层楼四周	100mm 厚 C15 混凝土 4%找坡；150mm 厚 3：7 灰土夯实
19	台阶	台阶及坡道	找坡素土夯实，100mm 厚 C15 混凝土；用 25mm 厚 1：3 硬性水泥砂浆粘贴；40mm 厚火烧面花岗石板面层
20	栏杆	楼梯扶手、阳台栏杆、空调板栏杆、飘窗	详见工程做法确认单
21	屋面	上人屋面	保护层：25mm 厚 1：4 干硬性水泥砂浆，面上撒素水泥，上铺 8～10mm 厚地砖，铺平拍实，缝宽 5～8mm，1：1 水泥砂浆填缝 垫层：C20 细石混凝土，内配 Φ 4@150×150 钢筋网片 隔离层：干铺无纺聚酯纤维布一层 保温层：挤塑聚苯乙烯泡沫塑料板 防水层：按屋面说明附表 1 选用 找平层：1：3 水泥砂浆，砂浆中掺聚丙烯或尼龙 6 纤维 $0.75～0.90 kg/m^3$ 找坡层：1：8 水泥膨胀珍珠岩找 2%坡 结构层：钢筋混凝土屋面板

在工程做法表中应详细列出工程做法的分类名称、做法名称、适用部位、套用标准图集的代号，采用非标准做法或对标准做法做适当改变的应在备注中注明。

6.4　门窗表

门窗表是对建筑物上所有不同类型的门窗统计后列成的表格，以备施工、预算需要。施工单位根据门窗表可以非常方便地统计出门窗的类型、尺寸、数量，对工程的预决算和材料准备、施工组织与管理极为方便。

门窗表包括类别、编号、洞口尺寸、每层数量和总数量、选用或参考图集和说明。

（1）门窗表的推荐格式　门窗表推荐格式见表 6.3。

表 6.3　门窗表推荐格式

类别	设计编号	洞口尺寸/mm		樘数						备注
		宽	高	地下一层	地下二层	一层	二层	…	总计	
门										
窗										

（2）门窗类别的编排顺序

① 外门、外门联窗。

② 内门、内门联窗。

③ 外窗（包括竖带形窗、横带形窗、大型组合窗及部分玻璃幕墙）。

④ 内窗、内玻璃隔断。

⑤ 人防门窗应单独列表或列于此表下部。

（3）常用门窗编号

① 常用门窗类别编号，见表 6.4。

表 6.4　常用门窗类别编号

门	木门-M；钢门-GM；塑钢门-SGM；铝合金门-LM；卷帘门-JM；防盗门-FDM；防火门-FM 甲（乙、丙）；防火隔声门-FGM 甲（乙、丙）；防火卷帘门-FJM；门联窗-MLC 人防门参照国家国动委人民防空办公室出版的 RFJ01—2008《人民防空工程防护设备选用图集》或中国建筑标准设计研究院出版的 07FJ03《防空地下室防护设备选用》
窗	木窗-MC；钢窗-GC；铝合金窗-LC；木百叶窗-MBC；钢百叶窗-GBC；铝合金百叶窗- LBC；塑钢窗-SC；防火窗-FC 甲（乙、丙）；隔声窗-GSC；全玻无框窗-QBC
幕墙	MQ
玻璃隔断	GD

② 编号方法，见表 6.5。

表 6.5　编号方法

方法 1	类别代号后加顺序号，例如：LC-1、LC-2、…，M1、M2、…再在门窗表中注洞口尺寸、采用标准图及型号、功能备注；此法在图中清楚，但平面图上不知门窗洞口尺寸
方法 2	类别代号后加洞口宽高编写及代号，例如 GC1215、GC1215A、GC1215B、GM1021、GM1021A、GM1021B……此法字数较多，但平面图中可看出洞口尺寸
方法 3	直接将采用标准图集中的型号写在平面图上

③ 门窗设计说明及注意事项。说明可写在各门窗立面图中或门窗表的备注栏内，大致内容如下：

a. 采用标准图的尺寸或构造改动。

b. 门窗加工尺寸要按洞口尺寸减去相关饰面材料或保温层厚度。

c. 门窗立樘位置。

d. 外门窗附纱与否，纱的材料与形式（平开、卷轴、固定挂扇等）。

e. 玻璃颜色、材质（浮法玻璃、净片、镀膜、钢化、夹胶、防火、中空等）。

f. 框的材质与颜色。

g. 应使用防火玻璃或安全玻璃的部位。

h. 外门窗的抗风压、气密、水密、保温、隔声性能要求。

i. 各种单块玻璃的最大允许面积应遵照 JGJ 113—2015《建筑玻璃应用技术规程》的有关规定。

6.5　建筑总平面图绘制

6.5.1　总平面图的概念

总平面图是根据正投影的原理将各种地面物和地下物向水平方向投影而得到的正投影图，是新建房屋定位、施工放线、土方施工、水电管网布置及施工现场的材料、制品和施工机械堆放和布置的依据，同时也是其他专业管线设置的依据。

从总平面图上可以了解到新建房屋的位置、平面形状、朝向、标高、层数，新建道路和绿化，原有房屋、道路、河流、水电设施等。总平面图如果地形起伏较大，应画出等高线。由于总平面图包括的地域范围较大，一般采用 1∶500、1∶1000、1∶2000 的小比例绘制。

6.5.2　总平面图图示方法

总平面图主要用来表示新建房屋基地范围内的新建、拟建、原有和拟拆除的建筑物、构造物及周边环境，包括地形、地貌、地面设施及障碍物、地下设施（如管道、光缆等）。由于总平面图上要表示的内容很多，而比例又很小，因而只能用图例来代表。《总图制图标准》（GB/T 50103—2010）给出了规定的图例，绘制总平面图时应严格执行这些标准图例。在较复杂的总平面图中，若国家标准规定的图例还不够选用，可按照标准的有关规定，自行画出某种图形作为补充图例，但必须在图中适当的位置另加说明。总平面图中的坐标、距离、标高等均以米为单位，并精确到小数点后两位，但坐标为小数点后三位（图 6.2）。

6.5.3　总平面图表达内容

总平面图上通常应表示出以下内容。

（1）新建工程基地范围内的地形、地貌　如果地形的起伏较大，应画出等高线。

（2）新建工程的范围、位置、标高、层数

① 新建工程的范围。指新建工程的水平轮廓线，用粗实线表示。

② 新建工程的标高。指新建工程底层地面（即±0.000 处）的绝对标高。新建工程的标高直接标注在新建工程的轮廓线范围内。

③ 新建工程的层数。应用相应数量的小圆点标注在新建工程轮廓线范围内的某一角上。例如，新建工程为五层，就画五个小圆点。

④ 新建工程的定位方法有以下三种。

a. 用新建建筑与原有建筑间的距离定位。通常在总平面图上标出新建建筑某一角的纵横定位轴线的交点与原有建筑（应选择相对较新的永久建筑）某一角的纵横两个方向的水平投影距离。

b. 用施工坐标定位。新建建筑可利用总平面图中的坐标网定位，坐标网分为测量坐标网和建筑坐标网两种。

测量坐标网的坐标代号用"X、Y"表示，X 表示南北方向，Y 表示东西方向，坐标网格为十字线，其比例与地形图相同。用测量坐标给建筑物定位时应至少标注建筑物任意三个角的坐标。

如果建筑物的朝向不是正南正北或正东正西，其主轴线与测量坐标网不平行，这时，可增画一个与房屋主轴线平行的坐标网——建筑坐标网。建筑坐标网画成网格通线，坐标代号用 A、B 表示，A 为横轴，B 为纵轴。用建筑坐标给建筑物定位时应至少标注建筑物任意两对角的坐标。

同时画有测量和建筑两种坐标系统时，应在附注中注明两种坐标系统的换算公式。如无建筑坐标系统时，应标出主要建筑物的轴线与测量坐标轴线的交角。

c. 用新建建筑与周围道路间的距离定位。周围道路中心线可以看成坐标轴，在总平面图上标出新建建筑物某一角点至附近两条相交道路中心线间的距离即可完全确定新建建筑物的位置。

（3）与场地规划有关的相邻主要已有建筑物、构筑物的位置、坐标或相对尺寸、名称、层数。

（4）场地内保留的建筑物、构筑物、名木、古树的位置、坐标或相对尺寸及保护范围。

（5）场地内保留的市政管线位置、坐标或相对尺寸，管线名称、管径、压力及保护范围。

（6）场地内建筑红线范围，场地内地上新建建筑物、构筑物、围墙位置、名称、层数、室内设计标高。建筑物、构筑物使用编号时，应列出"建筑物和构筑物名称编号表"。

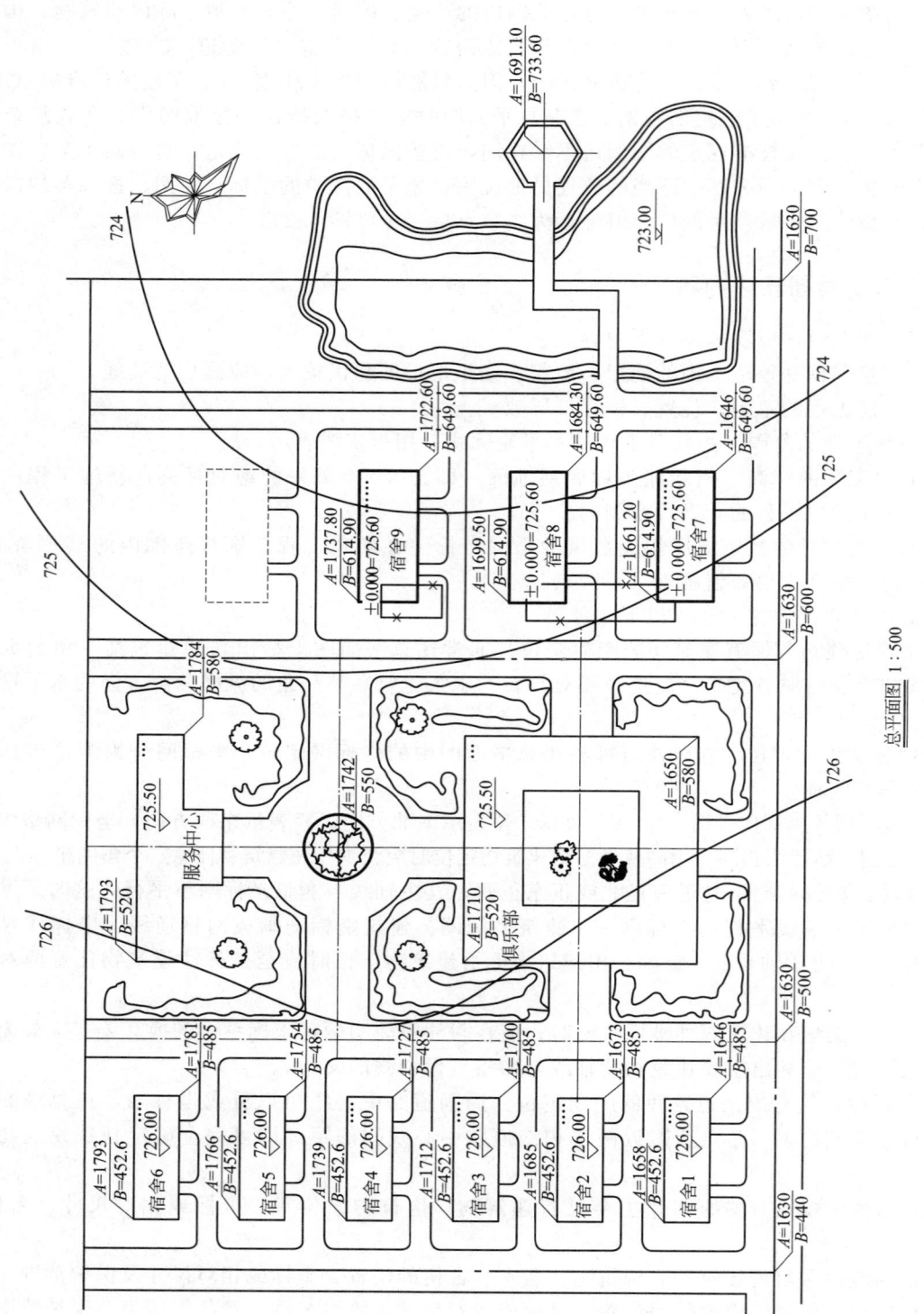

总平面图 1:500

图 6.2 总平面图

（7）地下建筑物以粗虚线表示其最大范围，如其覆土厚度不同根据工程需要进行区别。地下建筑的地面出入口坡道或楼梯间以实线表示。

（8）场地内道路系统中，主干道如车行、人行分设时，需分别表示车行道、人行道；并应标明主干道、次干道、道路中心线交叉点处坐标。标明场地机动车、人行道与外部交接处的主、次出入口。

（9）广场、地上停车场、运动场、消防登高场地，以边线定位，主要广场定位标明相关尺寸。挡土墙、围墙、排水沟，以中心线或相对尺寸定位。

（10）环境景观绿化设计仅表示重点景观如水景、水系等的控制性示意图。

（11）如有分期建设项目，标明各期建设用地范围，对后期建设与前期项目有调整、改变的应予以表示或说明。

（12）指北针或风玫瑰图宜放在图纸右上角，整套图应保持一致。

（13）图纸上的说明

① 设计依据如下

a. 建设审批单位对本工程初步设计（或方案设计）的批复文件号。

b. 当地城市建设规划管理部门对本工程初步设计或方案设计的审批意见（文件号、日期）

c. 当地消防、人防、园林、交通等主管部门对本工程初步设计的审批意见（文件号、日期）。

d. 地形测量图提供单位，测量坐标、高程系统。如自设坐标系统需说明与原地形测量系统换算关系。如高程系统采用地方系统，需说明高程系统换算关系。

② 标注尺寸单位。

③ 需要特别说明的问题。

④ 补充图例。

⑤ 主要技术经济指标和工程量表。如居住小区设计，应符合 GB 50180—1993《城市居住区规划设计规范》（2002 年版）的规定，并需列出各幢住宅单元组合及各种套型数量，单项工程注明总用地、总建筑面积，其中包括地上、地下建筑面积，建筑基底面积，建筑高度、层数，道路广场占地面积、绿地面积、建筑密度、容积率、绿地率、停车数量（地上、地下）等。

⑥ 图纸名称、比例。

6.5.4　总平面图识图实例

如图 6.3 所示，以某学校总平面图为例，介绍其图上表示内容。

（1）图名和比例　图名：总平面图；比例：1∶500。

（2）新建建筑　新建建筑的工程名称为 2 号学生宿舍，图上用粗实线表示；层数为五层。

（3）原有建筑　新建建筑的北面是学生食堂，二层；再往北是 1 号学生宿舍，五层；新建建筑的南面是办公楼，四层；再往南是图书馆，三层；新建建筑的东面是教学楼，五层，局部四层；教学楼的南面是实验楼，三层；1 号学生宿舍的东面依次是 2 号职工住宅、1 号职工住宅，均为五层。原有建筑在图上用细实线表示。

（4）拟拆除的建筑　新建建筑的位置为原职工活动中心，二层；新建建筑的东北是实训中心，一层。这两幢建筑均属准备拆除的建筑，在图上用细实线加"×"表示。

（5）计划新建的建筑　实训中心的位置计划新建实验楼，图上用虚线表示。

（6）场地的地形　地形基本平坦，自西南向东北稍稍升高，高差约 1.5m，可从四条等高线上看出。

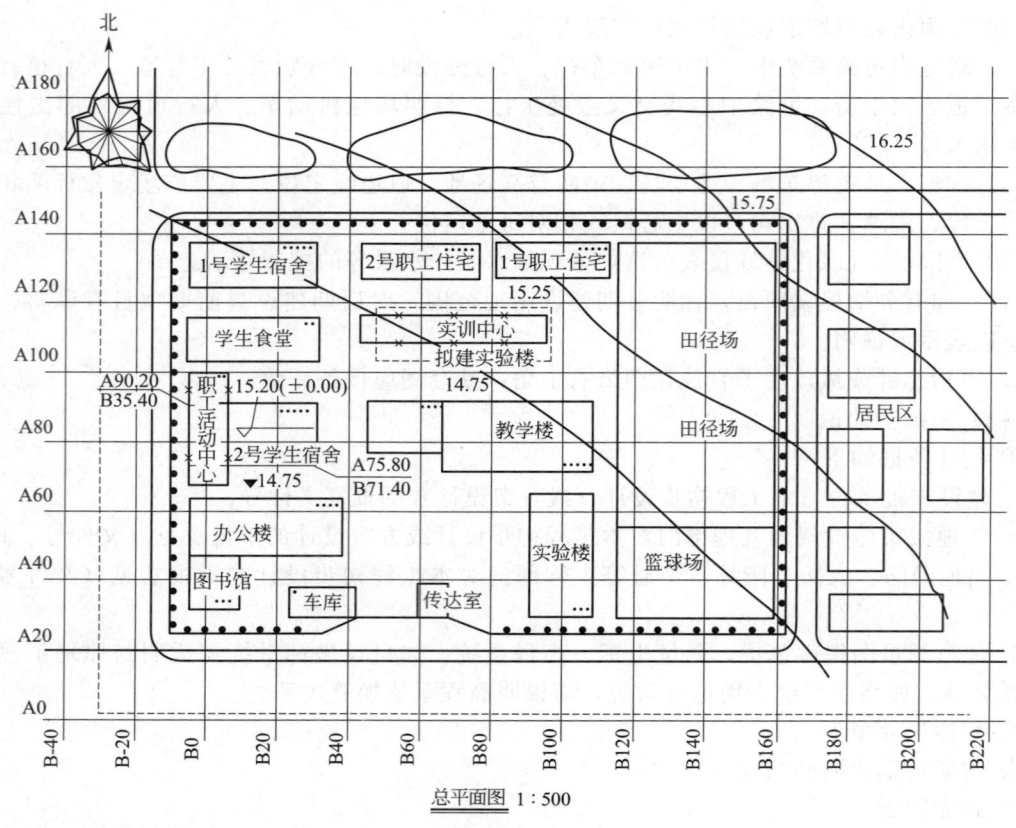

图 6.3 某学校总平面图

（7）其他 教学楼的东面是田径场、篮球场，学校围墙的北面是三个小河塘，东面是居民区。

（8）附近的道路、绿化

（9）新建建筑的定位 图上标有建筑坐标网，网格 20m×20m。坐标轴与新建建筑的轴线平行，因而只在两对角上标注了坐标，西北角的坐标是 A90.20、B35.40，东南角的坐标是A75.80、B71.40，可以推算出新建建筑的东西长度为 71.40m－35.40m＝36m，南北宽度为90.20m－75.80m＝14.4m。

（10）新建建筑的竖向定位 新建建筑室内地面的标高为 15.20m，室外地坪的标高为14.75m（黑三角），均为绝对标高，精确到小数点后面第二位。

（11）指北针和风玫瑰图 图的左上角画有带指北针的风玫瑰图。可以看出，新建建筑的朝向为正南方向，主导风向为正北风，夏季主导风向为东南风。

6.6 建筑平面图绘制

6.6.1 平面图的概念

建筑平面图是表示建筑物平面形状、房间及墙（柱）布置、门窗类型、建筑材料等情况的图样，是施工放线、墙体砌筑、门窗安装、室内装修等项目施工的依据。

建筑平面图是建筑施工图中最重要和最核心的图样，有完整的轴线网，墙、柱及门窗洞口等主要结构和构配件的布局、位置、尺寸等在平面图上都有明确的标注。其他专业（特别是结构与设备）对建筑的技术要求也主要表示在平面图中（如墙厚、柱子断面尺寸、管道竖井、留洞、地沟、地坑、明沟等）。因此，建筑施工图的平面图与其他图相比，较为复杂，绘制也要求全面、准确、简明。

6.6.1.1　平面图的内容

建筑平面图反映了建筑中各个不同的功能分区的名称、大小、位置、布局及相互联系；反映了墙、柱等垂直承重构件的数量、位置和断面尺寸；反映了通过墙、柱分割形成的各房间的名称、大小、形状及布置；反映了所有门窗的洞口宽度、位置和编号；反映了位于房屋外部的雨篷、阳台、落水管、台阶、坡道、花池等建筑构配件的数量、位置和平面尺寸。

6.6.1.2　平面图的分类、名称

建筑的层数往往较多，每层的布局、结构、设备、装修等并不完全相同；而另一方面，建筑的内部非常复杂，为了避免过多的虚线影响读图，原则上每层建筑应有一个平面图，将该层窗洞至下层窗洞范围的建筑布局、结构或构件以及设备的数量、位置、尺寸等用正投影的方法清晰地表示出来。

从室外进到室内的第一层，习惯上称为底层平面图，往上依次叫二层平面图、三层平面图……顶层平面图、屋顶平面图，往下依次叫地下一层平面图、地下二层平面图……

许多多层建筑或高层建筑中，从第二层起，往往有很多楼层的布局、结构完全相同，这时，只要画出一层即可，这一层称为标准层。比如，2～10 层完全相同，只要画出二层平面，在图的下面标上图名，图名可以是"标准层平面图"或"2～10 层平面图"，也可以用标高的形式来表示，如："3.600～25.200 平面图"，"3.600"表示二层的楼面标高，"25.200"表示十层的楼面标高。

某些楼层仅局部稍有不同，这时也可以用局部平面图的形式画出不同部分，其余部分用折断线断开。标准层中间如果个别楼层有变化，可将其单独画出。

顶层平面图一般不同于其他楼层，需单独画出，屋顶平面图更是不同于所有平面图，必须单独画出。

如前所述，为避免虚线过多和表达清晰，平面图是分层单独表示的，每层表示的内容仅限于该层剖切平面至下一层剖切平面的范围，比如，底层的雨篷在底层平面的剖切平面位置以上，二层剖切平面位置以下，因而在底层平面图上不能画出，在二层平面图上必须画出，但在三层平面图上不能画出。

6.6.2　平面图图示方法

6.6.2.1　线型

建筑施工图中所用各种线型，应首先满足《房屋建筑制图统一标准》（GB/T 50001—2010）的规定，然后按照《建筑制图标准》（GB/T 50104—2010）的有关规定执行。

平面图中各种图线的宽度和应用范围可参见第 5 章表 5-1。

6.6.2.2　图例

由于建筑的尺寸较大，平面图作为建筑的基本图必须表示出建筑在各不同方向上的全貌，受图纸空间的限制，其比例往往很小，多采用 1:100，有时也采用 1:50 或 1:200。在这种小比例的图上，建筑的很多细部，如门窗的断面，墙柱的粉刷、楼梯、卫生设备等无法用真实的投影来表示，只能用相应的图例来表示。

《建筑制图标准》（GB/T 50104—2010）规定了各种建筑构造和配件以及各种水平和垂直运输装置的图例，详见第 5 章表 5-7、表 5-8。熟悉了这些常用图例，看图时就非常

轻松。

建筑的某些局部可能比较复杂，在平面图上无法表示清楚，这时应另画详图表示，但在平面图上应画出详图索引符号。

6.6.2.3 定位轴线

建筑的墙柱等主要承重构件，应使其中心线或边缘处与定位轴线重合，以便施工时能正确定位。定位轴线是平面图上的主要内容，在画图和施工时都是首先要确定的。定位轴线是确定建筑各部分平面位置的基本依据。

6.6.2.4 尺寸及标高

除了定位轴线外，平面图上还必须标注完整、详细的尺寸（单位为 mm）和必要的标高（单位为 m），才能完全确定建筑各部分的平面位置和具体尺寸。建筑平面图上标注的尺寸均为未经装饰的结构完成面尺寸，标高一般均为建筑完成面标高，屋面等建筑找坡的部位则注结构完成面标高并加注（结）或（结构）。

在平面图的下方和左侧应标注至少三道尺寸，其他两侧如果有变化，也应标注三道尺寸。

第一道尺寸，即最里面的一道，用来标注外墙上的门窗洞口、墙段、柱等细部的大小和位置，称为细部尺寸。每一个标注对象必须标出其长度（称为定形尺寸）和与附近的定位轴线之间的尺寸（称为定位尺寸）。

第二道尺寸，即中间的一道，用来标注各定位轴线之间的尺寸。根据这道尺寸，可以一眼看出各房间的开间（指进门后视野开阔方向的尺寸）和进深（指进门后径直走下去的深度）。

第三道尺寸，即最外面的一道，用来标注该方向的建筑总长度，要注意该尺寸是指建筑的外包尺寸，即墙的外缘至外缘的尺寸。

建筑的内部尺寸应就近标注，不能标在外围，否则标注离得太远，不便看图，而且容易与外围尺寸混淆。内部尺寸通常只需标注一道。

各层平面应标注完成面的标高以及标高有变化的楼、地面的标高，楼梯另有详图，可不单独标注。楼梯、台阶、坡道应标上下箭头，并注明"上"或"下"，"上"或"下"是相对本层的标高而言的。

6.6.2.5 房间名称和门窗号

建筑平面图必须在每个房间标注房间名称，装修做法不同的房间，房间名称最好区分开。平面图上的房间名称要与房间用料表上的房间名称一致。

平面图还必须标注门窗号。门的开启方向应在平面图上表示，窗在平面图上不表示开启方向。由于单扇（或双扇）单面平开门与单扇（或双扇）防火门的平面图例相同，卷帘门和提升门的平面图例也一样，窗的平面图例也都基本相同。所以，不同种类的门窗依靠编号区别，并与门窗表中的门窗类别、门窗号一一对应。如果建筑有上下两层窗或局部夹层的情况，应该增加高窗平面图或夹层平面图。当在一个空间里的窗分上、下两樘时，窗号可重叠标注为：上LC01，下 LC02。

6.6.2.6 索引详图

建筑平面图应对楼梯、电梯、坡道、卫生间编号，并标出索引详图图号。机房或其他平面放大图也都要标出索引详图图号。各层或多层共用的详图索引号可不必层层标注，一般注在底层和标准层即可。

6.6.2.7 虚线

建筑平面图中还要用虚线画出一些图示范围以外但需要表达的内容，如高窗、通气孔、沟槽、隔板、吊橱等，特别是设备在建筑墙上的留洞，大于300mm×300mm的都要画出来并标注清楚。

6.6.3 地下室平面图

6.6.3.1 地下室平面图要增加的内容

地下室外围护墙一般为钢筋混凝土墙体，外侧应画出防水层的保护层，并索引防水节点。地下室平面需标明天井、盲沟、排水沟、集水坑位置与尺寸。

6.6.3.2 地下室总体设计要点

建筑物的地下部分由于在室外地面之下，因此，地下室的采光、通风、防水、结构处理以及安全疏散等设计问题，均较地上层复杂。由于没有自然采光通风，地下室一般布置设备用房、车库、库房等附属房间。有的工程还需要做人防，人防工程一般均位于地下室的最底层。地下室设计要满足设备用房、车库、人防等用房特殊的使用和工艺要求，又必须考虑经济因素，地下室的深度应尽可能减小；同时，当地下室的范围超出一层的轮廓线时，应考虑上面的覆土层厚度满足景观绿化和室外管线的需要，并提交给结构工程师考虑相应荷载。当消防车道下面为地下室时，结构应考虑消防车的荷载。

6.6.3.3 地下室内部装修要点

地下室建筑因所处的位置特殊，一旦出现火灾，人员的疏散避难及对火灾的扑救都十分困难。我国GB 50222—1995《建筑内部装修设计防火规范》（2001年修订版）对地下建筑物的装修防火要求的宽严主要取决于人员的密度。对人员比较密集的商场营业厅、电影院观众厅等，在选用装修材料时，应选择具有较高的防火等级的材料；而对旅馆客房、病房，以及各类建筑的办公用房，因其单位空间同时容纳人员较少且经常有专人管理、值班，所以在确定装修材料燃烧性能等级时予以了适当的放宽；对于图书、资料类的库房，因其本身的可燃物数量较大，所以要求全部采用不燃烧材料装修。另外，在进行地下建筑装修时还应特别注意以下内容。

① 疏散走道、楼梯间、自动扶梯和安全出口是人员在水平和竖直方向撤离的通道，必须确保这些通道不成为起火点和助长其他火源加速蔓延的介体。为此在这些部位的顶棚墙面和地面必须采用A级装修材料。

② 地下公共娱乐场所的顶棚、墙面必须采用A级装修材料，地面采用不低于B1级的装修材料。

6.6.3.4 地下车库设计要点

车库的类型很多，有单层、多层甚或还有高层汽车库。目前高层建筑的地下多建有机动车停车库，地下车库的排水措施、停车数量、车行安全出口的数量、宽度、坡度；人员安全出口数量、宽度及安全疏散距离均应符合规范要求。同时，应满足交通、人防等专业的特定要求。另外，在建筑设计中有几个关键数据应当掌握：

（1）车库规模 在JGJ 100—2015《车库建筑设计规范》中，把汽车库建筑规模按汽车类型和容量分为四类，见表6.6。

表6.6 车库建筑分类

单位：辆

规模	特大型	大型	中型	小型
停车数	＞500	301～500	51～300	＜50

在GB 50067—2014《汽车库、修车库、停车场设计防火规范》中，把汽车库的防火分类分为四类，见表6.7。

表 6.7　车库的防火分类

名称	I	II	III	IV
汽车库	>300 辆	151～300 辆	51～150 辆	≤50 辆
修车库	>15 车位	6～15 车位	3～5 车位	≤2 车位
停车库	>400 辆	251～400 辆	101～250 辆	≤100 辆

（2）车位基本尺寸　车位基本尺寸各国不尽一致，略有大小出入，我国资料、书籍中也有差别。在设计时还是应以规范的规定为准。例如垂直式停放时，小型车后退停车其车位的长、宽和中间通道宽的尺寸分别为 5.3m、2.4m 和 5.5m。

（3）柱间净距　地下车库柱网的决定要与停车方式密切配合，要保证车辆能自如地转弯、停泊和开出，以小轿车、面包车为例，柱间净距分别为：停两辆者 5.4m、停三辆者 7.8m。

（4）净高　室内有效高度应为最大汽车总高加 0.5m，微型车、小型车汽车库室内最小净高为 2.2m。

值得注意的是，地下车库通常设有风管和自动喷淋的水管，结构高度也是比较大的。因此，高层建筑的地下车库的层高往往大于 3.6m，设计时要精心安排，以求得最佳尺寸。该尺寸不但影响造价，而且影响上下坡道的设计。

（5）转弯半径　JGJ 100—2015《车库建筑设计规范》中规定，汽车库内汽车的最小转弯半径，见表 6.8。

表 6.8　汽车库内汽车的最小转弯半径

车型	最小转弯半径/m	车型	最小转弯半径/m
微型车	4.50	中型车	8.00～10.00
小型车	6.00	大型车	10.50～12.00
轻型车	6.50～8.00	铰接车	10.50～12.50

（6）坡道　进入地下汽车库需要有坡道，坡道可以是直线、曲线或为二者的结合。坡道设计的重点是确定坡道的位置、数量。大中型汽车库的库址，车辆出入口不应少于 2 个；特大型汽车库库址，车辆出入口不应少于 3 个，并应设置人流专用出入口。各汽车出入口之间的净距应大于 15m。坡道的宽度，一般按照 GB 50067—2014《汽车库、修车库、停车场设计防火规范》的规定，汽车疏散坡道的宽度不应小于 4m，双车道不宜小于 7m。汽车库内当通车道纵向坡度大于 10% 时，坡道上、下端均应设缓坡。

（7）设计取值　我们通常设计的地下车库多为微型、小型车库。汽车转弯半径按 6m 设计，汽车库最小净高应≥2.2m。如确实需要停大型车，甲方会提出要求，设计取值也要相应调整。

（8）汽车库的防火　首先应划分防火分区，汽车库应设防火墙划分防火分区。每个防火分区的最大允许建筑面积见表 6.9。

表 6.9　汽车库防火分区最大允许建筑面积　　　　　　　　　　单位：m²

耐火等级	汽车库类型	不设置自动灭火系统	设置自动灭火系统
一、二级	单层汽车库	3000（复式汽车库 1950）	6000（复式汽车库 3900）
	多层汽车库 半地下汽车库	2500（复式汽车库 1625）	5000（复式汽车库 3250）
	地下汽车库或 高层汽车库	2000（复式汽车库 1300）	4000（复式汽车库 2600）
三级	单层汽车库	1000（复式汽车库 650）	2000（复式汽车库 1300）

6.6.4 一层平面图

建筑物的一层是地下与地上的相邻层，并与室外相通，因而成为建筑物上下和内外交通的枢纽。就图纸本身而言，首层平面可以说是地上其他各层平面、立面和剖面的"基本图"。因为地上层的柱网及尺寸、房间布置、交通组织、主要图纸的索引，往往在底层平面首次表达（图 6.4）。与其他层平面相比，一层平面图更为重要，内容比较复杂，设计难度也较大。

6.6.4.1 一层平面图表达内容

① 图名、比例。

② 定位轴线及编号。

③ 房间名称、形状、尺寸。

④ 楼梯、走道、门厅等交通联系设施。

⑤ 墙和柱的数量、位置、断面形状和尺寸。

⑥ 门窗的数量、位置、洞口宽度及编号。

⑦ 卫生间、厨房等固定设施的布置。

⑧ 房间、走道等地面高差分界线。

⑨ 台阶、花台、散水、明沟、落水管等室外构配件的位置、形状、尺寸及排水坡向等。

⑩ 尺寸和标高。

⑪ 剖切符号及编号。

⑫ 索引符号及编号。

⑬ 指北针。

⑭ 对称符号。

6.6.4.2 一层平面图绘制要点

① 一层平面图中除了绘制各层平面均须绘制的基本内容以外，还应标出室外台阶、坡道、散水、排水沟、花池、平台、雨水管和室内的暖气沟、入孔等的位置，以及指北针；另外，要在一层平面图中标出剖切符号。剖视的方向宜向左、向上，以利看图。

② 剖视符号的编号宜采用阿拉伯数字，按顺序由左至右、由下至上连续编排，并应注写在剖视方向线的端部。

③ 在各主要入口处的室内、室外应注明标高，在室外地面有高低变化时，应在典型处分别注出设计标高（如：踏步起步处、坡道起始处、挡土墙上下处等）。在剖面的剖切位置也宜注出，以便与剖面图上的标高及尺寸相对应。

④ 简单的地沟平面可画在底层平面图内。复杂的地沟应单独绘制，以免影响底层平面的清晰。

⑤ 外排水雨水管的位置除在屋面平面中绘出外，还应在底层平面中绘出。

⑥ 部分建筑的底层入口应按相关规范规定的范围做无障碍设计。

⑦ 需设消防控制室的建筑，其面积、位置及对外出入口应符合规定。

⑧ 疏散楼梯到室外出口的距离应满足规范要求。

6.6.4.3 一层平面图识读注意事项

① 先粗略查看，后详细阅读。粗略查图名、定位轴线、房间、楼梯、走道及外围两道尺寸，对房屋的整体轮廓有一个初步的了解，再详细阅读其余的细节。

② 按照上述图示内容的顺序逐个阅读。

③ 重点查看定位轴线、墙和柱与定位轴线的关系、门窗洞口的位置和宽度及编号、1～3级标注、标高等。

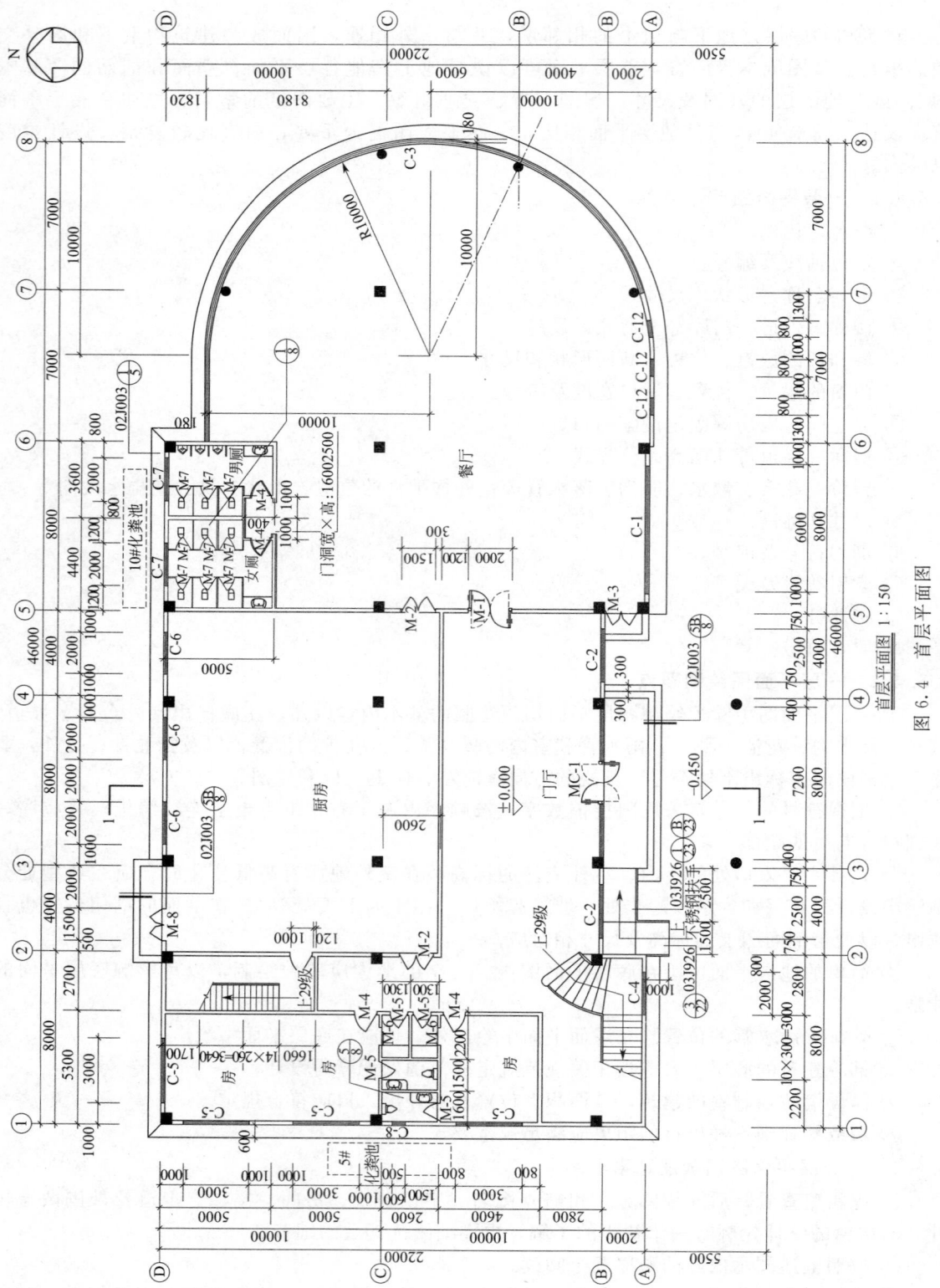

首层平面图 1:150

图 6.4 首层平面图

④ 注意与其他楼层平面图、剖面图对照阅读。不同楼层的结构类型、墙体布置、房间大小等可能不同，应仔细阅读，注意它们的区别；不同楼层的层高、门窗的位置和尺寸、室内外各种构配件可能也不同。

⑤ 要特别注意不同地面的微小高差等细节变化。同一楼层中，各部分的标高有所不同，特别是厨房、卫生间、阳台等部分，常常比相邻主体部分的地面低 20～30mm；某些建筑中，不同房间的层高可能相差 1/3 以上，甚至几层合并成一层。这些相邻高差的分界处有一条分界线，并且分别标注了各自的标高。

⑥ 注意剖切符号的位置，并对照相应的剖面图；

⑦ 注意指北针、对称符号等。

6.6.5　楼层平面图

楼层平面，是指建筑物二层和二层以上的各层平面。其中完全相同的多个楼层平面（也称标准层），可以共用一个平面图形，但需注明各层的标高，且图名应写明层次范围（如：三～八层平面）如图 6.5 所示。

6.6.5.1　楼层平面图表达内容

① 图名、比例。

② 定位轴线及编号。

③ 房间名称、形状、尺寸。

④ 楼梯、走道、门厅等交通联系设施。

⑤ 墙和柱的数量、位置、断面形状和尺寸。

⑥ 门窗的数量、位置、洞口宽度及编号。

⑦ 卫生间、厨房等固定设施的布置。

⑧ 房间、走道等地面高差分界线。

⑨ 阳台、雨篷、落水管等室外构配件的位置、形状、尺寸及排水坡向等。

⑩ 尺寸和标高。

⑪ 索引符号及编号。

6.6.5.2　楼层平面图的绘制要点

楼层平面中的大部分内容在底层平面图中都已出现。绘制楼层平面图时应重点查看房间是否有合并、分割的情况，即墙体是否有变化。另外，柱子、门窗、标高等也是重点查看的对象。

为了使图面更加清晰，看图改图方便，楼层平面图的标注可适当简化，除外部的三道尺寸线、轴线编号、门窗号必须保留，与底层或下一层相同的尺寸可省略，各层中相同的详图索引，均可以只在最初出现的层次上标注，但应在图注中说明，以表达完整清晰为原则。

底层平面图中已经出现的散水、明沟、台阶、花池等室外构配件以及剖切符号、指北针等，楼层平面图中不再表示。

6.6.6　屋顶平面图

6.6.6.1　屋顶平面图表达内容

① 图名、比例。

② 定位轴线及编号。

③ 尺寸和标高。

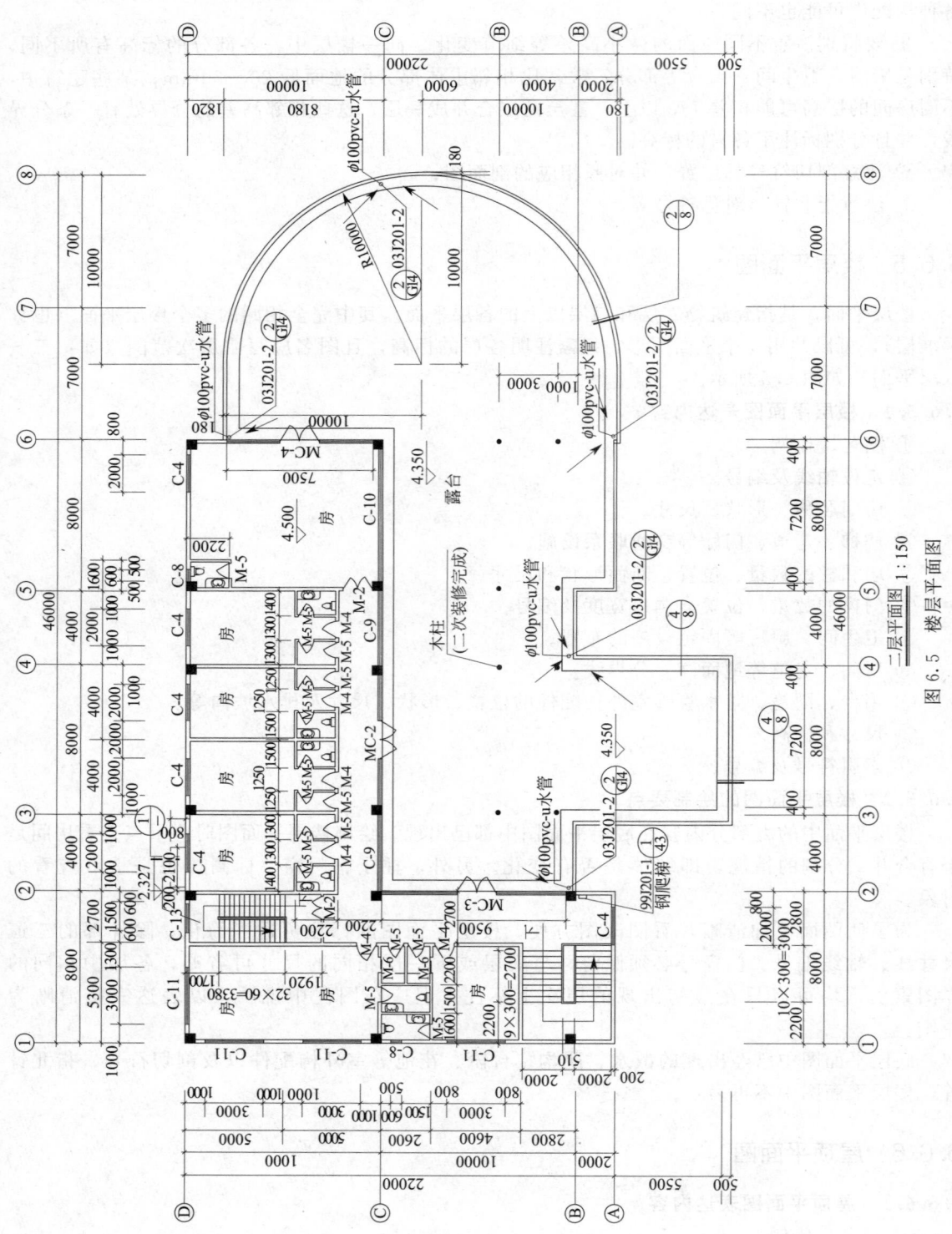

二层平面图 1:150

图 6.5 楼层平面图

④ 屋面分水线、排水方向和排水坡度。

⑤ 所有高出屋面的结构、水箱、烟囱、墙体（主要是女儿墙）、葡萄架、排气管道及架空隔热层等。

⑥ 屋檐处的天沟或其他排水设施及其排水方向与排水坡度。

⑦ 各种泛水或其他详图的索引。

⑧ 屋面出水口。

⑨ 雨篷、落水管等室外构配件的位置、形状、尺寸及排水坡向等。

6.6.6.2 屋顶平面图的绘制要点

① 一般屋面平面图采用1∶100比例，简单的屋面平面可用1∶150或1∶200绘制。

② 屋面标高不同时，屋面平面可以按不同标高分别绘制，在下一层平面上表示过的屋面，不应再绘制在上层平面上；也可以将标高不同的屋面画在一起，但应注明不同标高（均注结构板面）。复杂时多用前者，简单时多用后者。

③ 屋顶平面图要画出屋顶的平面形状、两端及主要轴线，详图索引号、标高等。

④ 平屋面平面图。需绘出两端及主要轴线，要绘出分水线、汇水线并标明定位尺寸；要绘出坡向符号并注明坡度（注意：凡相邻并相同坡度的坡面交线为45°），雨水口的位置应注定位尺寸，还需要绘出上屋面的入孔或爬梯及挑檐或女儿墙、楼梯间、机房、设备基础、排烟道、排风道、天窗、挡风板、变形缝，并注明其定位尺寸（图6.6）。

⑤ 坡屋面平面图。应绘出屋面坡度或用直角三角形形式标注，注明材料、檐沟下水口位置，沟的纵坡度和排水方向箭头；出屋面的排烟道、排风道、老虎窗。应在屋面下面一层平面上，以虚线表示出屋顶闷顶检查孔位置（图6.7）。

6.6.6.3 屋顶平面图的设计注意事项

① 设置雨水管排水的屋面，应根据当地的气候条件、暴雨强度、屋面汇水面积等因素，确定雨水管的管径和数量。并做好低处层面保护（水落管下端拐弯、加混凝土水簸箕）。

② 当有屋顶花园时，应注明屋顶覆土层最大厚度并绘出相应固定设施的定位，如灯具、桌椅、水池、山石、花坛、草坪、铺砌、排水等，并索引有关详图。

③ 有擦窗设施的屋面，应绘出相应的轨道或运行范围。详图应由专业厂家提供，并与结构密切配合。

④ 当一部分为室内，另一部分为屋面时，如出屋面楼梯间、屋面设备间、临屋顶平台房间等，应注意室内外交接处（特别是门口处）的高差与防水处理。例如：室内外楼板即便是同一标高，但因屋面找坡、保温、隔热、防水的需要，此时门口处的室内外均宜设置踏步，或者做门槛防水。其高度应能满足屋面泛水高度的要求，门口上部应有挡雨设施。

⑤ 冷却塔、风机、空调室外机等露天设备除绘制根据工艺提供的设备基础并注明定位尺寸外，宜用细线表示出该设备的外轮廓。

⑥ 内排水落水口及雨水管布置应与专业人员共同商定，在屋面平面图中注明"内排雨水口"，内排雨水系统图纸由专业设计人员提供。

6.6.7 平面图画法步骤

① 画出定位轴线、墙、柱轮廓线，定出门窗洞的位置（图6.8）。

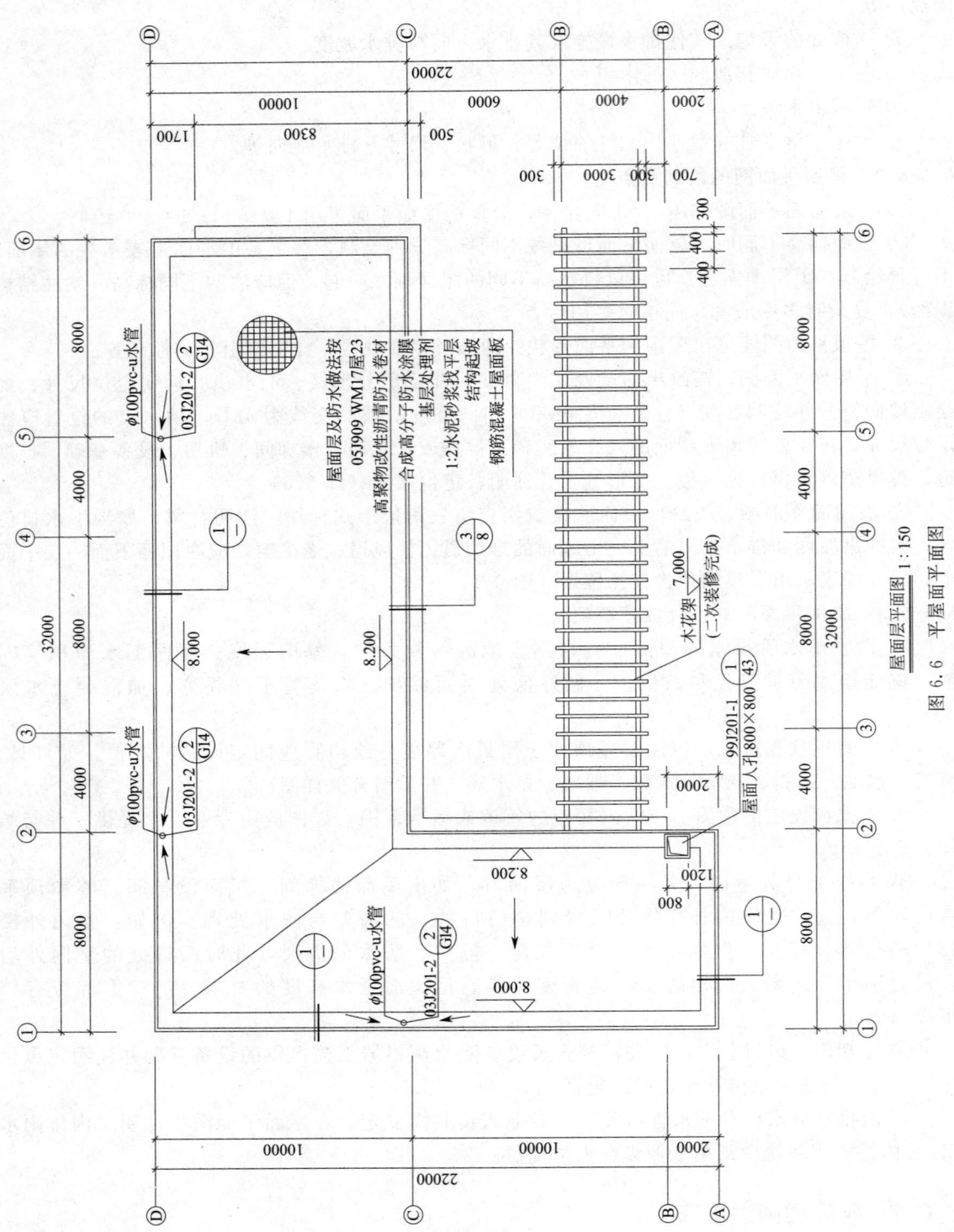

屋面层平面图 1:150

图 6.6 平屋面平面图

屋面层及防水做法按
05J909 WM17屋23
高聚物改性沥青防水卷材
合成高分子防水涂膜
基层处理剂
1:2水泥砂浆找平层
结构起坡
钢筋混凝土屋面板

φ100pvc-u水管

木花架
7.000
(二次装修完成)

屋面人孔800×800
99J201-1

8.000

8.200

8.000

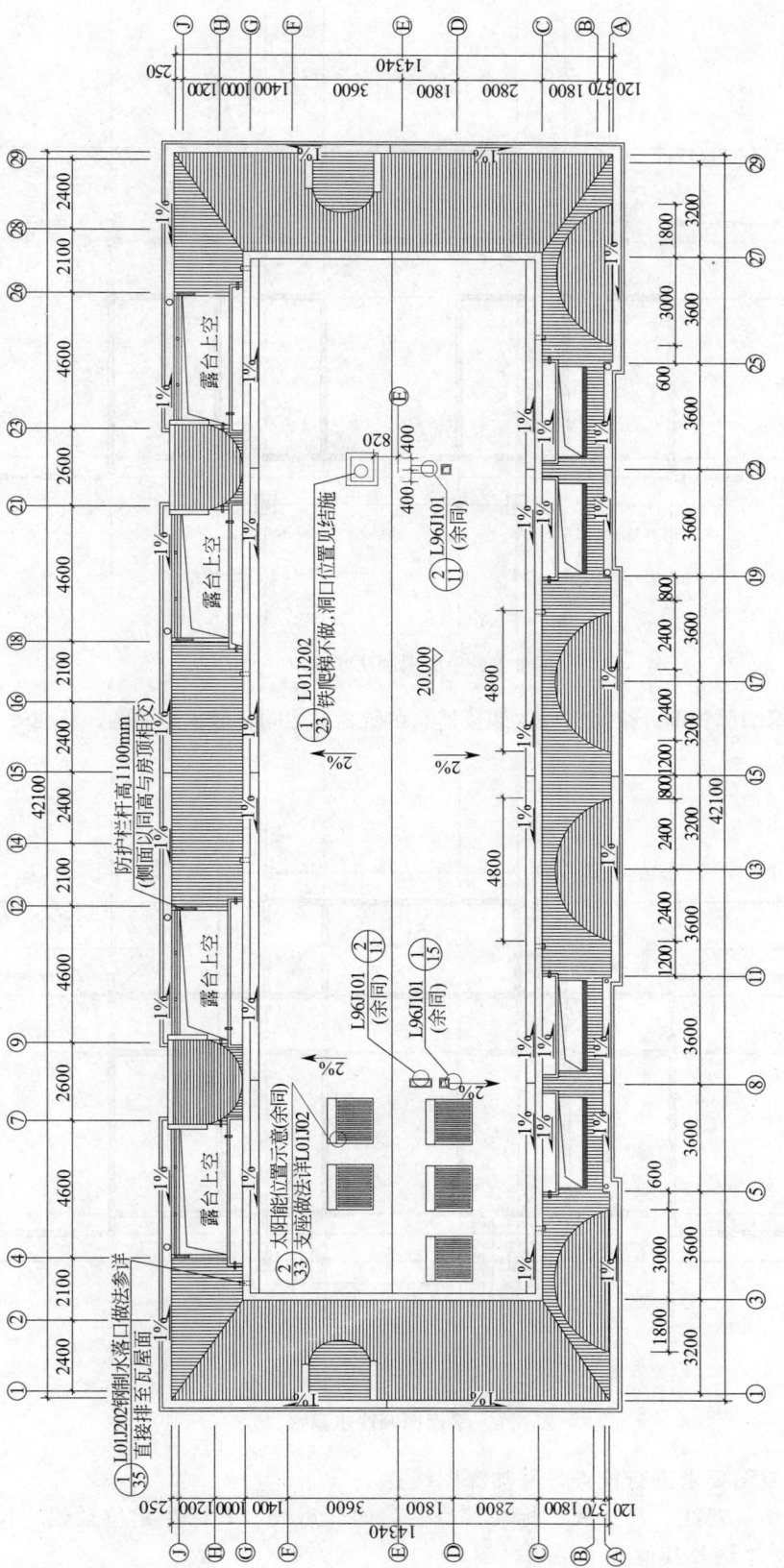

图 6.7 坡屋面平面图

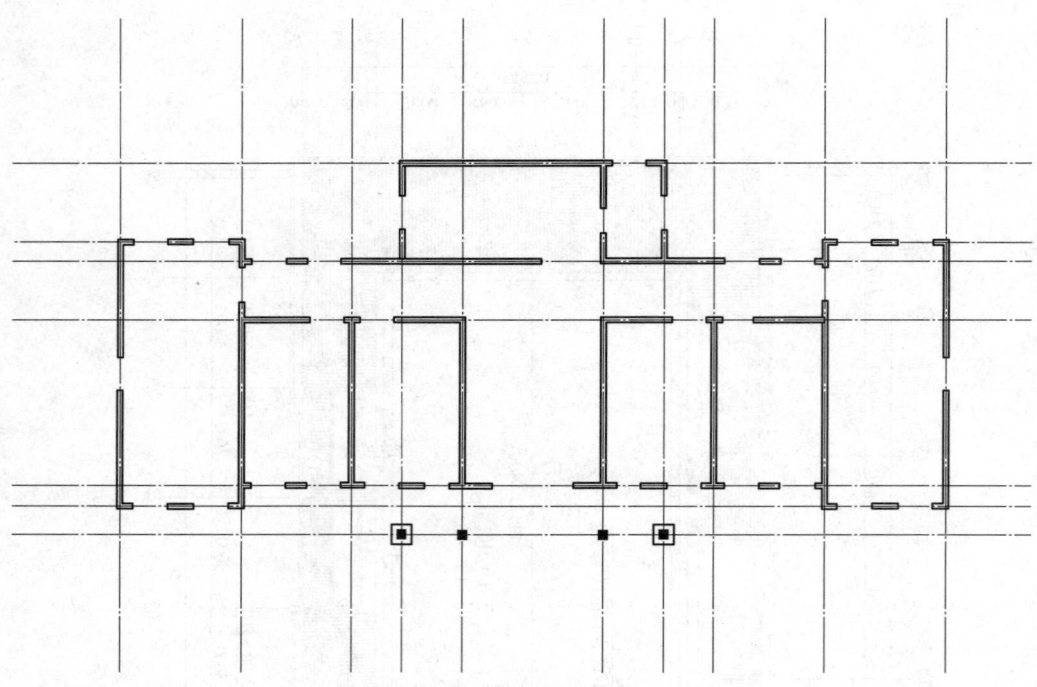

图 6.8　平面图画法步骤（一）

② 画出建筑细部和部分空间构件，如楼梯、台阶、卫生间、散水、明沟、花池等（图 6.9）。

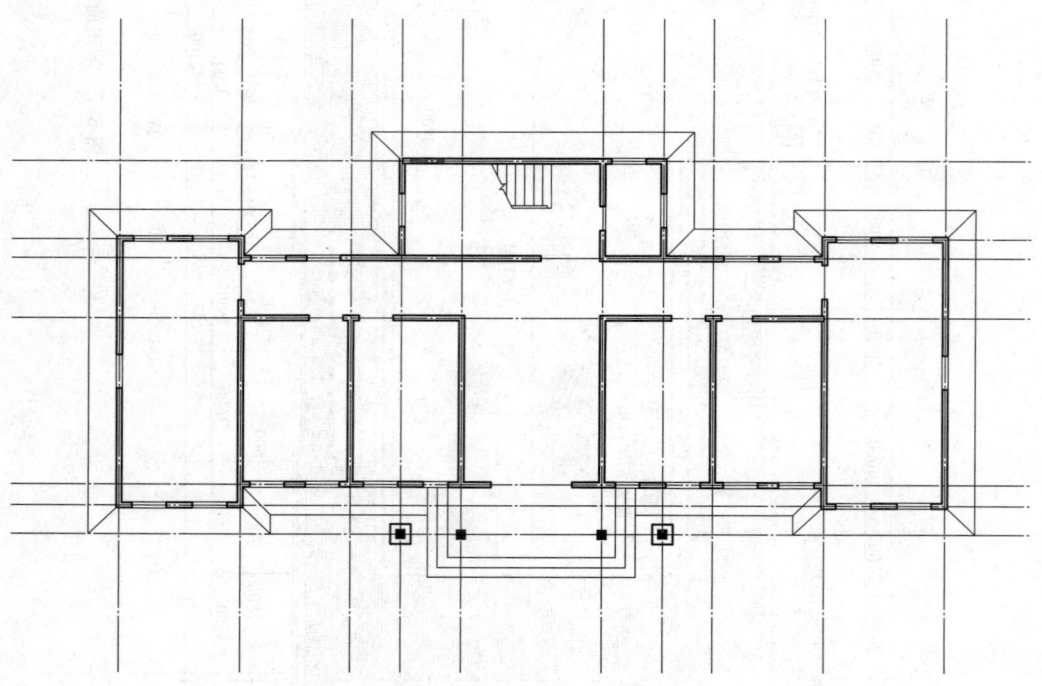

图 6.9　平面图画法步骤（二）

③ 按前述制图要求进行检查，并加深图线。

④ 画出剖切位置线、尺寸线、标高符号、门的开启线，并标注定位轴线、尺寸、门窗编号，注写图名、比例及其他文字说明（图 6.10）。

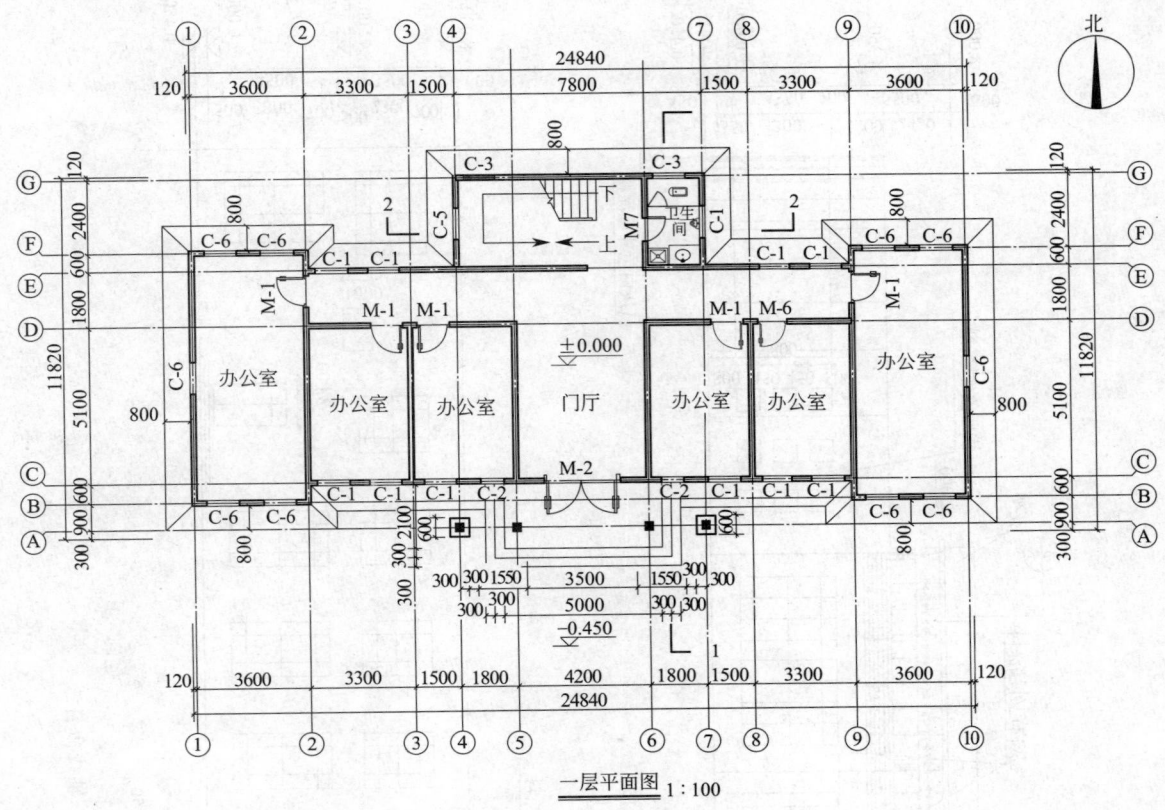

一层平面图 1：100

图 6.10　平面图画法步骤（三）

6.7　建筑立面图绘制

6.7.1　立面图的概念

　　立面图是建筑立面的正投影图，是体现建筑外观效果的图纸。在施工过程中，主要用于指导外装修。立面图的比例可不与平面图一致，以能表达清楚又方便看图（图幅不宜过大）为原则，比例在 1：100、1：150 或 1：200 之间选择皆可。

　　各个方向的立面均应绘制齐全，但差异小、左右对称的立面或部分不难推定的立面可忽略；内部院落或看不到的局部立面，可在相关剖面图上表示，若剖面图未能表示全部时，则需单独绘出。当形体较复杂，不便绘制某个方向投影立面时，应绘制展开立面。

　　立面分格较复杂时，可将立面分格及外装修做法另行出图，以方便主体工程施工和外装修工程施工。立面图有以下三种命名方式。

　　（1）主次命名法　将房屋主要出入口或较显著地反映房屋特征的那个立面图叫做正立面图，其余外墙面的投影分别称为背立面图、左侧立面图、右侧立面图。

　　（2）方位命名法　按照房屋外墙面的朝向命名，分别有东立面图、西立面图、南立面图、北立面图等。

　　（3）轴线命名法　按照各立面两端的轴线来命名，如图 6.11 所示的某餐馆南立面图，也可以叫做①～⑧立面图，则北立面图应叫做⑧～①立面图。

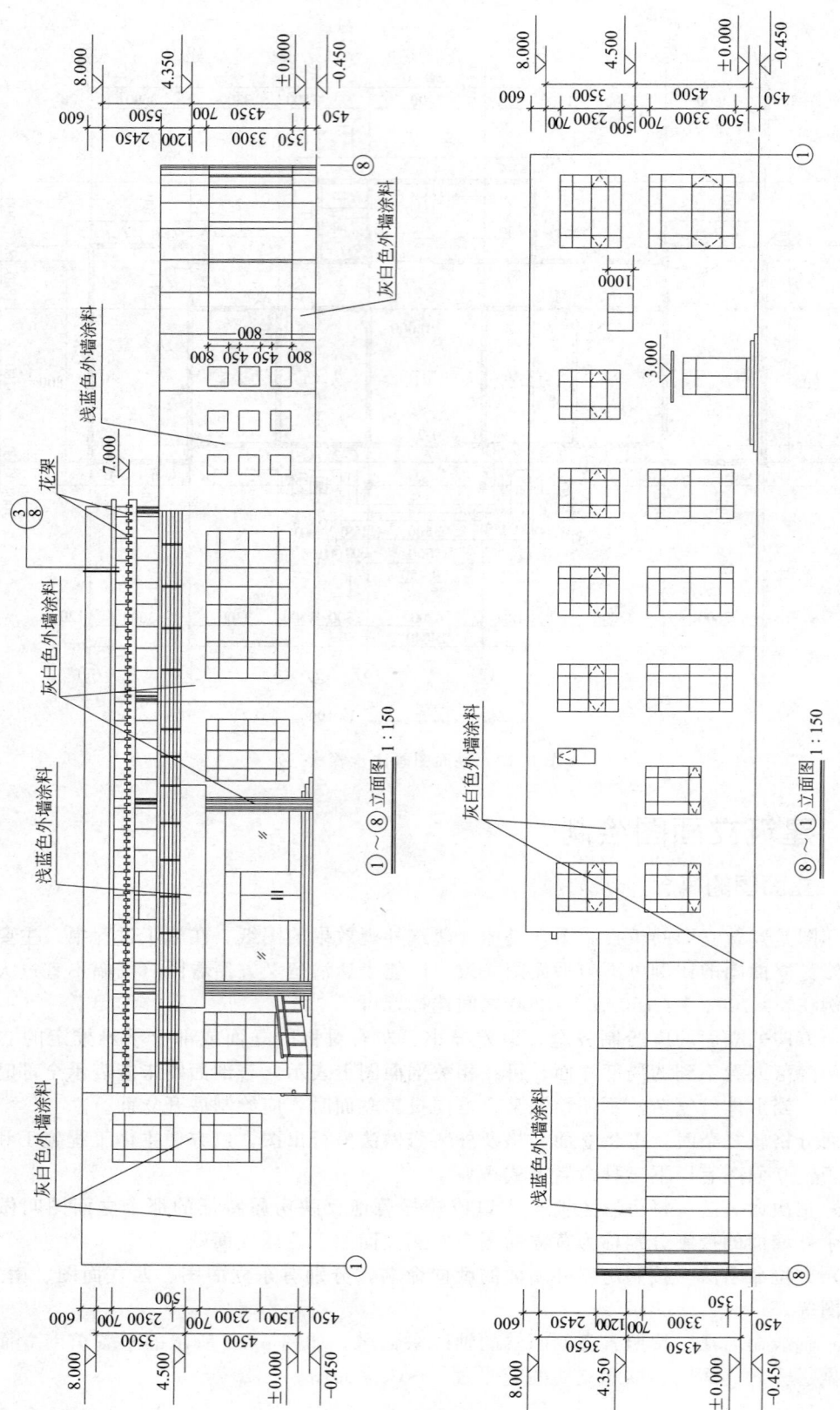

图 6.11　轴线命名法

6.7.2　立面图表达内容

① 图名、比例。

② 定位轴线及编号。

③ 地平线。

④ 勒脚、门窗洞口、檐口、阳台、窗台、雨篷、台阶、花台、柱子等。

⑤ 门窗扇、阳台栏杆、雨水管、装饰线脚、墙面分格线以及引出线等。

⑥ 各种外装修材料。

⑦ 标高。

⑧ 索引符号、对称符号。

6.7.3　立面图绘制要点

① 投影面必须平行于建筑立面，某些建筑的立面可能是圆形、弧形或折线形，这时应分段展开绘制立面图，并在图名后加注"展开"二字。

② 房屋的外围轮廓线、凸出的较大形体的外围轮廓线用粗线，地坪线用加粗线，门窗、柱、阳台等主要结构构件的轮廓线用中线，其余均用细线，但向内开的门窗的开启线用细虚线。

③ 立面图中门窗的图例线画法参见第 5 章中表 5.7 的规定。

④ 立面图中各部分的外装修用引出线加文字直接标注在装修部位的附近，具体做法以施工说明和工程做法表为准。

⑤ 相同的门窗、阳台、外墙装修、构造做法等可在局部重点表示，绘出其完整图形，其余部分只画轮廓线。

⑥ 立面图中不标注尺寸，但应在两侧对齐标注屋面、楼面、地面、门窗洞口、凸出构件的上下面的标高，个别离两侧较远的构件可就近标注。

⑦ 标高有建筑标高和结构标高之分，当标注构件的顶面标高时，应标注建筑标高，即包括粉刷层在内的完成面标高，如女儿墙顶面；当标注构件底面标高时，应标注结构标高，即不包括粉刷层在内的结构底面，如雨篷；门窗洞口尺寸均不包括粉刷层。

⑧ 外装修用料的名称或代号、颜色等应直接标注在立面图上。立面分格应绘制清楚，线脚宽深、做法宜注明或绘节点详图。

⑨ 外墙详图的剖线索引符号可以标注在立面图上，也可标注在剖面图上，以表达清楚，易于查找详图为原则。

⑩ 立面图中两端的定位轴线必须标出。

⑪ 比较简单的完全对称的建筑，在不影响构造处理和施工的情况下，立面图可绘制一半，并在对称轴线处画对称符号。通常情况下，一半画南（正）立面，一半画北（背）立面。

6.7.4　立面图绘制步骤

① 从平面图中引出立面的长度，从剖面图高平齐对应出立面的高度及各部位的相应位置。

② 画出室外地平线、屋面线和外墙轮廓线（图 6.12）。

③ 定出门窗位置，画出细部结构（图 6.13）。

④ 检查后加深图线，画出少量门窗扇、墙面装饰分格线、定位轴线，并注写标高、图名、比例及有关文字说明（图 6.14）。

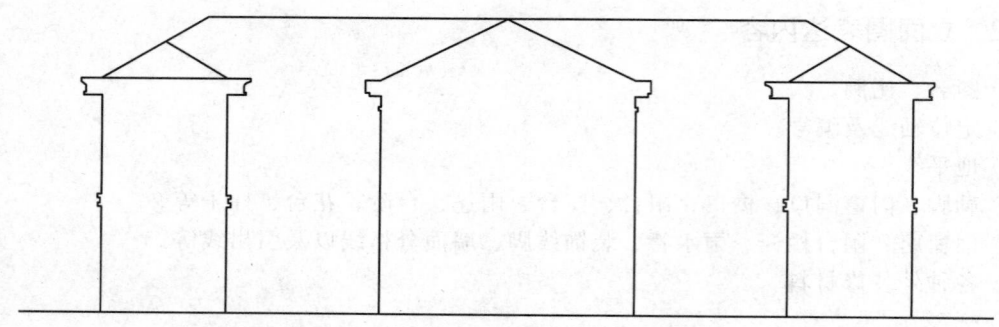

图 6.12　立面图画法步骤（一）

图 6.13　立面图画法步骤（二）

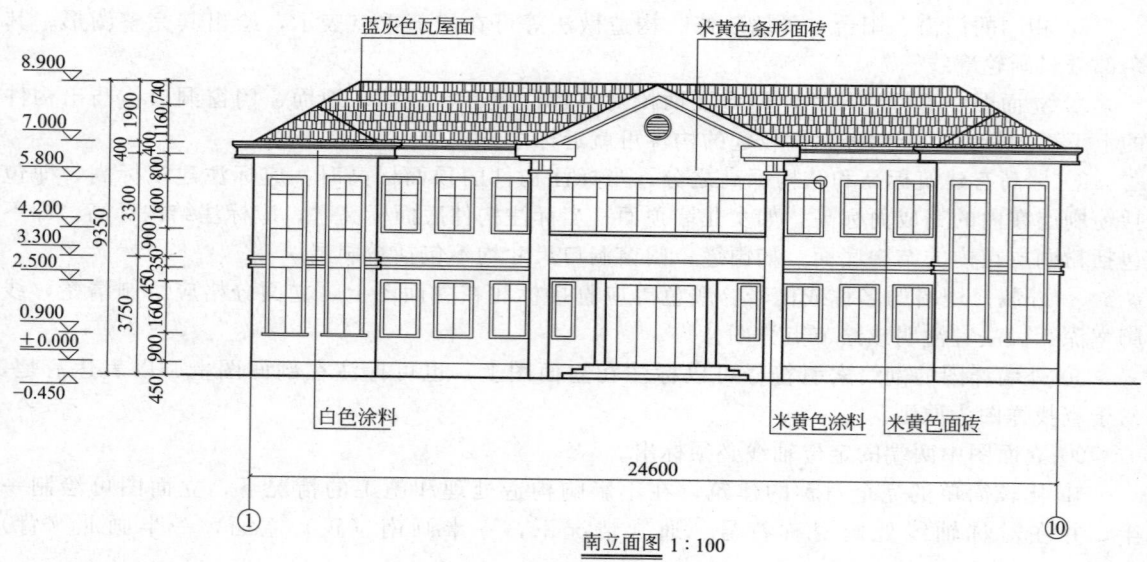

南立面图 1:100

图 6.14　立面图画法步骤（三）

6.8　建筑剖面图绘制

6.8.1　剖面图的形成和作用

6.8.1.1　剖面图的形成

假想用一个或一个以上的垂直于外墙轴线的铅垂剖切平面将房屋剖开，移去其中的一块，对剩余部分向后作正投影，便得到了该切口处的剖面图。当剖切平面平行于建筑的横向定位轴线时，剖面图称为横剖面图，当剖切平面平行于建筑的纵向定位轴线时，剖面图称为纵剖面图。

6.8.1.2　剖面图的作用

剖面图主要用来表示建筑物内部的分层、结构形式、构造方式、材料、做法、各部位间的联系及高度等（图 6.15）。建筑的层高、梁板高度与位置、门窗洞口的高度与位置、楼地面及屋面的构造做法等在平面图上无法反映出来，在立面图上也无法用过多虚线表示清楚，而在剖面图上，这些被剖切平面完全剖切到的结构被暴露得一览无余。剖面图与平面图、立面图相互配合，共同反映了建筑三维的结构构造，是必不可少的基本图样之一。

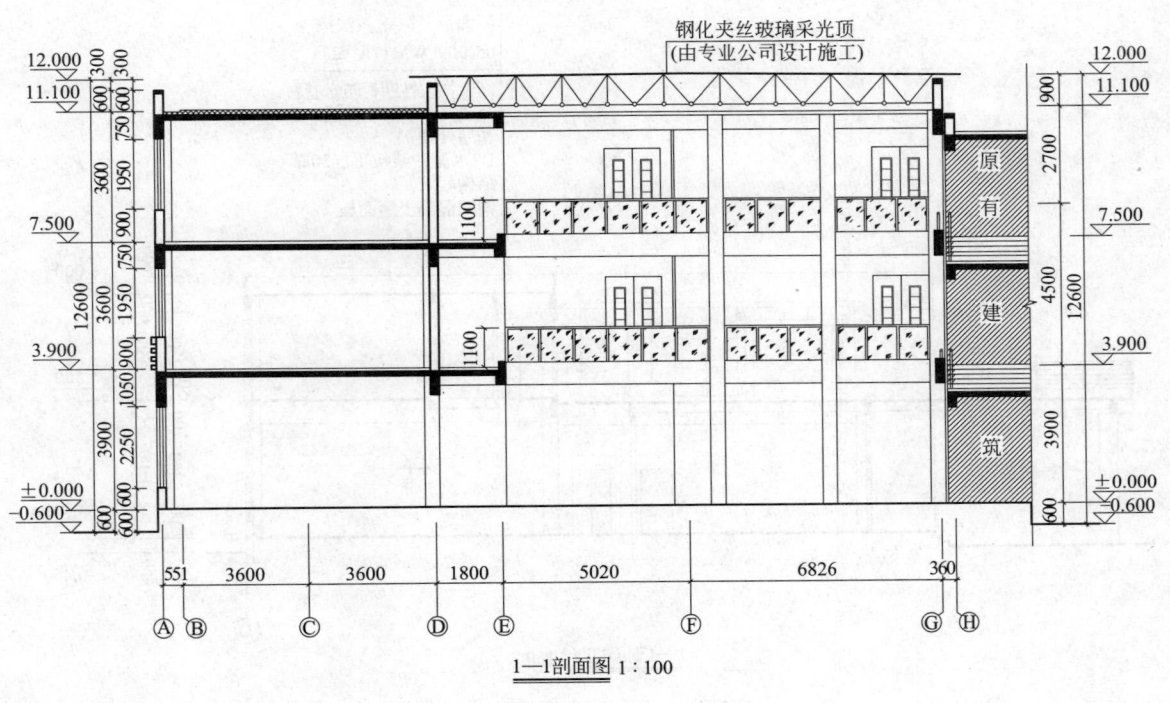

图 6.15　剖面图

6.8.1.3　剖面图的命名、位置、数量

剖切位置的选择以反映房屋竖向构造特征为原则，通常选择有代表性的部位和特殊变化的部位，如楼梯间、层高变化部位、梁板变化部位、门窗变化部位、结构变化部位等；究竟需要几个剖面应根据图样的用途或设计深度及建筑竖向构造的复杂程度和变化情况确定，并无具体数量的规定。当剖切位置确定后，应在底层平面图上用剖切符号标出，并从左到右依次编号，分别为 1—1 剖面、2—2 剖面……

6.8.2　剖面图表达内容

① 图名、比例。

② 墙、柱、轴线、轴线编号及定位轴线间的尺寸。

③ 所有剖切到的结构、构件，主要包括楼地面、顶棚、屋顶、散水、明沟、台阶、门窗、

过梁、圈梁、承重梁、连系梁、楼梯梯段及楼梯平台、雨篷、阳台等。

④ 所有没有剖切到但投影时可见的部分,主要包括看到的墙面、阳台、雨篷、门窗、踢脚、勒脚、台阶、雨水管、楼梯段、栏杆、扶手等。

⑤ 标高。包括底层地面标高（±0.000）,底层以上各层楼面、楼梯、平台标高、屋面板、屋面檐口、女儿墙顶、烟道顶标高,高出屋面的水箱间、楼梯间、电梯机房顶部标高,室外地面标高,底层以下的地下各层标高。内部有些门窗洞口、隔断、暖沟、底坑等尺寸也要标注在剖面图上。剖面图中涉及限定高度的,如顶棚净高、梁底净高、楼梯休息平台净高等,均需注明标高。

⑥ 节点构造详图索引符号。

⑦ 装修做法（图 6.16）。

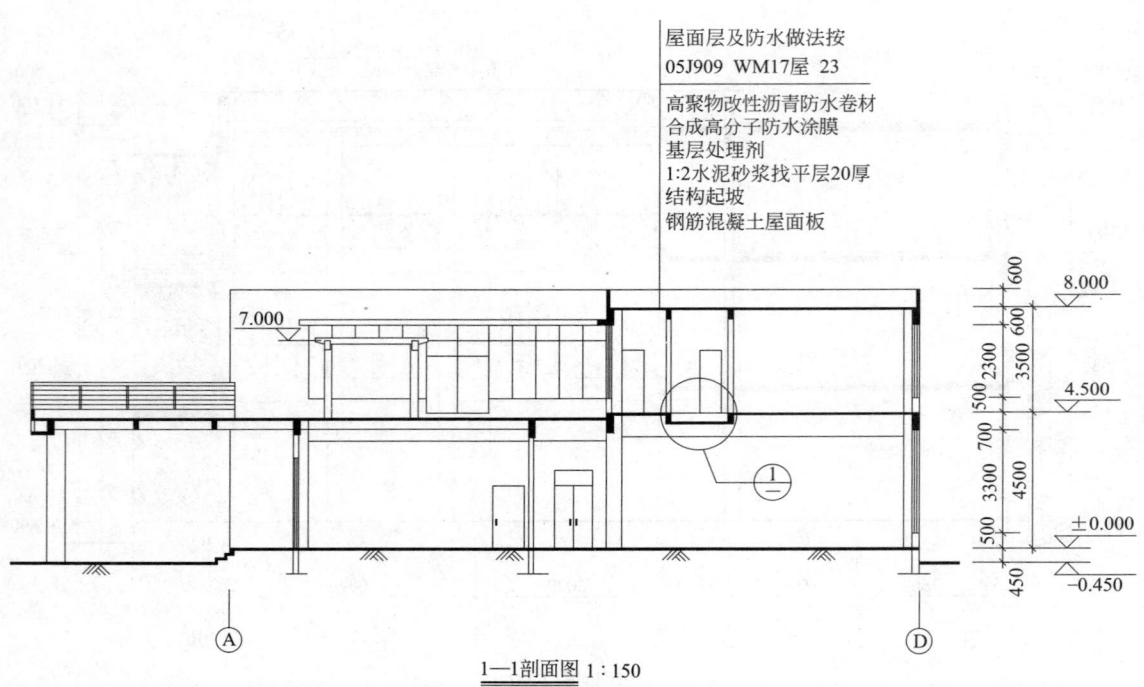

图 6.16　剖面图节点构造详图索引符号及装修做法

6.8.3　剖面图绘制要点

① 与平面图、立面图一样,剖面图的比例一般采用 1∶50、1∶100 和 1∶200。

② 在剖面图中,所有被剖到的墙身、屋面板、楼板、过梁、台阶等的轮廓线用粗实线（b）绘制,但地平线用加粗实线（1.4b）绘制,未被剖到的可见线用中实线（0.5b）绘制。粉刷线、尺寸线、引出线、标高等用细实线（0.25b）绘制。小型建筑的剖面图,可采用两种线宽,即被剖到的主要建筑构配件的轮廓线用粗实线,其余一律用细实线。

③ 地面以下的基础在剖切时也被剖到,但基础属于结构施工图的内容,在建筑剖面图中无须画出,通常在地面以下适当的位置用折断线将墙体折断;剖面图中某些不需反映的结构可用折断线断开。

④ 当比例不小于 1∶50 时,应画出抹灰层、楼地面面层线及材料图例;当比例不大于 1∶

100 时，抹灰层、楼地面面层线可以省略不画，材料图例则可以采用简化画法，钢筋混凝土涂黑，砖墙可以涂红或不填充。

⑤ 剖面图上应在竖直方向和水平方向同时标注尺寸，尺寸标注的道数应根据设计深度和图样的用途确定。

竖直方向通常标注三道尺寸，最里边一道为细部尺寸，主要标注勒脚、窗下墙、门窗洞口等外墙上细部构造的高度尺寸；中间一道为层高尺寸，主要标注楼地面之间的高度，这一道亦为定位尺寸；最外边一道为总高尺寸，标注室外地坪至屋顶的距离。

水平方向通常标注两道尺寸，里边一道为轴线尺寸，外边一道为总尺寸。

⑥ 与立面图一样，剖面图上应标出室外地坪、室内地坪、地下层地面、楼地面、屋顶、阳台、平台、檐口、门窗洞口上下边缘、台阶等处的标高。标高所注的高度位置与立面图相同。室内的楼梯休息平台、平台梁和大梁的底部、顶棚等处的标高及相应的尺寸，也应就近标出。

⑦ 根据需要对房屋某些细部如外墙身、楼梯、门窗、楼屋面、卫生间等的构造做法需放大画成详图，并在适当位置标注详图索引符号。

⑧ 对某些比较简单的房屋，可在剖面图中对楼地面、屋面等处用多层构造引出线引出，并按其构造层次顺序逐层以文字进行说明。

6.8.4　剖面图绘制步骤

① 画出定位轴线、室内外地平线、各层楼面线和屋面线，并画出墙身（图 6.17）。

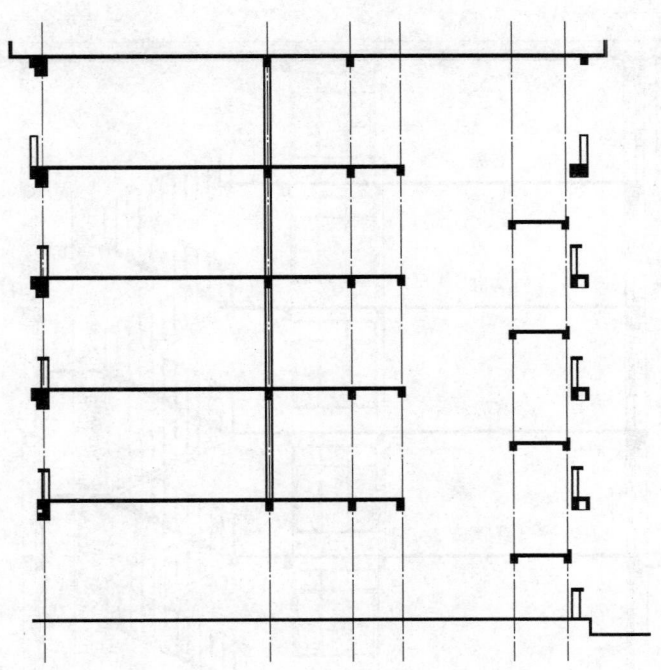

图 6.17　剖面图画法步骤（一）

② 定出门窗和楼梯位置，画出细部结构，如门窗洞、楼梯、梁板、雨篷、檐口、屋面、台阶等（图 6.18）。

③ 经检查无误后，擦去多余线条，按施工图要求加深图线。画材料图例，注写标高、尺寸、图名、比例及有关的文字说明（图 6.19）。

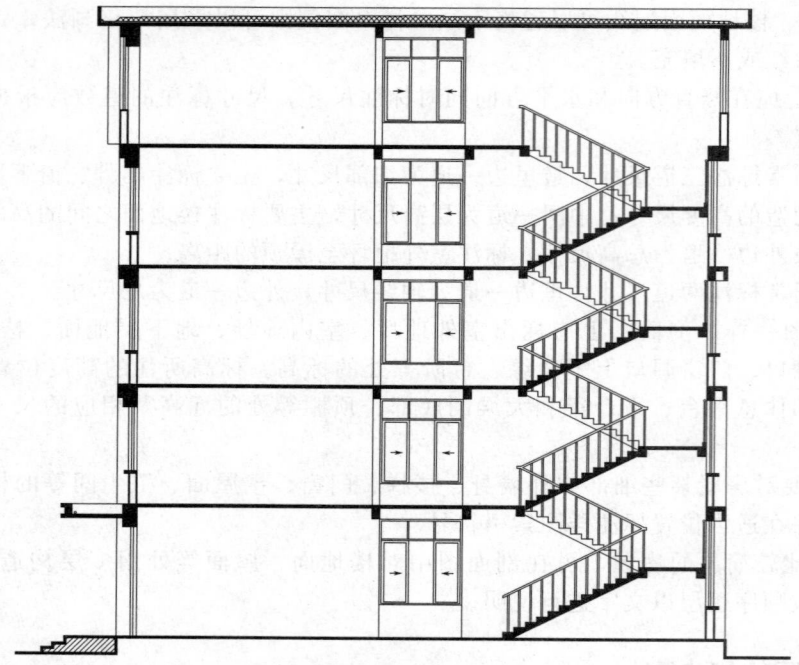

图 6.18　剖面图画法步骤（二）

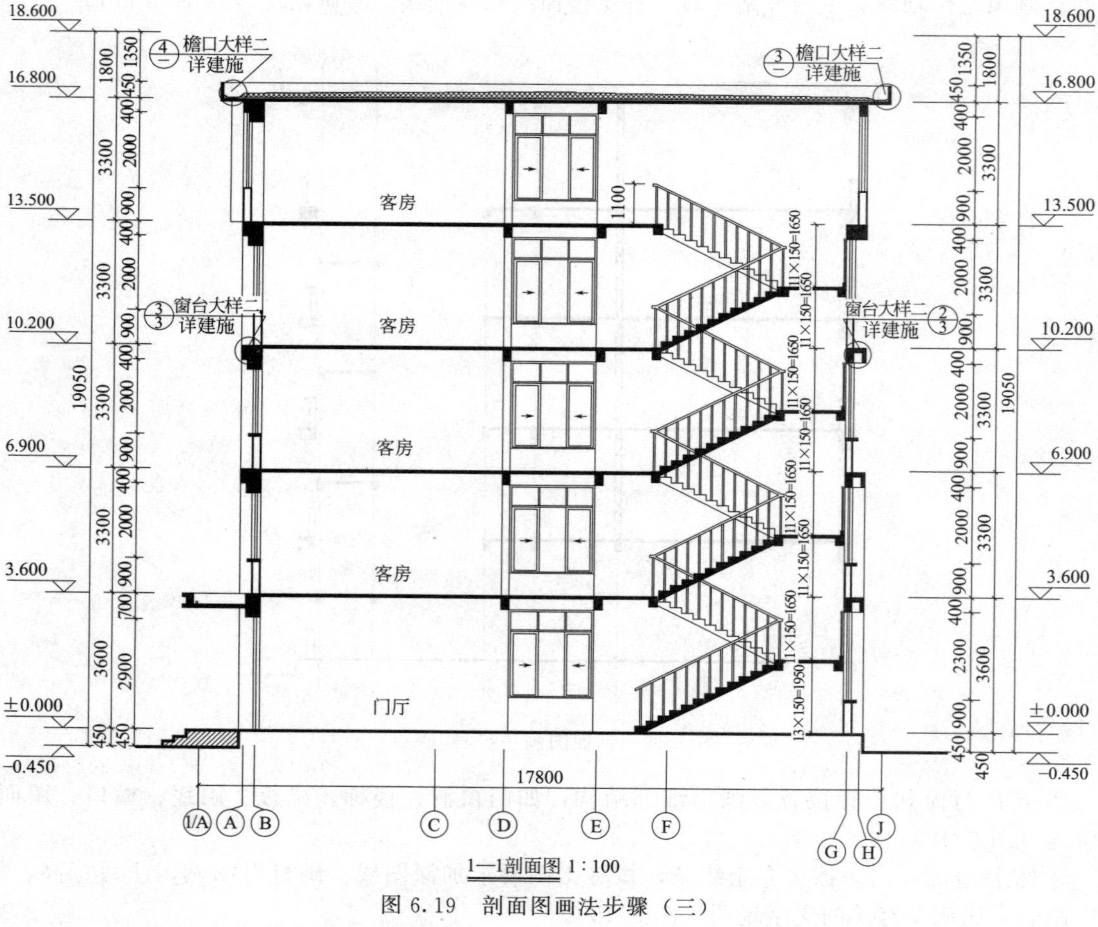

客房

客房

客房

客房

门厅

④ 檐口大样二 详建施

③ 檐口大样二 详建施

③ 窗台大样二 详建施

② 窗台大样二 详建施

1—1剖面图 1∶100

图 6.19　剖面图画法步骤（三）

6.9　建筑详图绘制

6.9.1　建筑详图的概念

建筑平、立、剖面图表现了房屋建筑的整体布局和空间分布，为了反映全面，只能采用较小比例，使得房屋的许多细部（如散水、明沟、窗台、泛水、楼地面层等）的构造以及各种构、配件（如门窗、楼梯栏杆、阳台等）的断面尺寸等无法表示清楚。作为工程施工的直接依据的施工图，必须清楚、明确地反映出建筑每一个细部的详细构造和尺寸，这就需要专门的图样——节点详图来反映这些不清楚的地方。详图是建筑平、立、剖等基本图样的补充，与基本图样共同组成完整的建筑施工图。

建筑详图是表明细部构造、尺寸及用料等全部资料的详细图样。其特点是比例大、尺寸齐全、文字说明详尽。详图可采用视图、剖面图等表示方法，凡在建筑平、立、剖面图中没有表达清楚的细部构造，均需用详图补充表达。在详图上，尺寸标注要齐全，要注出主要部位的标高，用料及做法也要表达清楚。

6.9.2　建筑详图的分类

（1）构造详图　构造详图是指台阶、坡道、散水、地沟、楼地面、内外墙面、吊顶、屋面防水保温、地下防水等构造做法（图6.20）。这部分大多可以引用或参见标准图集。另外，还有墙身、楼梯、电梯、自动扶梯、阳台、门头、雨罩、卫生间、设备机房等随工程不同而不能通用的部分，需要建筑师自己绘制，当然也可参考标准图集。

（2）配件和设施详图　配件和设施详图是指门、窗、幕墙、栏杆、扶手、浴厕设施，固定的台、柜、架、牌、桌、椅、池、箱等的用料、形式、尺寸和构造（活动设备不属于建筑设计范围），如图6.21所示。门窗、幕墙由专业厂家负责进一步设计、制作和安装，建筑师只提供分格形式和开启方式的立面图，以及尺寸、材料和性能要求。

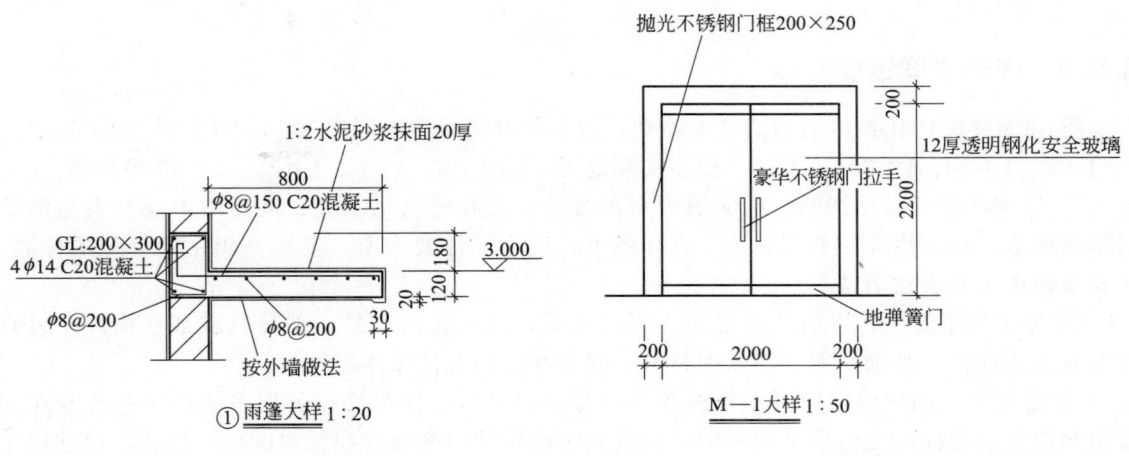

图6.20　构造详图　　　　　　　　　　图6.21　配件和设施详图

（3）装饰详图　一些重大、高档的民用建筑，其建筑物的内外表面、空间，还需做进一步的装饰、装修和艺术处理，如不同功能的室内墙、地面、顶棚的装饰设计，需绘制大量装饰详图。外立面上的线脚、柱式、壁饰等，也要绘制详图才能进行施工（图6.22）。这类设计多由专业的设计人员负责设计。此时建筑师虽然减少了工作量，但也容易产生建筑设计与装修设计脱节的现象，导致建成后的效果违背设计初衷，有的二次装修甚至破坏结构构件、移动设备管道和口部、压低净高等，以致造成危险隐患和影响使用。为此，建筑设计人员应对装修设计的标准、风格、色调、质感、尺度等方面提出指导性的建议和必须注意的事项，并应主动配合协作。有条件的还可以争取继续承担二次装修设计，以确保建筑的完整、协调和品质。

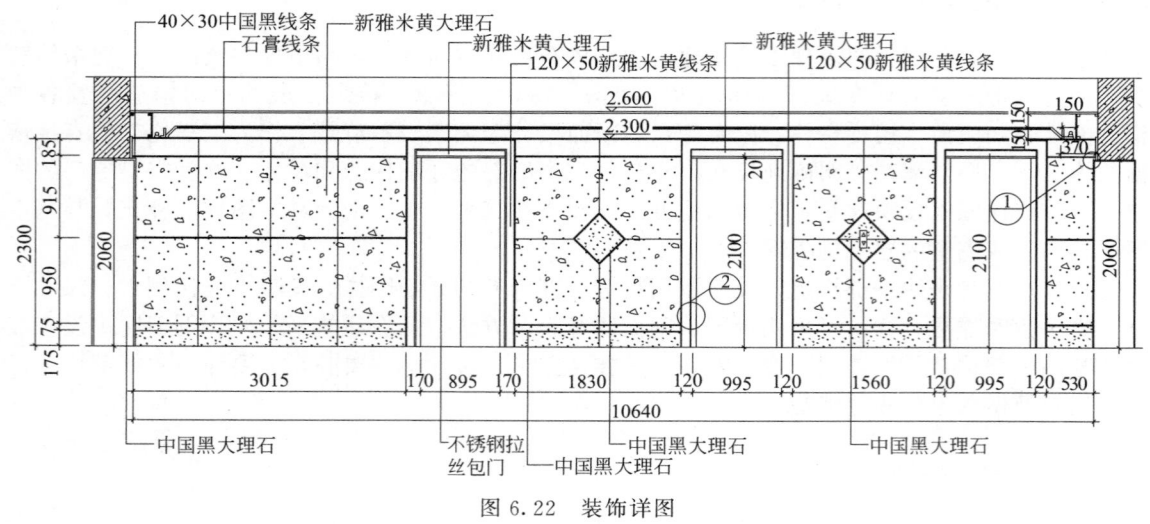

图 6.22 装饰详图

6.9.3 建筑详图表达内容

① 详图名称、比例。

② 详图符号及编号。

③ 详图所示实体。详图中应以合适的比例清晰地表示出详图所示实体的形状、层次、尺寸、材料、做法、施工要求等以及实体与周围构配件之间的连接关系。

④ 定位轴线及其编号。

⑤ 标高与尺寸。

6.9.4 建筑详图绘制要点

① 建筑详图的比例以表达清楚为原则，对不同详图采用不同比例。常用比例为1：1、1：2、1：5、1：10、1：20、1：50。根据实际也可采用1：6、1：8、1：25、1：30等比例。

② 建筑详图可采用视图、剖面图等表示方法，凡在建筑平、立、剖面图中没有表达清楚的细部构造，均需用详图补充表达。在详图上，尺寸标注要齐全，要标注出主要部位的标高，用料及做法也要表达清楚。

③ 为了便于看图，弄清楚各视图之间的关系，凡是视图上某一部分（或某一构件）另有详图表示的部位，必须注明详图索引符号，并且在详图上注明详图符号。

④ 放大平面图中的门窗可不再标注门窗号，门窗号一律标注在各层平面图中；各专业的预留洞口也一律标注在各层平面图中，但放大平面图的门窗形式和预留洞口的位置、尺寸应与各层平面图相一致。

⑤ 详图的设计需首先掌握有关材料的性能和构造处理，以满足该建筑构配件的功能要求。同时还应符合施工操作的合理性与科学性。例如：安装方法的预制或现浇；安装工序的先后与繁简；操作面能否展开；用料品种可否尽量统一等。应避免选材不当、构造不详、交代不清等问题。

⑥ 对标准图中的设计做部分更改的必须在索引中加以说明，同时对更改部分专门绘制详图；单独设计的，必须专门绘制详图。

6.9.5　常用建筑详图

6.9.5.1　楼梯详图

（1）楼梯的构造

① 楼梯的组成。楼梯是两层以上的房屋建筑中不可缺少的垂直交通设施。楼梯的材料、形式、结构以及施工方法有很多种，但使用最多的是现浇钢筋混凝土双跑楼梯。无论是哪一种，楼梯总是由楼梯段、平台、平台梁、栏杆（或栏板）和扶手几个部分组成（图6.23）。

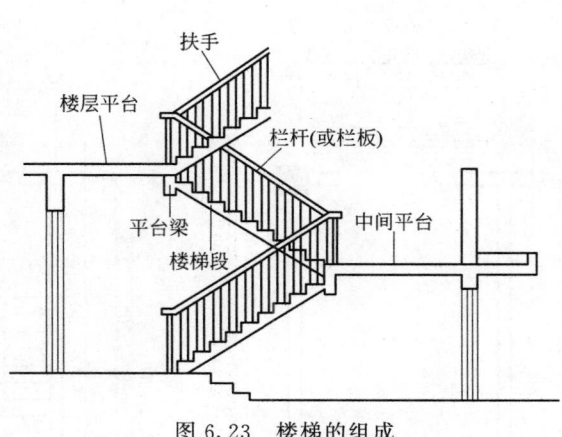

图 6.23　楼梯的组成

楼梯段即中间的斜段，是楼梯的主体，每一个踏步的水平面叫做踏面，铅垂面叫做踢面。梯段的两端是平台，与楼层等高的平台，叫做楼层平台；位于梯段中间的平台叫做中间平台或休息平台，因为每一个梯段的踏步最多不能超过18级，否则会造成人的行走疲劳而影响安全。所以一个楼层中至少应设有一个休息平台，在双跑楼梯中通常位于正中间（底层的休息平台有时适当提高若干级，以增加平台下面的净空高度，便于通行）；平台与梯段的交接处通常设有平台梁，用来支承梯段的荷载。

② 楼梯的形式。楼梯的形式多种多样，常见的楼梯形式有直跑楼梯、双跑楼梯、圆形楼梯、转角楼梯、三跑楼梯、八角楼梯、双分式楼梯和双合式楼梯等（图6.24）。

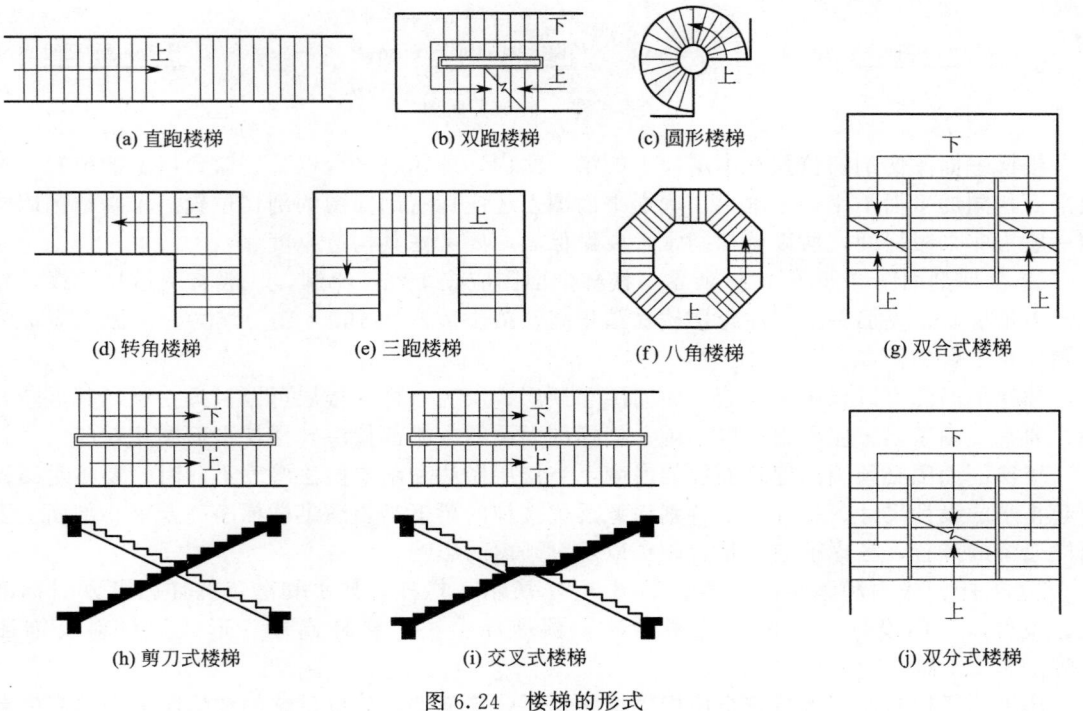

图 6.24　楼梯的形式

（2）楼梯详图的组成　楼梯详图包括楼梯平面图、楼梯剖面图、踏步和栏杆、扶手的详图，这些详图应尽可能放在同一张图纸上。

① 楼梯平面图。如图 6.25 所示，楼梯平面图应按照自下而上的顺序编排，并与剖切位置一一对应。楼梯平面图应按 1∶50 绘制，一般有两道尺寸线，外面一道表示楼梯间净尺寸、墙厚和到轴线的距离；里面一道标注休息平台、踏步定位尺寸，如 280×9＝2520。两跑楼梯踏步数不同时要分别标注。平面图上要标注上下行指示箭头，每一休息平台均要标注标高。标准层有多个标高时应自下而上顺序标注。

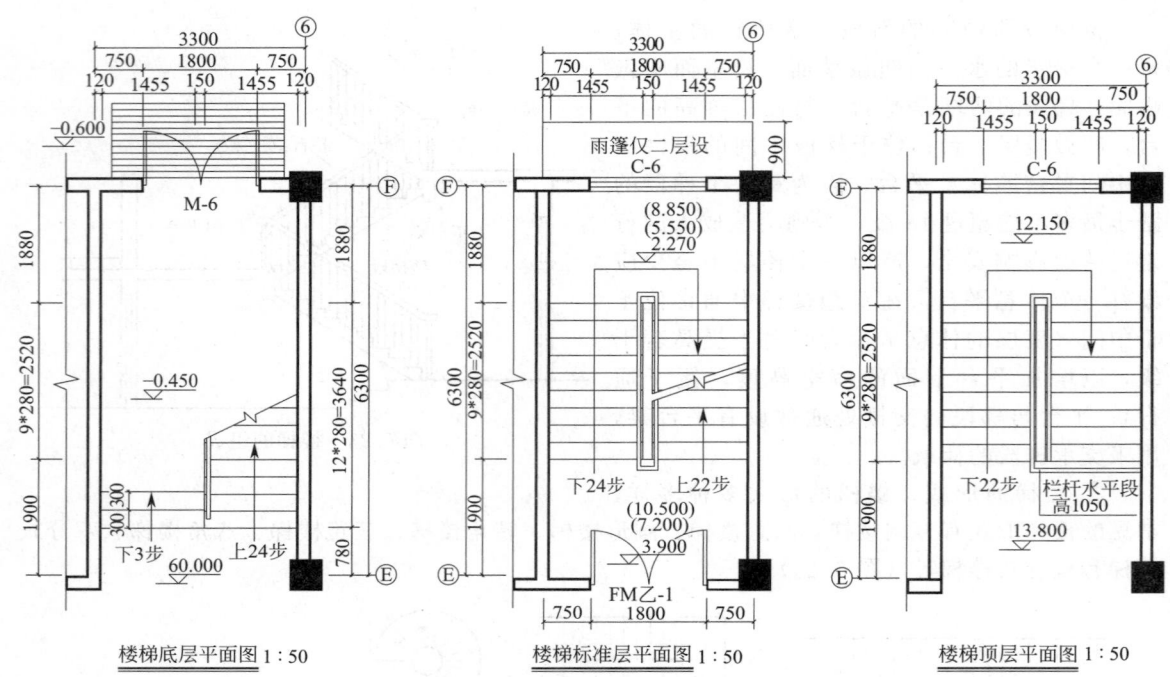

图 6.25　楼梯平面图

楼梯平面图的剖切位置在本层向上的第一段内，即休息平台以下、窗台以上的位置。标准层平面相同的平面不用一一画出。底层平面图上还应标有剖面图的剖切位置。采暖地区因楼梯间一般为非采暖房间，所以楼梯间常常要做保温，要考虑其构造厚度。

② 楼梯剖面图。如图 6.26 所示，楼梯剖面图应按 1∶50 绘制，一般有两道尺寸线，外面一道表示层高；里面一道标注每层楼梯踏步高及踏步数，如 160×10＝1600。剖面上应标注楼层和休息平台的标高。

楼梯剖面图可以只画出底层、中间层和顶层，层高一样的楼层可以只画一层，其他断开不画；通常不画基础，屋面也可以不画。楼梯剖面图的省略部位应与楼梯平面图相对应。

楼梯剖面图必须画出建筑面层的厚度，当楼层做法和踏步做法厚度不同时，要核对结构专业起止步的设计尺寸。另外，要特别注意梁式楼梯的梁下是否满足楼梯净高要求。剖面上要画出框架梁的位置，考虑框架梁是否碰头以及对开窗的影响。

③ 栏杆、扶手和踏步的详图。如图 6.27 所示，栏杆、扶手和踏步的详图可索引标准图集，也可以专门设计，应表达防滑做法，预埋件、扶手栏杆高度、形式、材料及饰面做法等。

扶手、栏杆是保障人员安全使用楼梯的重要建筑部件，应有足够的整体刚度。其高度和形式也应符合规范，在起始段及和墙体连接的端部要加强锚固措施。

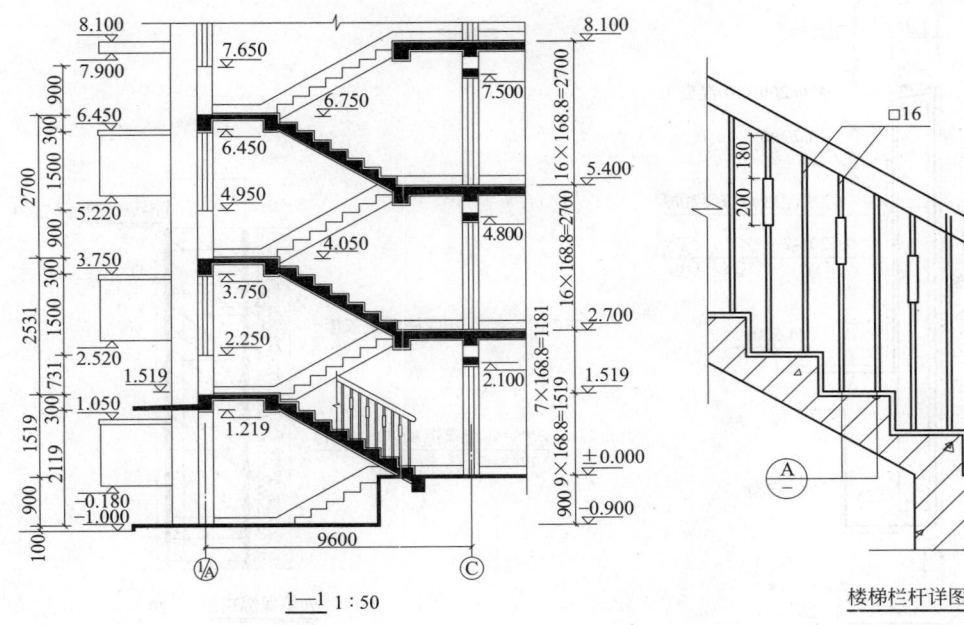

图 6.26　楼梯剖面图

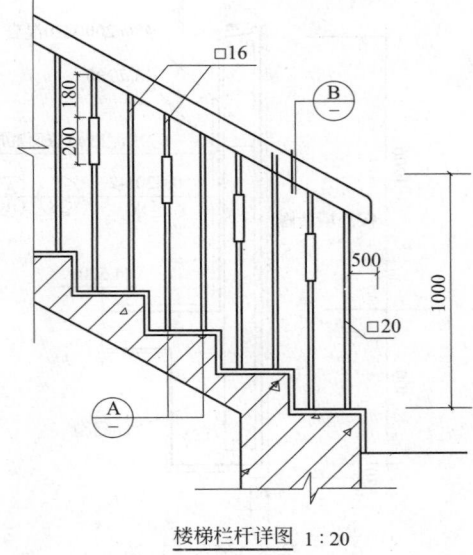

图 6.27　栏杆、扶手和踏步详图

6.9.5.2　墙身详图

墙身剖面详图主要指外墙墙身从上到下的垂直剖面，详细反映了各节点的细部构造。多以
1∶20 的比例绘制完整的墙身详图（简单工程可在剖面图上用方形或圆形框线引出，就近绘制
节点详图），墙身详图应将外墙的节能保温的构造做法交代清楚，并应绘出墙身防潮层、过梁
等。一般多取建筑物内外的交界面——外墙部位，以便完整、系统、清楚地交代立面的细部构
成，及其与结构构件、设备管线、室内空间的关系。但是，墙身详图毕竟只是建筑局部的放大
图，因此，不能用以代替表达建筑整体关系的剖面图。绘制墙身详图时应注意以下几个方面。

（1）选点　宜由剖面图中直接引出，且剖视方向也应一致，这样对照看图较为方便。当从
剖面中不能直接索引时，可由立面图中引出，应尽量避免从平面图中索引。

绘制墙身详图，应选择少量最有代表性的部位，从上到下连续画全。其他则可简化，只画
与前者不同的部位，然后在该图的上下处加注"同×××墙身详图"即可。至于极不典型的零
星部位，可以作为节点详图，直接画在相近的平、立、剖面图上。

（2）步骤　首先应由建筑专业人员绘出墙身详图草图，提交给相关专业（主要是结构专
业），然后根据反馈的资料，进行综合协调后再绘制正式图。出图前相关专业人员应确认会签。

（3）内容（以外墙详图为例）　一般包括尺寸和形状无误的结构断面、墙身材料与构造、
墙身内外饰面的用料与构造、门和窗、玻璃幕墙（画出横楞位置、楼层间的防火及隔声要求、
特殊部位的构造示意）、线脚及装饰部件、窗帘盒及吊顶示意、窗台或护栏、楼地面、室外地
面、台阶或坡道、屋面（含女儿墙或檐口等）如图 6.28～图 6.30 所示。

（4）标高及尺寸的标注

① 标高。主要标注在地面、楼面、屋面、女儿墙或檐口顶面、吊顶底面、外地面等部位。

② 竖向尺寸。主要包括层高、门窗（含玻璃幕墙）高度、窗台高度、女儿墙或檐口高度、
吊顶净高（应根据梁高、管道高及吊顶本身构造高度综合考虑确定）、室外台阶或坡道高度、
其他装饰构件或线脚的高度。尺寸应分行有规律地标注，避免混注，以保证清晰明确。竖向尺
寸应标注与相邻楼地面间的定位尺寸。

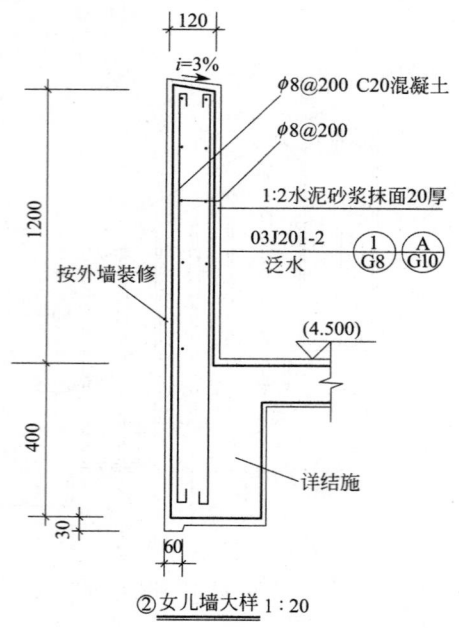

图 6.28　女儿墙节点详图

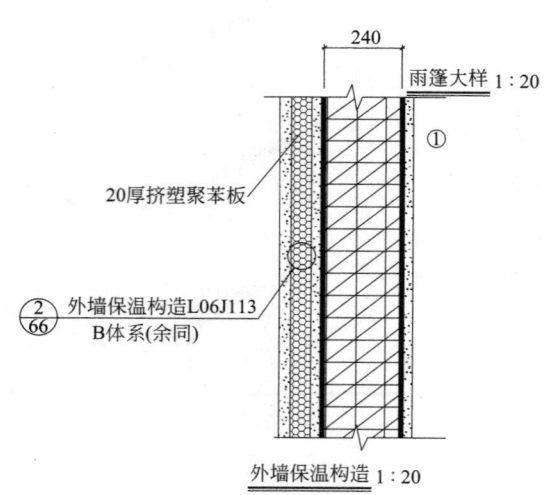

图 6.29　墙身材料与构造详图

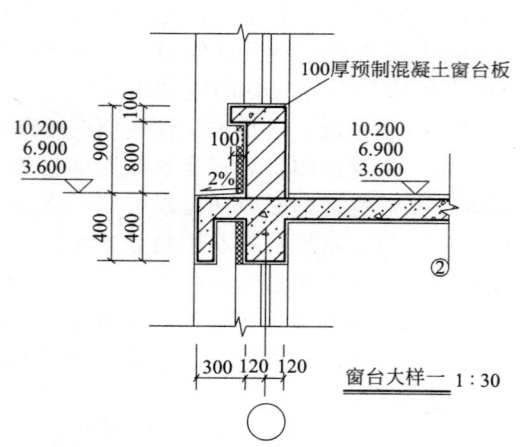

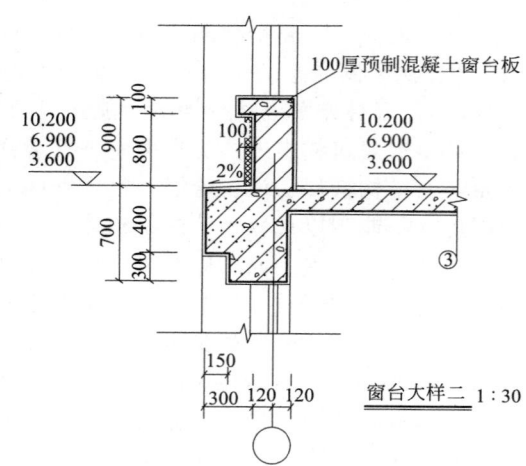

图 6.30　窗台详图

③ 水平尺寸。主要包括墙身厚度及定位尺寸、门窗或玻璃幕墙的定位尺寸、悬挑构件的挑出长度（如檐口、雨篷、线脚等）、台阶或坡道的总长度与定位尺寸。水平尺寸应以相邻的轴线为起点标注。

6.9.5.3　卫生间详图

卫生间详图主要表达卫生间内各种设备的位置、形状及安装做法等。要表达出各种卫生设备在卫生间内的位置、形状和大小，一般需要绘制卫生间平面图，卫生间吊顶平面图（镜像），以及节点详图。装修设计较深入的卫生间还要绘制立面图和剖面图。

（1）卫生间平面图　按 1∶50 的比例图纸绘制，一般有两道尺寸线，外面一道表示卫生间开间、进深尺寸、墙厚和到轴线的距离；里面一道标注卫生洁具的定位尺寸。墙边的卫生洁具应考虑墙的装修厚度。

平面图上应注明标高（比相邻楼面低 20mm）、地漏位置和找坡方向。平面图上还应绘出设备管井（通风、上下水立管）、镜子、残疾人扶手，以及手纸架、烘手器的位置（图 6.31）。

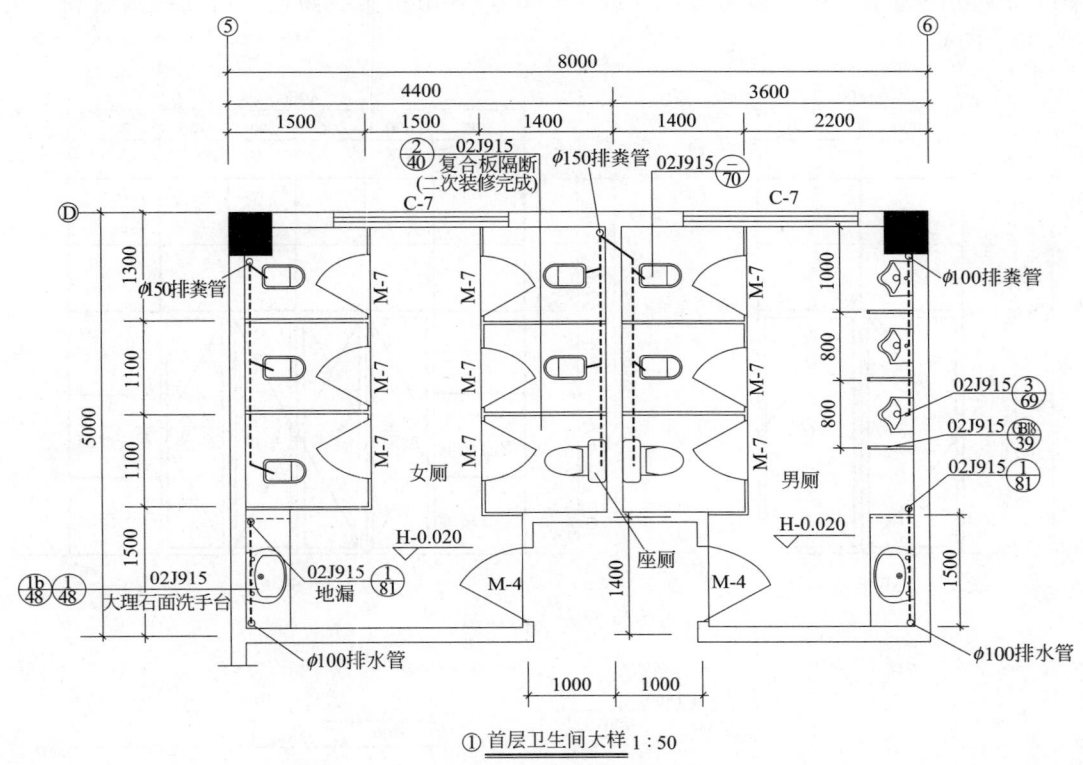

图 6.31 卫生间详图

（2）卫生间吊顶平面图（镜像） 卫生间吊顶一般采用集成吊顶或防水乳胶漆，因为一般抹灰受潮容易脱落。吊顶平面应标注分格方式、灯具和通风口的定位，并注明吊顶的标高。

（3）卫生间节点详图 卫生间节点主要有洗手台及镜子、镜前灯的节点，蹲便器起台的节点、残疾人扶手以及卫生间吊顶的特殊做法节点。

6.9.5.4 坡道详图

坡道分为人行坡道、自行车坡道和汽车坡道三类。坡道详图需要绘制坡道平面图、坡道剖面图和节点构造详图。

（1）坡道平面图 按 1∶50 的比例绘制，一般有两道尺寸线，外面一道表示轴线间的距离，里面一道标注不同坡度的坡段起止点的定位尺寸。平面图上要标注上下行指示箭头及坡度，标注坡段起止点的标高。弧形坡道应标注定位圆心及半径。平面图上应画出地面排水沟、指示灯等的定位尺寸，还应标出剖切位置（图 6.32）。

（2）坡道剖面图 按 1∶50 的比例绘制，有转折的坡道常常要画展开剖面。

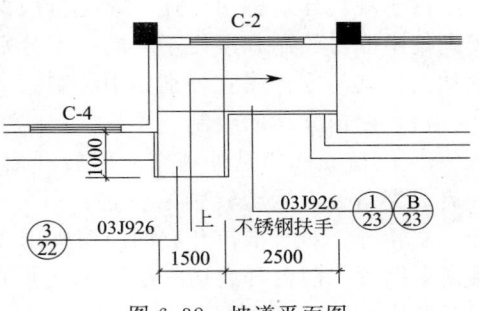

图 6.32 坡道平面图

（3）坡道节点详图 坡道节点详图一般包括如栏杆、扶手、采光顶、地面排水沟、指示灯、轮挡以及坡道防滑构造的详图。

6.9.5.5 门窗详图

门窗详图主要用以表达对厂家的制作要求，如尺寸、形式、开启方式、注意事项等。门窗详图以门窗立面为主，比例多用 1：50 或 1：100。宜用粗实线画樘，用细线画扇和开启线（图 6.33、图 6.34）。

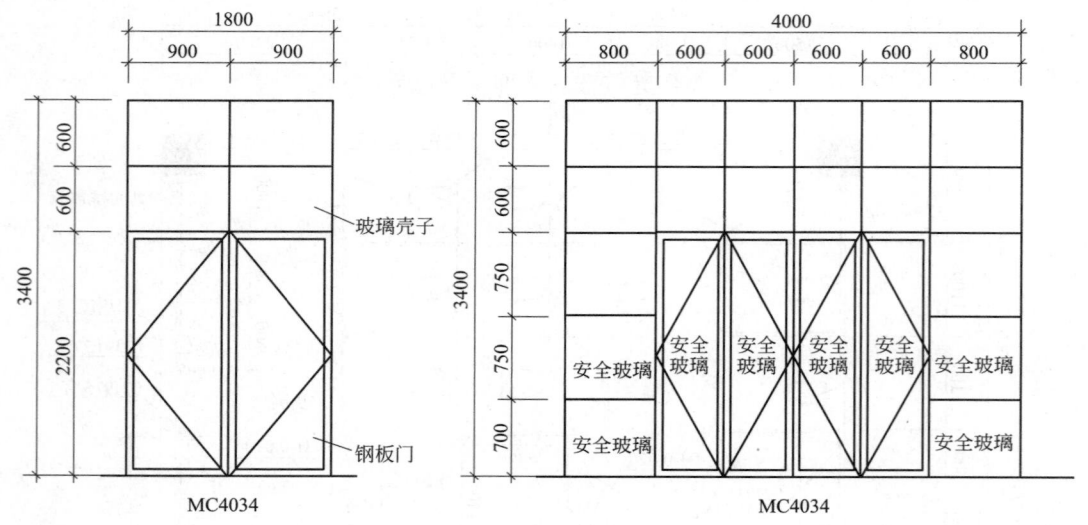

图 6.33 门详图

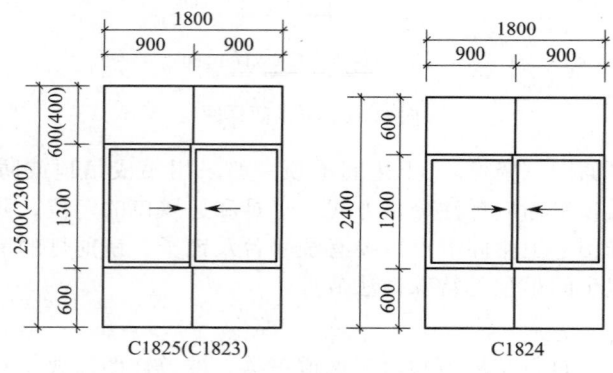

图 6.34 窗详图

由于现代建筑都由专业厂家进行门窗加工，所以很少需要绘制门窗节点。门窗详图应当按类别集中顺号绘制，以便不同的厂家分别进行制作。例如，木门窗和铝合金窗多由不同厂家分别加工，其门窗详图宜分别集中绘制。

（1）门窗立面的绘制

① 门窗立面均是外视图。旋转开启的门窗，用实开启线表示外开，虚开启线表示内开。开启线交角处表示旋转轴的位置，以此可以判断门窗的开启形式，如平开、上悬、下悬、中悬、立转等；对于推拉开启的门窗则用在推拉扇上画箭头表示开启方向；固定扇则只画窗樘不画窗扇即可。门窗开启扇的绘制图例可详见 GB/T 50104—2010《建筑制图标准》。弧形窗及转折窗应绘制展开立面。

② 门窗开启扇的控制尺寸。由于受材料、构造、制作、运输、安装条件的限制，因此门窗立面的划分不能随心所欲，特别是开启扇的尺寸相应受到约束。

以铝合金门窗扇为例，其最大尺寸为：平开窗扇 600mm×1400mm；推拉窗扇 900mm×1500mm；平开门扇 1000mm×2400mm（单扇）、900mm×2400mm（双扇）；双扇开启的门洞宽度不应小于 1.2m，当为 1.2m 时，宜采用大小扇的形式；推拉门扇 900mm×2100mm。

固定扇的控制尺寸，主要取决于玻璃的最大允许尺寸。而玻璃的最大允许尺寸，则因玻璃类别、品种和生产厂家的不同差异很大。

（2）门窗立面尺寸的标注　在门窗高度和宽度方向均应标注 3 道尺寸，即洞口尺寸、制作总尺寸与安装尺寸、分樘尺寸。也可以简化成 2 道尺寸，把洞口尺寸注在门窗号处，以宽×高表示。有的图把洞口尺寸混同于制作总尺寸与安装尺寸，由制作厂家设计加工图时把面层厚度考虑进去。

① 弧形窗或转折窗的洞口尺寸应标注展开尺寸并宜加画平面示意图，注出半径或分段尺寸。

② 转折窗的制作总尺寸与安装尺寸应分段标注。中间部分注出窗轴线总尺寸，两端部分加注安装尺寸。

③ 安装尺寸应根据与门窗相邻的饰面材料及做法确定，如水泥砂浆、水泥石灰砂浆、喷涂或乳胶漆墙面为 20mm；锦砖、水刷石、干粘石、剁斧石为 20～25mm；花岗岩、大理石为 40～50mm（根据板厚及安装构造而定）。

当外墙为清水墙时，门窗洞口常做成企口的形式，内侧洞口适当放大留出门窗的安装尺寸。当外饰面材料厚度较厚时，洞口与门窗框的间隙应酌情增加，以饰面层厚度能盖过缝隙 5～10mm 为度，但又不宜压盖框料过多，常设钢附框，既解决构造问题，又能减少土建与门窗安装的交叉作业，有利于成品保护，提高交付质量。

（3）门窗详图说明　说明最好直接写在相关的门窗图内或门窗表的附注内，也可以写在首页的设计说明中，说明应包括下列内容。

① 门窗立樘位置。

② 对制作厂家的资质要求。

③ 框料断面尺寸、玻璃厚度及构造节点。

④ 玻璃及框料的选材与颜色。

⑤ 对特殊构造节点的要求。如通窗在楼层或隔壁之间的防火、隔声处理，以及与主体结构的连接等。

⑥ 其他制作及安装要求和注意事项，如门窗制作尺寸应放样并核实无误后方可加工。

6.9.5.6　地下防水节点详图

地下工程防水做法，是有地下室的建筑施工图设计必须表达的重点内容。首先应根据建筑的使用功能确定防水等级和设防要求。对于地下室的侧墙和顶、底板（包括桩基承台）的防水措施，以及变形缝和后浇带处的防水做法，一般均应绘制上述部位的节点详图。其选材和构造应合理可靠，并应遵守 GB 50108—2008《地下工程防水技术规范》的规定。

（1）设计原则

① 地下工程防水的设计和施工应遵循"防、排、截、堵相结合，刚柔相济，因地制宜，综合治理"的原则，且必须符合环境保护的要求，并采取相应措施。条件允许的地下工程，应尽量采用"防、排结合"的设防措施。

② 工程设计人员应对地下工程所处的地理位置、气温气候、地下水类型、补给来源、水质、流量、流向、压力、水位的年变化情况及由于外因引起的周围水文地质改变的情况等与防水工程有密切关系的因素进行详细调查。根据地下工程的使用要求、使用功能、结构形式、环境条件等综合因素来确定防水工程的设防等级，再根据设防等级选择防水层材料。

③ 施工场地宽敞时，均应采用外防外做施工工艺；因场地狭窄不能外防外做时，可采用

外防内做施工工艺；因场地特别狭窄，不能做外防水层或外防水失败时，才采用内防水设防措施。

④ 底板、外墙和顶板（有顶板时）均应设防水层，且防水层、止水带、止水条都必须有效交圈，不得断开。

⑤ 立面部位用两种柔性防水材料复合设防时，两者材性应相容，并紧密结合。平面部位可相容，也可不相容；不相容时，上层防水材料宜选择卷材，并应空铺，搭接边冷粘。

（2）选点

① 地下室底板、悬挑底板、外墙。

② 地下室顶板（有顶板时）。

③ 防水收头做法（防水设防高度应高出室外地坪高程 0.5m 以上）。

④ 窗井、通风井、设备吊装孔、地下通道。

⑤ 变形缝、后浇带、桩头、集水坑等特殊部位。

⑥ 防水层甩接槎做法。

⑦ 施工缝、穿墙管等细部构造做法。

（3）步骤 首先应由建筑专业人员确定设防等级，选择防水层材料。在防水收头、窗井、通风井、设备吊装孔、地下通道等部位画出草图，提交给相关专业（主要是结构专业）人员，然后根据反馈的资料，进行综合协调后再绘制正式图。出图前相关专业人员应确认会签。

（4）内容 一般包括尺寸和形状无误的结构断面；垫层、找平层、防水层、保护层等材料与构造；转角处保护和加强处理；散水处防水收头做法、特殊部位的构造示意等。应注明各构造层次的材料和厚度。

为了清晰地表明防水构造中的细微部分，防水节点详图常常运用不按比例绘制的局部夸张方法表达。

第7章
建筑环境设计设备施工图绘制

7.1 建筑设备施工图绘制的目的及要求

一套完整的建筑工程施工图，除了建筑施工图、结构施工图外，还应包括设备施工图。设备施工图是土建部分的配套设计，用来表达给水、排水、供暖、供热、通风、空调、电气、照明及智能控制等配套工程的具体配置。

建筑设备工程图包括给水排水、电气照明、采暖空调等。设备工程施工图按照专业的不同分为给水排水施工图、采暖施工图、空调施工图、电气施工图等。

设备工程施工图的主要内容有：施工说明、平面布置图、系统图（反映设备及管线系统走向的轴测图和原理图等）及安装详图。

设备工程施工图的特点是以建筑图为依据，采用正投影、轴测投影等投影方法，借助于各种图例、符号、线型、线宽来反映设备施工的内容。

为了达到相应的使用要求，除了要求功能合理、结构安全、造型美观外，还必须有相应的设备来保证空间的正常使用，也可以说有了相应设备才能更好地发挥建筑空间的功能，改善和提高使用者的生活（或生产者的生产环境）质量。另外，建筑内部的相关设备也影响着室内空间的设计，在设计之前了解各种设备管线的走向和位置，对完成设计工作具有很大影响，这也是学习有关设备工程图的目的。

7.2 建筑给排水施工图的绘制

7.2.1 建筑给排水施工图的有关规定

在给排水施工平面图上，所有管道、配件、设备装置需采用国家统一规定的图线、图例符号表示。由于这些图线、图例符号不完全反映实物的形状，因此，我们应首先熟悉这些图线、图例符号所代表的内容。

（1）图线 给水排水专业制图应符合 GB/T 50106—2010《建筑给水排水制图标准》的规定。图线的宽度 b 宜为 0.7mm 或 1.0mm。

给水排水专业制图常用的各种线型的规定，详见表 7.1。

（2）比例

① 给水排水专业制图常用的比例，宜符合表 7.2 的规定。

表 7.1 线型

线型名称	线宽	用 途
粗实线	b	新设计的各种排水和其他重力流管线
粗虚线	b	新设计的各种排水和其他重力流管线的不可见轮廓线
中粗实线	$0.7b$	新设计的各种给水和其他压力流管线；原有的各种排水和其他重力流管线
中粗虚线	$0.7b$	新设计的各种给水和其他压力流管线及原有的各种排水和其他重力流管线的不可见轮廓线
中实线	$0.5b$	给水排水设备、零(附)件的可见轮廓线；总图中新建的建筑物和构筑物的可见轮廓线；原有的各种给水和其他压力流管线
中虚线	$0.5b$	给水排水设备、零(附)件的不可见轮廓线；总图中新建的建筑物和构筑物的不可见轮廓线；原有的各种给水和其他压力流管线的不可见轮廓线
细实线	$0.25b$	建筑的可见轮廓线；总图中原有的建筑物和构筑物的可见轮廓线；制图中的各种标注线
细虚线	$0.25b$	建筑的不可见轮廓线；总图中原有的建筑物和构筑物的不可见轮廓线
单点长画线	$0.25b$	中心线、定位轴线
折断线	$0.25b$	断开界线
波浪线	$0.25b$	平面图中水面线；局部构造层次范围线；保温范围示意线等

表 7.2 比例

名称	比例	备注
区域规划图 区域位置图	1：50000、1：25000、1：10000、1：5000、1：2000	宜与总图专业一致
总平面图	1：1000、1：500、1：300	宜与总图专业一致
管道纵断面图	竖向：1：200、1：100、1：50 纵向：1：1000、1：500、1：300	
水处理厂(站)平面图	1：500、1：200、1：100	
水处理构筑物、设备间、卫生间；泵房平、剖面图	1：100、1：50、1：40、1：30	
建筑给水排水平面图	1：200、1：150、1：100	宜与总图专业一致
建筑给水排水轴测图	1：150、1：100、1：50	宜与总图专业一致
详图	1：50、1：30、1：20、1：10、1：5、1：2、1：1	

② 在管道纵断面图中，可根据需要对竖向与纵向采用不同的组合比例。

③ 在建筑给水排水轴测图中，如局部表达有困难时，该处可不按比例绘制。

④ 水处理工艺流程断面图和建筑给水排水管道展开系统图可不按比例绘制。

（3）图例 管道、管道附件、管道连接、管件、阀门、给水配件、消防设施、卫生设备及水池、小型给水排水构筑物、给水排水设备、仪表等图例分别见表 7.3。

表 7.3 给水排水施工图常用图例

序号	名称	图例	序号	名称	图例
1	给水管	—— J ——	7	法兰连接	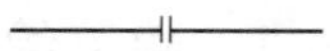
2	污水管	—— P ——	8	正三通	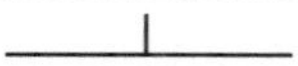
3	雨水管	—— Y ——	9	正四通	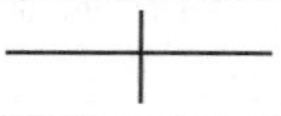
4	消火栓给水管	——XH——	10	弯折管	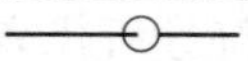
5	多孔管		11	立管	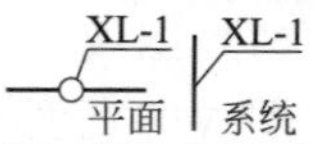 XL-1 XL-1 平面 系统
6	圆形地漏		12	雨水斗	 YD YD 平面 系统

续表

序号	名称	图例	序号	名称	图例
13	清扫口	平面　系统	24	闸阀	
14	立管检查口		25	止回阀	
15	通气帽	成品　蘑菇形	26	截止阀	$DN\geq50$　$DN<50$
16	自动喷洒头（闭式）	平面　系统	27	放水龙头	平面　系统
17	存水弯		28	化验盆洗涤盆	
18	室内消火栓（单口）	平面　系统	29	污水池	
19	室内消火栓（双口）	平面　系统	30	矩形化粪池	HC
20	台式面盆		31	阀门井检查井	J-×× J-×× W-×× W-×× Y-×× Y-××
21	挂式小便器		32	水表井	
22	蹲式大便器		33	水表	
23	管道交叉		34	压力表	

7.2.2　建筑室内给水施工图的绘制

7.2.2.1　室内给水工程

（1）室内给水系统的分类　室内给水系统的任务是根据各类用户对水量、水压、水质的要求，将城市给水管网（或自备水源）上的水输送到室内的配水龙头、生产机组和消防设备等用水点上。按照不同用途分为生活给水系统、生产给水系统和消防给水系统三种。

虽然三种给水系统的用途不同，但通常并不需要单独设置，而是根据具体情况采用不同的共用系统，如生活、生产、消防共用给水系统，生活、消防共用给水系统等。在工业企业内，给水系统比较复杂，由于生产过程中所需水压、水质、水温等的不同，又常常分成若干个单独的给水系统。为了节约用水，将生产给水系统划分为循环使用给水系统和重复使用给水系统。

（2）室内给水系统的组成　室内给水系统图样一般由下列各部分组成。

① 引入管。自室外给水总管将水引至入室管网的管段。水表节点位于引入管段的中间，前后装有阀门、泄水口、水表等。

② 给水管网。由水平干管、立管、支管等组成的管道系统。给水附件如各种配水龙头、阀门、卫生设备等（图 7.1）。

7.2.2.2　室内给水系统平面图表现的内容

① 建筑平面图。建筑物平面轮廓及轴线网，反映建筑的平面布置及相关尺寸，用细实线绘制。

② 各种给水设备的平面位置、类型。用不同图例符号和线型表示给水设备和管道的平面布置。

③ 给水立管网和进户管网的编号。

④ 管道及设备安装预留洞位置。

⑤ 必要的文字说明，如房间名称、地面标高、设备定位尺寸、详图索引等。

7.2.2.3　室内给水系统平面图的表达方法

室内给水平面图是根据给水设备的配置和管道的布置情况绘出的，因此，建筑轮廓线应与建筑平面图一致，一般只抄绘房屋的墙、柱、门窗洞、楼梯等主要构配件，房屋的细部、门窗代号等均可省略。

建筑平面图的图线均采用细实线绘制。底层平面图中的室内管道需与户外管道相连，必须单独画出完整的平面图。其他各个楼层只需画出与用水设备和管道布置有关的房屋平面图，相邻房间可用折断线予以断开。若各楼层管道等的平面布置相同，则可只画出底层平面图和标准层平面图，但在图中需注明各楼层的层次和标高。

对于室内相关的用水设备，只需表示它们的类型和位置，按规定用细实线画出其图例。给水管道是室内管网平面布置图的主要内容。通常以单线条的粗实线表示水平管道（包括引入管和水平横管）并标注管径。以小圆圈表示立管，底层平面图中应画出给水引入管，并对其进行系统编号，一般给水管以每一引入管作为一个系统（图7.2）。

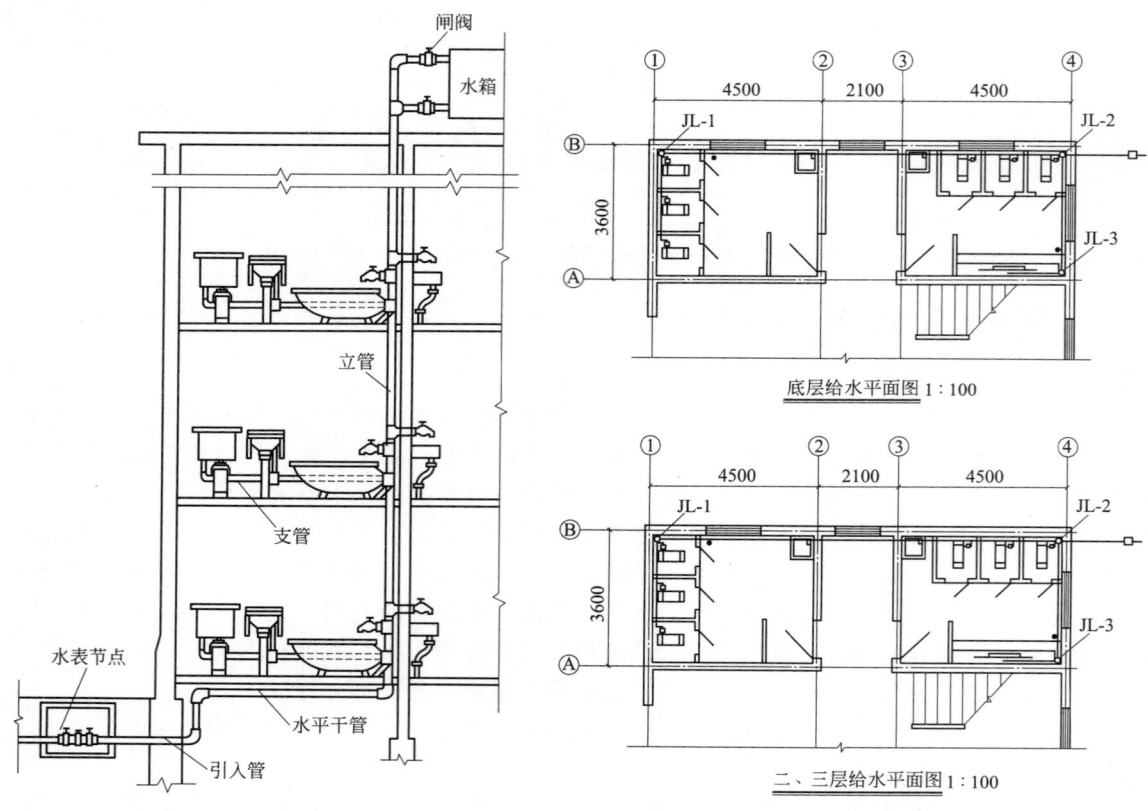

图7.1　室内给水系统图样的组成　　　　图7.2　室内给水系统平面图布置

为使施工人员便于阅读图纸，无论是否采用标准图例，最好都能附上各种管道及卫生设备的图例，并对施工要求和有关材料等用文字加以说明。

7.2.3　建筑室内排水施工图的绘制

7.2.3.1　室内排水系统图样的组成

一般建筑物内部排水系统由以下几部分组成。

① 卫生设备或生产设备。它们是用来承受用水和将用后的废水、废物排泄到排水系统中

的容器。

② 排水管系统。由器具排水管（连接卫生器具和横支管之间的一般短管，除坐式大便器外，其间含有一个存水弯）、横支管、立管、排出管等。

③ 通气管系统。是在排水立管的上端延伸出屋面的部分，其作用是排出臭气及有害气体，使室内压力变化稳定。

④ 清扫设备。为疏通排水管道，在室内排水系统内，一般需设置检查口和清扫口设备（图 7.3）。

7.2.3.2　室内排水系统平面图表现的内容

① 建筑平面图。建筑物平面轮廓及轴线网，反映建筑的平面布置及相关尺寸，用细实线绘制。

② 各种排水设备的平面位置、类型。用不同图例符号和线型表示给水设备和管道的平面布置。

③ 排水立管网和出户管网的编号。

④ 管道及设备安装预留洞位置。

⑤ 必要的文字说明，如房间名称、地面标高、设备定位尺寸、详图索引等。

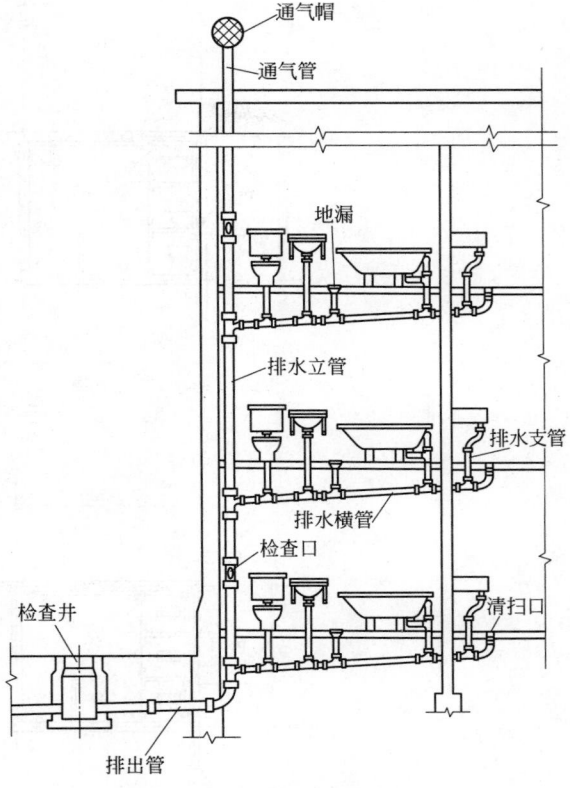

图 7.3　室内排水系统图样的组成

7.2.3.3　室内排水系统平面图的表达方法

建筑平面图、卫生器具与配水设备平面图的表达方法，要求与给水管网平面布置图相同。

排水管道一般用单线条粗虚线表示。以小圆圈表示排水立管。底层平面图中应画出室外第一个检查井、排出管、横干管、立管、支管及卫生器具、排水泄水口。

按系统对各种管道分别予以标志和编号。排水管以第一个检查井承接的每一排出管为一系统（图 7.4）。

7.2.4　建筑室外给水排水施工图的绘制

室外给水排水施工图主要表示一个小区范围内的各种室外给水排水管道的布置，与室内管道的引入管、排出管之间的连接，管道敷设的坡度、埋深和交接情况，检查井位置和深度等。室外给水与排水施工图包括给水排水平面图、管道纵剖面图、附属设备的施工图等。

7.2.4.1　室外给水排水平面图

室外给水排水平面图包括室外给水排水平面图和地区或小区的给水排水总平面图（图 7.5、图 7.6）。

室外管网平面布置图是表达新建房屋周围的给水排水管网的平面布置图。它包括新建房屋、道路、围墙等平面位置和给水排水管网的布置。房屋的轮廓、周围的道路和围墙用中实线或细实线表示，给水排水管网用粗实线表示；管径、管道长度、敷设坡度标注在管道轮廓线旁，并加注相应的符号；管道上的其他构配件，用图例符号表示，图中所用图例符号应在图上统一说明。室外给水排水平面布置图的图示内容和识读要点如下。

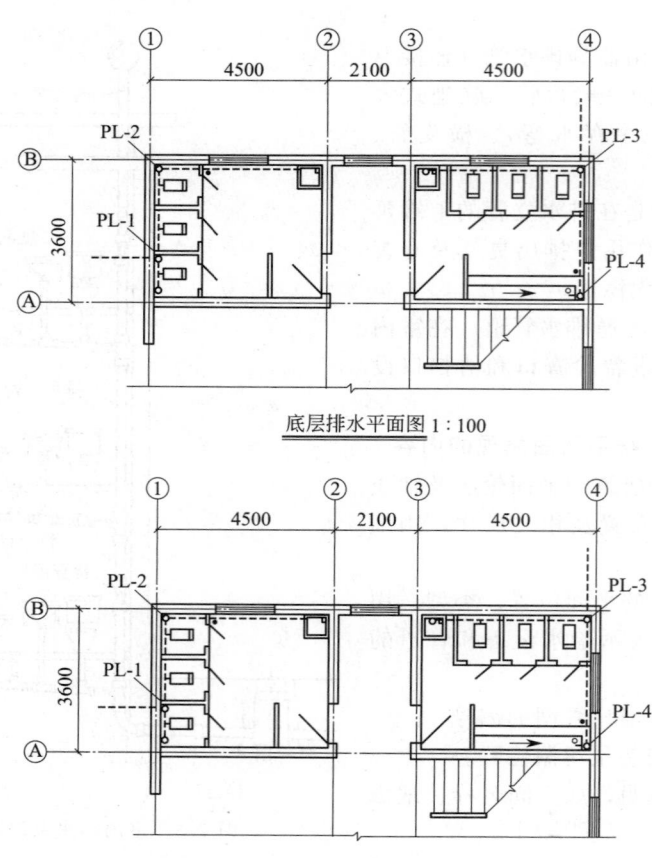

底层排水平面图 1:100

二、三层排水平面图 1:100

图 7.4　室内排水系统图样的组成

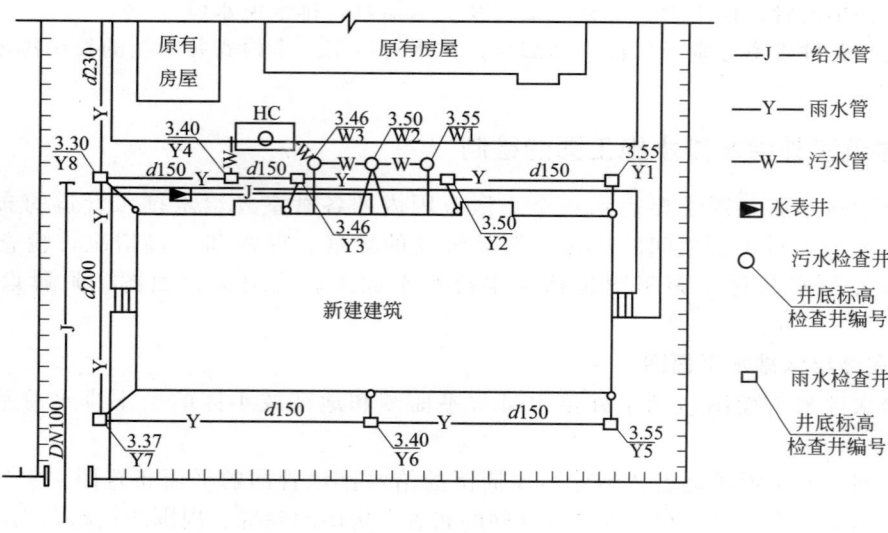

图 7.5　某新建建筑周围的给水排水平面图

注：1. 室内外地坪的高差为 0.60m，室外地坪的绝对标高为 3.90m，给水管中心线绝对标高为 3.10m。

2. 雨水管坡度：$d150$ 为 0.5%；污水管为 1%。

3. 检查井尺寸：$d150$、$d200$ 为 480mm×480mm；$d230$ 为 600mm×600mm。

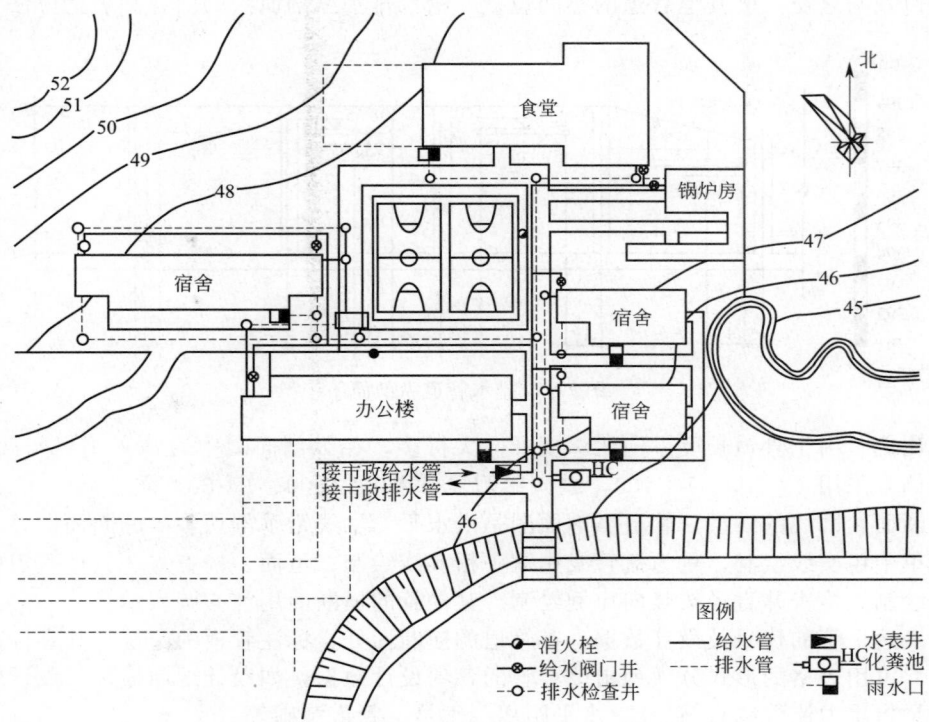

图 7.6　某小区给水排水总平面布置图

（1）比例　室外给水排水平面布置图的比例一般与建筑总平面图相同，常用 1：500、1：200、1：100，范围较大的小区也可采用 1：2000、1：1000。

（2）建筑物及道路、围墙等设施　由于在室外给水排水平面图中，主要反映室外管道的布置，所以在平面图中，原有房屋以及道路、围墙等设施，基本上按建筑总平面图的图例绘制。新建房屋的轮廓采用中实线绘制。

（3）管道及附属设备　一般把各种管道，如给水管、排水管、雨水管，以及水表（流量计）、检查井、化粪池等附属设备，都画在同一张平面图上。新建管道均采用单条粗实线表示，管径直接标注在相应的管线旁边；给水管一般采用铸铁管，以公称直径 DN 表示；雨水管、污水管一般采用混凝土管，以内径 d 表示。水表、检查井、化粪池等附属设备按图例绘制，应标注绝对标高。

（4）标高　给水管道宜标注管中心标高，由于给水管道是压力管且无坡度，往往沿地面敷设，如敷设时统一埋深，可以在说明中列出给水管的中心标高。

（5）排水管道　排水管道（包括雨水管和污水管）应注出起讫点、转角点、连接点、叉点、变坡点的标高。排水管应标注管内底标高。为简便起见，可以在检查井引一指引线，在指引线的水平线上面标以井底标高，水平线下面标注管道种类及编号，如 W 为污水，Y 为雨水管，编号顺序按水流方向编排。

（6）指北针、图例和施工说明　室外给水排水平面布置图中，应画出指北针，标明所用的图例，书写必要的说明，以便于读图和按图施工。

7.2.4.2　室外给水排水纵剖面图

室外给水排水平面图只能表达各种管道的平面位置，而管道的深度、交叉管道的上下位置以及地面的起伏情况等，需要一个纵剖面图来表达，尤其是排水管道，因为它有坡度要求。如图 7.7 所示是一段排水管道的纵剖面图，它表达了该排水管道的纵向尺寸、埋深、检查井的位置、深度以及与之交叉的其他管道的空间位置。给水排水纵剖面图的内容和表达方法如下。

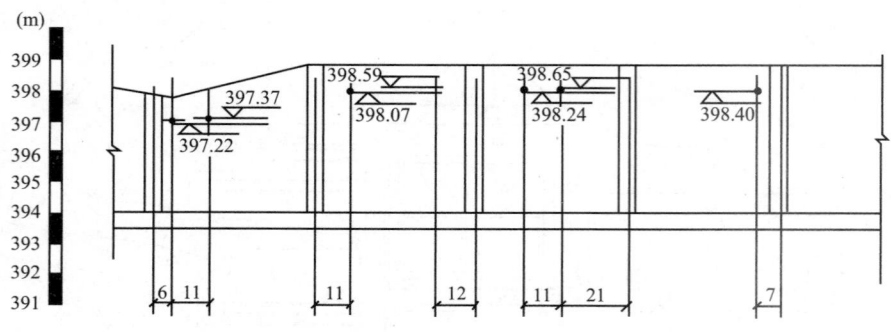

图 7.7　排水管道纵剖面图

（1）比例　由于管道长度方向比深度方向大得多，在纵剖面图中通常采用纵竖两种比例。如竖向比例常采用 1∶200、1∶100，纵向比例常采用 1∶1000、1∶500 等。

（2）断面轮廓线的线型　管道纵剖面图是沿水平管轴线铅垂剖切画出的断面图，一般压力流管线用单中粗实线绘制，重力流管线用双中粗实线绘制；地面、检查井、其他管道的横断面用中实线绘制。检查井直径按竖向比例绘制。其他管的横断面用空心圆表示。

（3）表达干管的代号及设计数据　在管道的横断面处，标注管道的定位尺寸和标高。在断面图下方，可用表格的形式分项列出该干管的各项设计数据，如设计地面标高、设计管内底标高（这里是指重力流管线）、管径、水平距离、编号、管道基础等。

此外，还常在最下方画出相应的管道平面图，与管道纵剖面图对应（图 7.8）。

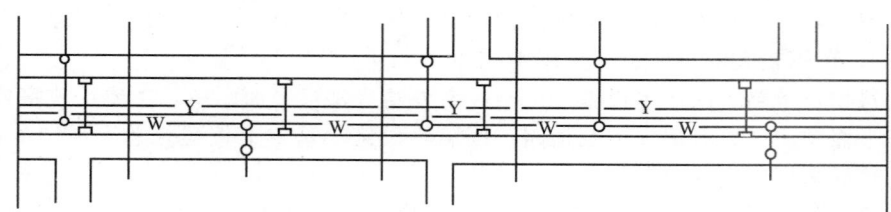

图 7.8　排水管道平面图

7.3　建筑电气施工图的绘制

在现代建筑中，建筑电气的种类越来越多，除了用于照明的各种灯具以及各种形式的家用电器设备外，各类电子设备系统（也称为弱电系统）如电信、有线电视、自动监控等已成为现代建筑中不可缺少的组成部分。室内照明与家用电器可以作为一个系统，而自动监控、电话、有线电视、宽带等则需要独立的系统。工业建筑以及某些民用建筑中还配有各类动力供电系统。

建筑电气施工图是将建筑中安装的许多电气设施（如照明灯具、电源插座、电视、电话、消防控制及各种工业与民用的动力装置等）经过专门设计，表达在图纸上，这些有关的图纸就是电气施工图。

电气施工图中主要表达的内容是供电、配电线路的规格与敷设方式；各种电气设备及配件的选型、规格及安装方式。

电气施工图一般包含首页图、供电总平面图、变（配）电室的电气平面图、室内电气平面图、室内电气系统图、避雷平面图六个部分。其图示特点是采用简图及文字表示系统或设备中各组成部分之间的相互关系。

7.3.1 建筑电气施工图的有关规定

在建筑电气施工图中，所有布线、配件、设备装置都采用统一规定的图线、图例符号表示。由于这些图线、图例符号不反映实物的形状，因此，人们应首先熟悉这些图例符号所代表的内容。

7.3.1.1 图线

建筑电气施工图中的各种线型应按照《建筑电气制图标准》（GB/T 50786—2012）中的统一规定绘制。其基本线宽宜为 0.5mm、0.7mm、1.0mm，各种图线、线型、线宽及一般用途见表 7.4。

表 7.4 线型

图线名称		线型	线宽	一般用途
实线	粗		b	本专业设备之间电气通路连接线、本专业设备可见轮廓线、图形符号轮廓线
	中粗		$0.7b$	本专业设备可见轮廓线、图形符号轮廓线、方框线、建筑物可见轮廓线
	中		$0.5b$	
	细		$0.25b$	非本专业设备可见轮廓线、建筑物可见轮廓线；尺寸、标高、角度等标注线及引出线
虚线	粗		b	本专业设备之间电气通路不可见连接线；线路改造中原有线路
	中粗		$0.7b$	本专业设备不可见轮廓线、地下电缆沟、排管区、隧道、屏蔽线、连锁线
	中		$0.5b$	
	细		$0.25b$	非本专业设备不可见轮廓线及地下管沟、建筑物不可见轮廓线
波浪线	粗		b	本专业软管、软护套保护的电气通路连接线、蛇形敷设线缆
	中粗		$0.7b$	
单点长画线			$0.25b$	定位轴线、中心线、对称线；结构、功能、单元相同围框线
双点长画线			$0.25b$	辅助围框线、假想或工艺设备轮廓线
折断线			$0.25b$	断开界线

7.3.1.2 图例

常用的电气图形图例应按表 7.5 的规定绘制。

表 7.5 常用的电气图形图例

序号	名称	图例	序号	名称	图例
1	白炽灯		7	配电箱	
2	壁灯		8	电度表	wh
3	吸顶灯		9	电源	DY
4	防水吊线灯		10	排气扇	
5	单管荧光灯 双管荧光灯	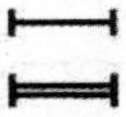	11	断路器	
6	声控灯		12	负荷开关	

序号	名称	图例	序号	名称	图例
13	向上配线 向下配线		22	单相两孔加 三孔插座（暗装）	
14	地线		23	单相两孔加 三孔防水插座	
15	电话接线箱		24	空调用三孔插座	
16	落地接线箱		25	电话插座	TP
17	二分支器		26	对讲分机	
18	电视插座	TV	27	放大器	
19	按钮		28	分配器	
20	普通型带指示灯 单级开关（暗装）		29	放大器、分支 器箱	FD
21	通型带指示双 单级开关（暗装）		30	对讲楼层 分配箱	DJ

常用开关、插座平面图例应按表 7.6 的规定绘制。

表 7.6 常用开关、插座平面图例

序号	名称	图例	序号	名称	图例
1	（电源）插座		11	传真机插座	F
2	多个插座		12	网络插座	C
3	带保护极的 （电源）插座		13	有线电视插座	TV
4	单相二、三极电源插座		14	单联单控开关	
5	带单极开关的 （电源）插座		15	双联单控开关	
6	带保护极的单极 开关的（电源）插座		16	三联单控开关	
7	信息插座	C	17	单极限时开关	t
8	电接线箱	J	18	双极开关	
9	公用电话插座		19	多位单极开关	
10	直线电话插座		20	双控单极开关	

常用开关、插座立面图例应按表 7.7 的规定绘制。

表 7.7　常用开关、插座立面图例

序号	名称	图例	序号	名称	图例
1	单相二极电源插座	Φ	8	音响出线盒	Ⓜ
2	单相三极电源插座	Y	9	单联开关	□
3	单相二、三极电源插座	Φ Y	10	双联开关	□□
4	电话、信息插座	▢ (单孔)	11	三联开关	□□□
		▢▢ (双孔)	12	四联开关	□□□□
5	电视插座	 ◎ (单孔)	13	钥匙开关	—
		 ◎◎ (双孔)	14	请勿打扰开关	DTD
6	地插座	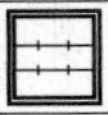 ⊞	15	可调节开关	⌒
7	连接盒接线盒	⊙	16	紧急呼叫开关	○

7.3.2　建筑电气施工图的绘制

7.3.2.1　建筑电气系统的组成

（1）强电系统　强电系统包括电源、变电所（站）、供配电系统、配电线路布置系统、常用设备电气装置、电气照明、电气控制、防雷与接地等。强电系统提供自动扶梯、电梯、供热通风与空气调节（HVAC）设备及其他特殊设备，如电炉、烘干机等所需的电路；提供日常照明、插座和一些日常家用电器设备所需的电路；提供应急照明所需的电路。其特点是电压高、电流大、功率大，主要考虑的问题是提高效率，减少损耗。

（2）弱电系统　弱电系统包括信息设施系统、信息化应用系统、建筑设备管理系统、公共安全系统等。室内弱电系统一般是指直流电路或载有语音、图像、数据等信息的信息源如音频、视频线路、网络线路、电话线路等，一般在 32V 以内。比如家用电器中的电脑、电话、电视机的信号输入、音响设备输出端线路等用电器均为弱电设备。弱电的处理对象主要是信息，即信息的传送和控制，其特点是电压低、电流小、功率小、频率高，主要考虑的是信息传送的效果问题。

7.3.2.2　室内电气平面图的主要内容

① 电源进户线和电源配电箱及各分配电箱的形式、安装位置以及电源配电箱内的电气系统。

② 照明线路中导线的根数、型号、规格、线路走向、敷设位置、配线方式和导线的连接方式等。

③ 照明灯具、照明开关、插座等设备的安装位置，灯具的型号、数量、安装容量、安装方式及悬挂高度。

7.3.2.3　室内电气平面图的表达方法

电气照明施工平面图属于一种简图，它采用图形符号和文字符号描述图中的各项内容。主要用来表示电源进户装置、照明配电箱、灯具、插座、开关等电气设备的数量、型号规格、安装位置、安装高度，表示照明线路的敷设位置、敷设方式、敷设路径、导线的型号规格等（图 7.9）。

电气平面图上所需的建筑物轮廓应与建筑图一致。只需用细实线把建筑物与电气有关的墙、门窗、平台、柱、楼梯等部分画出来。电气平面图的数量，原则上应分层绘制，电路系统

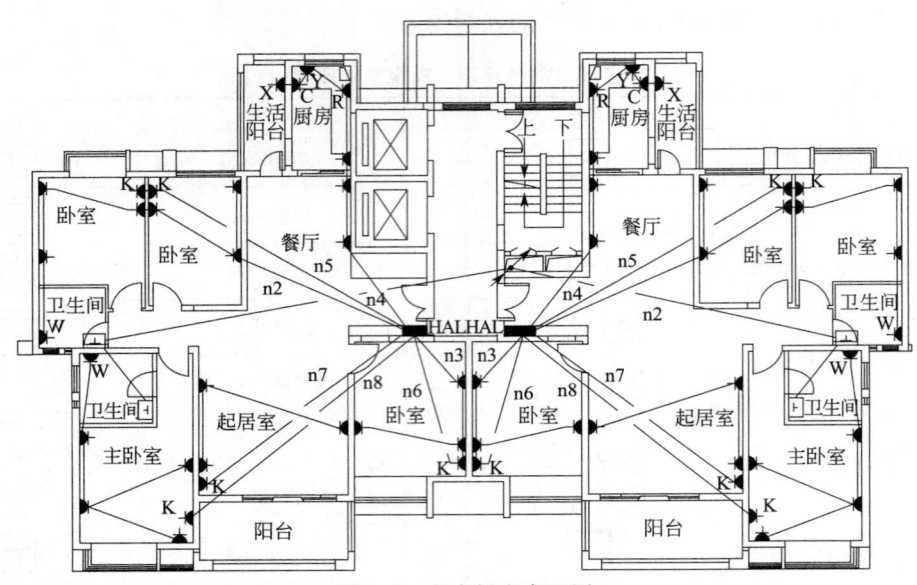

图 7.9　室内插座布置图

布置相同的楼层平面可绘制一个平面图。

　　由于照明线路和设备一般采用图形符号和文字标注的方式表示，因此，在电气照明施工平面图上不表示出线路和设备本身的形状和大小，但必须确定其敷设和安装位置。其中平面位置是根据建筑平面图的定位轴线和某些构筑物来确定照明线路和设备布置的位置，而垂直位置（安装高度），一般则采用标高、文字符号标注等方法表示（图 7.10）。

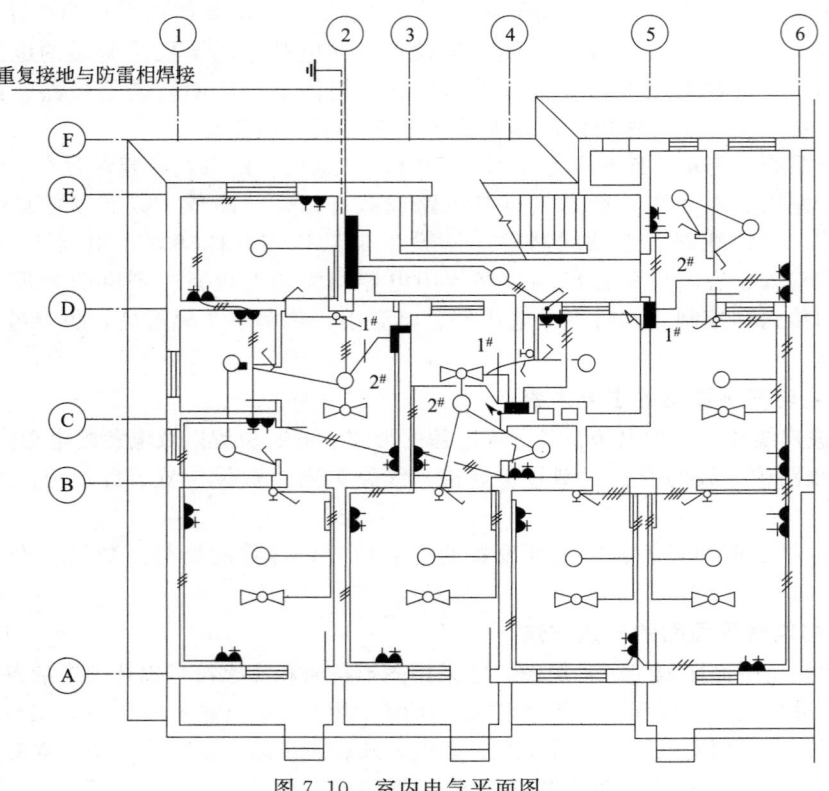

图 7.10　室内电气平面图

7.4　建筑采暖通风施工图的绘制

　　建筑采暖施工图分为室外采暖施工图和室内采暖施工图两部分。室外采暖施工图表示一个区域的采暖管网的布置情况。其主要图纸有设计施工说明、总平面图、管道剖面图、管道纵断面图和详图等；室内采暖施工图表示一幢建筑物的采暖工程，其主要图纸有设计施工说明、采暖平面图、系统图、详图或标准图及通用图等。

　　采暖系统主要由热源、输热管道和散热设备三部分组成。如热源和散热设备都在同一个房间内，称为"局部供热系统"。这类供热系统包括火炉供热、煤气供热及电热供热。如热源远离供热房间，利用一个热源产生的热量去弥补很多房间传出去的热量，称为"集中供热系统"。

　　普通供热系统主要有热水供热系统、蒸汽供热系统、热风供热系统、辐射供热系统、太阳能供热系统等几种形式。

　　通风系统是将室内的污浊空气或有害气体排至室外，再把新鲜的或经过处理的空气送入室内，使之达到卫生标准或满足生产工艺要求的系统。

　　按通风系统的工作动力不同，可分为自然通风和机械通风两类。

　　自然通风是借助于自然压力——"风压"或"热压"促使室内外空气的交换。常见的自然通风有管道式通风、渗透式通风；机械通风是依靠风机产生的压力，强制形成室内外的空气流动。常见的机械通风有局部机械通风和全面机械通风两种。

7.4.1　建筑采暖通风施工图的有关规定

　　在建筑采暖通风施工平面图上，所有管道、配件、设备装置都采用统一规定的图线、比例、图例符号表示。

7.4.1.1　线型

　　建筑采暖通风施工图图样中，采用的各种线型应符合表 7.8 的规定。

表 7.8　暖通空调专业制图的线型及应用范围

序号	名称	线宽	应用范围
1	粗实线	b	单线表示的管道
2	中粗实线	$0.7b$	本专业设备轮廓、双线表示的管道轮廓
3	中实线	$0.5b$	建筑物轮廓尺寸、标高、角度等标注线及引出线
4	细实线	$0.25b$	家具、绿化及非本专业设备轮廓
5	粗虚线	b	回水管线及单线管道被遮挡的部分
6	中粗虚线	$0.7b$	本专业设备及双线管道被遮挡的轮廓
7	中虚线	$0.5b$	地下管沟、改造前风管的轮廓线、示意性连线
8	细虚线	$0.25b$	非本专业虚线表示的设备轮廓线
9	中波浪线	$0.5b$	单线表示的软管
10	细波浪线	$0.25b$	断开界线
11	长点画线	$0.25b$	轴线、中心线
12	长双点画线	$0.25b$	假想或工艺设备轮廓线
13	折断线	$0.25b$	断开界线

7.4.1.2　比例

　　总平面图、平面图的比例，宜与工程项目设计的主导专业一致，其余可按表 7.9 选用。

表 7.9　比例

图名	常用比例	可用比例
剖面图	1：50、1：100	1：150、1：200

图名	常用比例	可用比例
局部放大图、管沟断面图	1∶20、1∶50、1∶100	1∶25、1∶30、1∶150、1∶200
索引图、详图	1∶1、1∶2、1∶5、1∶10、1∶20	1∶3、1∶4、1∶15

7.4.1.3 常用图例

由于这些图例符号不完全反映实物的形状，因此，应首先熟悉这些图例符号所代表的内容。常用采暖施工中的图例应按表 7.10 的规定绘制。

表 7.10 采暖施工中常用图例

序号	名称	图例	备注
1	阀门（通用）截止阀	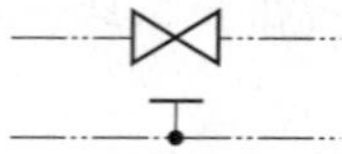	1. 没有说明时，表示螺纹连接；法兰连接时表示为  ，焊接时表示为  。 2. 轴测画法：阀杆垂直时表示为  ；阀杆水平时表示为 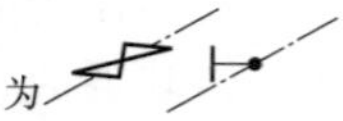 。
2	闸阀		
3	手动调节阀		
4	止回阀	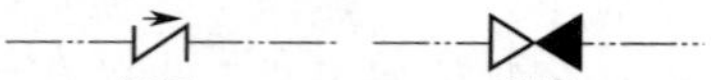 通用　　升降	
5	集气灌、排气装置	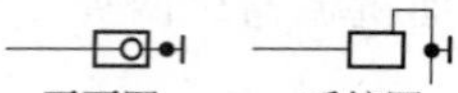 平面图　　系统图	
6	矩形补偿器		
7	固定支架	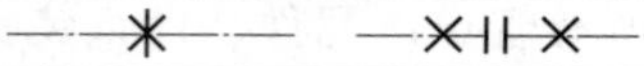	
8	坡度及坡向	 $i=0.003$ 或 $i=0.003$	
9	散热器及手动放气阀	 平面图　剖面图　系统图	
10	百叶窗	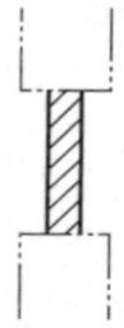	
11	气流方向	 通用　送风　回风	
12	水泵		
13	防火栓	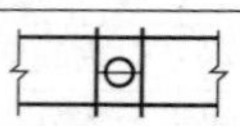	

常用风道、阀门及附件图例应按表 7.11 的规定绘制。

表 7.11 常用风道、阀门及附件图例

序号	名称	图例	序号	名称	图例
1	矩形风管	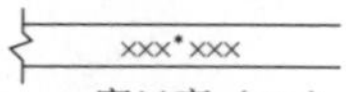 ×××*××× 宽×高 (mm)	4	风管向下	
2	圆形风管	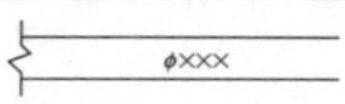 φ×××	5	风管向上摇手弯	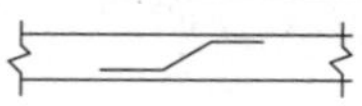
3	风管向上	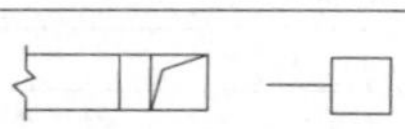	6	风管向下摇手弯	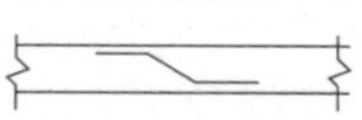

续表

序号	名称	图例	序号	名称	图例
7	天圆地方		19	余压阀	
8	软风管		20	三通调节阀	
9	圆弧形弯头		21	防烟防火阀	
10	带导流片的矩形弯头		22	方形风口	
11	消声器		23	条缝形风口	
12	消声弯头		24	矩形风口	
13	消声静压箱		25	圆形风口	
14	风管软接头		26	侧面风口	
15	对开多叶调节风阀		27	防雨百叶	
16	蝶阀		28	检修门	
17	插板阀		29	气流方向	通用　送风　回风
18	止回风阀		30	远程受控盒	B
			31	防雨罩	

通风、空调设备的图例宜按表 7.12 采用。

表 7.12　通风、空调设备的图例

序号	名称	图例	序号	名称	图例
1	散热器及手动放气阀	平面图　剖面图　系统图	10	空调机组加热、冷却盘管	加热　冷却　双功能
2	散热器及温控阀		11	空气过滤器	粗效　中效　高效
3	轴流风机		12	挡水板	
4	轴流式管道风机		13	加湿器	
5	离心式管道风机		14	电加热器	
6	吊顶式排气扇		15	桩式换热器	
7	水泵		16	立式明装风机盘管	
8	手摇泵				
9	变风量末端				

续表

序号	名称	图例	序号	名称	图例
17	立式暗装风机盘管		21	分体空调器	室内机　室外机
18	卧式明装风机盘管				
19	卧式暗装风机盘管		22	射流诱导风机	
20	窗式空调器		23	减振器	

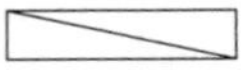

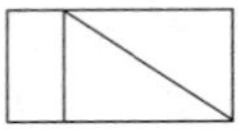

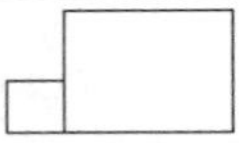

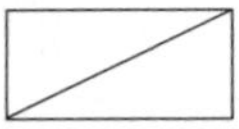

7.4.2　建筑采暖施工图的绘制

7.4.2.1　室外供暖平面图

室外供暖平面图的表达方法和表达的内容与室外给水排水平面布置图（或总平面图）相似，一般采用 1∶500 或 1∶1000 的比例绘制。其内容包括：

① 坐标方格网以米（m）为单位，方格网的间距为 50m 或 100m。

② 各建筑物的平面轮廓。

③ 道路、围墙等。

④ 供暖和回水管路应从锅炉房画至各供暖建筑。在管路图中，用图例符号画出阀门、伸缩器、固定支架，标明检查井位置并进行编号。各段管路还需要标明管径大小，如 $DN100$。

⑤ 主要尺寸以米（m）为单位。

室外供暖平面图中为突出表明供暖和回水管网，供暖管路用粗实线画出，建筑物的平面轮廓用中粗实线画出，坐标方格网、道路、围墙等用细实线画出。

7.4.2.2　室内采暖平面图的主要内容

① 采暖管道系统的干管、立管、支管的平面位置、走向、立管编号和管道安装方式。

② 散热器平面位置、规格、数量及安装方式（明装或暗装）。

③ 采暖干管上的阀门、固定支架以及与采暖系统有关的设备（如膨胀水箱、集气罐、疏水器等平面位置、规格、型号等）。

④ 管道及设备安装所需的留洞、预埋件、管沟等方面与土建施工的关系和要求。

7.4.2.3　室内采暖平面图的表达方法

采暖平面图主要表示管道、附件及散热器的布置情况，是采暖施工图的重要图样。采暖平面图一般采用 1∶100、1∶50 的比例绘制。为了突出管道系统，用细实线绘制建筑平面图中的墙身、门窗洞、楼梯等构件的主要轮廓；用中实线以图例形式画出散热器、阀门等附件的安装位置；用粗实线绘制采暖干管；用粗虚线绘制回水干管。在底层平面图中应画出供热引入管、回水管，并注明管径、立管编号、散热器片数等。

采暖平面图主要表示各层管道及设备的平面布置情况。通常只画房屋底层、标准层及顶层采暖平面图。当各层的建筑结构和管道布置不相同时，应分层绘制。

如图 7.11～图 7.13 所示为某办公楼一至三层采暖平面图。该工程采用热水供暖。由锅炉房通过室外架空管道集中供热。管道系统的布置方式采用上行下给单管同程式系统。供热干管敷设在顶层顶棚下，回水干管敷设在底层地面之上，其中跨门部分敷设在地下管沟内。散热器采用四柱 813 型，均明装在窗台之下。

从一层平面图中可以看到，供热干管从办公楼东南角处架空进入室内，然后向北通过控制

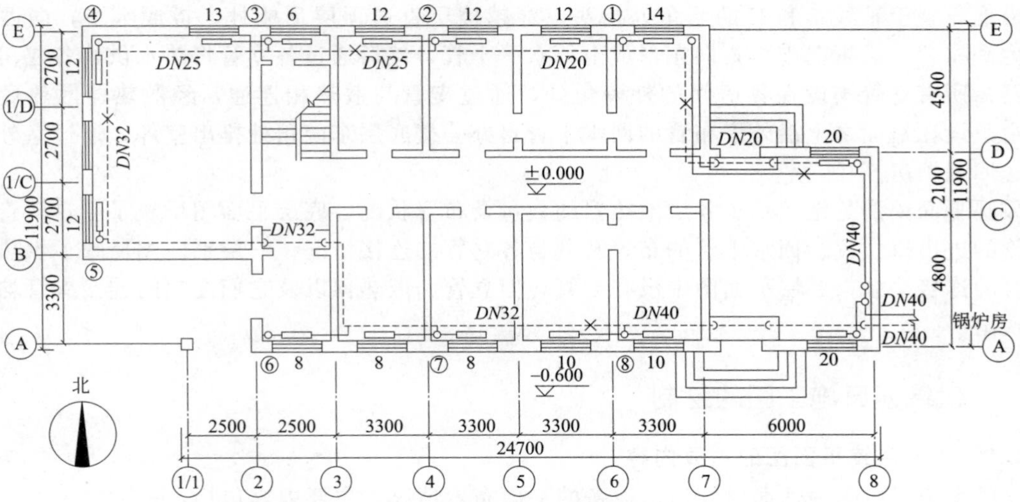

图 7.11　某办公楼一层采暖平面图

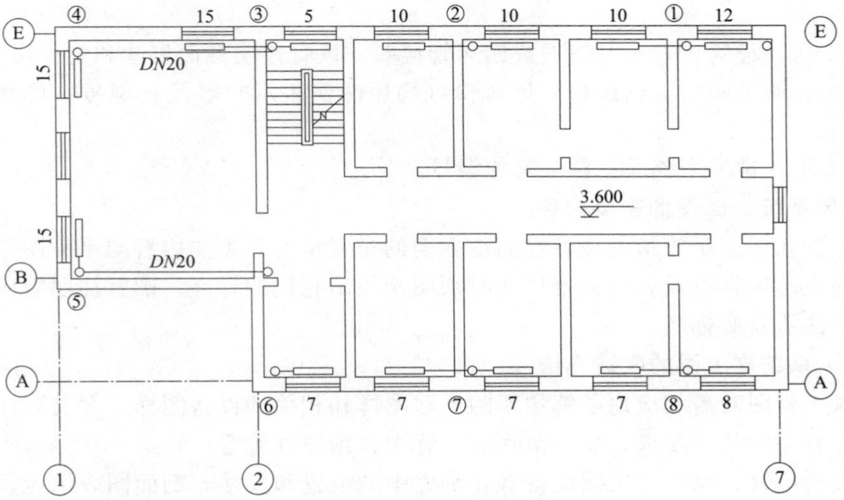

图 7.12　某办公楼二层采暖平面图

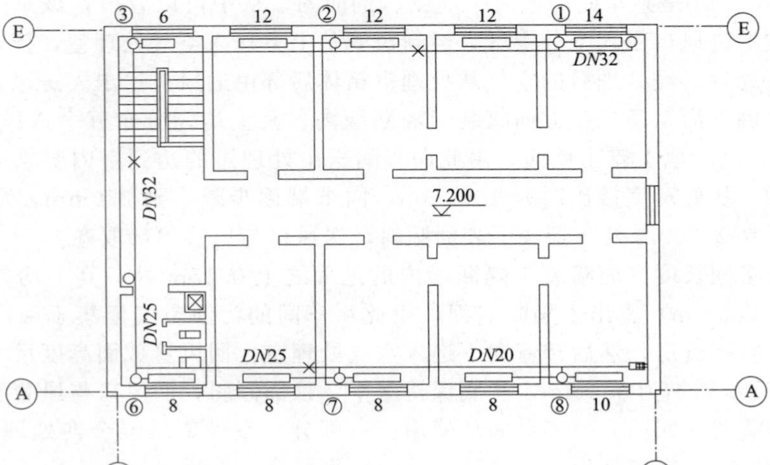

图 7.13　某办公楼三层采暖平面图

阀门沿墙布置至轴线 7 和 E 的墙角处抬头，穿越楼层直通顶层顶棚处，折成水平，向西环绕外墙内侧布置，后折向南再折向东形成上行水平干管，然后通过各立管将热水供给各层房间的散热器。所有立管均设在各房间的外墙角处，通过支管与散热相连通，经散热器散热后的回水，由敷设在地面之上沿外墙布置的回水干管自办公楼底层东南角处排出室外，通过室外架空管道送回锅炉房。

采暖平面图清楚地表示了各层散热器的数量及布置状况。底层平面图反映了供热干管及回水干管的进出口位置、回水干管的布置及其与各立管的连接情况；三层平面图反映了供热管与各立管的连接关系；二层平面图中没有干管，但立管、散热器以及它们之间的连接支管均清楚地反映出。

7.4.3 建筑通风施工图的绘制

7.4.3.1 通风系统平面图的主要内容

通风系统平面图表达通风管道、设备的平面布置情况，主要内容包括：

① 工艺设备的主要轮廓线、位置尺寸、编号及设备明细表，如通风机、电动机、吸气罩、送风口、空调器等。

② 通风管、异径管、弯头、三通或四通管接头。风管注明截面尺寸和定位尺寸。

③ 导风板、调节阀门、送风口、回风口（均用图例表示）等及其型号、尺寸，进出风空气的流动方向。

④ 进风系统、排风系统或空调系统的编号。

7.4.3.2 通风系统剖面图的主要内容

通风系统剖面图表示管道及设备在高度方向的布置情况，主要内容与平面图基本相同。所不同的只是在表达风管及设备的位置尺寸时须明确注出它们的标高。圆管注明管中心标高，管底保持水平时注明管底标高。

7.4.3.3 通风系统施工图的表达方法

识读通风工程图时需相应地了解主要的土建图样和相关的设备图样，尤其要注意与设备安装和管道敷设有关的技术要求，如预留孔洞、管沟、预埋件管等。

平面图表明风管、风口、机械设备等在平面中的位置和尺寸，剖面图表示风管设备等在垂直方向的布置和标高。

图 7.14、图 7.15 是某车间的通风平面图、剖面图，从中可以看出，该车间通风系统由设在车间外墙上端的进风口吸入室外空气，经新风管从上方送入空气处理室，依要求的温度、湿度和洁净度进行处理，经处理后的空气从处理室箱体后部由通风机送出。送风管经两次转弯后进入车间，在顶棚下沿车间长度方向暗装于隔断墙内，其上均匀分布五个送风口（500mm×250mm），装设在隔断墙上露出墙面，由此向车间送出处理过的达到室内要求的空气。送风管截高度是变化的，从处理室接出时是 1000mm，向末端逐步减小到 350mm，管顶上表面保持水平，安装在标高 3.900m 处，管底下表面倾斜，送风口与风管顶部取齐。

回风管平行车间长度方向暗装于隔断墙内的地面之上 0.15m 处，其上均匀分布着九个回风口（500mm×200mm）露出于隔断墙面，由此将车间的污浊空气汇集于回风管，经三次转弯，由上部进入空调机房，然后转弯向下进入空气处理室。回风管截面高度尺寸是变化的，从始端的 300mm 逐步增加为 850mm，管底保持水平，顶部倾斜，回风口与风管底部取齐。当回风进入空气处理室时，回风分两部分循环使用：一部分与室外新风混合在处理室内进行处理；另一部分通过跨越连通管与处理室后部喷水后的空气混合，然后再送入室内。设置跨越连通管可便于依回风质量和新风质量调节送风参数。

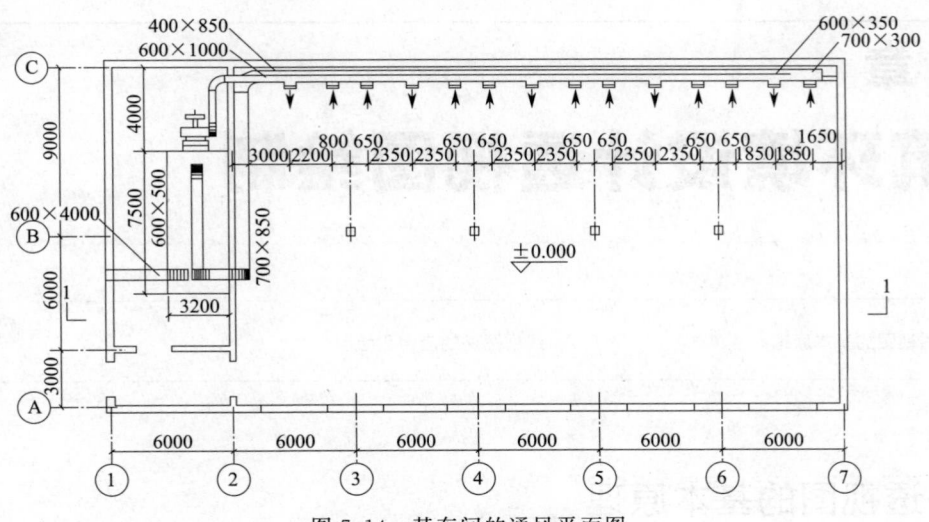

图 7.14　某车间的通风平面图

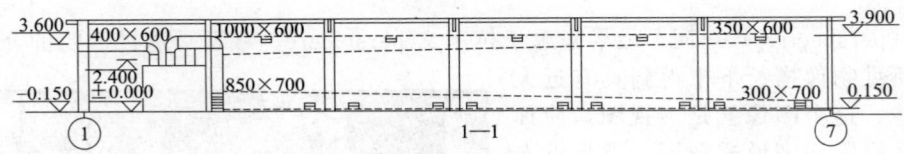

图 7.15　某车间的通风剖面图

第8章
建筑环境设计透视图绘制

8.1 透视图的基本原理

8.1.1 透视的基本概念

透视（perspective）一词，最早来源于拉丁文 perspicerc，意思是透过透明的介质观看物像，并将所见物像描绘下来得到具有近大远小的图像，这个图像就是透视图，简称为透视。从投影法来说透视图，就是以人眼为投影中心的中心投影。

德国著名画家丢勒在 1525 年出版的《圆规和直尺测量法》一书中，进一步研究了平行透视正方形网格及精确的成角透视图问题，在书中介绍了成为"小窗"的玻璃板装置的几种不同描画方法，这是对透视基本概念的最好诠释（图 8.1）。

透视在绘画语言里是将三维空间形态以二维的平面形式表现出来，使人们欣赏时能够从二维画面中感觉到其所要表现的空间层次，产生三维的空间感觉。透视在建筑设计中的表现与绘画语言原理相同，是将环境、空间形态正确地反映到画面上，符合科学的视觉规律，如同一张照片具有近大远小的距离感，使人看上去真实、自然。

8.1.2 透视图的基本术语

为了正确地表现建筑透视效果，我们须了解透视学中的一些基本概念及定义。透视方法的掌握首先应建立在对透视基本原理的理解，还要具备一定的几何基本知识和空间想象能力，依照科学的作图方法

图 8.1　德国画家丢勒对透视原理的研究

绘制，不能任意夸张。

透视学中的一些基本用语及其相关概念如下（图 8.2）。

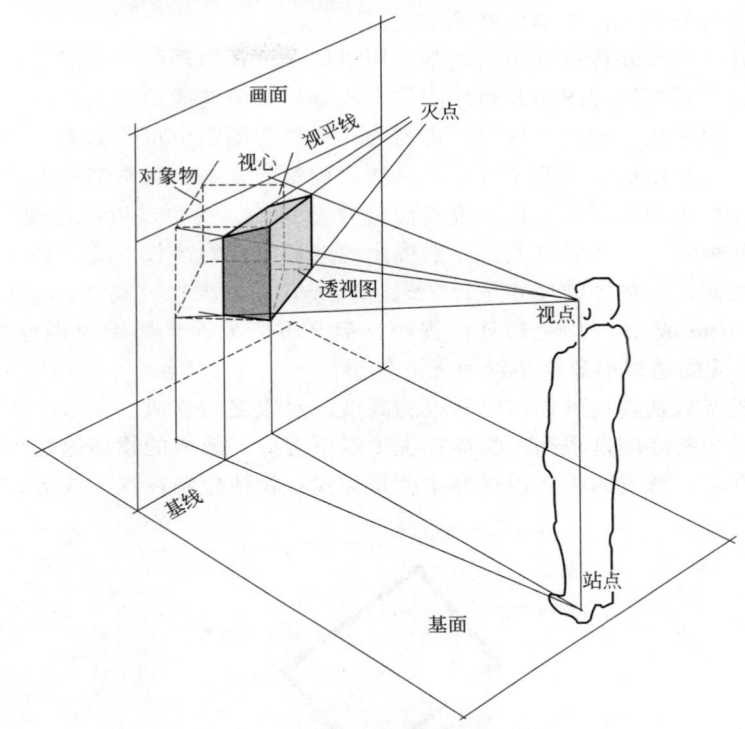

图 8.2　透视图成形的基本原理

基面（*GP*）：放置物体的水平面，亦即建筑制图中的底面。

画面（*PP*）：为一假想的透明平面，一般垂直于基面，它是透视图所在的平面。

视点（*EP*）：指人眼所在的位置，即投影中心点。

基线（*GL*）：画面与基面的交线。

站点（*SP*）：是视点在基面上的正投影，也就是人所站立的位置点。

视高（*H*）：视点与站点间的距离。

视平面：指视点所在高度的水平面。

视平线（*HL*）：指视平面与画面的交线。

视中心点（*CV*）：过视点作画面的垂线，该垂线与画面的交点即为视中心点。

视线：指视点和物体上各点的连接。

灭点（*VP*），也称消失点：平行于建筑空间水平方向的延伸到视平线上所产生的交点。

测点（*MP*）：求透视图中物体或空间深度的参考点。

8.2　透视图法的应用和绘制

8.2.1　视线法

视线法是线透视法中最基本的也是最古老的透视作图法。它是通过空间物体上的各点作连接视线，求出视线与画面的交点，然后连接这些交点所得的物体的透视图像法。由于这种方法是由透视原理直接经几何作图分解演变而来，所以一开始就学习这种方法能够有助于理解透视原理，消解对透视图法的陌生感和畏惧心理。

　　古往今来，每次在作第一个透视图法讲解时，都是以一个边长相等的正立方体为范例。因为正立方体是三维立体的最基本、最简单的形态，将这个简单形态分析透彻后，再引导读者对复杂的形体——进行分析和绘制难度就不太大。

　　讲解视线法时，可首先将透视图法的基本用语结合透视原理图解释清楚，在读者理解了透视现象生成原理后，再将原理图用几何作图的方式分步骤演变成透视图。这其中，要重点讲解清楚站点、灭点、视平线、画面、视距、视高等几个透视图法中重要的概念。

　　视距和视高在透视图法中是两个可按要求随意调整的变数。这两个变数的调整对透视形象会产生不同效果。视距的确定是在选择视点位置时得到的。视距过近，透视易产生失真现象；视距过远，透视感则弱，立体感也差。一般视距的选择应在物体长、宽、高三个尺寸中最大一个尺寸的后边。比如，某物体的尺寸是长3m、高5m，其最大尺寸高5m，视距的位置就应在5m以后的位置，10m或15m均是较佳的视距，但又不应太远。如果视距选在50m以外，则该5m的物体所生成的透视形象会平淡而无立体感。

　　视高是指绘图者在观察被画物体时双眼的高度。双眼之间连成一条水平线，这条水平线即是视平线，视平线的高度即是视高。物体在视平线下方时，形成的物体透视形象就是俯视；物体处在视平线上方时，形成的物体透视形象就是仰视；物体位置在视平线上、下方均有时，则为平视（图8.3）。

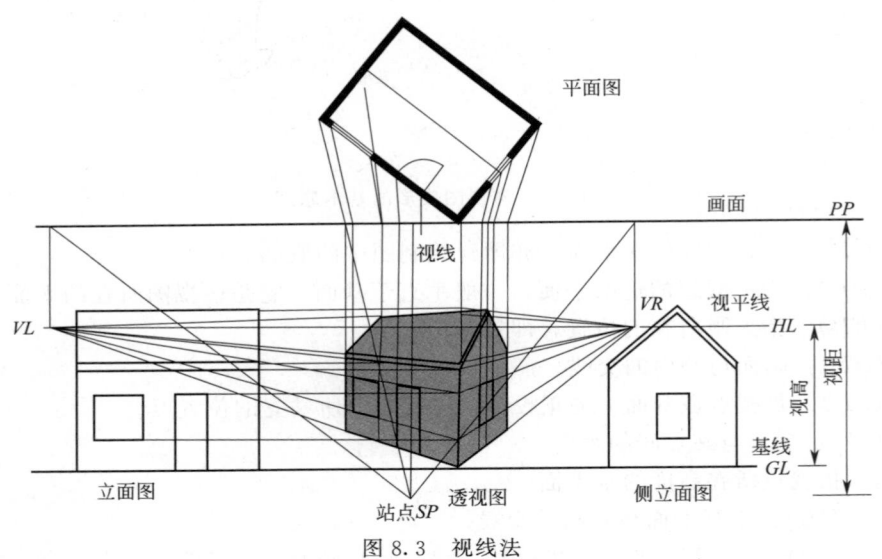

图8.3　视线法

　　视距和视高这两个重要的基本概念在之后的"测点法"和"一点透视制图法"中都要涉及，所以要深入理解并熟练掌握和应用。

　　视线法的主要优点是条理清晰，推理感强。但它也有其致命的缺陷，就是在作图时，图面上要首先画出物体的平面图和立面图，既费时又使图面上真正用于绘制透视形状的有效面积减小很多；而且，视线在连接和转移时误差较大，无法画出很复杂的形体。这些缺陷使视线法的实用性大大削弱，所以在视线法问世后不久，就被测点法取而代之。

8.2.2　测点法

　　测点法又称量点法。由于此种方法是建筑师们长期以来绘制建筑透视图的主要方法，故又被称为建筑师法。

　　测点法的最大特点是用依照几何图法求作的左、右两个测点，代替了视线法中必须在图面上出现的平面图和立面图，只根据设计图中的长、宽、高尺寸直接求作透视图。作图与视线法比较更为简便、准确。

测点法的应用范围非常广泛。应用测点法可以画出各种复杂的透视图形，诸如工业产品透视图、建筑透视图、城市规划透视图等。

测点法的优点是显而易见的，但它的不足是左、右两个灭点和站点往往在图板以外，图幅越大，灭点或站点在图板外越远。如果要画 0 号图幅大小的透视图，则灭点可能要在几十米远以外。绘图时，要用钉子固定灭点的位置，以细绳连线作图，作图的麻烦可想而知。这也是后来透视专家们试图用新透视图法取代它的一个重要原因（图 8.4）。

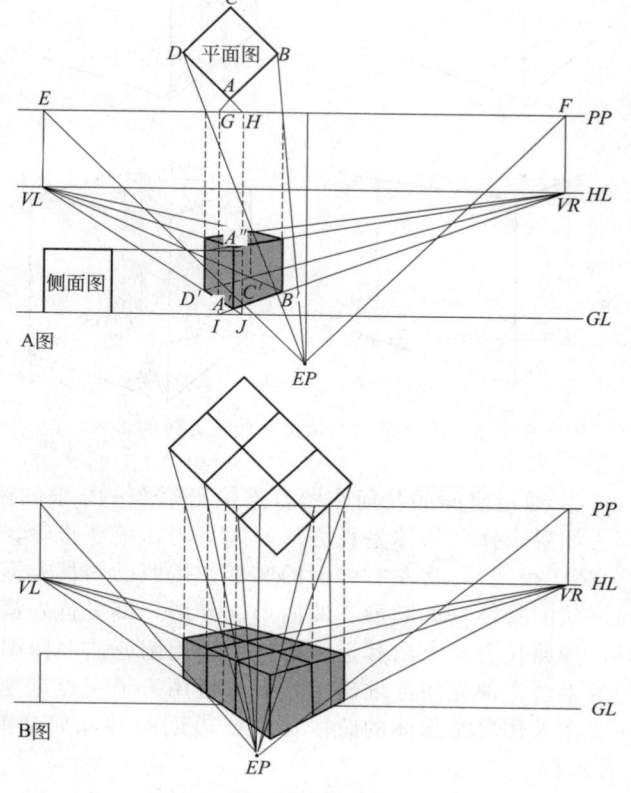

图 8.4　测点法

8.2.3 新透视图画法

透视图画法发展到 70 年代末 80 年代初时，常用的几种画法已经无法满足时代的要求，更新透视图画法的呼声日益高涨。设计师和效果图画家们对已有画法的不满主要集中在以下四个方面：

① 缺乏表达设计意图的自由度。用常用的画法作图，在开始阶段由于步骤较多（如求作灭点、站点、测点等），因而在绘图速度上难以有效地提高；

② 作图时需要有较大的空间，作图面积大，所得的有效图形却很小，这是因为灭点、测点、站点等经常处在远离有效透视图图形的位置；

③ 在作图的开始阶段，无法预料完成的透视图的角度、视距、视高是否合乎人们的目的，只有最后求作步骤全部完成后，才可显出来，而此时如再想调整，只好重新求作；

④ 透视图画法的生成原理较复杂，急需有一种不通过理解原理也能绘制透视图的要求，以便能为初学者或更多的人掌握。

基于此，透视学专家经过了多年的多学科综合研究后，发明了一种新颖、实用的"新透视图画法"。这种画法较圆满地解决了上述的四个问题，在实践中得到了广泛的检验和认证，在 20 世纪 80 年代中期被专家们认定为可以向世界推广的新的透视图画法。

这种方法依然是从正立方体的研究开始的（图 8.5）。

首先，研究者们探讨用纯粹自由的作图方法是否可以将正立方体画得正确无误。也就是说，只凭借训练有素的画家们的手和眼来完成。让画家们拿着一支笔、一把尺，目视三视图，直接在纸上画出透视图，但经过多次试验研究证明，纯粹的自由作图无法保证几何学意义上的绝对正确。即使是最好的画家画最简单的形体，也无法保证不犯错误。在正立方体自由作图中，三组不同方向的 12 根线，总会有几根线无法保证几何学意义上的完全正确。

但经过多次反复试验分析后，研究者们发现，在正立方体的纯粹自由的作图中，画到第 4 根线以前的阶段，只要所画线条中的 2 根相邻透视方向的线条能凭作画者最基本的透视感觉形成左

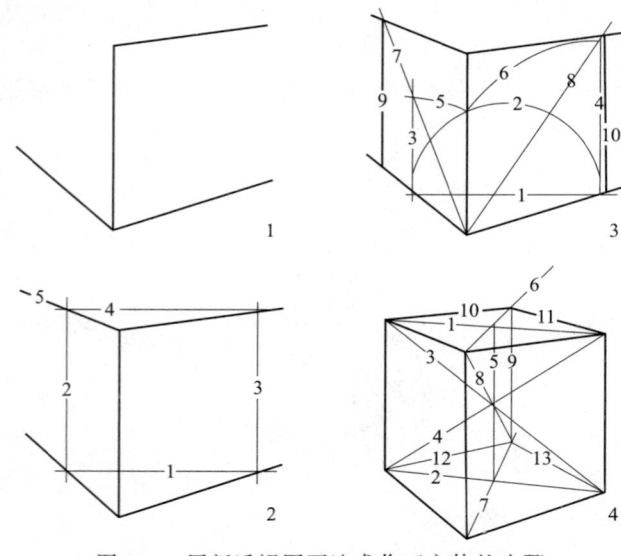

图 8.5　用新透视图画法求作正方体的步骤

或右灭点，则无论怎样画都与画法无矛盾，而到第 5 根线的阶段，由于必须正确收束，所以纯粹自由的作图就不行。

这样，在正方体的 12 根线条中，从第 1 根线条到第 4 根线条是可以自由描绘的（唯一的规定是在第 3、第 4 根线条之间保证能向左或右灭点正确地收束）。从第 5 根线起，就需要运用几何作图的规定技法进行了。

以下就是运用新透视图图法的几个基本技法，利用这种技法便可以分步骤地完成正立方体的其余的棱线。

① 作相交两平面求作第 5 根线；

② 确定收束到左右测点的线；

③ 确定立方体进深尺寸，求作第 6、第 7 两根线；

④ 通过空间的几何作图，连接出第 8～12 根的棱线。

如果求作的形体是长方形，则只需在第 3 步骤，也就是在确定立方体进深尺寸时（求作第 6、第 7 根线），将左右侧面的实形，按照已知长方形的实形长宽尺寸输入至图中即可。任何其他形状的物体（如圆形、曲面形、异形）都可首先根据其长、宽、高尺寸，先将其归纳成长方形，按照长方形求出其透视形体，再用圆或曲面作图的方法找回原形。这有些像立体雕塑中的塑的手法，即先用泥堆出大形后，再用刀子一点点挖出所要的形体。

在求作复杂形体的阶段，需要借助两种几何学的方法来对透视图进行深入地求作和绘制（图 8.6）。

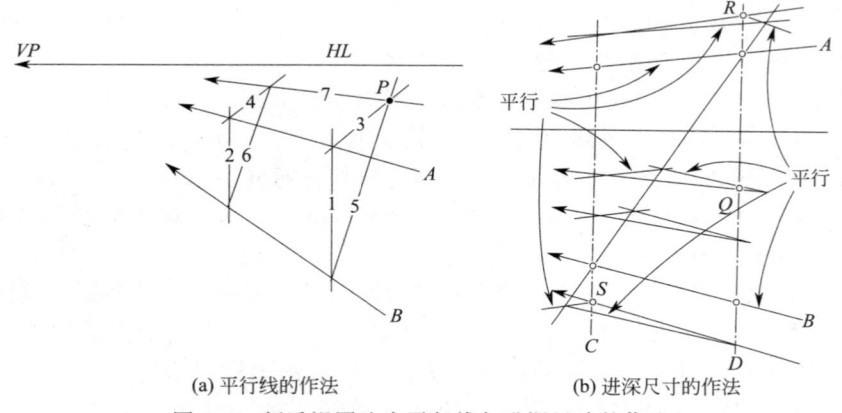

(a) 平行线的作法　　　　(b) 进深尺寸的作法

图 8.6　新透视图法中平行线与进深尺寸的作法

① 透视图上平行线的求作法；

② 透视图上进深细部尺寸的求作法。

运用这种新透视图画法作图，在绘制正立方体时，最初的 4 根线阶段是经过自由作图求得的，在其后的每一个阶段都是经过严格的几何学规定求作的。在大的轮廓和形都已经准确确定后，其细节由于有精确的大形体控制，所以，即使凭自由的感觉作图，也不会有太多失误。由自由作图到规定作图，再到自由作图，是这种图法的主要特点和优势。到这个阶段，作图者可以凭借自己对设计作品的理解，对艺术创作的理解进行一些自由发挥，给理性的精确的透视图骨架增加一些灵感和生动的血肉。

　　学会新透视图法，读者最直接的体会是不用像以前求作透视图需长长的尺子或绳线在图板两侧来回找左、右灭点，该法可以最有效率地利用图板上纸面的大小安排构图。虽然作图的程序在初学时会感到有些复杂、难解，但只要把每一个步骤像掌握数学公式那样记牢，并熟练运用几回后，就可体会出这种图法的种种优点。

　　新透视图法的应用面十分广泛。工业产品透视、建筑透视、室内透视都可用此种方法完成。在学习中，可以让读者进行多种产品的综合训练，以便能更熟练地掌握住新透视图法的画法。

8.2.4　一点透视制图法

8.2.4.1　一点透视的原理及其规律

　　一点透视又称平行透视。空间物体的主要水平界面平行于画面，而其他面垂直于画面，并只有一个灭点的透视即为平行透视（图 8.7）。这种透视表现给人以稳定、平静的感受，适合表现建筑的庄重、肃穆的气氛，常常用于表现一些纪念性的建筑（图 8.8）。但在一些较复杂的场景中，仅仅用平行透视的方法就不足以完整地表达各种复杂的空间关系，这时就可能会用到除平行透视外的其他透视方法。一点透视有以下几条规律：

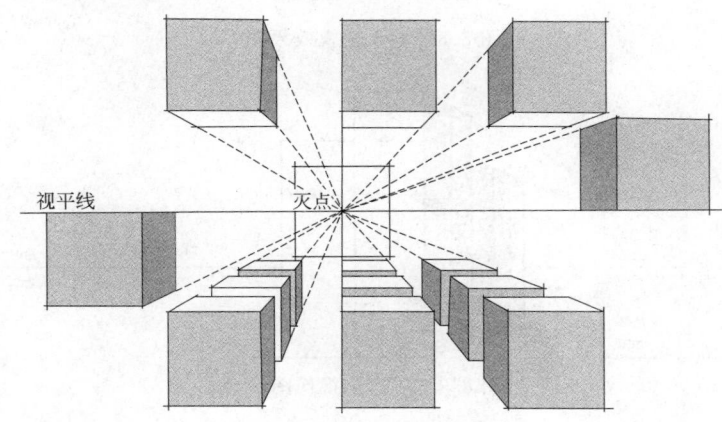

图 8.7　一点透视原理

　　① 垂直界面保持垂直状态不变；

　　② 水平界面在透视图中保持水平不变；

　　③ 在平面图中与后墙面垂直的线条都消失在同一灭点上；

　　④ 后墙面及地平线上的进深尺寸为整个透视的标准量，任何透视中的尺寸都是通过它而求出的；

　　⑤ 由于顶面与地面相互对应，所以在求取其进深尺寸时，都是先在地面上求出相应的透视线，然后反到墙面或顶面上。

8.2.4.2　一点透视制图步骤

　　如图 8.9 所示，下面以距点作图法为例介绍一点透视的作图方法。

　　① 在已确立视平线、灭点、距点关系后，按高宽比例画出建筑正面原形；

　　② 从相关一侧的高度分割点向灭点画一组纵深透视线；

　　③ 以正面形左下角为始点向左画水平线，并按原比例长度将建筑纵深度及其分割标记于水平线上；

　　④ 从水平线上的各标记点向距点连线，各连线与建筑侧面底边相交，从底边各交点向上画一组垂直线并与各纵深透视线相交，平行透视图完成。

图 8.8 一点透视效果图

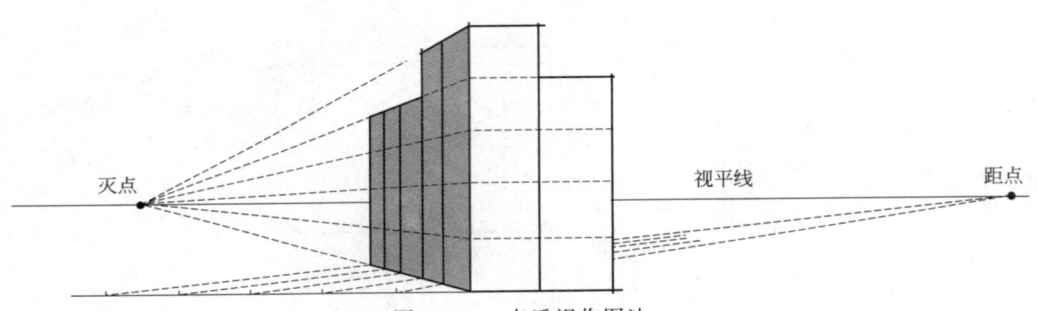

图 8.9 一点透视作图法

8.2.4.3 一点透视的应用

　　一点透视制图是建筑表现图中重要的技巧。制图时应采取由易到难的顺序来学习。即开始阶段练习一些较简单的形体，如空间中的沙发、椅子、茶几、床体等，可以将这些形体归纳为盒子概念，然后再细致刻画。盒子概念是帮助初学者进一步理解透视的有效方法，在同一视点的画面中，利用不同大小、高低、远近及形状的盒子，通过绘制其结构的形式，观察和比较其透视变化。

图 8.10 一点透视原理的应用（一）

等到单体结构及透视练习到一定程度后，逐步加大空间形体难度，这时就可以勾画一些较难的空间场景练习，在构图前根据设计要表现的内容，选择好角度与视高，若把握不足，可以用草稿纸勾画小构图做实验。不同视点的高低表现不同的空间特性与设计重点，设计师应灵活运用（图 8.10、图 8.11）。

图 8.11　一点透视原理的应用（二）

8.2.5　两点透视制图法

8.2.5.1　两点透视原理及其规律

　　两点透视也称为成角透视，当绘图者的视线与所观察物体的纵深边不相垂直，形成一定角度时，各个面的各条平行线向两个方向消失在视平线上，产生出两个灭点（图 8.12、图 8.13）。这种透视表现的立体感强，画面自由活泼，空间具有真实性，是一种非常实用的方法。缺点是如果角度选择不准，容易产生透视变形。要克服这个问题就是将两个灭点设得离画面较远些，以便得到良好的透视效果如图 8.14、图 8.15 所示，两点透视有以下几条规律：

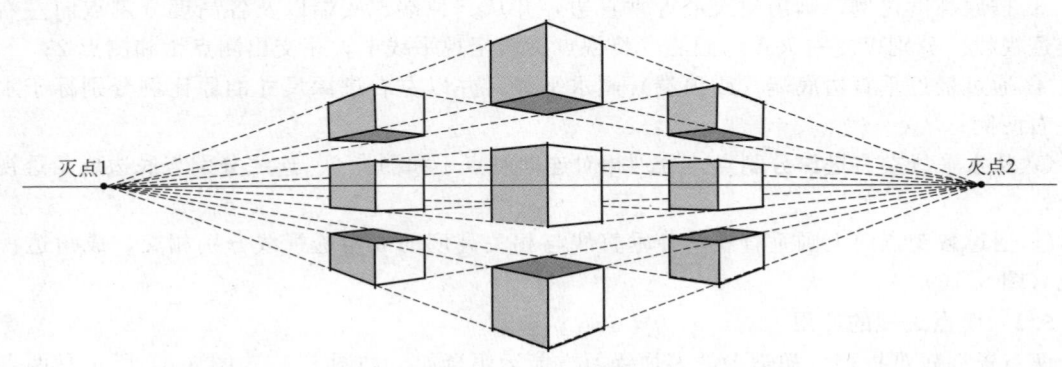

图 8.12　两点透视原理

　① 两点透视的垂直界面保持垂直状态；
　② 两点透视的透视线都消失于两个灭点，并且平行的线条有共同的灭点；
　③ 墙角线与地平线上的刻度尺寸都为两点透视的标准量，即所有的透视尺寸都是由此得出的；
　④ 测量点只是测量进深的辅助点，并非灭点。

视平线

图 8.13　两点透视效果图

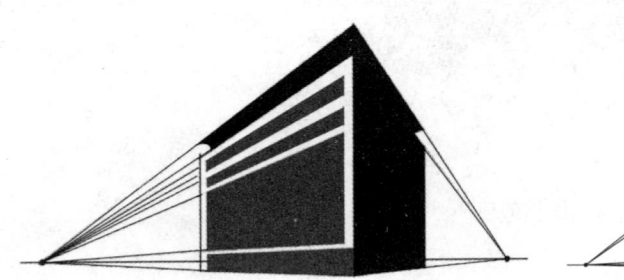

图 8.14　两个灭点太近，顶角呈锐角的现象

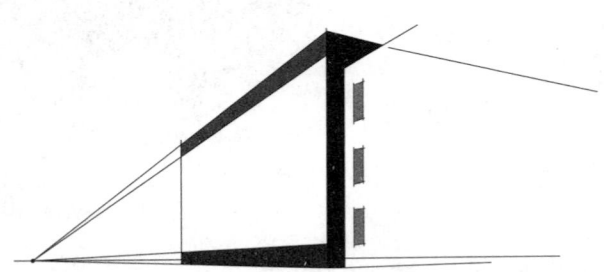

图 8.15　在绘图时可处理成的效果

8.2.5.2　两点透视制图步骤

下面以测点作图法为例介绍两点透视的作图方法：

① 合理确立视平线、视点、心点关系；

② 根据所画建筑与画面所成角度，从视点向上画互为垂直的夹角线并与视平线相交出左右灭点。左右夹角互为 90°余角；

③ 按原高度比例，画出建筑最近垂直边，并从其顶端、底端以及各高度分割点向左右灭点连透视线。分别以左右灭点为圆心，将视点旋转至视平线上，相交出测点 1 和测点 2；

④ 通过最近垂直边底端（或顶端）画水平线，并以左右进深尺寸的原比例分别标于水平线左右两侧；

⑤ 从水平线左右进深分割点，分别相对连向测点 1 和测点 2。连线分别与底边成角透视线相交；

⑥ 通过各交点向上画垂直线，各垂直线与相关高度的成角透视线分别相交，成角透视图完成（图 8.16）。

8.2.5.3　两点透视的应用

两点透视较难把握，初学者需多加练习方能运用自如。如图 8.17、图 8.18 所示是两点透视图表现案例，供大家临摹参考。

8.2.6　三点透视制图法

8.2.6.1　三点透视原理及其规律

三点透视又称斜角透视，是在画面中有三个灭点的透视。如图 8.19、图 8.20 所示，这种

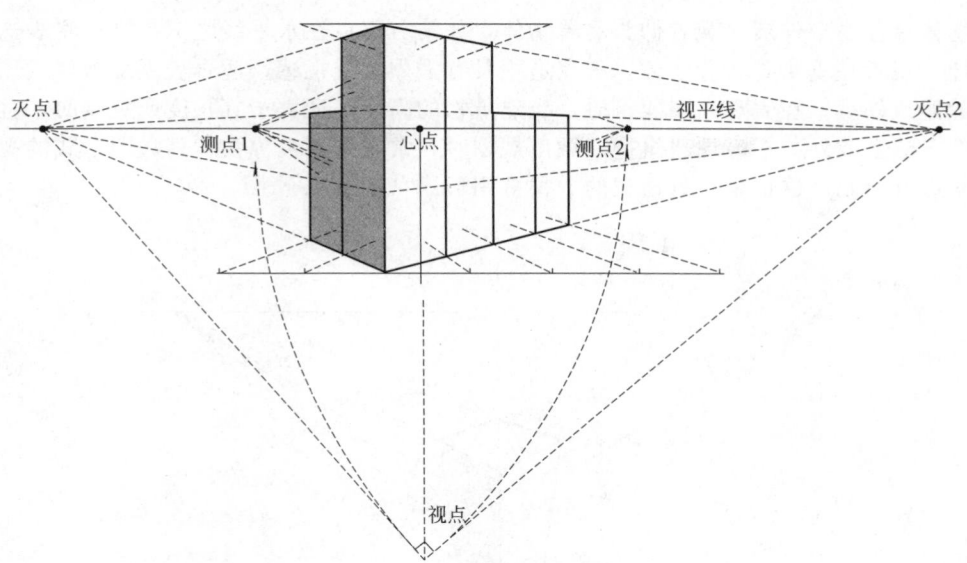

图 8.16　两点透视作图法

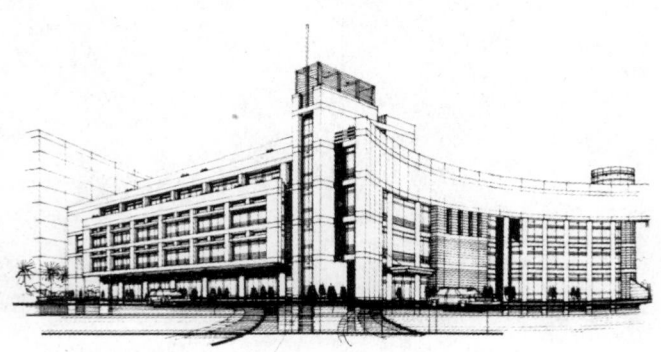

图 8.17　两点透视原理的应用（一）

图 8.18　两点透视原理的应用（二）

透视的形成是物体与视线形成角度时，因立体特性，会呈现往长、宽、高三重空间延伸的块面，且消失于三个不同空间的灭点上。三点透视的构成，是在两点透视的基础上多加一个灭点。第三个灭点可作为高度空间的透视表达，而灭点在水平线之上或下。如第三灭点在水平线之上，物体像往高空伸展，观者仰头看着物体，如第三灭点在水平线之下，则可将表达物体往地心延伸，观者是垂头观看着物体。三点透视具有强烈的透视感，适合表现那些体量硕大或表现强烈的建筑外观。在表现高层建筑时，当建筑物的高度远远大于其长度或宽度时，宜采用三点透视的方法。此外，在表现建筑群或城市规划时，常常采用被称为"鸟瞰图"式的视点提高的方法来进行绘制，这也是三点透视的一种常用形式（图 8.19、图 8.20）。

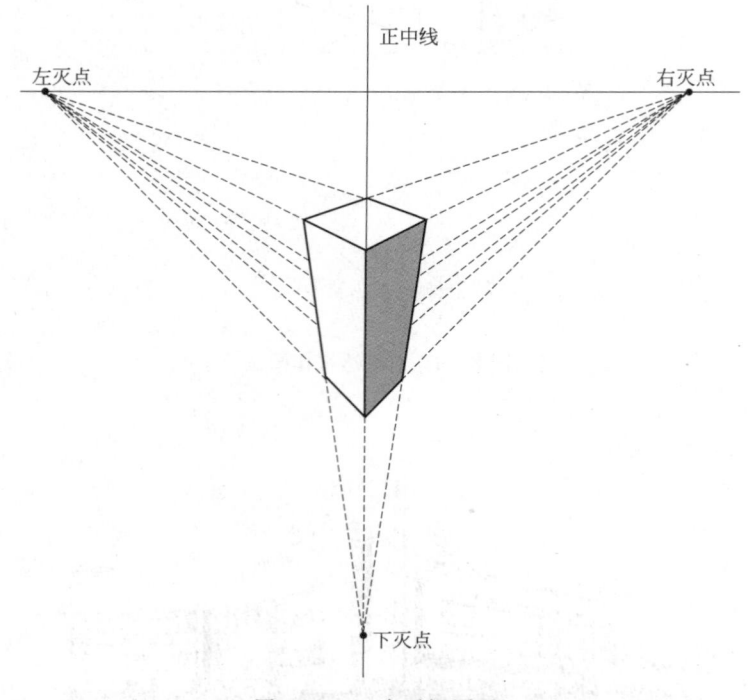

图 8.19　三点透视原理

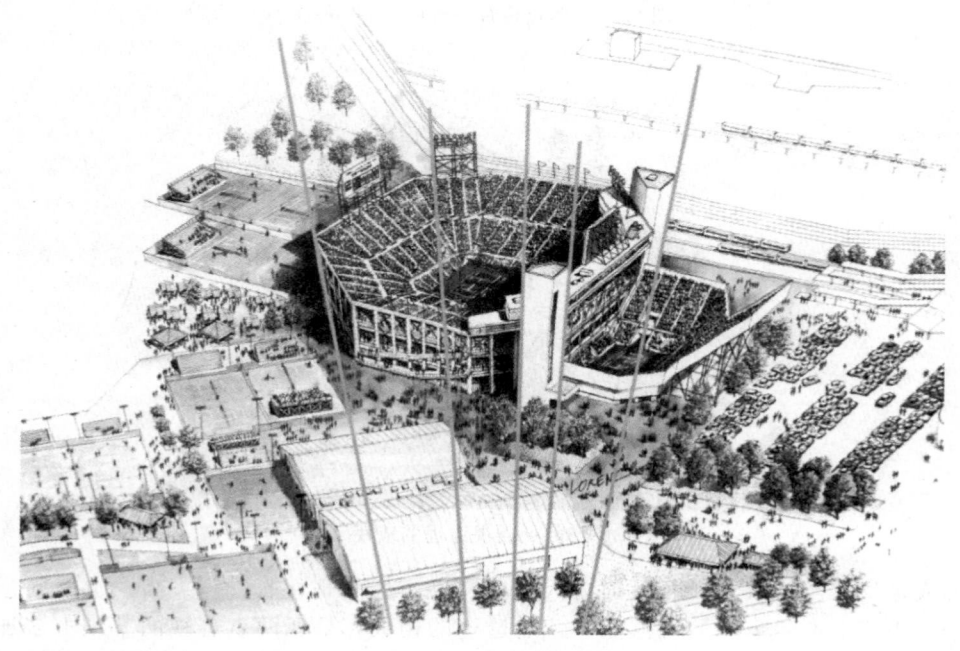

图 8.20　三点透视效果图

8.2.6.2　三点透视制图步骤

①在图纸上画出视平线 HL，在视平线 HL 上定出 VP_1、VP_2、M_1、M_2 的位置。作垂直于视平线 HL 的直线 AB，定出点 VP_3，且过点 VP_3 作垂直于 VP_1、VP_2 的直线与垂直直线 AB 交于点 O，通过 O 点作平行于 HL 的直线 X，直线 X 是开间进深的基线。过 O 点作直线 y 平行于 VP_1、VP_3，直线 y 为高度基线。在 VP_1、VP_3 上定点 M_3（图 8.21）。

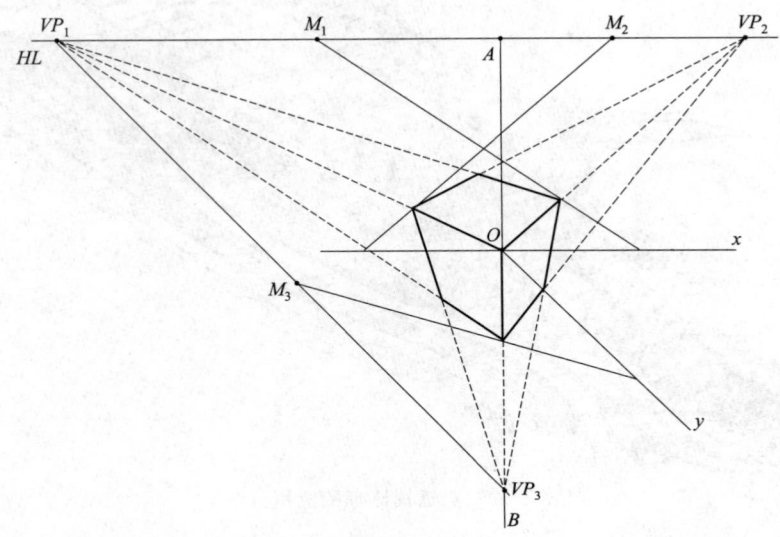

图 8.21　三点透视作图法（一）

②过 O 点分别向 VP_1、VP_2、VP_3 作透视线，连接 CM_2 与 O-VP_1 交于点 c，DM_1 与 O-VP_2 交于点 d，EM_3 与 O-VP_3 交于点 e，过 c、d、e 各点分别与 VP_1、VP_2、VP_3 连接完成透视形体，用此方法完成透视形体分割线（图 8.22）。

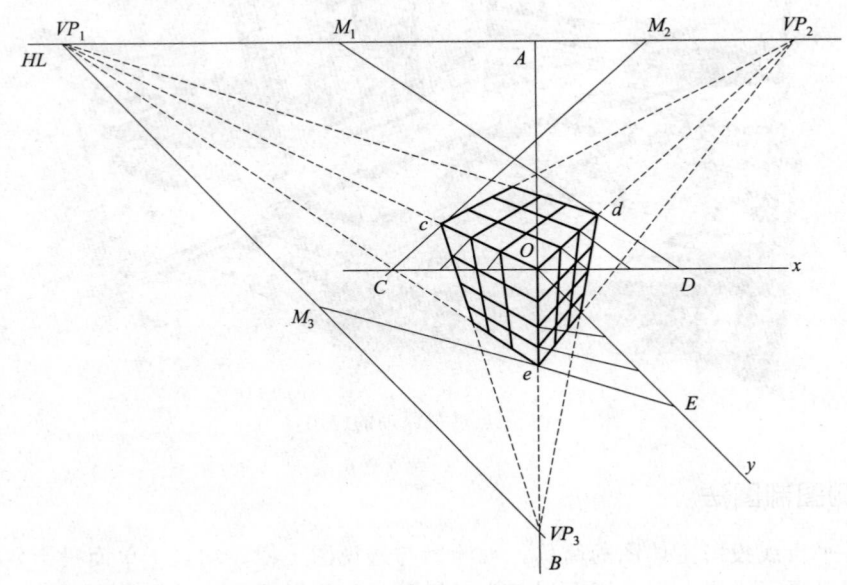

图 8.22　三点透视作图法（二）

8.2.6.3　三点透视的应用

如图 8.23、8.24 所示为三点透视表现案例，供大家参考临摹。

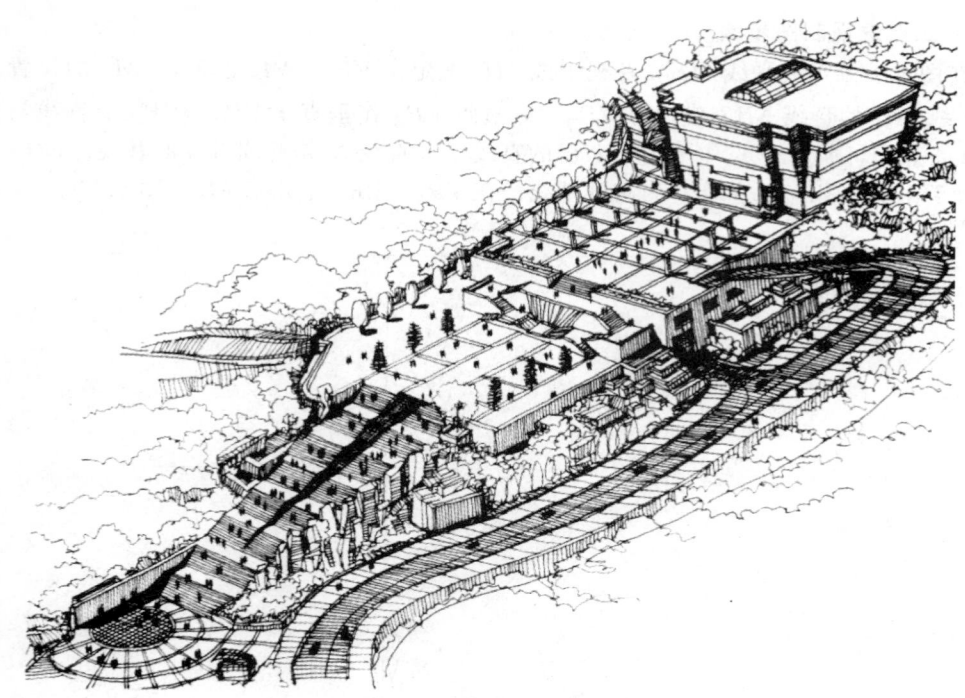

图 8.23　三点透视原理的应用（一）

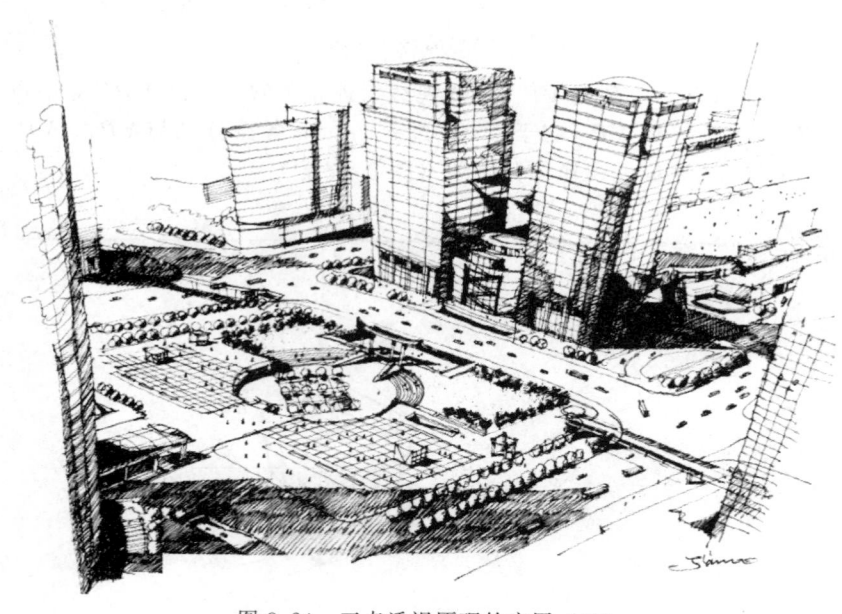

图 8.24　三点透视原理的应用（二）

8.2.7　轴测图制图法

　　轴测图是平行线投影主体图的简称，轴测图与透视图一样，均属于单面投影，但不同的地方是轴测图属于平行投影，而透视图属于中心投影。如果说透视图是用于表现图的一种主要手段的话，那么轴测图则是透视图的一种必不可少的补充。正是由于这种差异，轴测图画面的物体轮廓线基本由三个方向的平行线组成，比透视图简捷，特别适合于表现建筑空间复杂的表现图。

　　轴测图作为设计表达意象图，是设计者一种经常使用的手段。其特殊地位和其优秀的表现力，近年来越来越被设计师所偏爱，成为设计师们普选的表达设计意图、设计理念的表现形式。通常用轴测图来反映全局特征或作空间分析图，能最大限度地满足工程实用性的需求，有利于对空间概念的建立和对空间形式的规划（图 8.25～图 8.28）。

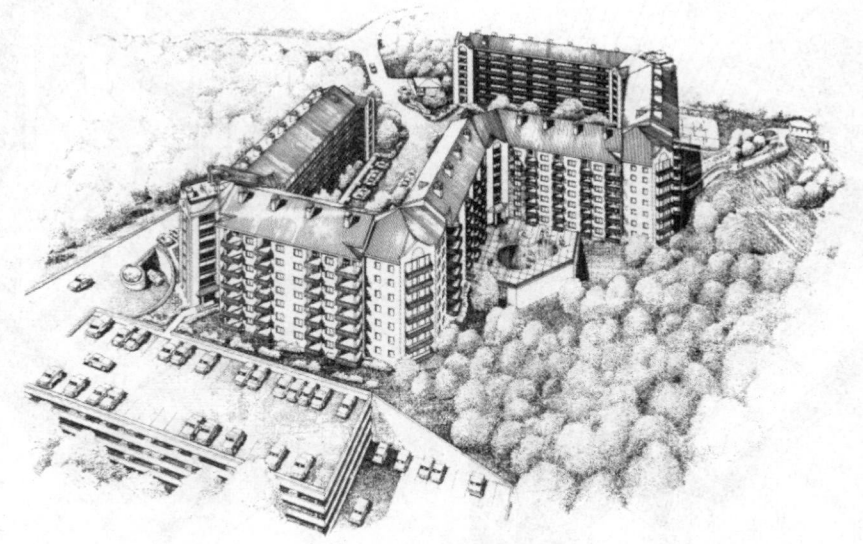

图 8.25　轴测图适合于表现建筑空间复杂的表现图

图 8.26　轴测图表现（一）

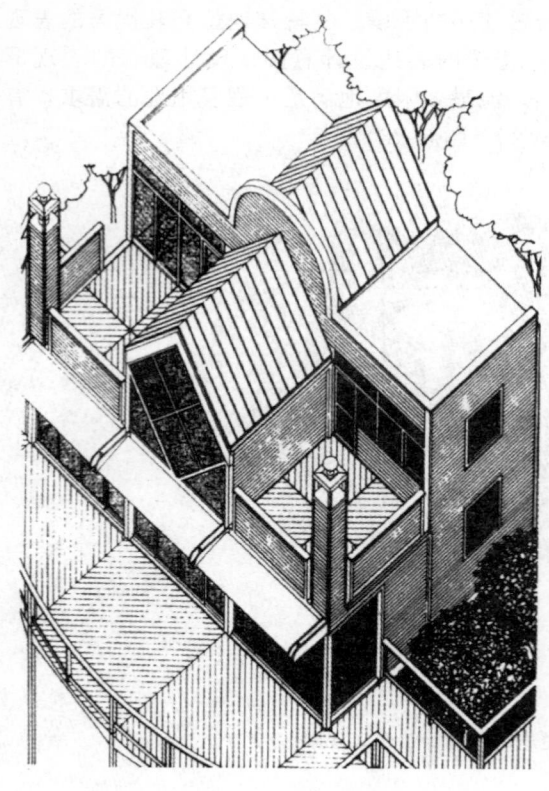

图 8.27　轴测图表现（二）

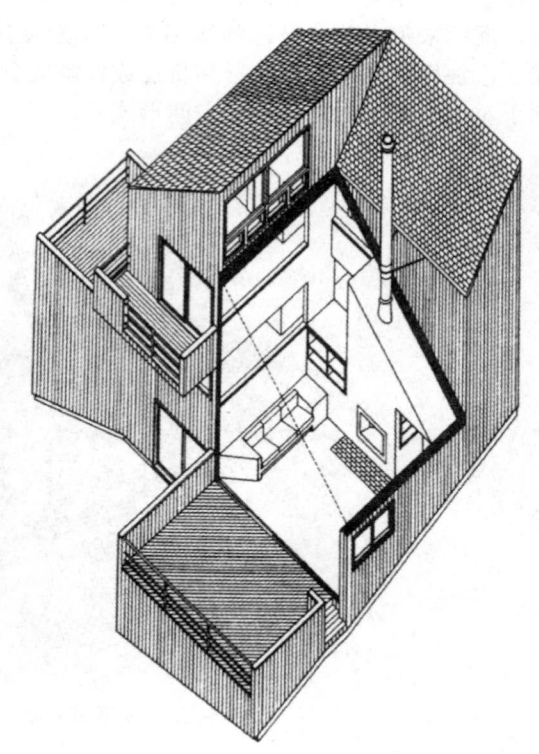

图 8.28　轴测图表现（三）

就轴测图的表现形式来说，一般采用以下两种形式：

（1）平面轴测图　这种轴测图画法要点是将建筑平面旋转一个适当角度，形成两组纵深方向的斜线，然后按平面比例将实际高度画上，倾斜角可任意，通常以 45°或 30°居多，但平面形状不变，两组线夹角为 90°。这种形式效果比较接近真实，所以应用最广泛（图 8.29～图8.31）。

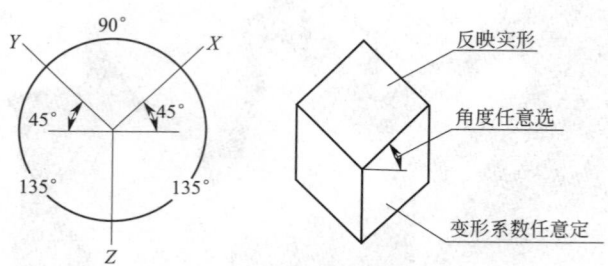

图 8.29　平面轴测图

平面轴测图作图方法比较简单，首先将平面图旋转成你所要的某一角度，然后向上引出垂直线，平面图就变成一幅具有鸟瞰效果的三维图。斜轴测图很灵活，可尝试变换平面旋转的角度和加大垂线的长度。斜轴测图的表现技法没有特殊要求，只要使画面看上去真实就可以了。

（2）均角轴测图　此法类似平面轴测，所不同的是，它的体积依据的平面尺寸虽按真实量度，但两组斜线角度为 30°，其夹角不是 90°而是 120°，感到像被"压扁后"的效果，所以平面是夸张变形的。用这种方法绘制的轴测图画面常有开阔的感觉，可以更加突出物体的侧面，更加像透视图，比较简单易做。但体积效果有较明显的失真现象（图 8.32、图 8.33）。

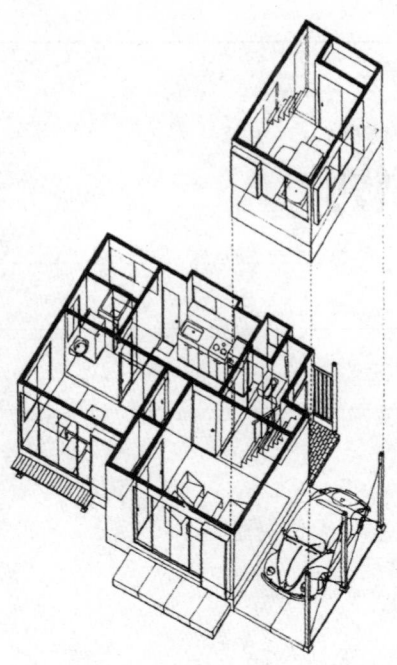

图 8.30　平面轴测图的应用（一）

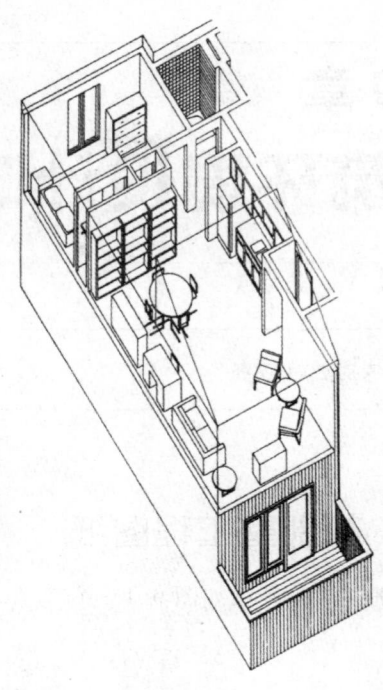

图 8.31　平面轴测图的应用（二）

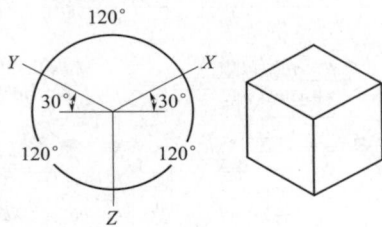

图 8.32　均角轴测图

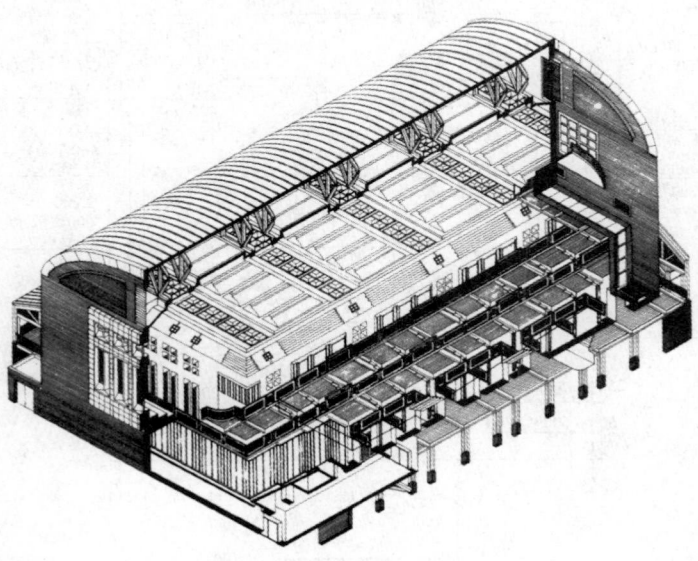

图 8.33　均角轴测图的应用

第9章
建筑环境设计工程实例

9.1 某别墅工程图纸

某别墅工程图纸如图 9.1～图 9.10 所示。

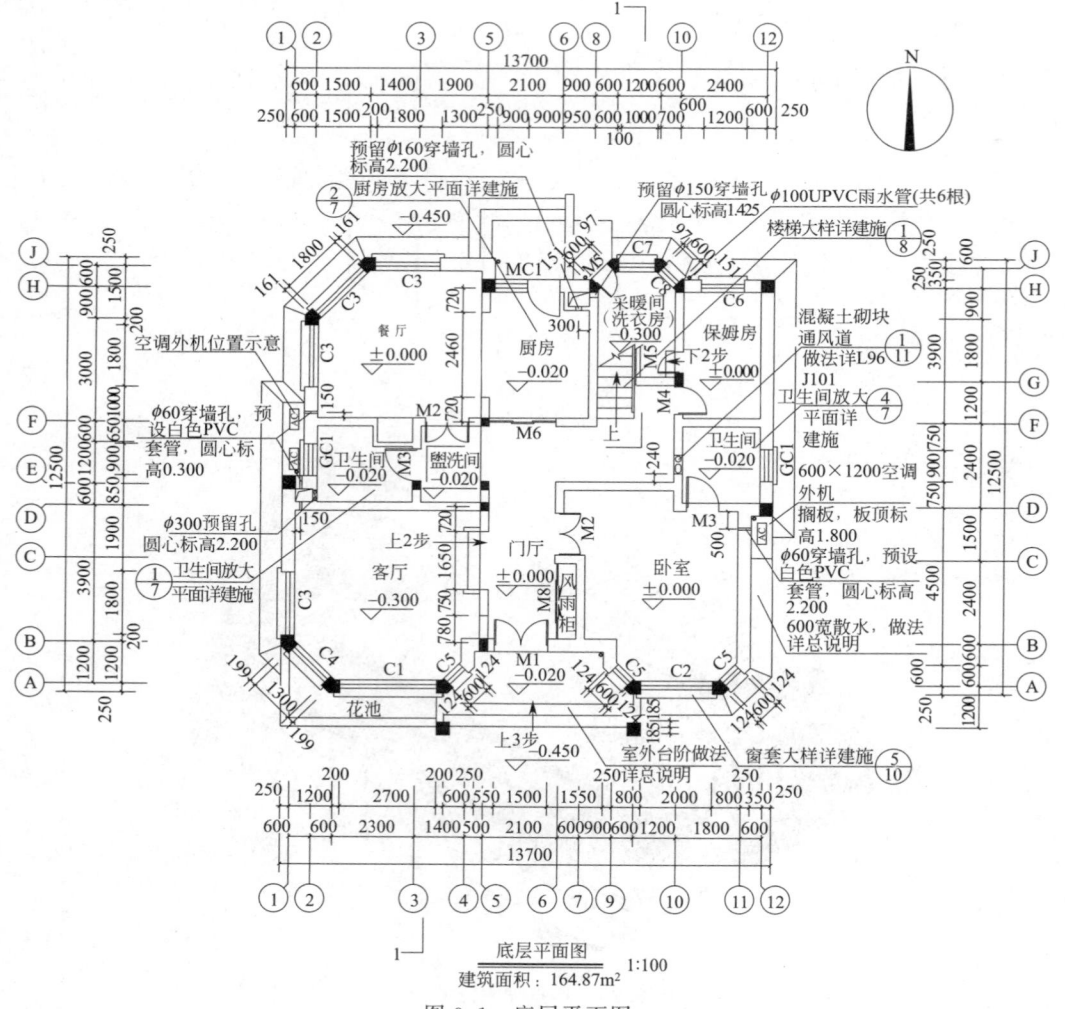

底层平面图 1:100
建筑面积：164.87m²

图 9.1　底层平面图

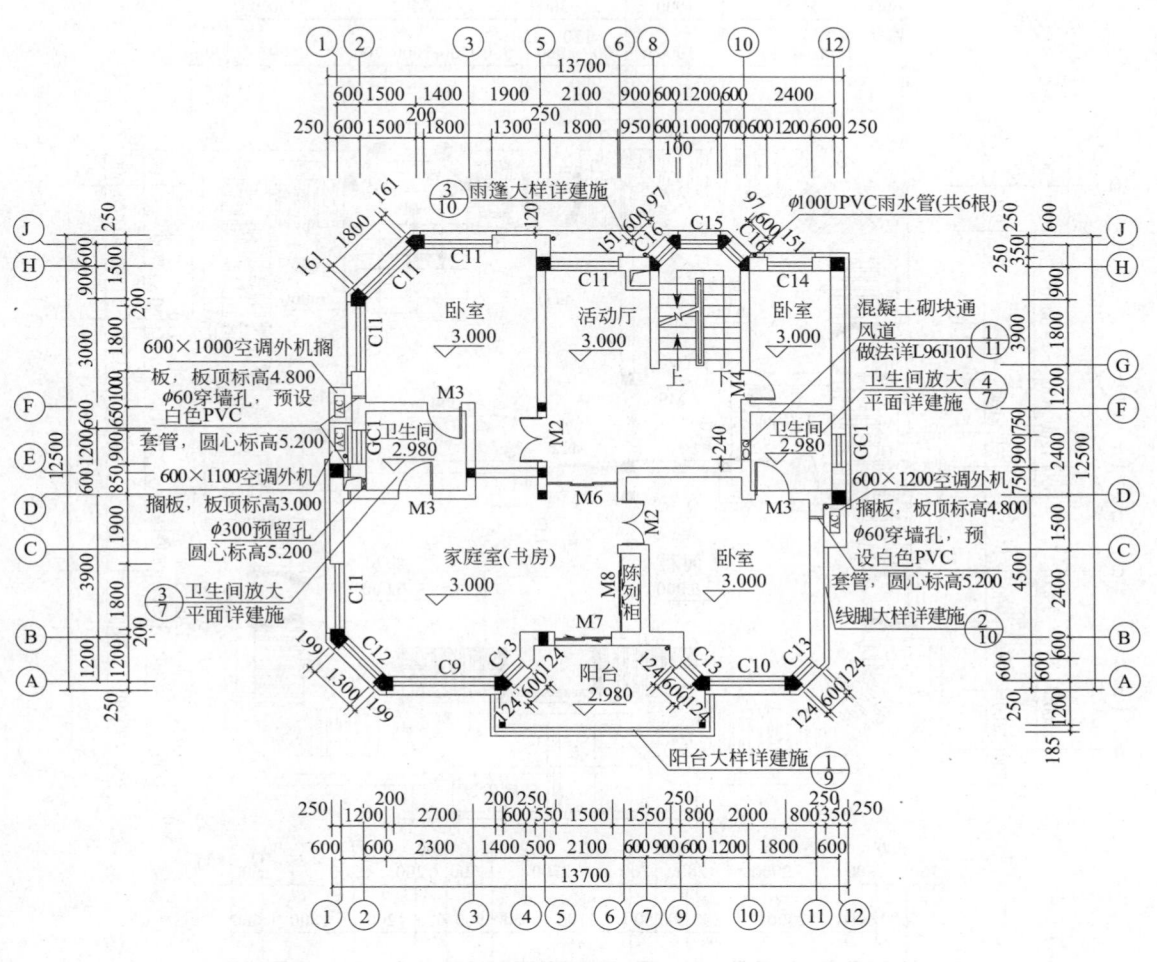

二层平面图 1:100
建筑面积：153.78m²

图 9.2 二层平面图

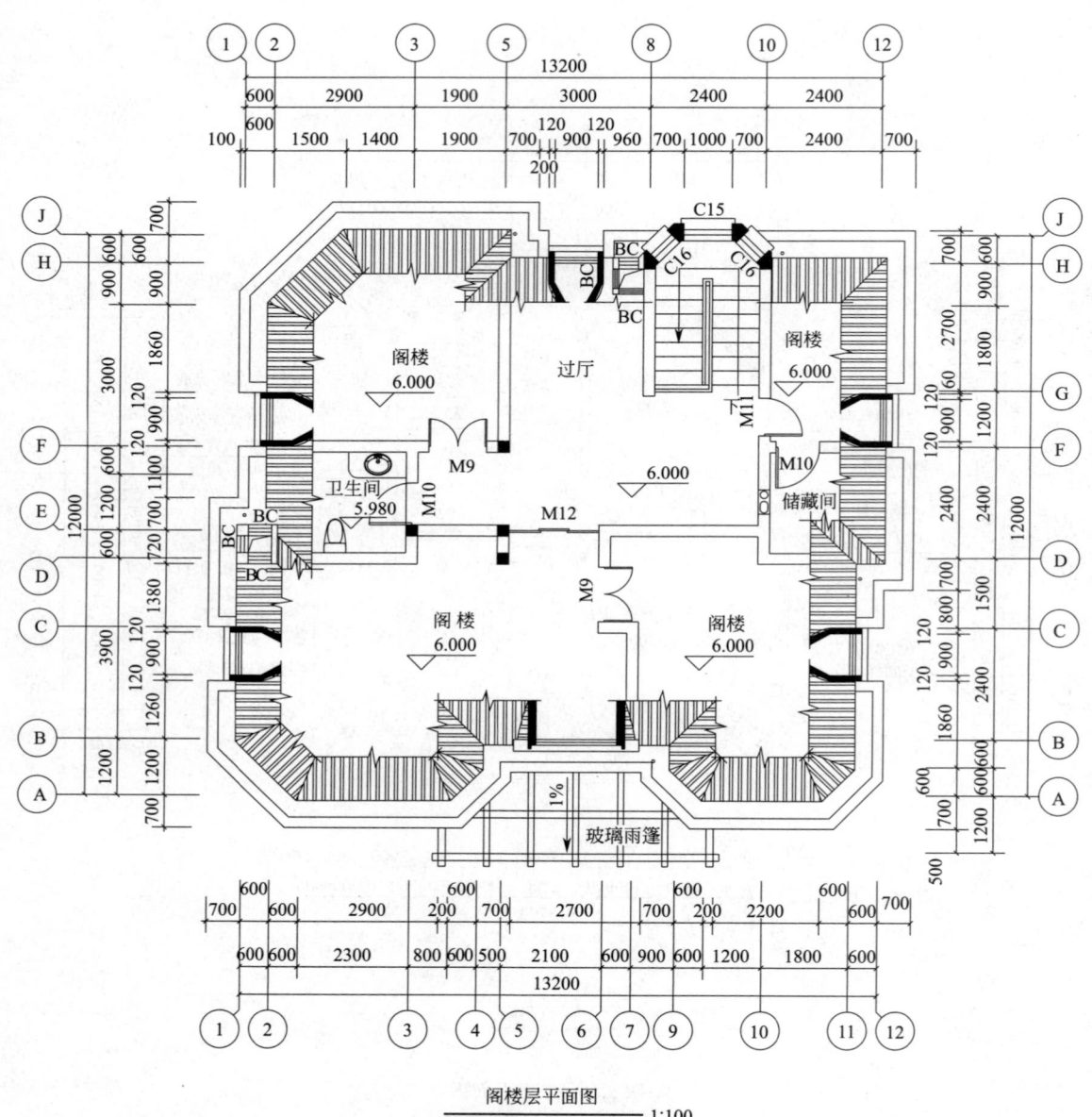

阁楼层平面图
1:100
建筑面积：51.15m²

图 9.3 阁楼层平面图

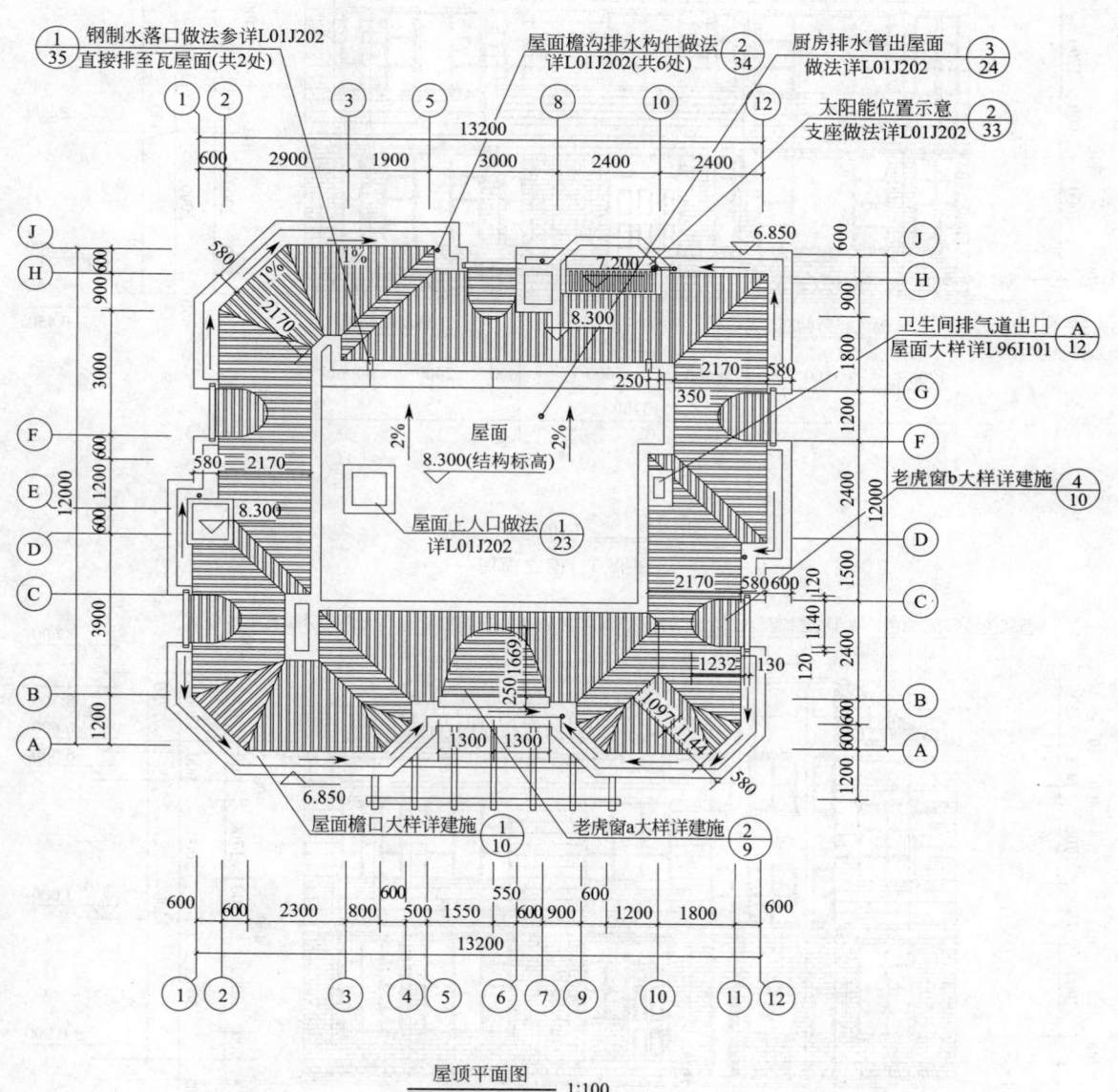

屋顶平面图 1:100

图 9.4 屋顶平面图

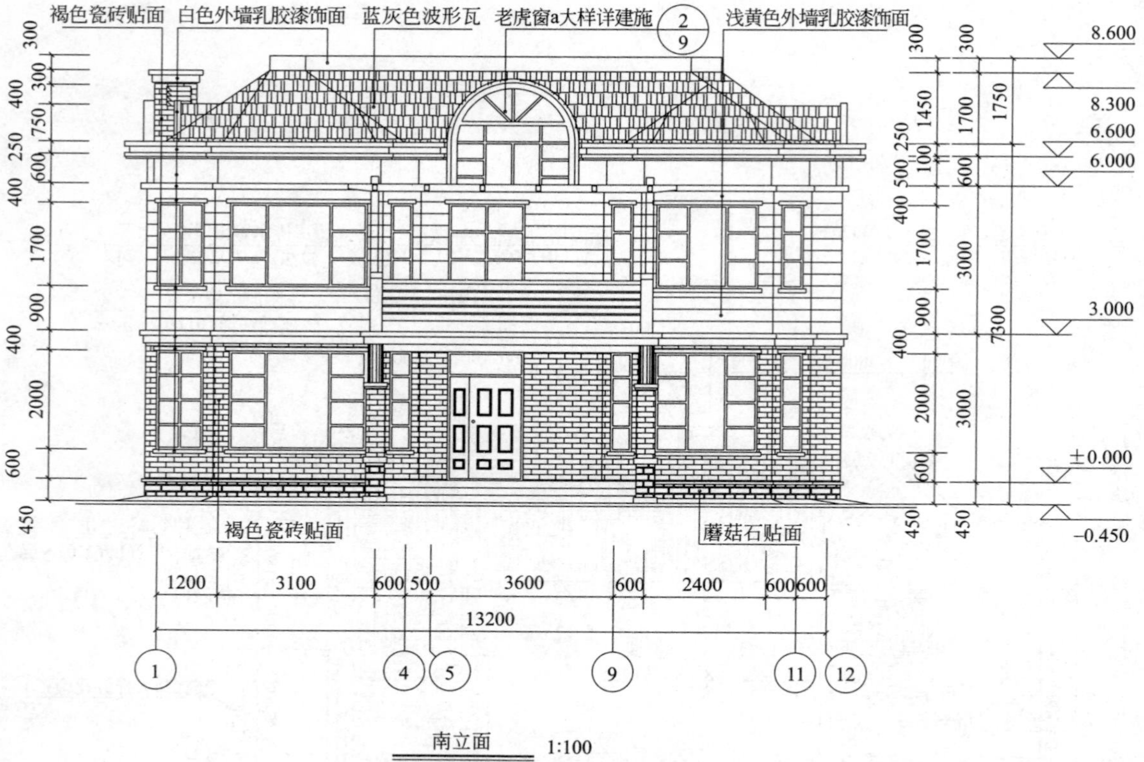

褐色瓷砖贴面　白色外墙乳胶漆饰面　蓝灰色波形瓦　老虎窗a大样详建施　浅黄色外墙乳胶漆饰面

8.600
8.300
6.600
6.000
3.000
±0.000
−0.450

褐色瓷砖贴面　　　　　　　　　　　蘑菇石贴面

1200　3100　600 500　3600　600　2400　600 600
13200

① ④ ⑤ ⑨ ⑪ ⑫

南立面　1:100

图 9.5　南立面图

蓝灰色波形瓦　白色外墙乳胶漆饰面　浅黄色外墙乳胶漆饰面老虎窗b大样详建施　浅黄色外墙乳胶漆饰面

8.600
8.300
6.600
6.000
3.000
±0.000
−0.450

褐色瓷砖贴面　　　　　　　　　蘑菇石贴面

2400　600 1200 600　3000　3300　1500　600
13200

⑫ ⑩ ⑧ ⑤ ② ①

北立面　1:100

图 9.6　北立面图

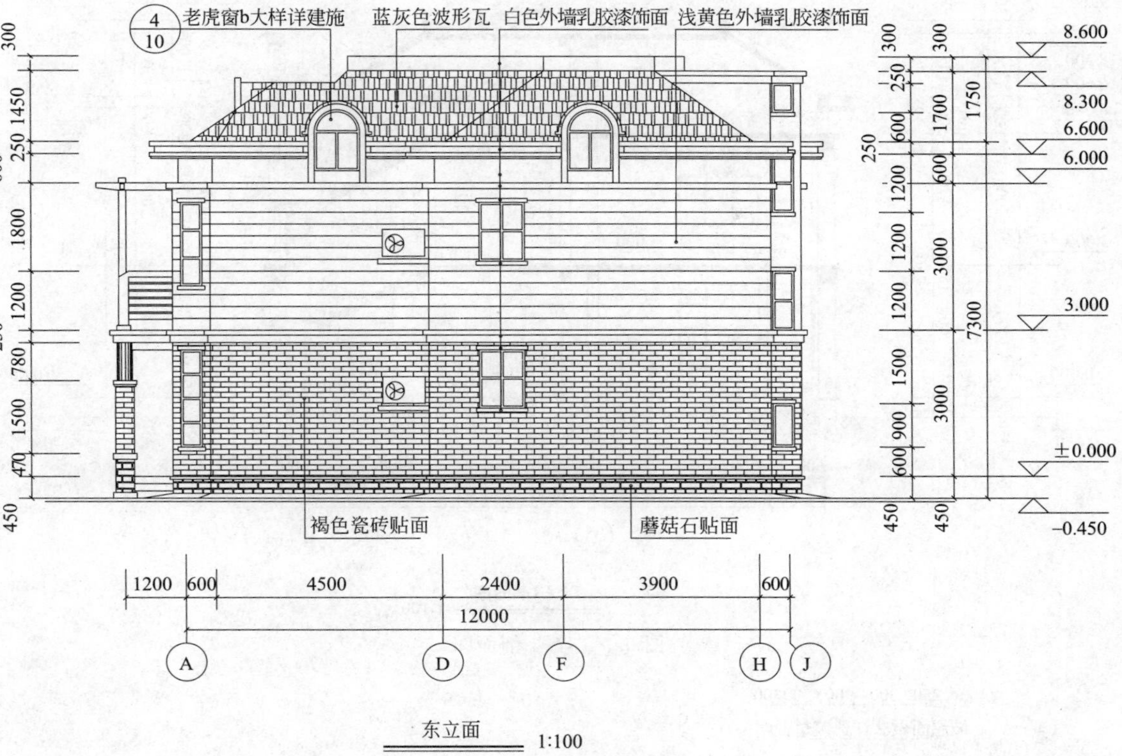

图 9.7   东立面图

图 9.8   西立面图

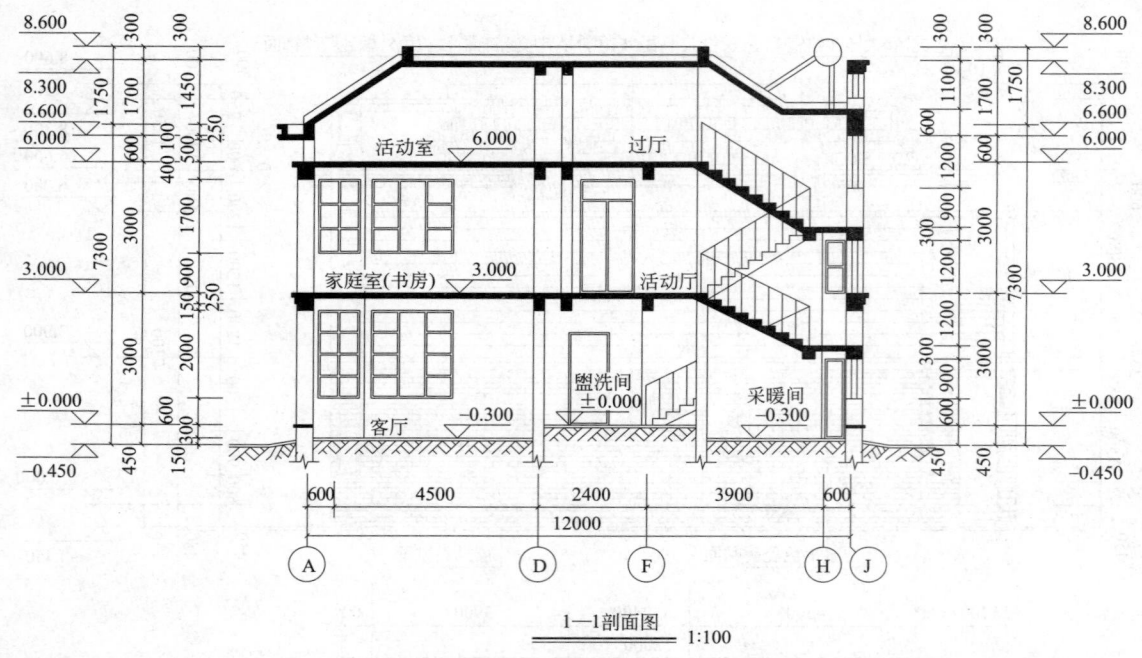

图 9.9 1—1 剖面图

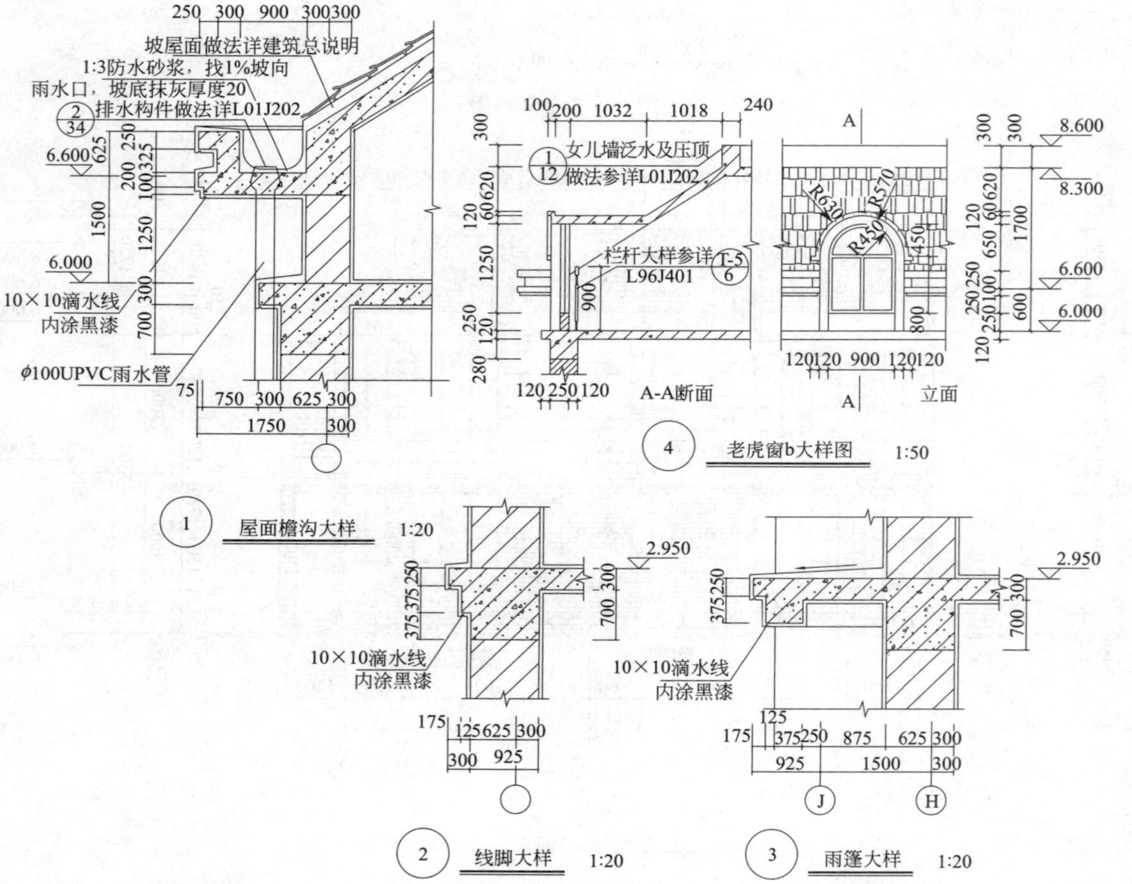

图 9.10 节点图

9.2　某办公楼工程图纸

某办公楼工程图纸如图 9.11～图 9.24 所示。

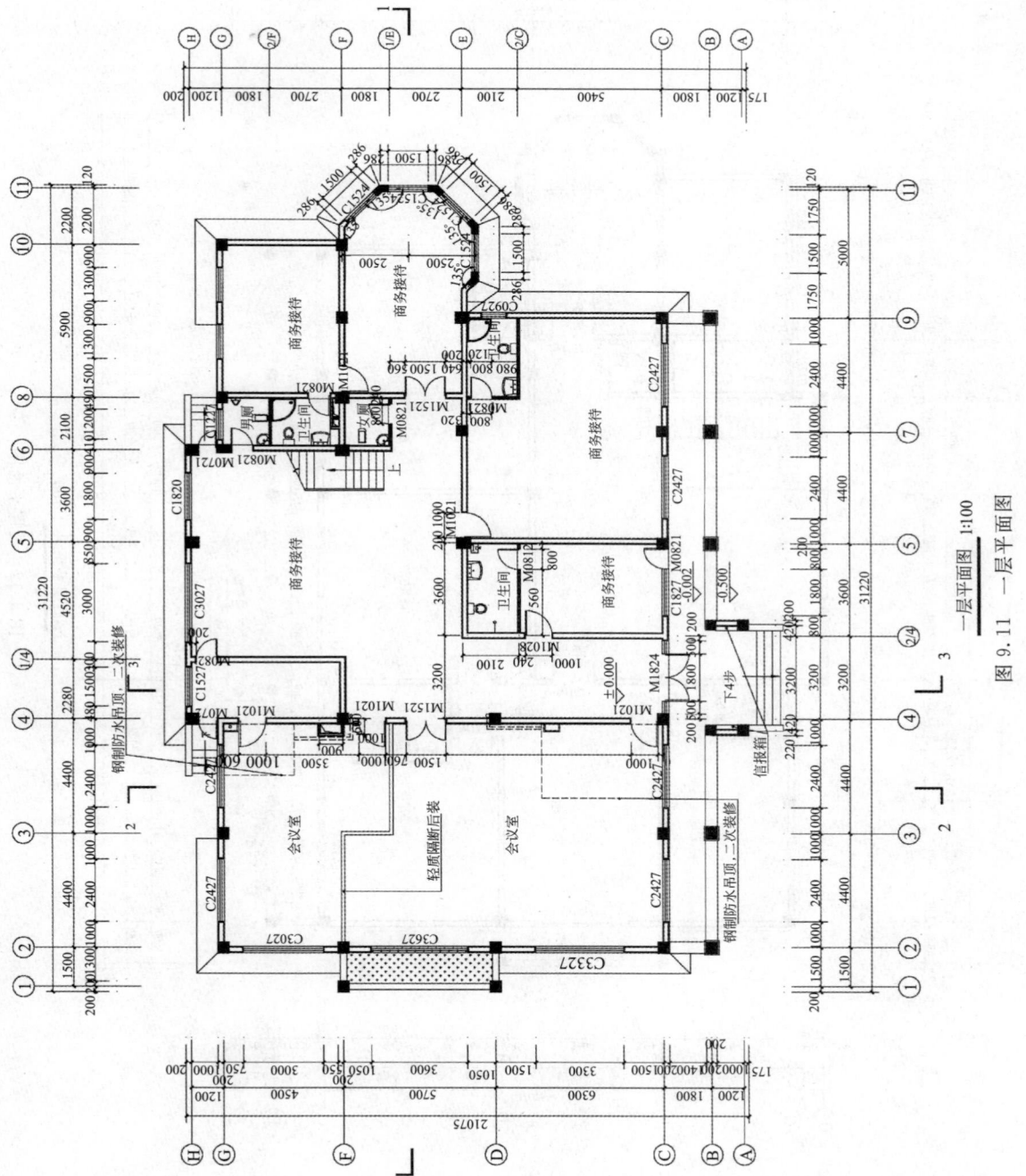

一层平面图 1:100

图 9.11　一层平面图

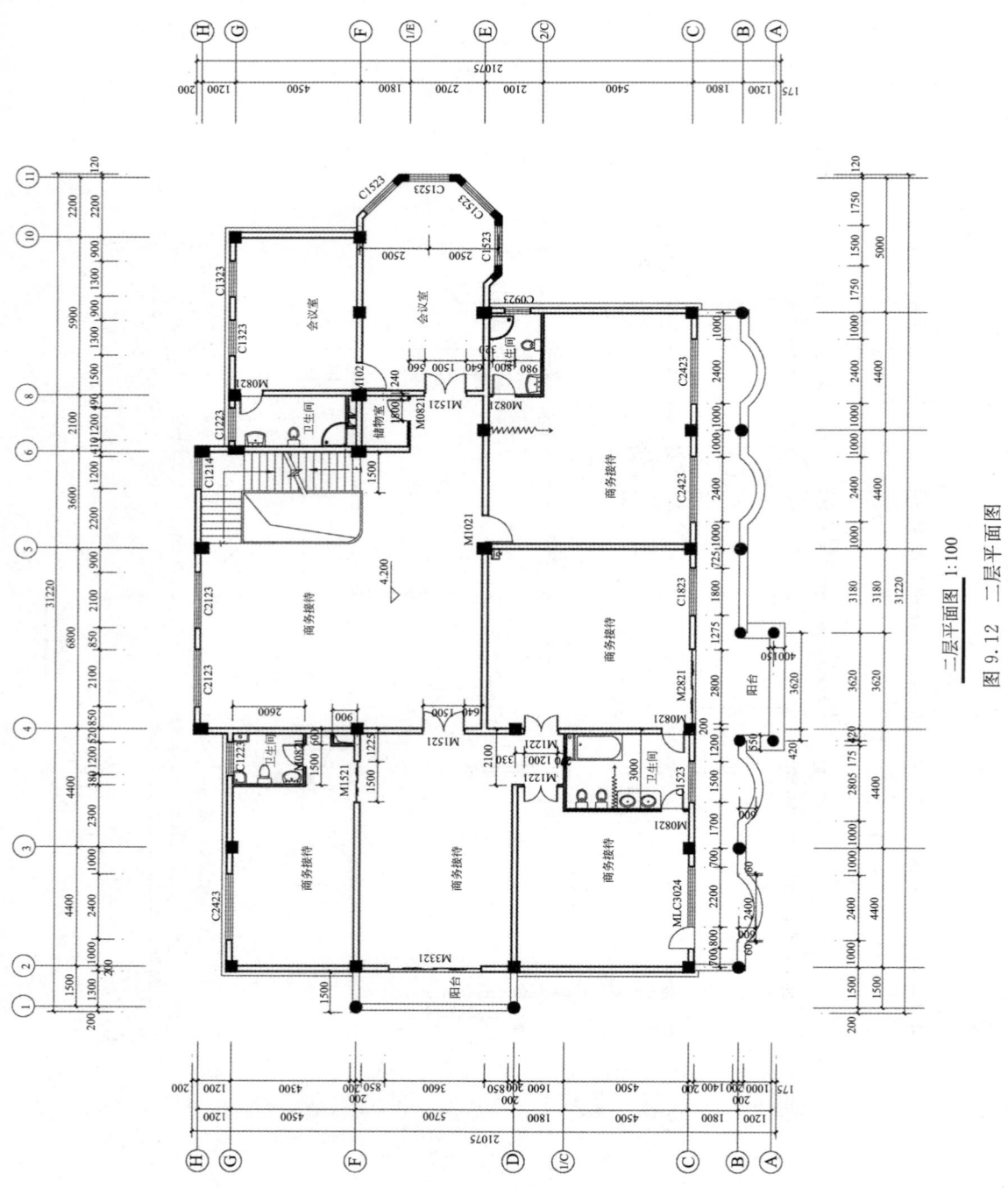

二层平面图 1:100

图 9.12 二层平面图

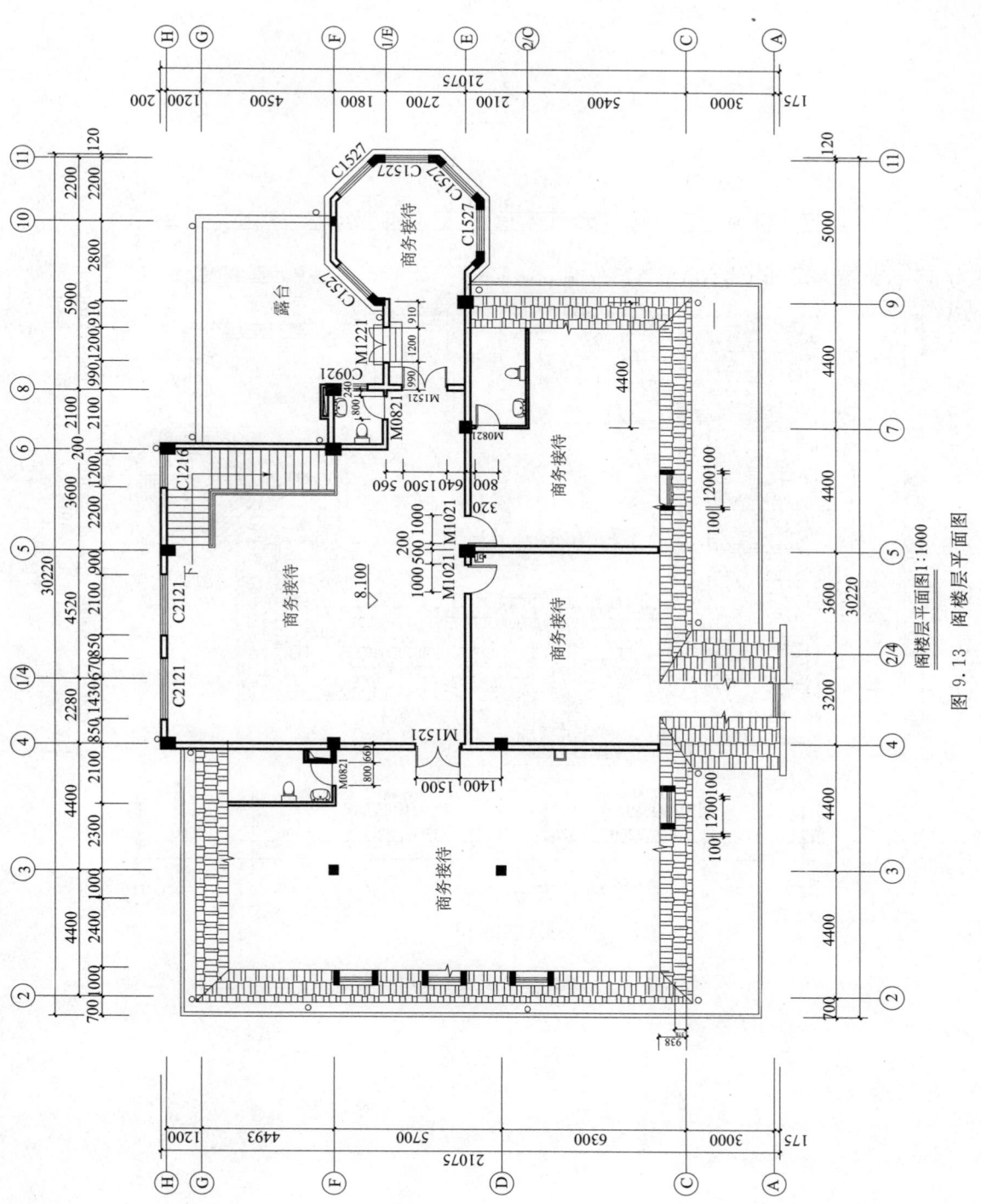

阁楼层平面图1:1000

图 9.13　阁楼层平面图

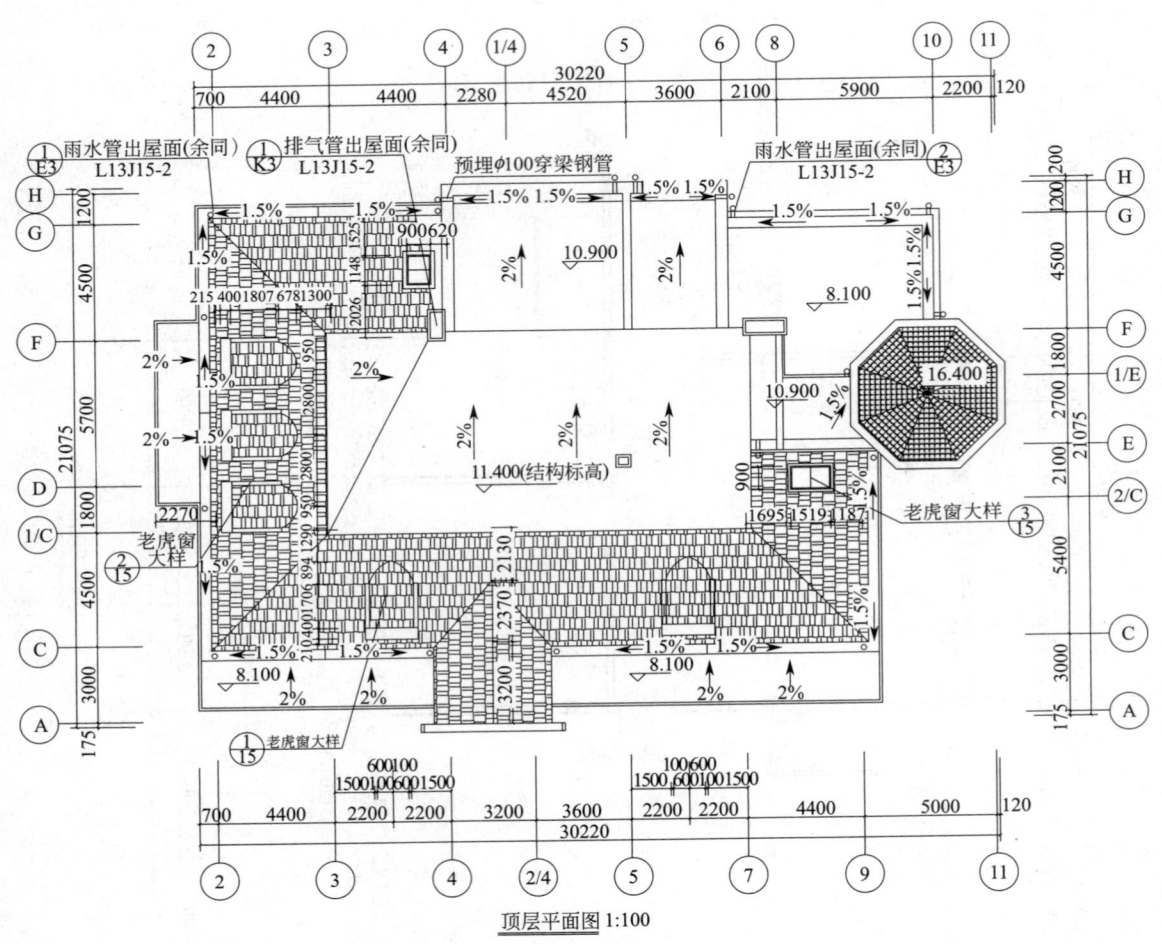

顶层平面图 1:100

图 9.14 顶层平面图

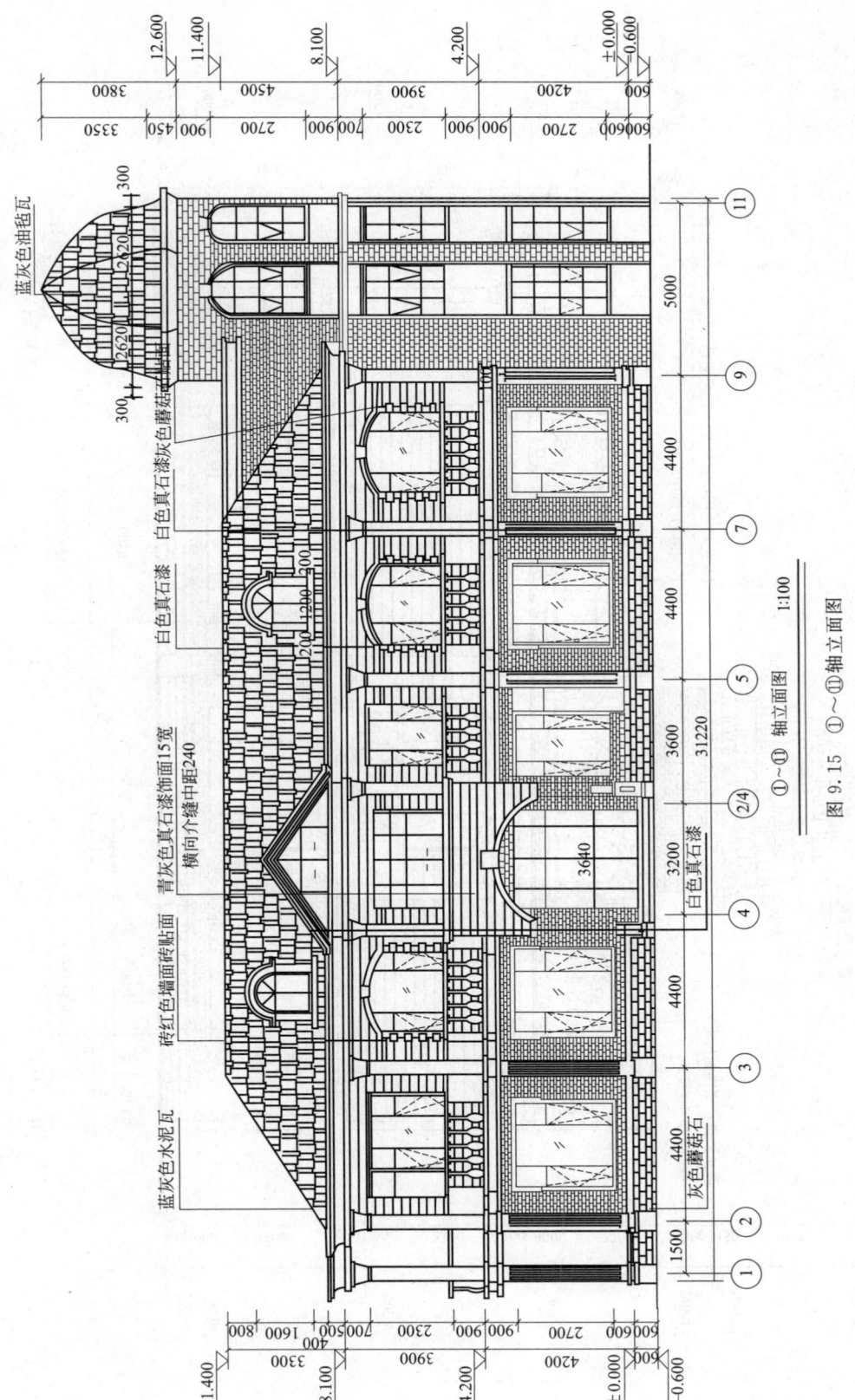

图 9.15　①～⑪轴立面图

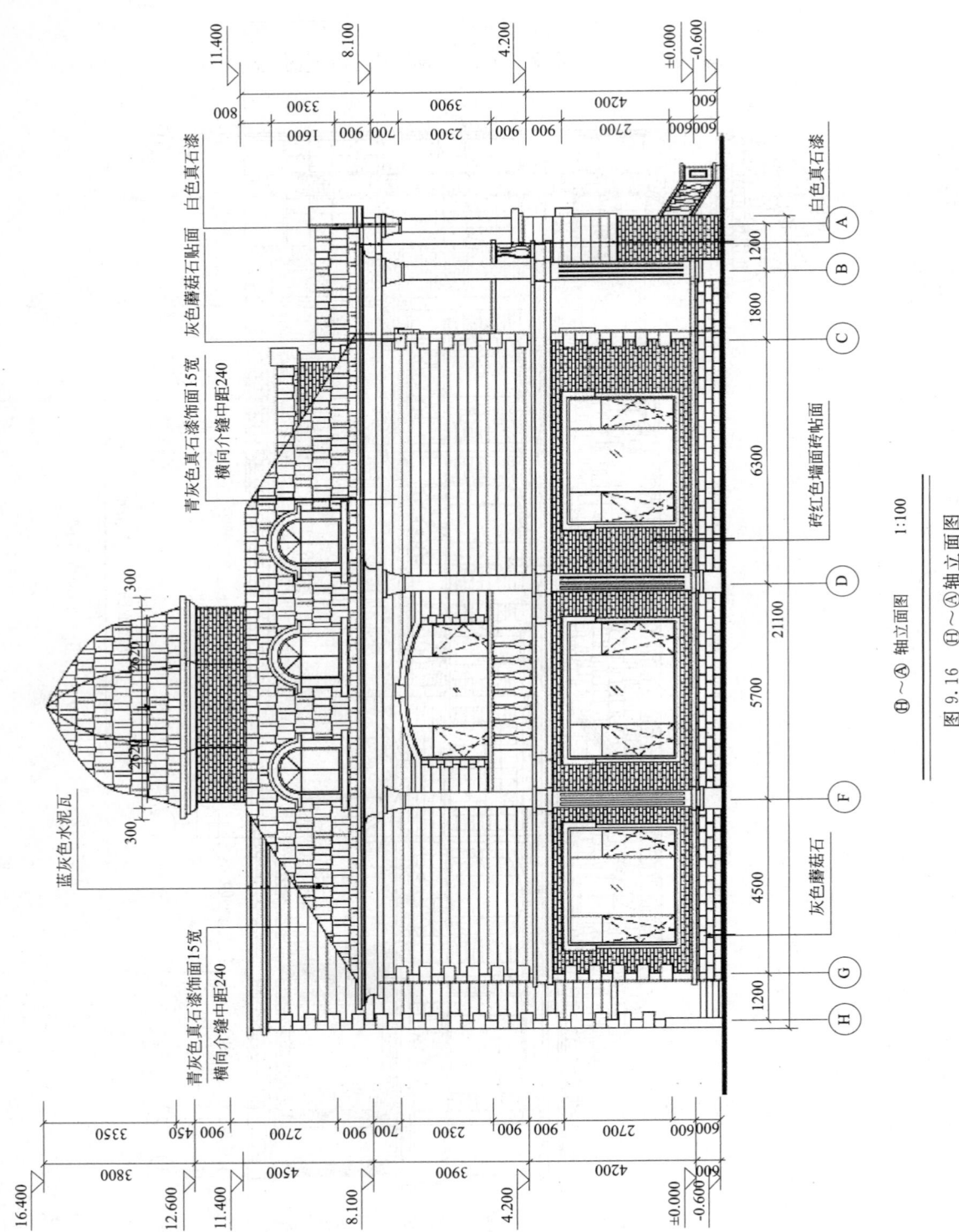

图 9.16 Ⓗ~Ⓐ轴立面图

Ⓗ~Ⓐ轴立面图   1:100

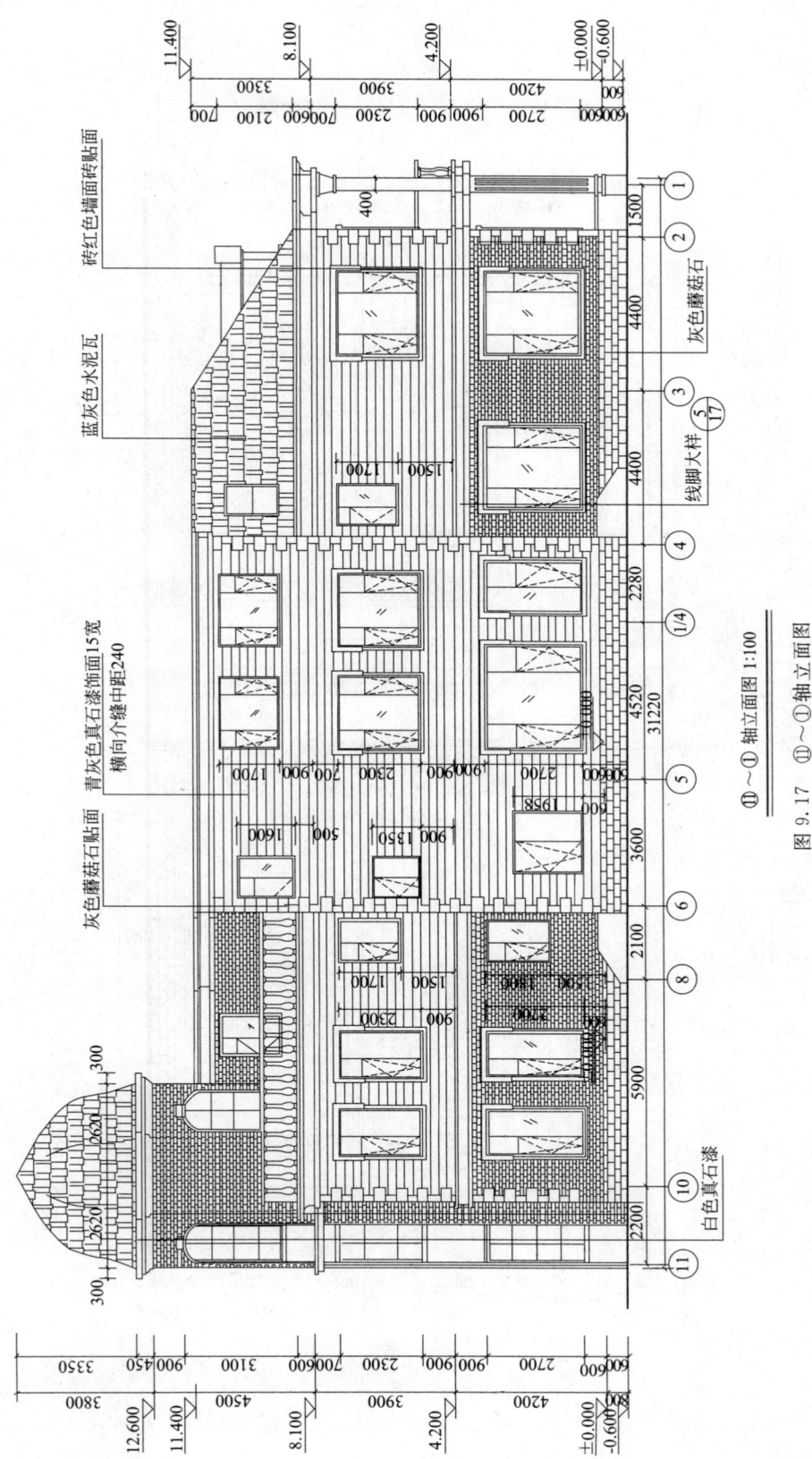

①~⑪轴立面图 1:100

图 9.17　①~⑪轴立面图

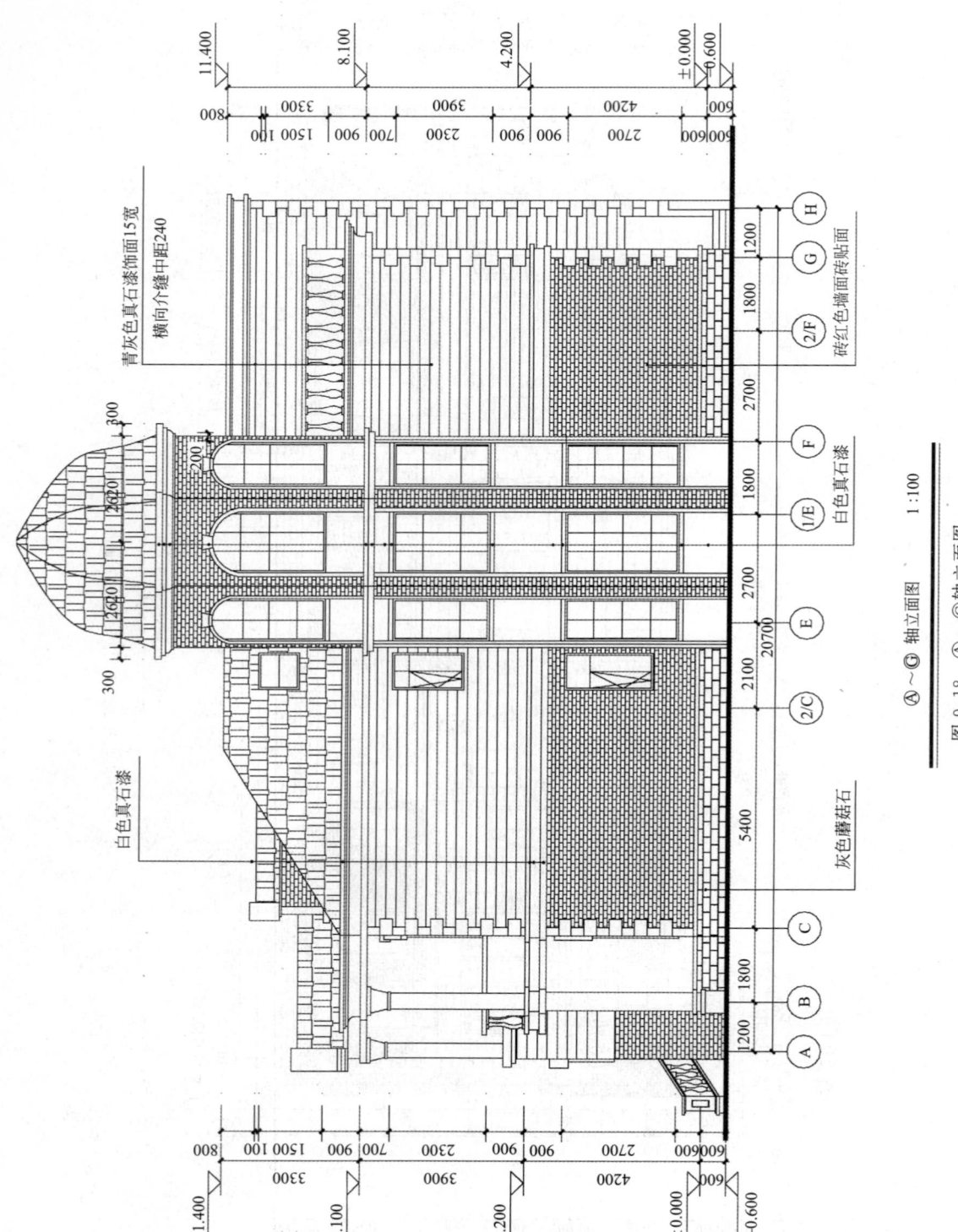

Ⓐ～Ⓖ 轴立面图   1:100

图 9.18 Ⓐ～Ⓖ轴立面图

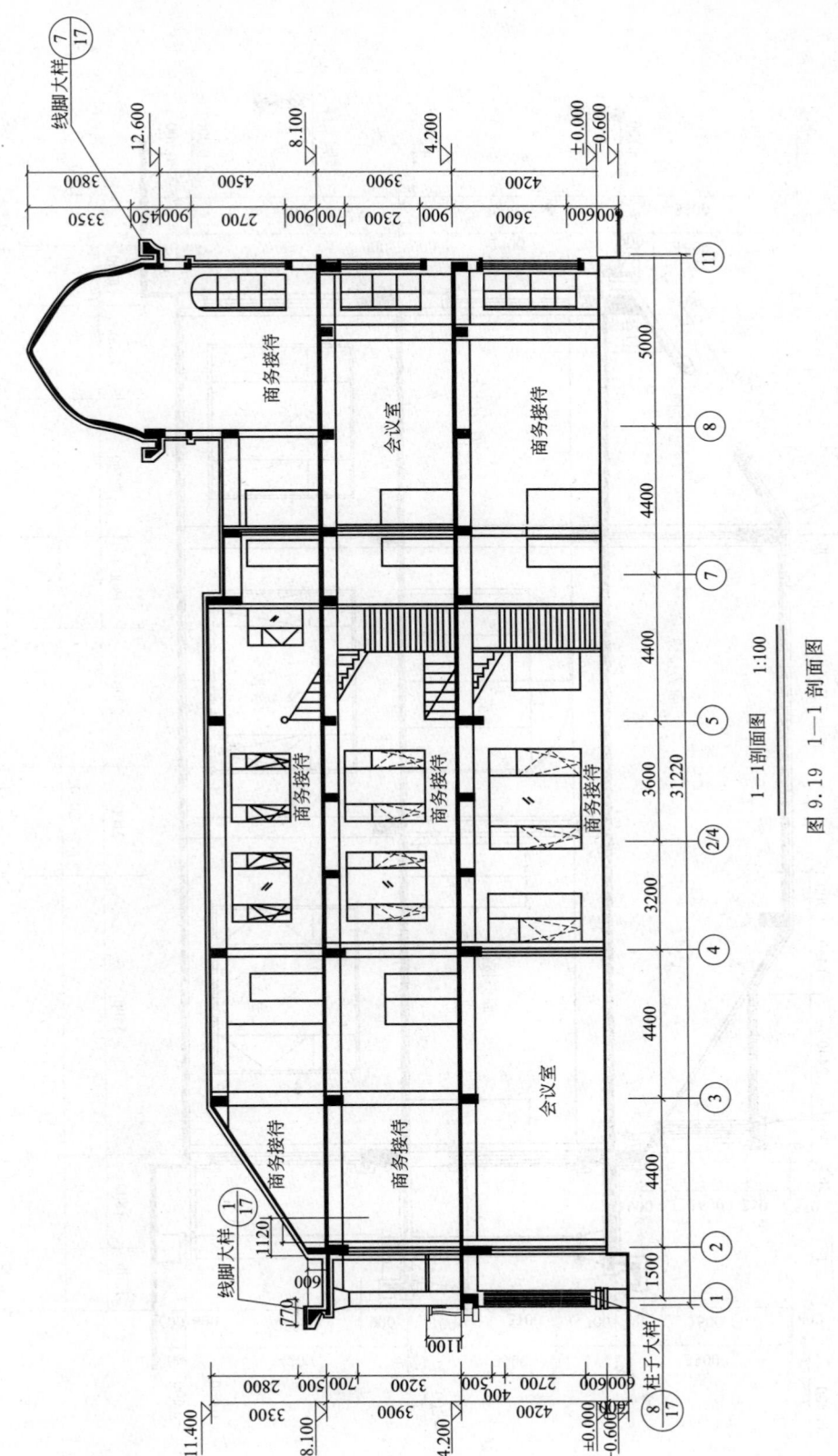

图 9.19 1—1 剖面图

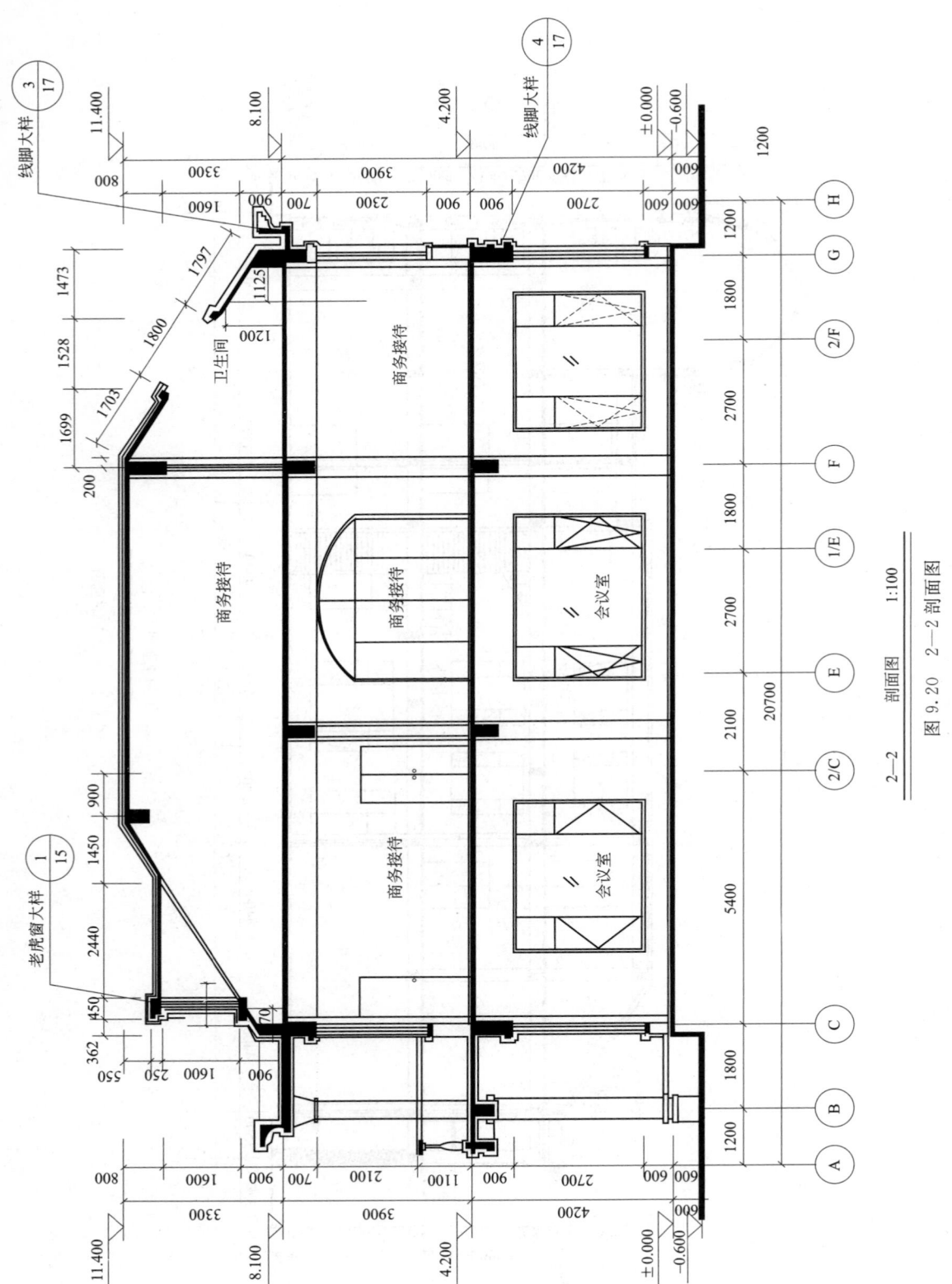

图9.20 2—2剖面图

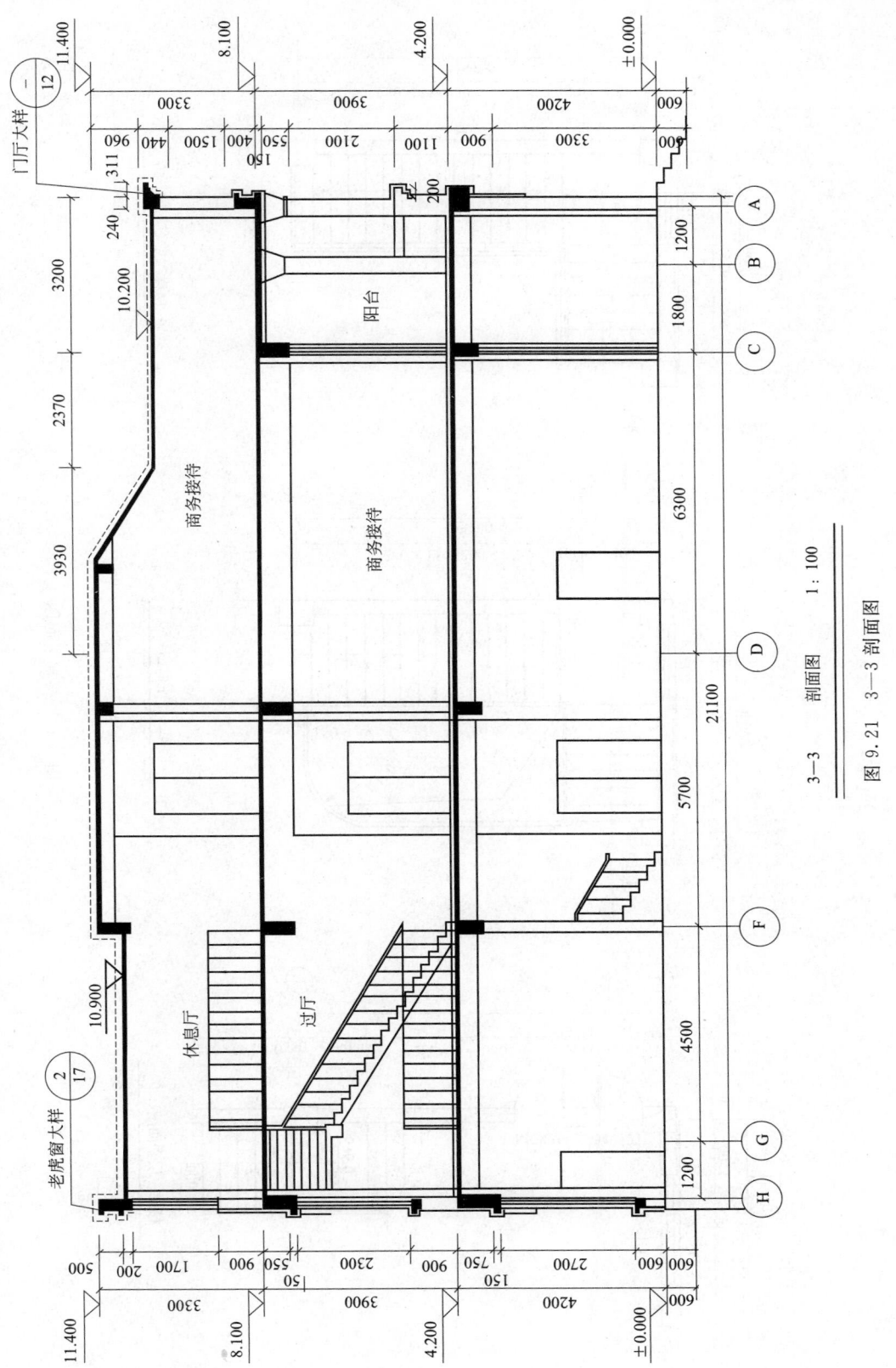

3—3　剖面图　1:100

图 9.21　3—3 剖面图

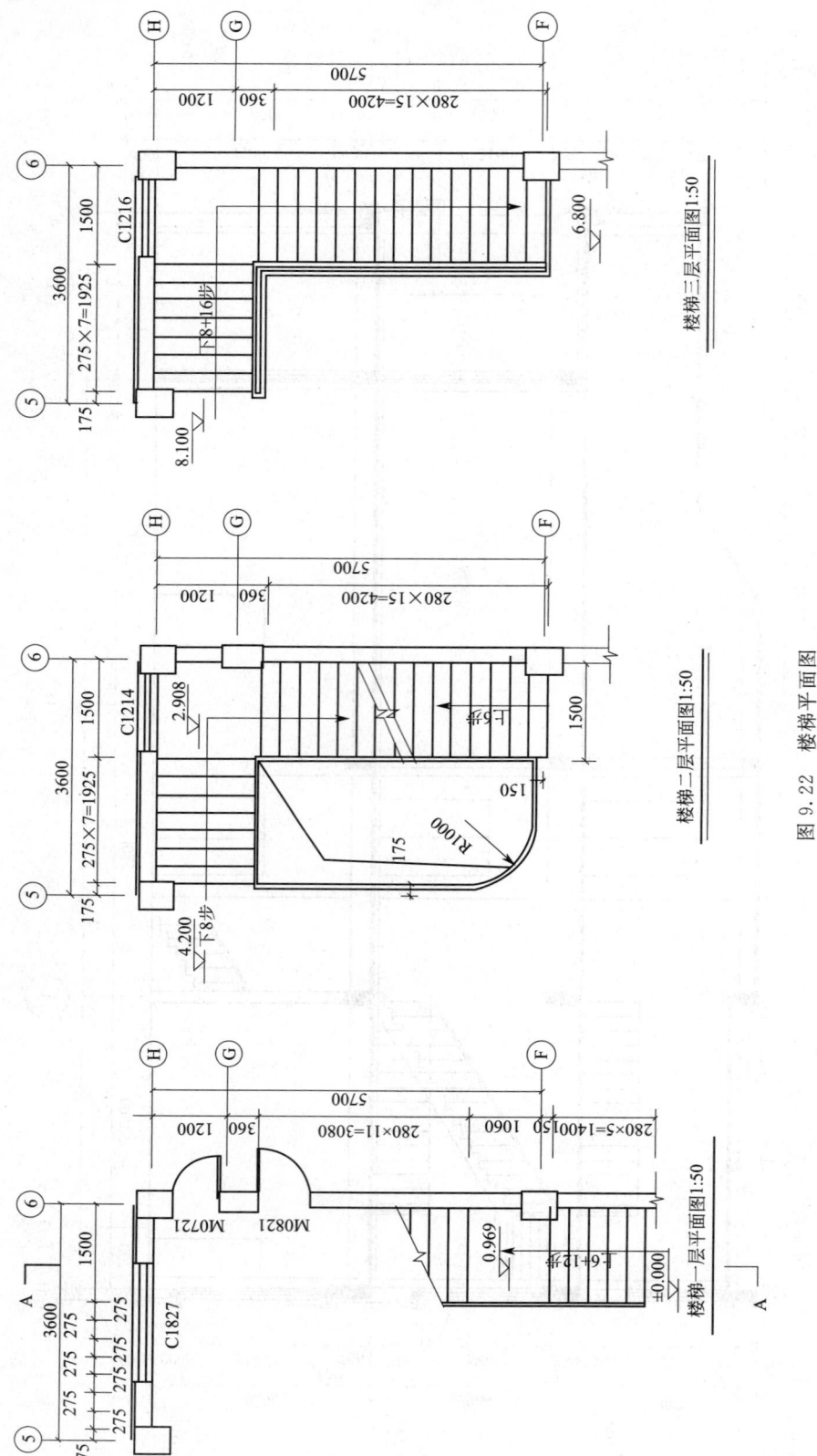

楼梯三层平面图1:50

楼梯二层平面图1:50

楼梯一层平面图1:50

图 9.22 楼梯平面图

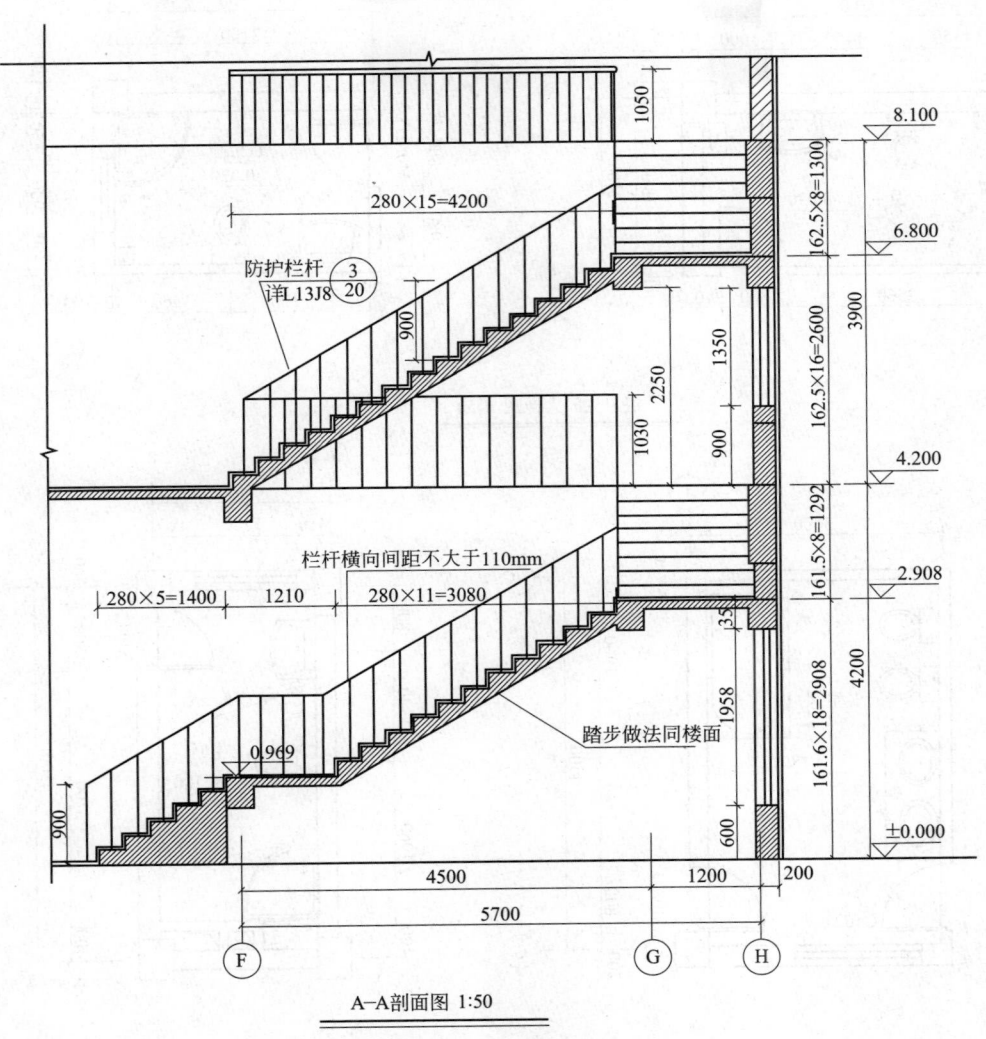

A—A剖面图 1:50

图 9.23　A—A 剖面图

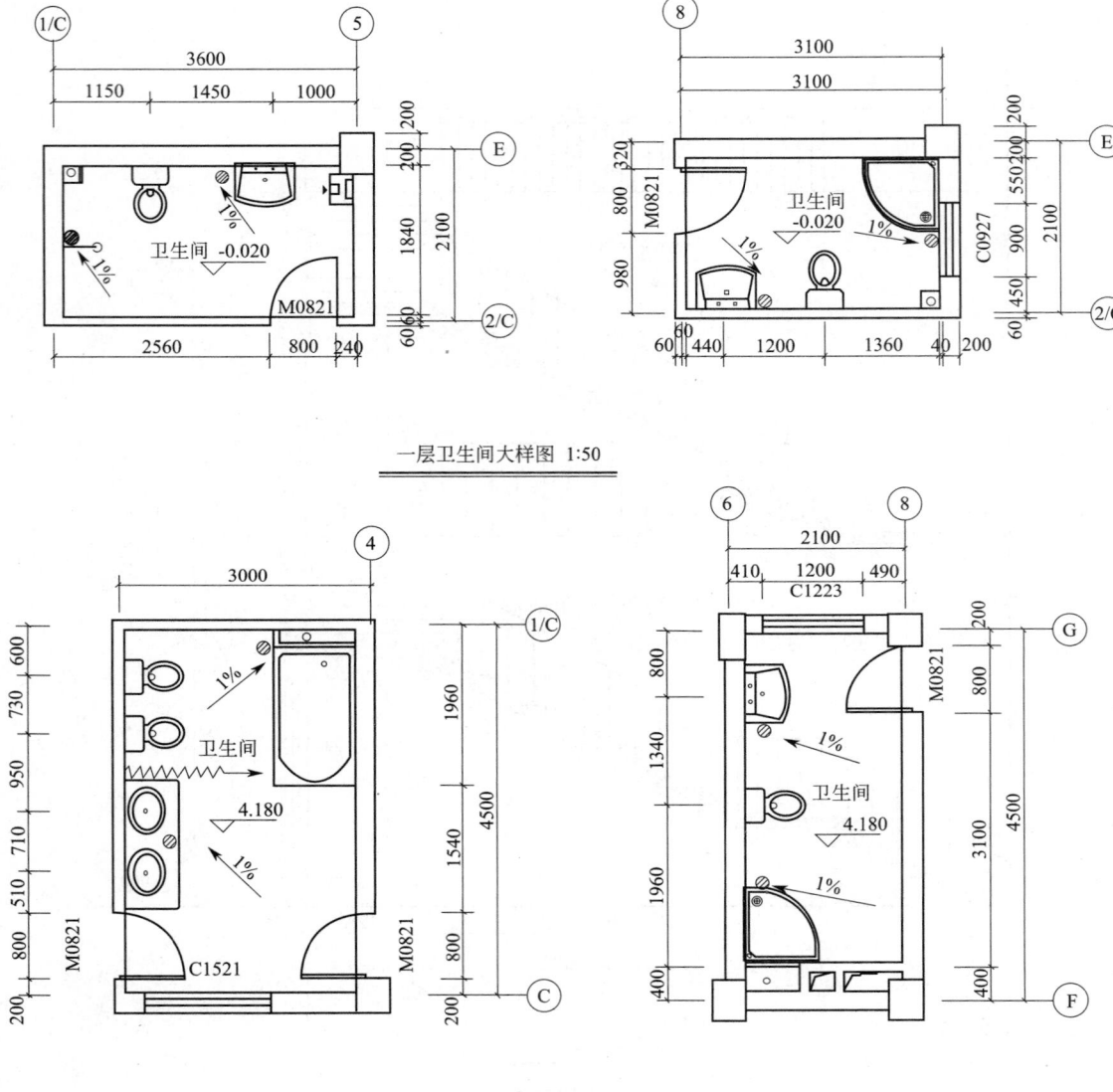

一层卫生间大样图 1:50

二层卫生间大样图 1:50

图 9.24 卫生间大样图

参 考 文 献

[1] 崔振武，张志命，傅一笑．建筑设计的基础理论及应用实践．北京：中国水利水电出版社，2016.
[2] 韦爽真．环境艺术设计概论．重庆：西南师范大学出版社，2008.
[3] 苏云虎编著．室外环境设计．重庆：重庆大学出版社，2010.
[4] 沈福煦著．建筑方案设计．上海：同济大学出版社，1999.
[5] ［美］保罗．拉索著．邱贤丰，刘宇光，郭建青译．图解思考——建筑表现技法．北京：中国建筑工业出版社，2002.
[6] 岳华，马怡红编著．建筑设计入门．上海：上海交通大学出版社，2014.
[7] 牟晓梅．建筑设计原理．哈尔滨：黑龙江大学出版社，2012.
[8] 闫成德．建筑识图．北京：机械工业出版社，2014.
[9] 苏丹，宋立民．建筑设计与工程制图．武汉：湖北美术出版社，2001.
[10] 逯海勇．现代景观建筑设计．北京：中国水利水电出版社，2013.
[11] 曹纬浚．第一分册 设计前期 场地与建筑设计 上册 知识部分．北京：中国建筑工业出版社，2010.
[12] 刘芳，苗阳．建筑空间设计．上海：同济大学出版社，2003.
[13] 罗迅．建筑与景观的设计草图．沈阳：辽宁科学技术出版社，2014.
[14] 单立新，穆丽丽．建筑施工图设计．北京：机械工业出版社，2011.
[15] 李传刚．建筑装饰制图基础．哈尔滨：黑龙江大学出版社，2012.
[16] 王鹏．建筑工程施工图识读快学快用．北京：中国建材工业出版社，2011.
[17] 逯海勇．建筑设计表现技法基础与实例．北京：化学工业出版社，2011.
[18] 胡海燕．建筑室内设计——思维、设计与制图．北京：化学工业出版社，2014.
[19] 逯海勇，胡海燕．室内设计：原理与方法．北京：人民邮电出版社，2017.
[20] 中华人民共和国住房和城乡建设部发布．房屋建筑制图统一标准（GB/T 50001—2010）．北京：人民出版社，2011.
[21] 中华人民共和国住房和城乡建设部发布．建筑制图标准（GB 50104—2010）．北京：中国计划出版社，2011.
[22] 霍维国，霍光编．室内设计工程图画法．北京：中国建筑工业出版社，2007.
[23] 赵晓飞．室内设计工程制图方法及实例．北京：中国建筑工业出版社，2008.